高等学校公共数学类"互联网＋"规划教材

高等数学

（第 2 版）

主　编　周保平
副主编　韩天红　齐立美　刘博瑞
　　　　江　伟　蒋青松　刘　婵
　　　　吐尔洪江

本书资源使用说明

北京邮电大学出版社
·北京·

内 容 提 要

本书是对全新的立体化"互联网+"教材的探索.本书根据高等院校"高等数学"教学体系改革与实践的要求编写而成.全书内容包括函数与极限、一元微分学、一元积分学、多元微分学、多元积分学、无穷级数、微分方程等知识.

本书结构严谨,逻辑性强,解释清晰,例题丰富,习题数量、难易适中,可作为高等院校高等数学课程的教材,亦可供理、工、农林、经管等各专业的学生和相关领域技术人员作为参考书使用.

图书在版编目(CIP)数据

高等数学/周保平主编. —2版. -- 北京:北京邮电大学出版社,2020.6(2022.6重印)
ISBN 978-7-5635-6064-6

Ⅰ.①高… Ⅱ.①周… Ⅲ.①高等数学—高等学校—教材 Ⅳ.①O13

中国版本图书馆 CIP 数据核字(2020)第 088069 号

书　　名	高等数学(第 2 版)
主　　编	周保平
责任编辑	马　飞
出版发行	北京邮电大学出版社
社　　址	北京市海淀区西土城路 10 号(100876)
电话传真	010-82333010　62282185(发行部)　010-82333009　62283578(传真)
网　　址	3.buptpress.com
电子信箱	buptpress3@163.com
经　　销	各地新华书店
印　　刷	三河市骏杰印刷有限公司
开　　本	787 mm×1 092 mm　1/16
印　　张	17
字　　数	420 千字
版　　次	2020 年 6 月第 2 版　2022 年 6 月第 3 次印刷

ISBN 978-7-5635-6064-6　　　　　　　　　　　　　定价:52.00 元

如有质量问题请与发行部联系

版权所有　侵权必究

前　言

本书是根据"高等数学"教学体系改革与实践的要求编写而成的,并配以手机 App 和网络教学平台等辅助教学手段,配套了丰富的学习资源库.高等数学课程是本科专业的一门重要的基础理论课,它为提高学生的科学文化素质,学生学习后续课程,从事科学研究工作,以及进一步获得现代科学知识奠定必要的数学基础.

本书内容翔实,通俗易懂,主要包含以下特点:

1. 遵循教师的教学规律,同时便于学生提高自主学习的能力.在保证知识体系完整的前提下,书中融入了适当的数字资源,以培养学生的综合素质.

2. 便于学生自主复习和归纳总结,突出重点,注重释义.

3. 根据循序渐进的学习原则,对各章节的基本概念、基本理论、基本方法作了深入浅出的介绍,并配备了不同难度的例题及总复习题,适合不同层次的学生学习和提高.

4. 附录中编写了数学基本公式和希腊字母读音表,书末还附有习题参考答案,以帮助学生进行自主学习.

本书由周保平担任主编,由韩天红、齐立美、刘博瑞、江伟、蒋青松、刘婵和吐尔洪江担任副主编.全书共十章,第一章由周保平、韩天红编写;第二章由周保平、朱夺宝编写;第三章由韩天红、徐翔燕编写;第四章由齐立美、安艳、郭丽峰编写;第五章由周保平、韩天红、郭丽峰编写;第六章由刘博瑞、牛旭、蒋青松编写;第七章由江伟、吐尔洪江、严志丹编写;第八章由刘婵、李春娥、孙伦伦编写;第九章由齐立美、张吉林、严志丹编写;第十章由蒋青松、吐尔洪江、刘博瑞编写;附录及参考答案由韩天红、严志丹、刘博瑞、江伟、张立欣编写.全书由周保平审阅并制图,由韩天红、齐立美进行排版校对.此外,马飞审查了全书配套在线课程的教学资源并提供了版式和装帧设计方案.

由于编者水平有限,时间仓促,书中不当之处在所难免,恳请同仁和读者批评、指正.

编　者
2020 年 2 月

目录 CONTENTS

第一章 函数 ······ 1
- §1.1 预备知识 ······ 1
- §1.2 函数及其表示法 ······ 4
- §1.3 函数的几种特性 ······ 8
- §1.4 反函数和复合函数 ······ 11
- §1.5 初等函数 ······ 14

第二章 极限与连续 ······ 21
- §2.1 极限的概念 ······ 21
- §2.2 无穷小量与无穷大量 ······ 24
- §2.3 极限的运算法则 ······ 27
- §2.4 两个重要极限 ······ 30
- §2.5 函数的连续性 ······ 33

第三章 导数与微分 ······ 41
- §3.1 导数的概念 ······ 41
- §3.2 导数的运算法则与基本公式 ······ 45
- §3.3 导数运算 ······ 51
- §3.4 高阶导数 ······ 55
- §3.5 微分 ······ 58

第四章 导数的应用 ······ 63
- §4.1 微分中值定理 ······ 63
- §4.2 洛必达法则 ······ 69
- §4.3 函数的单调性 ······ 74
- §4.4 函数的极值和最值 ······ 77
- §4.5 函数曲线的凹凸性与拐点 ······ 83
- §4.6 函数的作图 ······ 86
- §4.7 曲率 ······ 89
- §4.8 方程的近似根 ······ 93

第五章 不定积分 ······ 98
- §5.1 不定积分的概念与性质 ······ 98

§5.2 换元积分法 ······ 108
§5.3 分部积分法 ······ 119

第六章 定积分及其应用 ······ 125
§6.1 定积分的概念 ······ 125
§6.2 定积分的性质 ······ 128
§6.3 微积分学基本公式 ······ 131
§6.4 定积分的换元积分法 ······ 137
§6.5 定积分的分部积分法 ······ 140
§6.6 广义积分 ······ 142
§6.7 定积分的应用 ······ 145

第七章 向量代数与空间解析几何 ······ 156
§7.1 向量及其线性运算 ······ 156
§7.2 点的坐标与向量的坐标 ······ 159
§7.3 向量的方向余弦 ······ 161
§7.4 数量积与向量积 ······ 163
§7.5 平面及其方程 ······ 166
§7.6 空间直线及其方程 ······ 170
§7.7 曲面与空间曲线 ······ 173

第八章 多元函数微积分学及其应用 ······ 178
§8.1 多元函数的基本概念 ······ 178
§8.2 偏导数 ······ 183
§8.3 全微分 ······ 188
§8.4 多元复合函数的求导法则 ······ 190
§8.5 二元函数的极值 ······ 193
§8.6 二重积分 ······ 196

第九章 无穷级数 ······ 210
§9.1 常数项级数的概念与性质 ······ 210
§9.2 常数项级数的审敛法 ······ 214
§9.3 幂级数 ······ 221
§9.4 函数展开成幂级数 ······ 226
§9.5 幂级数在近似计算中的应用 ······ 231

第十章 微分方程 ······ 236
§10.1 微分方程的一般概念 ······ 236
§10.2 变量可分离的微分方程 ······ 240
§10.3 一阶线性微分方程 ······ 242

§10.4 可降阶的高阶微分方程 …………………………………………………………… 246
§10.5 二阶常系数齐次线性微分方程 ……………………………………………………… 249
§10.6 二阶常系数非齐次线性微分方程 …………………………………………………… 252
§10.7 微分方程的应用举例 ………………………………………………………………… 254

附录一 数学基本公式 …………………………………………………………………………… 261

附录二 希腊字母读音表 ………………………………………………………………………… 263

第一章 函数

初等数学研究的主要是常量及其运算,而高等数学所研究的主要是变量及变量之间的依赖关系,函数正是这种依赖关系的体现.函数是高等数学中最重要的基本概念.本章将在复习中学教材中有关函数内容的基础上,进一步研究函数的性质,分析初等函数的结构.

§1.1 预备知识

一、实数集

随着社会的发展,人类逐步加深了对数的认识.**正整数**首先被人类所认识,全体正整数构成的整数集记为 $\mathbf{N} = \{1, 2, \cdots\}$. 为了使减法运算能够顺利进行,数的范围扩大到了**整数**,整数集记为 $\mathbf{Z} = \{\cdots, -2, -1, 0, 1, 2, \cdots\}$. 为了除法运算的顺利进行,数的范围扩大到了有理数,有理数集记为 $\mathbf{Q} = \left\{ x \mid x = \dfrac{p}{q}; p, q \in \mathbf{Z}, q \neq 0 \right\}$,即一个数是**有理数**当且仅当它可以写成分数. 如果用十进制小数来表示有理数,则有理数被写成有穷的,或者是无限循环的小数,如 $\dfrac{1}{2} = 0.5, -\dfrac{1}{4} = -0.25, \dfrac{4}{3} = 1.\dot{3}$. 反之,有穷小数或无限循环的小数都可以化成分数.

具有原点、正方向和单位长度的直线称为**数轴**. 任何一个有理数都恰有数轴上的一个点与其对应. 这种与有理数对应的点称为有理点. 有理点在数轴上是处处稠密的,即在任意的两个有理点之间,仍有有理点. 这是因为,对于任何不相等的两个有理数 a 和 b,均有有理数 $\dfrac{a+b}{2}$ 介于其间. 虽然有理数在数轴上处处稠密,但有理点却未充满整个数轴,如圆周率 π,边长为 1 的正方形的对角线长度 $\sqrt{2}$,当它们被表示成十进制小数时,都不是有穷的或无限循环的. 经计算 $\pi = 3.141\,592\,6\cdots, \sqrt{2} = 1.414\,213\,5\cdots$. 这种无限不循环小数称为**无理数**. 无理数在数轴上对应的点叫作无理点.

有理数与无理数统称为**实数**,实数集记为 $\mathbf{R}$. 本书如无特殊申明,总是在 $\mathbf{R}$ 上讨论问题. 实数的全体充满了整个数轴,即实数不但是稠密的,而且是连续的. 实数与数轴上的点形成了一一对应关系. 实数系可表示为:

$$
\text{实数} \begin{cases} \text{有理数} \begin{cases} \text{正有理数} \begin{cases} \text{正整数} \\ \text{正分数} \end{cases} \\ \text{零} \\ \text{负有理数} \begin{cases} \text{负整数} \\ \text{负分数} \end{cases} \end{cases} \\ \text{无理数} \begin{cases} \text{正无理数} \\ \text{负无理数} \end{cases} \text{(无限不循环小数)} \end{cases}
$$

二、实数的绝对值

实数的绝对值是数学里经常用到的概念,下面介绍实数绝对值的定义及一些性质.

实数 x 的绝对值记为 $|x|$,它是一个非负实数,即

$$|x| = \begin{cases} x, & x \geq 0, \\ -x, & x < 0. \end{cases}$$

例如,$|3.78| = 3.78$,$|-8| = 8$,$|0| = 0$. $|x|$ 的几何意义为数轴上点 x 到原点的距离.

实数的绝对值有如下性质.

(1) 对于任意的 $x \in \mathbf{R}$,有 $|x| \geq 0$. 当且仅当 $x = 0$,才有 $|x| = 0$.

(2) 对于任意的 $x \in \mathbf{R}$,有 $|-x| = |x|$.

(3) 对于任意的 $x \in \mathbf{R}$,有 $|x| = \sqrt{x^2}$.

(4) 对于任意的 $x \in \mathbf{R}$,有 $-|x| \leq x \leq |x|$.

(5) 设 $a > 0$,则 $|x| < a$ 的充分必要条件是 $-a < x < a$.

(6) 设 $a \geq 0$,则 $|x| \leq a$ 的充分必要条件是 $-a \leq x \leq a$.

(7) 设 $a \geq 0$,则 $|x| > a$ 的充分必要条件是 $x < -a$ 或 $x > a$.

(8) 设 $a \geq 0$,则 $|x| \geq a$ 的充分必要条件是 $x \leq -a$ 或 $x \geq a$.

实数的几何解释是很直观的.例如,性质(5),在数轴上 $|x| < a$ 表示所有与原点距离小于 a 的点 x 构成的点集,$-a < x < a$ 表示所有位于点 $-a$ 与点 a 之间点 x 构成的点集,它们表示同一个点集.由性质(5)可以推得不等式 $|x - A| < a$ 与 $A - a < x < A + a$ 是等价的,其中,A 为实数,a 为正实数.

关于实数四则运算的绝对值,有以下的结论.

对于任意的 $x, y \in \mathbf{R}$,恒有:

(1) $|x + y| \leq |x| + |y|$ (三角不等式);

(2) $|x - y| \geq ||x| - |y|| \geq |x| - |y|$;

(3) $|xy| = |x||y|$;

(4) $\left|\dfrac{x}{y}\right| = \dfrac{|x|}{|y|}$ ($y \neq 0$).

下面仅就结论(1)进行证明.

证 由性质(4),有 $-|x| \leq x \leq |x|$ 及 $-|y| \leq y \leq |y|$,从而有

$$-(|x| + |y|) \leq x + y \leq |x| + |y|.$$

根据性质(6),由于 $|x + y| \geq 0$[相当于性质(6)中 $a \geq 0$],得

$$|x + y| \leq |x| + |y|.$$

三、区间与邻域

区间是高等数学中常用的实数集,包括四种有限区间和五种无限区间,它们的名称、记号和定义如下:

闭区间 $[a, b] = \{x \mid a \leq x \leq b\}$;

开区间 $(a, b) = \{x \mid a < x < b\}$;

半开区间 $(a, b] = \{x \mid a < x \leq b\}$;

$[a, b) = \{x \mid a \leq x < b\}$;

无限区间 $(a,+\infty) = \{x \mid a < x\}$;
$[a,+\infty) = \{x \mid a \leqslant x\}$;
$(-\infty,b) = \{x \mid x < b\}$;
$(-\infty,b] = \{x \mid x \leqslant b\}$;
$(-\infty,+\infty) = \{x \mid x \in \mathbf{R}\}$.

其中,a,b 为确定的数,分别称为区间的左端点和右端点.闭区间$[a,b]$、半开区间$(a,b]$及$[a,b)$、开区间(a,b)称为**有限区间**.有限区间左、右端点之间的距离 $b-a$ 称为**区间长度**.$+\infty$ 与 $-\infty$ 分别读作"正无穷大"与"负无穷大",它们不表示任何数,仅仅是记号.

区间在数轴上如图 1-1 表示.

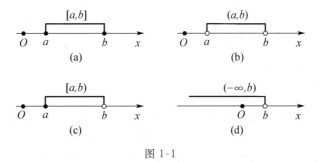

图 1-1

邻域也是在高等数学中经常用到的概念.

称实数集
$$\{x \mid |x-a| < \delta\}$$
为点 a 的 δ 邻域,记作 $U(a,\delta)$,其中,a 称为**邻域的中心**,δ 称为**邻域的半径**,由邻域的定义知,
$$U(a,\delta) = (a-\delta, a+\delta)$$
表示分别以 $a-\delta, a+\delta$ 为左、右端点的开区间,区间长度为 2δ,如图 1-2(a) 所示.

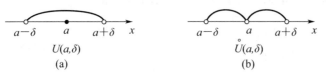

图 1-2

在 $U(a,\delta)$ 中去掉中心点 a 得到的实数集
$$\{x \mid 0 < |x-a| < \delta\}$$
称为点 a 的**去心 δ 邻域**,记作 $\overset{\circ}{U}(a,\delta)$.显然,去心邻域 $\overset{\circ}{U}(a,\delta)$ 是两个开区间 $(a-\delta,a)$ 和 $(a,a+\delta)$ 的并,即 $\overset{\circ}{U}(a,\delta) = (a-\delta,a) \cup (a,a+\delta)$,如图 1-2(b) 所示.

习题 1.1

1.用区间表示下列不等式或邻域的范围:
(1)$x \leqslant 0$; (2)$-1 \leqslant x < 2$; (3)$|x-2| < \varepsilon$; (4)$U(a,\delta)$.

§1.2 函数及其表示法

一、变量与常量

在观察自然现象或研究实际问题时,我们经常会遇到各种各样的量. 如果一个量在某过程中是变化的,即可以取不同的数值,则称这种量为**变量**;如果一个量在某过程中保持不变,总取同一值,则称这种量为常量. 本书中变量通常用 $x,y,t,\cdots$ 表示,常量通常用 $a,b,c,\cdots$ 表示.

例如,一列从天津直达北京的旅客快车在行驶过程中,列车的速度、列车距北京的距离及列车中的燃油重量都是变量,而列车中的旅客数和车厢节数是常量. 在列车抵达北京站,旅客下车的过程中,列车的速度、列车距北京站的距离是常量,而列车上的旅客数则是个变量. 可见,常量与变量都是对某一过程而言.

为了讨论问题的方便,常量可以看成是特殊的变量.

二、函数的概念

在同一个过程中,往往有几个变量同时存在,变量与变量之间的依赖关系正是高等数学研究的主要问题. 本章只讨论两个变量的情况. 先看下面的例子.

例 1 自由落体运动. 设物体下落的时间为 t,下落的距离为 s,假定开始下落的时刻为 $t=0$,那么 s 与 t 之间的依赖关系由下式给定:

$$s = \frac{1}{2}gt^2,$$

其中 g 是重力加速度. 假定物体着地时刻 $t=T$,那么当时间 t 在闭区间 $[0,T]$ 上任取一值时,由上式就可以确定相应的 s 值.

例 2 公用电话收费. 在公用电话亭打市内电话,每 3 分钟收费 0.4 元,不足 3 分钟按 3 分钟收费,这样就规定了打电话用时 t 与费用 S 之间的关系:

$$S = \begin{cases} 0.4\left(\left[\dfrac{t}{3}\right]+1\right), & t>0, t\neq 3k, \\ \dfrac{0.4t}{3}, & t=3k, \end{cases} \quad k=1,2,3,\cdots,$$

其中 $\left[\dfrac{t}{3}\right]$ 表示不超过 $\dfrac{t}{3}$ 的最大整数,例如,$[0.6]=0, [2.31]=2$.

上面两个例子均表达了两个变量之间的依赖关系,每个依赖关系对应一个法则,根据各自的法则,当其中一个变量在某一数集内任取一值时,另一个变量就有确定值与之对应. 两个变量之间的这种依赖关系称为函数关系.

定义 设 x 和 y 是两个变量,X 是实数集 **R** 的子集. 如果对任何的 $x \in X$,变量 y 按照一定的规律都有确定的数值与之对应,则称 y 是 x 的**函数**,记作

$$y = f(x),$$

称 X 为该函数的**定义域**,称 x 为**自变量**,称 y 为**因变量**.

当自变量 x 取数值 $x_0 \in X$ 时,与 x_0 对应的因变量 y 的值称为函数 $y=f(x)$ 在点 x_0 处的**函数值**,记为 $f(x_0)$,或 $y|_{x=x_0}$. 当 x 取遍 X 的各个数值时,对应的变量 y 取值的全体组成的数集称作这个函数的**值域**.

在函数 $y=f(x)$ 中记号 f 表示自变量 x 与因变量 y 的对应规则,也可以改用其他字母,如 F,φ,f_1,f_2 等. 如果两个函数的定义域相同,并且对应规则也相同(从而值域也相同),那么它们就应该用同一个记号来表示.

在实际问题中,函数的定义域是由实际意义决定的. 如例1中的定义域为 $[0,T]$,例2中的定义域为 $(0,+\infty)$. 在研究由公式表达的函数时,我们约定:函数的定义域就是使函数表达式有意义的自变量的一切实数所组成的数集. 例如,函数 $y=\sqrt{1-x^2}$ 的定义域是 $[-1,1]$,函数 $y=\dfrac{1}{\sqrt{1-x^2}}$ 的定义域是 $(-1,1)$.

例 3 求函数 $y=\dfrac{x+1}{x+3}$ 的定义域.

解 当分母 $x+3\neq 0$ 时,此函数式都有意义. 因此函数的定义域为 $x\neq -3$ 的全体实数,用区间表示为 $(-\infty,-3)$ 和 $(-3,+\infty)$.

例 4 求函数 $y=\sqrt{16-x^2}+\lg\sin x$ 的定义域.

解 要使函数 y 有定义,必须使
$$\begin{cases} 16-x^2 \geqslant 0, \\ \sin x > 0 \end{cases}$$
成立,即
$$\begin{cases} -4 \leqslant x \leqslant 4, \\ 2n\pi < x < (2n+1)\pi, \quad n=0,\pm 1,\pm 2,\cdots, \end{cases}$$
这两个不等式的公共解为
$$-4 \leqslant x < -\pi \text{ 与 } 0 < x < \pi,$$
所以函数的定义域为 $[-4,-\pi)$ 与 $(0,\pi)$.

例 5 求函数 $f(x)=x^2-3x+5$ 在点 $x=3, x=x_0+1, x=x_0+h$ 各处的函数值.

解 $f(3)=3^2-3\times 3+5=5,$
$f(x_0+1)=(x_0+1)^2-3(x_0+1)+5$
$\qquad\quad =x_0^2-x_0+3,$
$f(x_0+h)=(x_0+h)^2-3(x_0+h)+5$
$\qquad\quad =x_0^2+2hx_0+h^2-3x_0-3h+5$
$\qquad\quad =x_0^2+(2h-3)x_0+(h^2-3h+5).$

例 6 设有函数 $f(x)=x-1$ 和 $g(x)=\dfrac{x^2-1}{x+1}$,问它们是否为同一个函数?

解 当 $x\neq -1$ 时,函数值 $f(x)=g(x)$,但是 $f(x)$ 的定义域为 $(-\infty,+\infty)$,而 $g(x)$ 在点 $x=-1$ 处无定义,其定义域为 $(-\infty,-1)$ 与 $(-1,+\infty)$. 由于 $f(x)$ 与 $g(x)$ 的定义域不同,所以它们不是同一个函数.

如果自变量在定义域内任取一个值时,对应的函数值只有一个,这种函数称为**单值函数**,否则称为**多值函数**. 例如,$y=2x$ 是单值函数. 由方程 $x^2+y^2=1$ 可确定 $y=\pm\sqrt{1-x^2}$,任取 $x\in(-1,1)$,y 就有两个值与其对应,因此这里的 y 是 x 的多值函数,但是可以把它分成两个单值函数(或称单值分支)$y=\sqrt{1-x^2}$ 和 $y=-\sqrt{1-x^2}$.

以后凡没有特别说明,本书讨论的函数都是指单值函数.

设函数 $y = f(x)$ 的定义域为 X. 在平面直角坐标系 xOy 中,对于任意的 $x \in X$,通过函数 $y = f(x)$ 都可确定一个点 $M(x,y)$,当 x 取遍定义域 X 中的所有值时,点 $M(x,y)$ 描出的图形称为函数 $y = f(x)$ 的图形. 一个函数的图形通常是一条曲线,如图 1-3 所示. 因此,又称函数 $y = f(x)$ 的图形为曲线 $y = f(x)$.

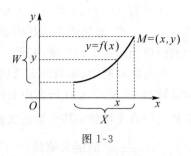

图 1-3

三、函数的表示法

在函数的定义中,并没有规定用什么方法来表示函数. 为了能很好地研究函数关系,就应该采用适当的方法把它表示出来. 函数的表示法通常有三种:表格法、图示法和公式法.

(1) **表格法**. 表格法就是把自变量 x 与因变量 y 的一些对应值用表格列出,这样函数关系就用表格表示出来. 例如,大家熟悉的对数表、开方表和三角函数表等都是用表格法来表示函数的.

表格法表示函数的优点是使用方便,可以直接得到函数值;缺点是数据不全,不能查出函数的任意值,当表很大时变量变化的全面情况不易从表上看清楚,不便于进行运算和分析.

(2) **图示法**. 函数 $y = f(x)$ 的图形(见图 1-3)直观地表达了自变量 x 与因变量 y 之间的关系. 图示法的优点是直观性强,函数的主要特性在图上一目了然. 例如,因变量的增减情况及因变量增减的快慢都可以通过曲线的升、降及陡、缓表示出来.

例 7 某河道的一个断面如图 1-4 所示,在断面 xOy 上,离岸边距离为 x 处的深度为 y. x,y 之间的函数关系由图 1-4 表示,函数的定义域为 $[0,b]$.

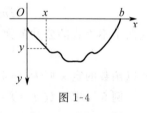

图 1-4

图示法的缺点是不便于作理论上的分析、推导和运算.

(3) **公式法**. 用数学公式表示自变量和因变量之间的对应关系,是函数的公式表示法. 如例 1、例 2 都是用公式法表示函数. 用公式法表示函数的优点是简明准确,便于理论分析,缺点是不够直观并且有些实际问题(见例 7)中遇到的函数关系,很难甚至不能用公式法表示.

函数的三种表示法各有优点和缺点,针对不同的问题可以采用不同的表示法,有时为了把函数关系表达清楚,往往同时使用两种以上的表示法. 本书一般采用公式法表示函数,为了直观,经常辅以图示法.

用公式法表示函数,通常用一个公式就可以,如 $y = \sin x, s = \frac{1}{2}gt^2$ 等. 但有一些函数,当自变量在不同的范围内取值时,对应法则不能用同一个公式表达,而要用两个或两个以上的公式表示,这类函数称为**分段函数**(见例 2). 下面再举两个分段函数的例子.

例 8 旅客携带行李乘飞机旅行时,行李的重量不超过 20 kg 时不收费用;若超过 20 kg,则每超过 1 kg 收运费 a 元,建立运费 y 与行李重量 x 的函数关系.

解 因为当 $0 \leqslant x \leqslant 20$ 时,费用 $y = 0$;而当 $x > 20$ 时,只有超过的部分 $x - 20$ 按每千克收运费 a 元,此时 $y = a(x-20)$. 于是函数 y 可以写成:

$$y = \begin{cases} 0, & 0 \leqslant x \leqslant 20. \\ a(x-20), & x > 20. \end{cases}$$

这样便建立了行李重量 x 与行李运费 y 之间的函数关系.

例 9 设 $y=f(x)=\begin{cases} x^2, & 0\leqslant x\leqslant 1, \\ 2x, & 1< x\leqslant 2, \end{cases}$ 求 $f\left(\dfrac{1}{2}\right)$, $f\left(\dfrac{3}{2}\right)$.

解 由题知 $f(x)$ 的定义域为 $[0,2]$. 当 $x\in[0,1]$ 时，$f(x)=x^2$；当 $x\in(1,2]$ 时，$f(x)=2x$，如图 1-5 所示. 由于 $\dfrac{1}{2}\in[0,1]$，因此 $f\left(\dfrac{1}{2}\right)=\left(\dfrac{1}{2}\right)^2=\dfrac{1}{4}$；而 $\dfrac{3}{2}\in(1,2]$，因此 $f\left(\dfrac{3}{2}\right)=2\times\dfrac{3}{2}=3$.

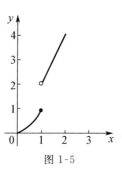

图 1-5

分段函数是公式法表达函数的一种方式. 在理论分析和实际应用方面都是很有用的. 需要注意的是，分段函数是用几个公式合起来表示一个函数，而不是表示几个函数.

习题 1.2

1. 求下列函数的定义域：

(1) $y=\sqrt{3-x^2}$；　　　　　　(2) $y=\dfrac{1}{\sqrt{x^2-3}}$；　　　　　　(3) $y=\dfrac{1}{1-x^2}$；

(4) $y=\sqrt{2+x}+\dfrac{1}{\lg(1-x)}$；　(5) $y=\dfrac{2x}{x^2-3x+2}$；　　　(6) $y=\sqrt{\dfrac{1+x}{1-x}}$；

(7) $y=\begin{cases} \sin x, & 0\leqslant x<\dfrac{\pi}{2}, \\ x, & \dfrac{\pi}{2}\leqslant x<\pi. \end{cases}$

2. 在下列各题中，$f(x)$ 和 $g(x)$ 是否表示同一函数？为什么？

(1) $f(x)=x$，　$g(x)=\sqrt{x^2}$；

(2) $f(x)=\lg x^2$，　$g(x)=2\lg x$；

(3) $f(x)=\sin x$，　$g(x)=\sqrt{1-\cos^2 x}$；

(4) $f(x)=|\cos x|$，　$g(x)=\sqrt{1-\sin^2 x}$；

(5) $f(x)=x\sqrt[3]{x}$，　$g(x)=\sqrt[3]{x^4}$.

3. 求函数值：

(1) 设 $f(x)=\sqrt{3+x^2}$，求 $f(4), f(1), f(0), f(-1), f(x_0)$ 和 $f\left(\dfrac{1}{a}\right)$.

(2) 设 $f(x)=3x+2$，求 $f(1), f(1+h)$ 及 $\dfrac{f(1+h)-f(1)}{h}$.

(3) 设 $\varphi(t)=t^2$，求 $\varphi(2), [\varphi(3)]^3, \varphi(-1)$.

(4) 设

$$\varphi(x)=\begin{cases} 2^x, & -1<x<0, \\ 2, & 0\leqslant x<1, \\ x-1, & 1\leqslant x\leqslant 3, \end{cases}$$

求 $\varphi(3), \varphi(2), \varphi(0), \varphi(0.5)$ 及 $\varphi(-0.5)$.

4. 有一块边长为 l 的正方形铁皮，在它的四角各剪去边长相等的小正方形，折叠后做成一个无盖的盒子. 求这个盒子的容积 V 与被剪去的小正方形边长 x 之间的函数关系.

5. 已知一物体与地平面的摩擦系数是 μ，质量是 m. 设有一与水平方向成角为 α 的拉力 F，使物体从静止开始移动，如图 1-6 所示，求物体开始移动时拉力 F 与角 α 之间的函数关系.

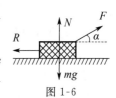

图 1-6

§1.3 函数的几种特性

一、有界性

设函数 $y=f(x)$ 的定义域为 D,数集 $X \subset D$,如果存在正数 M,使得对于任意的 $x \in X$,都有不等式

$$|f(x)| \leqslant M$$

成立,则称 $f(x)$ 在 X 上**有界**;如果这样的 M 不存在,就称 $f(x)$ 在 X 上**无界**.

如果 M 为 $f(x)$ 的一个界,易知比 M 大的任何一个正数都是 $f(x)$ 的界.

如果 $f(x)$ 在 X 上无界,那么对于任意一个给定正数 M,X 中总有相应的点 x_M,使

$$|f(x_M)| > M.$$

当函数 $y=f(x)$ 在 $[a,b]$ 上有界时,函数 $y=f(x)$ 的图形恰好位于直线 $y=M$ 和 $y=-M$ 之间,如图 1-7 所示. 例如,函数 $f(x) = \sin x$ 在 $(-\infty, +\infty)$ 内是有界的,这是因为对于任意的 $x \in (-\infty, +\infty)$,都有

$$|\sin x| \leqslant 1$$

成立,这里 $M=1$. 函数 $y = \sin x$ 的图形位于直线 $y=1$ 和 $y=-1$ 之间.

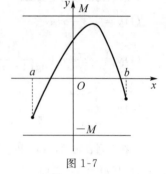

图 1-7

应该注意,函数的有界性,不仅仅要注意函数的特点,还要注意自变量的变化范围 X. 例如,函数 $f(x) = \dfrac{1}{x}$ 在区间 $(1,2)$ 内是有界的. 事实上,若取 $M=1$,则对任何 $x \in (1,2)$ 都有

$$|f(x)| = \left|\dfrac{1}{x}\right| \leqslant 1$$

成立,而 $f(x) = \dfrac{1}{x}$ 在区间 $(0,1)$ 内是无界的.

二、单调性

函数 $y = x^3$,当自变量 x 增大时,函数值也随之增大;反之,函数 $y = -x$,当自变量 x 增大时,函数值却随之减小. 具有这种特性的函数称为单调函数. 函数的单调性可用数学语言描述如下:

设函数 $y = f(x)$ 在区间 I 上有定义[即 I 是函数 $y = f(x)$ 的定义域或者是定义域的一部分]. 如果对于任意的 $x_1, x_2 \in I$,当 $x_1 < x_2$ 时,均有

$$f(x_1) \leqslant f(x_2) \quad [\text{或}\ f(x_1) \geqslant f(x_2)],$$

则称函数 $y = f(x)$ 在区间 I 上**单调增加**(或**单调减少**). 如果对于区间 I 上任意两点 x_1 及 x_2,当 $x_1 < x_2$ 时,均有

$$f(x_1) < f(x_2) \quad [\text{或}\ f(x_1) > f(x_2)],$$

则称函数 $y = f(x)$ 在区间 I 上**严格单调增加**(或**严格单调减少**).

严格单调增加的函数的图形是沿 x 轴正向上升的,如图 1-8 所示;严格单调减少的函数的

图形是沿 x 轴正向下降的,如图 1-9 所示.

在区间 I 上单调增加的或者单调减少的函数,统称为在区间 I 上的**单调函数**,或者说其在 I 上是单调的,并称 I 为这个函数的**单调区间**. 单调性是关于函数在所讨论区间上的一个概念,绝不能离开区间谈函数的单调性.

例如,函数 $f(x)=x^3$ 在 $(-\infty,+\infty)$ 内是严格单调增加的,如图 1-10 所示;函数 $f(x)=x^2$ 在 $(-\infty,0]$ 上是严格单调减少的,在 $[0,+\infty)$ 上是严格单调增加的,而在 $(-\infty,+\infty)$ 内则不是单调函数,如图 1-11 所示.

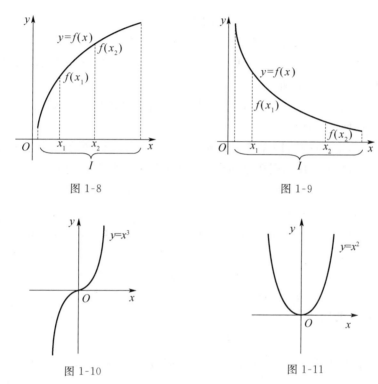

图 1-8   图 1-9

图 1-10   图 1-11

三、奇偶性

设函数 $y=f(x)$ 的定义域 D 是关于原点对称的,即当 $x\in D$ 时,有 $-x\in D$. 如果对于任意的 $x\in D$,均有
$$f(x)=f(-x),$$
则称 $f(x)$ 为**偶函数**.

如果对于任意的 $x\in D$,均有
$$f(-x)=-f(x),$$
则称 $f(x)$ 为**奇函数**.

偶函数的图形是关于 y 轴对称的. 奇函数的图形是关于坐标原点对称的.

例 1 讨论下列函数的奇偶性:

(1) $f(x)=x^2$; (2) $f(x)=x^3$; (3) $f(x)=x^2+x^3$.

解 (1) 因为 $f(-x)=(-x)^2=x^2=f(x)$,从而知 $f(x)=x^2$ 是偶函数.

(2) 因为 $f(-x)=(-x)^3=-x^3=-f(x)$,从而知 $f(x)=x^3$ 是奇函数.

(3) 因为 $f(-x) = x^2 - x^3$,而 $f(x) = x^2 + x^3$,$-f(x) = -x^2 - x^3$,当 $x \neq 0$ 时,$f(-x) \neq f(x)$ 且 $f(-x) \neq -f(x)$,所以 $f(x) = x^2 + x^3$ 既不是偶函数也不是奇函数.

在常见的函数中,$\sin x$ 是奇函数,$\cos x$ 是偶函数. 当 n 为偶数时,函数 $y = x^n$ 是偶函数;当 n 为奇数时,函数 $y = x^n$ 是奇函数.

四、周期性

设函数 $y = f(x)$,如果存在正常数 T,使得对于定义域内的任何 x 均有 $x + T$ 也在该定义域内,且
$$f(x + T) = f(x)$$
成立,则称函数 $y = f(x)$ 为**周期函数**,称 T 为 $f(x)$ 的周期.

显然,若 T 是周期函数 $f(x)$ 的周期,则 kT 也是 $f(x)$ 的周期($k = 1, 2, \cdots$),通常我们说的周期函数的周期是指**最小正周期**.

例如,函数 $y = \sin x$ 及 $y = \cos x$ 都是以 2π 为周期的周期函数;函数 $y = \tan x$ 及 $y = \cot x$ 都是以 π 为周期的周期函数.

周期函数的图形呈周期状,即在其定义域上任意两个长度相同的区间上,只要它们的两端点之间的距离是 kT(k 为整数),则在这两个区间上函数的图形有相同的形状.

例 2 求函数 $f(t) = A\sin(\omega t + \varphi)$ 的周期,其中,A, ω, φ 为常数.

解 设所求的周期为 T,由于
$$f(t + T) = A\sin[\omega(t + T) + \varphi] = A\sin[(\omega t + \varphi) + \omega T].$$
要使
$$f(t + T) = f(t),$$
即
$$A\sin[(\omega t + \varphi) + \omega T] = A\sin(\omega t + \varphi)$$
成立,并注意到 $\sin t$ 的周期为 2π,只需
$$\omega T = 2n\pi \quad (n = 0, 1, 2, \cdots),$$
使上式成立的最小正数为 $T = \dfrac{2\pi}{\omega}$(取 $n = 1$),所以函数 $f(t) = A\sin(\omega t + \varphi)$ 的周期是 $T = \dfrac{2\pi}{\omega}$.

习题 1.3

1. 一般在一块水田施用肥料越多,水稻的产量就越高. 但是,肥料施用得过多(比如超过某一定数 x_0),水稻也会受到毒害,使产量急剧下降,试画出水稻产量 y 作为施肥量 x 的函数的大致图形.

2. 下列函数中哪些是偶函数,哪些是奇函数,哪些函数非奇非偶?

   (1) $y = 2x^4(x^2 - 1)$;
   (2) $y = x + \sin x$;
   (3) $y = x\cos x$;
   (4) $y = \ln(x + \sqrt{1 + x^2})$;
   (5) $y = x(x - 1)(x + 1)$;
   (6) $y = \sin x + 2\cos x$.

3. 指出下列函数的单调性:

   (1) $y = 3x + 2$;
   (2) $y = (x - 1)^2$;
   (3) $y = 3^x$;
   (4) $y = \tan x \quad \left(-\dfrac{\pi}{2} < x < \dfrac{\pi}{2}\right)$.

4. 下列函数哪些是周期函数？对于周期函数请指出其周期.

(1) $y = \cos \dfrac{x}{2}$;

(2) $y = \sin 2x$;

(3) $y = x\cos x$;

(4) $y = \sin^2 x$;

(5) $y = \tan\left(x + \dfrac{\pi}{4}\right)$;

(6) $y = \sin x + \dfrac{1}{2}\sin 2x + \dfrac{1}{3}\sin 3x$.

5. 设 $f(x)$ 是定义在 $(-l, l)$ 上的函数，验证：

(1) $\varphi(x) = \dfrac{1}{2}[f(x) + f(-x)]$ 是偶函数；

(2) $\varphi(x) = \dfrac{1}{2}[f(x) - f(-x)]$ 是奇函数.

6. 设下面所考虑的函数的定义域都是对称区间 $(-l, l)$，证明：
(1) 两个偶函数之和是偶函数，两个奇函数之和是奇函数；
(2) 两个偶函数之积是偶函数，两个奇函数之积是偶函数，一个偶函数与一个奇函数之积是奇函数.

§1.4 反函数和复合函数

一、反函数

设函数 $y = f(x)$ 的定义域为 D，值域为 W，因为 W 是由函数值组成的数集，所以对每一个 $y_0 \in W$，存在 $x_0 \in D$ 与之对应，即 $f(x_0) = y_0$ 成立，这样的 x_0 可能不止一个，如图 1-12 所示.

一般地，对于任意的 $y \in W$，至少存在一个 $x \in D$，使得 x 与 y 相对应，且满足
$$f(x) = y.$$

按照函数的定义，如果把 y 看成是自变量，把 x 看成是因变量，便得到一个新的函数，称这个新的函数为函数 $y = f(x)$ 的**反函数**，记作 $x = \varphi(y)$，其定义域为 W，值域为 D. 这个新的函数关系是源于函数 $y = f(x)$ 的. 相对于反函数来说，称函数 $y = f(x)$ 为**直接函数**.

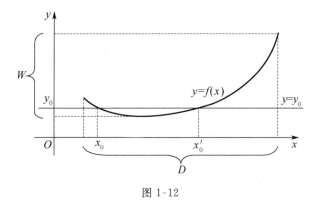

反函数

图 1-12

如图 1-12 所示，即使 $y = f(x)$ 是单值函数，也不能保证其反函数 $x = \varphi(y)$ 是单值函数. 例如，$y = x^2$ 或 $y = \sin x$，它们都是单值函数，但它们的反函数都不是单值函数. 如果函数 $y = f(x)$ **不但是单值的而且是严格单调的**，则其反函数 $x = \varphi(y)$ **也一定是单值并且是严格单调的**.

设函数 $y = f(x)$ 的反函数为

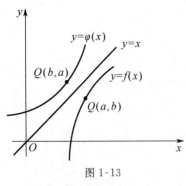

图 1-13

$$x = \varphi(y),$$

则其在直角坐标系 xOy 上的图形与 $y = f(x)$ 的图形是一致的. 习惯上,常用 x 表示自变量, y 表示函数,所以我们可以将反函数 $x = \varphi(y)$ 改写成

$$y = \varphi(x),$$

并且也称函数 $y = \varphi(x)$ 为 $y = f(x)$ 的反函数,由于改变了自变量与因变量的记号,因而函数 $y = \varphi(x)$ 在直角坐标系 xOy 上的图形与 $y = f(x)$ 的图形是关于直线 $y = x$ 对称的,如图 1-13 所示.

反函数的两种情形以后都会遇到,我们可以从前后文中知道究竟指的是哪一种情况.

例 1 设函数 $y = 2x - 3$,求它的反函数并画出图形.

解 从函数 $y = 2x - 3$ 中直接解出 x 得

$$x = \frac{1}{2}(y + 3),$$

这是所求的反函数,交换变量记号,得 $y = 2x - 3$ 的反函数为

$$y = \frac{1}{2}(x + 3).$$

直接函数 $y = 2x - 3$ 与其反函数 $y = \frac{1}{2}(x + 3)$ 的图形关于直线 $y = x$ 对称,如图 1-14 所示.

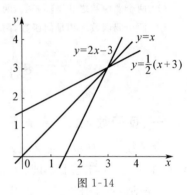

图 1-14

二、复合函数

先考察一个例子. 设 $y = 2^u$, 而 $u = \sin x$, 用 $\sin x$ 去代替第一个式子中的 u, 得

$$y = 2^{\sin x},$$

可以认为函数 $y = 2^{\sin x}$ 是由 $y = 2^u$ 及 $u = \sin x$ 复合而成的函数,这样的函数称作复合函数.

定义 设 y 是 u 的函数, $y = f(u), u \in U$, 而 u 是 x 的函数,即 $u = \varphi(x), x \in D$, 并且 $\varphi(x)$ 的值域包含于 $f(u)$ 的定义域,即 $\varphi(x) \in U, x \in D$, 则 y 通过 u 的联系也是 x 的函数,称此函数是由 $y = f(u)$ 及 $u = \varphi(x)$ 复合而成的**复合函数**,记作

$$y = f[\varphi(x)],$$

并称 x 为自变量,称 u 为**中间变量**.

由此定义可知,当里层函数的值域不包含于外层函数的定义域时,只要两者有公共部分,这时可以限制里层函数的定义域,使其对应的值域包含于外层函数定义域,就可以构成复合函数.

例如,函数 $y = \sin x^2$ 可以看成是由 $y = \sin u$ [定义域为 $(-\infty, +\infty)$] 与 $u = x^2$ [定义域为 $(-\infty, +\infty)$, 值域为 $[0, +\infty)$] 复合而成.

再如,函数 $y = \sqrt{1-x}$ 可以看成是由 $y = \sqrt{u}$ [定义域为 $[0, +\infty)$] 及 $u = 1 - x$ [定义域为 $(-\infty, +\infty)$, 值域为 $(-\infty, +\infty)$] 复合而成. 其定义域为 $(-\infty, 1]$, 是 $u = 1 - x$ 的定义域 $(-\infty, +\infty)$ 的一部分. 因为只有 $x \in (-\infty, 1]$ 时,函数 $u = 1 - x$ 的值才落入 $y = \sqrt{u}$ 的定义域 $[0, +\infty)$ 中.

应该指出,不是任何两个函数都可以组成一个复合函数的. 例如, $y = \arcsin u$ 及 $u = 2 +$

x^2 就不能组成复合函数. 原因是 $u=2+x^2$ 的值域 $[2,+\infty)$ 和 $y=\arcsin u$ 的定义域 $[-1,1]$ 无公共部分. 对于 $u=2+x^2$ 的定义域 $(-\infty,+\infty)$ 中任何 x 值, 形式上的复合函数 $y=\arcsin(2+x^2)$ 均无意义.

因此说函数 $y=f(u),u=\varphi(x)$ 可以构成复合函数的关键是外层函数 $f(x)$ 的定义域和里层函数 $\varphi(x)$ 的值域有公共部分.

复合函数也可以由两个以上的函数复合而成. 例如, 函数 $y=\cos^2\dfrac{x}{2}$ 是由 $y=u^2,u=\cos v$ 及 $v=\dfrac{x}{2}$ 复合而成, 其中, u 和 v 都是中间变量.

例 2 分析函数 $y=\cos 2^{x-1}$ 是由哪几个函数复合而成.

解 函数 $y=\cos 2^{x-1}$ 是由 $y=\cos u, u=2^v$ 和 $v=x-1$ 复合而成, 并易知其定义域为 $(-\infty,+\infty)$.

例 3 求由函数 $y=\sqrt{u},u=3x-1$ 组成的复合函数, 并求其定义域.

解 由于 $y=\sqrt{u}$ 的定义域为 $[0,+\infty)$ 与 $u=3x-1$ 的值域 $(-\infty,+\infty)$ 有公共部分, 所以由它们可以组成复合函数

$$y=\sqrt{3x-1},$$

由于 $y=\sqrt{u}$ 必须 $u\geqslant 0$, 从而 $3x-1\geqslant 0$, 故复合函数的定义域是 $\left[\dfrac{1}{3},+\infty\right)$.

例 4 设 $f(x)=\dfrac{1}{1-x}$, 求 $f[f(x)],f\{f[f(x)]\}$.

解 $f[f(x)]=\dfrac{1}{1-f(x)}=\dfrac{1}{1-\dfrac{1}{1-x}}=1-\dfrac{1}{x},\quad x\neq 1,0$

$f\{f[f(x)]\}==\dfrac{1}{1-f[f(x)]}=\dfrac{1}{1-\left(1-\dfrac{1}{x}\right)}=x,\quad x\neq 1,0$

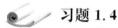

习题 1.4

1. 求下列函数的反函数:

(1) $y=\sqrt[3]{x+2}$;   (2) $y=\dfrac{1-x}{1+x}$;

(3) $y=2+\lg(x+1)$.

2. 写出由下列函数组成的复合函数, 并求复合函数的定义域:

(1) $y=\arcsin u,\quad u=1-x^2$;

(2) $y=u^2,\quad u=\tan x$;

(3) $y=\sqrt{u},\quad u=\sin v,\quad v=2x$.

3. 下列函数由哪些简单函数复合而成?

(1) $y=\sqrt{1-x}$;   (2) $y=\sin^2\left(3x+\dfrac{\pi}{4}\right)$;

(3) $y=5(x+2)^2$;   (4) $y=\sqrt{\tan\dfrac{x}{2}}$.

4. 设 $f(x)=x^2,g(x)=2^x$, 求 $f[g(x)],g[f(x)]$.

5. 设 $f(x) = \dfrac{x}{x-1}$，试验证 $f\{f[f(x)]\} = f(x)$，并求 $f\left[\dfrac{1}{f(x)}\right](x \neq 0, x \neq 1)$.

§1.5　初 等 函 数

一、基本初等函数

基本初等函数是最常见、最基本的一类函数.基本初等函数包括：常量函数、幂函数、指数函数、对数函数、三角函数和反三角函数，这些函数在中学已经学过了.下面给出这些函数的简单性质和图形.

1. 常量函数 $y = C$（C 为常数）

常量函数的定义域为 $(-\infty, +\infty)$，这是最简单的一类函数，无论 x 取何值，y 都取常数 C，如图 1-15 所示.

2. 幂函数 $y = x^u$（u 是常数）

幂函数的定义域随 u 的不同而不同.但无论 u 取何值，它在 $(0, +\infty)$ 内都有定义，而且图形都经过点 $(1,1)$，如图 1-16 所示.

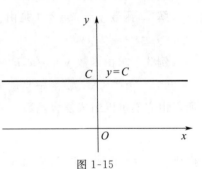

图 1-15

当 u 为正整数时，x^u 的定义域为 $(-\infty, +\infty)$，且 u 为偶（奇）数时，x^u 为偶（奇）函数.

当 u 为负整数时，x^u 的定义域为 $(-\infty, 0)$ 和 $(0, +\infty)$.

当 u 为分数时，情况比较复杂，如 $x^{\frac{2}{3}}, x^{\frac{3}{5}}$ 的定义域为 $(-\infty, +\infty)$；$x^{-\frac{2}{7}}, x^{-\frac{5}{3}}$ 的定义域为 $(-\infty, 0)$ 和 $(0, +\infty)$；$x^{\frac{1}{2}}$ 的定义域为 $[0, +\infty)$.

当 u 为无理数时，规定 x^u 的定义域 $(0, +\infty)$.

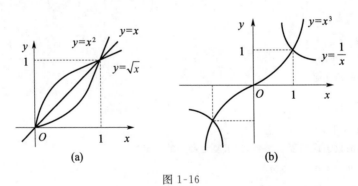

图 1-16

3. 指数函数 $y = a^x$（$a > 0, a \neq 1, a$ 是常数）

指数函数的定义域为 $(-\infty, +\infty)$.当 $a > 1$ 时，它严格单调增加；当 $0 < a < 1$ 时，它严格单调减少.对于任何的 a，a^x 的值域都是 $(0, +\infty)$，函数的图形都过点 $(0,1)$，如图 1-17 所示.

4. 对数函数 $y = \log_a x$（$a > 0, a \neq 1, a$ 是常数）

对数函数 $\log_a x$ 是指数函数 a^x 的反函数，它的定义域为 $(0, +\infty)$.当 $a > 1$ 时，它严格单调增加;当 $0 < a < 1$ 时,它严格单调减少,对于任何限定的 a,$y = \log_a x$ 的值域都是 $(-\infty, +\infty)$,函数的图形都过点 $(1,0)$,如图 1-18 所示.

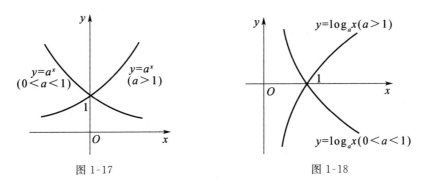

图 1-17　　　　　　　　　图 1-18

在高等数学中常用到以 e 为底的指数函数 e^x 和以 e 为底的对数函数 $\log_e x$(记作 $\ln x$),$\ln x$ 称为自然对数.这里,$e = 2.718\,281\,8\cdots$ 是一个无理数.

5. 三角函数

常用的三角函数有:正弦函数 $y = \sin x$;余弦函数 $y = \cos x$;正切函数 $y = \tan x$;余切函数 $y = \cot x$.

$y = \sin x$ 与 $y = \cos x$ 的定义域为 $(-\infty, +\infty)$,它们都是以 2π 为周期的周期函数,都是有界函数,如图 1-19 及图 1-20 所示.

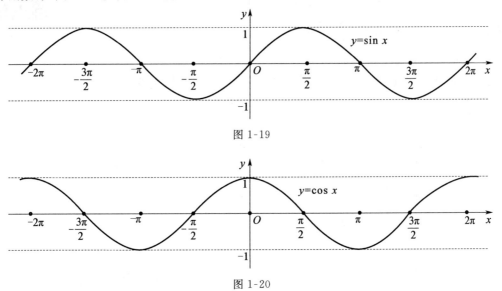

图 1-19

图 1-20

$y = \tan x$ 的定义域为除去 $x = n\pi + \dfrac{\pi}{2}(n = 0, \pm 1, \pm 2, \cdots)$ 以外的全体实数,如图 1-21 所示.$y = \cot x$ 的定义域为除去 $x = n\pi(n = 0, \pm 1, \pm 2, \cdots)$ 以外的全体实数,如图 1-22 所示.$\tan x$ 与 $\cot x$ 是以 π 为周期的周期函数,并且在其定义域内是无界函数.$\sin x$,$\tan x$ 及 $\cot x$ 是奇函数,$\cos x$ 是偶函数.

三角函数还包括正割函数 $y = \sec x$,余割函数 $y = \csc x$,其中,$\sec x = \dfrac{1}{\cos x}$,$\csc x = \dfrac{1}{\sin x}$.

它们都是以 2π 为周期的周期函数,并且在开区间 $\left(0,\dfrac{\pi}{2}\right)$ 内都是无界函数.

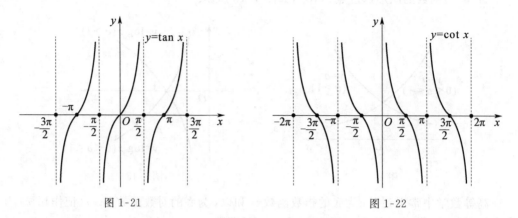

图 1-21　　　　　　　　　　　图 1-22

6. 反三角函数

三角函数 $y=\sin x, y=\cos x, y=\tan x$,和 $y=\cot x$ 的反函数都是多值函数,我们按下列区间取其一个单值分支,称为主值分支,分别记作:

$y = \arcsin x, \quad y \in \left[-\dfrac{\pi}{2}, \dfrac{\pi}{2}\right], x \in [-1,1];$

$y = \arccos x, \quad y \in [0, \pi], x \in [-1,1];$

$y = \arctan x, \quad y \in \left(-\dfrac{\pi}{2}, \dfrac{\pi}{2}\right), x \in (-\infty, +\infty);$

$y = \operatorname{arccot} x, \quad y \in (0, \pi), x \in (-\infty, +\infty).$

反三角函数

分别称它们为反正弦函数、反余弦函数、反正切函数、反余切函数,其图形分别如图 1-23 ~ 图 1-26 所示.

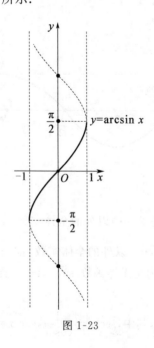

图 1-23

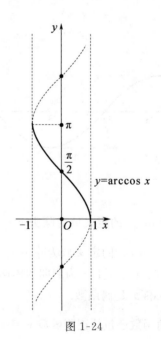

图 1-24

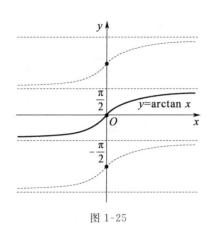
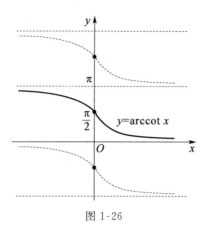

图 1-25　　　　　　　　　　　　　图 1-26

二、初等函数

定义　由基本初等函数经过有限次四则运算和有限次复合运算所构成,并可用一个式子表示的函数,称为**初等函数**;否则,称为**非初等函数**.

初等函数是我们经常进行大量研究的函数.初等函数都可以用一个公式表示.例如,

$$y = ax^2 + bx + c, y = \frac{3x+2}{4x-6}, y = \sqrt{\frac{\ln(x^2+1) + \cos^2 x}{\sqrt{x-1} + \sqrt[5]{x}}}$$

等都是初等函数,而符号函数 $y = \operatorname{sgn} x$,以及 $y = \begin{cases} 2x, & x < 0, \\ e^x, & x \geqslant 0 \end{cases}$ 等都是非初等函数.

三、建立函数关系举例

例 1　把圆心角为 $\alpha(\mathrm{rad})$ 的扇形卷成一个圆锥,试求圆锥顶角 ω 与 α 的函数关系.

解　设扇形 $\overset{\frown}{AOB}$ 的圆心角是 α,半径为 r,如图 1-27(a) 所示.于是弧 $\overset{\frown}{AB}$ 的长度为 $r\alpha$.把这个扇形卷成圆锥后,如图 1-27(b) 所示,它的顶角为 ω,底圆周长为 $r\alpha$.所以底圆半径为

$$CD = \frac{r\alpha}{2\pi},$$

因为 $\sin\frac{\omega}{2} = \frac{CD}{r} = \frac{\alpha}{2\pi}$,所以

$$\omega = 2\arcsin\frac{\alpha}{2\pi} \quad (0 < \alpha < 2\pi).$$

例 2　将一个底面半径为 2 cm,高为 10 cm 的圆锥形杯做成量杯.要在上面刻上表示容积的刻度,求出溶液高度与其对应容积之间的函数关系.

解　设溶液高度为 h,其对应的容积为 V,r 是平行于底面的半径,如图 1-28 所示,则

$$V = \frac{1}{3}\pi r^2 h.$$

因为 r 也是变量,而需要找的是 V 与 h 之间的函数关系,所以应设法消去 r,注意到 $\triangle ABC \backsim \triangle DEC$,有

$$\frac{CE}{CB} = \frac{DE}{AB},$$

即 $\frac{h}{10} = \frac{r}{2}, r = \frac{1}{5}h$,代入 $V = \frac{1}{3}\pi r^2 h$ 中,可得

$$V = \frac{1}{3}\pi\left(\frac{1}{5}h\right)^2 h = \frac{1}{75}\pi h^3 \quad (0 \leqslant h \leqslant 10).$$

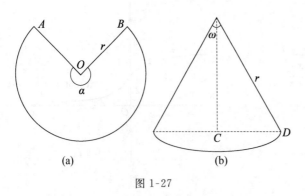
图 1-27

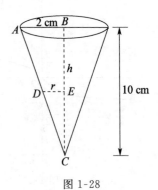
图 1-28

例 3 从甲地到乙地的火车票的全价为 q_0(元),按铁路部门的规定,1.1 m 以下的儿童免票,身高超过 1.1 m 但不足 1.4 m 的儿童购买半价票,身高超过 1.4 m 者购买全票.试写出从甲地到乙地票价 q 与身高 s 的函数的表达式.

解 依题意,q(单位:元) 作为 s(单位:m) 的函数关系,可以表示为如下分段函数

$$q = \begin{cases} 0, & 0 < s < 1.1, \\ \frac{1}{2}q_0, & 1.1 \leqslant s < 1.4, \\ q_0, & s \geqslant 1.4. \end{cases}$$

例 4 我国工薪人员纳税问题.

根据中华人民共和国个人所得税法规定:个人工资,薪金所得应纳个人所得税.应纳税所得额的计算为:工资、薪金所得,每月收入额减除费用 5 000 元后的余额,为应纳税所得额.税率如表 1-1 所示.

表 1-1 个人所得税税率表(工资、薪金所得适用)

级数	全月应纳税所得额	税率/%
1	不超过 3 000 元的	3
2	超过 3 000 元不超过 12 000 元的	10
3	超过 12 000 元不超过 25 000 元的	20
4	超过 25 000 元不超过 35 000 元的	25
5	超过 35 000 元不超过 55 000 元的	30
6	超过 55 000 元不超过 80 000 元的	35
7	超过 80 000 元的部分	45

若某人的月工资薪金所得在减去专项扣除及依法确定的其他扣除款项后为 x 元,试列出他应缴纳的税款 y 与 x 之间的关系.

解 按税法规定,当 $x \leqslant 5\,000$ 元时,不必纳税,这时 $y = 0$.

当 $5\,000 < x \leqslant 8\,000$ 时,纳税部分为 $x - 5\,000$,税率为 3%,因此

$$y = (x - 5\,000) \cdot \frac{3}{100};$$

当 $8\,000 < x \leqslant 17\,000$，其中 $5\,000$ 元不纳税，$3\,000$ 元应纳 3% 的税，即 $3\,000 \times \dfrac{3}{100} = 90$（元）．再多的部分，即 $x - 8\,000$ 按 10% 纳税．因此他应纳税款为 $y = 90 + (x - 8\,000) \cdot \dfrac{10}{100}$（元），依此可列出下面的函数关系：

$$y = \begin{cases} 0, & 0 \leqslant x \leqslant 5\,000, \\ (x - 5\,000) \cdot \dfrac{3}{100}, & 5\,000 < x \leqslant 8\,000, \\ 90 + (x - 8\,000) \cdot \dfrac{10}{100}, & 8\,000 < x \leqslant 17\,000, \\ 990 + (x - 17\,000) \cdot \dfrac{20}{100}, & 17\,000 < x \leqslant 30\,000, \\ 3\,590 + (x - 30\,000) \cdot \dfrac{25}{100}, & 30\,000 < x \leqslant 40\,000, \\ 6\,090 + (x - 40\,000) \cdot \dfrac{30}{100}, & 40\,000 < x \leqslant 60\,000, \\ 12\,090 + (x - 60\,000) \cdot \dfrac{35}{100}, & 60\,000 < x \leqslant 85\,000, \\ 20\,840 + (x - 85\,000) \cdot \dfrac{45}{100}, & x > 85\,000. \end{cases}$$

习题 1.5

1. 设 $G(x) = \ln x$，证明当 $x > 0, y > 0$ 时，下列等式成立：

(1) $G(x) + G(y) = G(xy)$；

(2) $G(x) - G(y) = G\left(\dfrac{x}{y}\right)$．

2. 分别举出两个初等函数和两个非初等函数的例子，并指出它们各自的定义域．

3. 在温度计上，$0\ ℃$ 对应 $32\ ℉$，$100\ ℃$ 对应 $212\ ℉$，求摄氏温标与华氏温标之间的函数关系．

复习题一

一、填空题

1. 设 $f(x) = \dfrac{\ln(x^2 + 2x - 3)}{\sqrt{x^2 - 4}}$，则 $f(x)$ 的定义域是 _____．

2. 设 $f(x) = \dfrac{1}{1+x}$，则 $f\left[f\left(\dfrac{1}{x}\right)\right] =$ _____．

3. 可以将复合函数 $y = \arcsin 2^x$ 分解成 _____．

4. $y = 3^x + 1$ 的反函数是 _____．

二、选择题

1. 函数 $y = \sin\dfrac{x}{2} + \cos 3x$ 的周期为（ ）．

A. π B. 4π C. $\dfrac{2}{3}\pi$ D. 6π

2. 下列函数对中为同一个函数的是(　　).

　　A. $y_1 = x$，　$y_2 = \dfrac{x^2}{x}$　　　　　　B. $y_1 = x$，　$y_2 = \sqrt{x^2}$

　　C. $y_1 = x$，　$y_2 = (\sqrt{x})^2$　　　　　　D. $y_1 = |x|$，　$y_2 = \sqrt{x^2}$

3. 在下列函数中，奇函数是(　　).

　　A. $y = x + \cos x$　　　　　　　　　　B. $y = \dfrac{e^x + e^{-x}}{2}$

　　C. $y = x\cos x$　　　　　　　　　　　D. $y = x^2 \ln(1 + x)$

4. 在区间 $(0, +\infty)$ 上严格单调增加的函数是(　　).

　　A. $y = \sin x$　　　　B. $y = \tan x$　　　　C. $y = x^2$　　　　D. $y = \dfrac{1}{x}$

三、证明题

1. 设 $F(x) = e^x$，证明：

　(1) $F(x) \cdot F(y) = F(x + y)$；

　(2) $\dfrac{F(x)}{F(y)} = F(x - y)$.

第一章习题答案

第二章
极限与连续

极限的概念是微积分学中最基本的概念之一,本章将在给出极限的描述性定义的基础上研究函数的连续性.

§2.1 极限的概念

一、数列的极限

定义1 以正整数 n 为自变量的函数 $y_n = f(n)$,把函数值依自变量由 $1,2,3,\cdots$ 依次增大的顺序排列起来:

$$y_1, y_2, y_3, \cdots, y_n, \cdots.$$

这样的一列数称为**数列**,记作 $\{y_n\}$.数列中的每一个数叫作**数列的项**,y_n 称为数列的**一般项**或**通项**.例如:

$$2, \frac{3}{2}, \frac{4}{3}, \frac{5}{4}, \cdots, \frac{n+1}{n}, \cdots; \tag{2.1}$$

$$-1, \frac{1}{2}, -\frac{1}{3}, \frac{1}{4}, \cdots, (-1)^n \frac{1}{n}, \cdots; \tag{2.2}$$

$$1, -1, 1, -1, \cdots, (-1)^{n+1}, \cdots; \tag{2.3}$$

$$1, 3, 5, 7, \cdots, (2n-1), \cdots. \tag{2.4}$$

由上述几个例子可以看到,当 n 逐渐增大以至无限增大时,数列(2.1)由大于 1 而无限接近于 1;数列(2.2)时而大于 0,时而小于 0,但无限接近于 0;数列(2.3)在 -1 与 1 之间振荡,不与任何常数接近;数列(2.4)无限变大,而不与任何常数接近.

像上面数列(2.1)、数列(2.2),当 n 无限增大时,y_n 无限趋近于一个常数,这样的数列我们称为有极限的数列,这个常数称为数列的**极限值**.

定义2 设有数列 $\{y_n\}$,如果当 n 无限增大时,y_n 无限趋近于一个确定的常数 A,我们就称常数 A 是数列 $\{y_n\}$ 的**极限**,或称**数列** $\{y_n\}$ **收敛于** A,记作

$$\lim_{n \to \infty} y_n = A \quad 或 \quad y_n \to A \quad (n \to \infty).$$

对于上述数列(2.1)有

$$\lim_{n \to \infty}\left(1 + \frac{1}{n}\right) = 1 \quad 或 \quad 1 + \frac{1}{n} \to 1 \quad (n \to \infty),$$

数列(2.2)有

$$\lim_{n \to \infty} (-1)^n \frac{1}{n} = 0 \quad 或 \quad (-1)^n \frac{1}{n} \to 0 \quad (n \to \infty),$$

数列极限的定义

如果当 $n \to \infty$ 时，y_n 不趋向于一个确定的常数，我们就说数列 $\{y_n\}$ 没有极限，或称数列 $\{y_n\}$ 是发散的.

对于上述数列(2.3)和数列(2.4)，它们都是发散的.

二、函数的极限

数列是定义于正整数集合上的函数，它的极限是一种特殊函数的极限，现在我们讨论一般定义于实数集合上的函数的极限.

1. 当 $x \to \infty$ 时，函数 $f(x)$ 的极限

例 1　$f(x) = \dfrac{1}{x}(x \neq 0)$，如图 2-1 所示.

我们现在讨论当 x 无限增大时，函数的变化趋势. 从图形可以看出，当自变量 x 连续无限增大时，因变量 $f(x)$ 就无限趋近于常数 0. 这时，我们称 x 趋于无穷大时，$f(x)$ 以 0 为极限.

定义 3　如果当 $x \to \infty$ 时，函数 $f(x)$ 无限地趋近于一个常数 A，那么就称常数 A 为函数 $f(x)$ 在 $x \to \infty$ 时的极限，记作

$$\lim_{x \to \infty} f(x) = A \quad \text{或} \quad f(x) \to A \quad (x \to \infty).$$

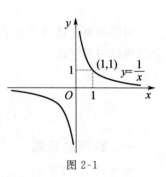

图 2-1

对于例 1，$f(x) = \dfrac{1}{x}(x \neq 0)$，有 $\lim\limits_{x \to \infty} \dfrac{1}{x} = 0$.

在定义 3 中，x 可取正值或负值，即 x 既可趋于正无穷大，又可趋于负无穷大. 如果限制 x 在某个时刻后，只取正值(或负值) 我们记为

$$\lim_{x \to +\infty} f(x) = A \quad \text{或} \quad \lim_{x \to -\infty} f(x) = A,$$

称为当变量 x 趋于正无穷大(或负无穷大)时，$f(x)$ 以常数 A 为极限.

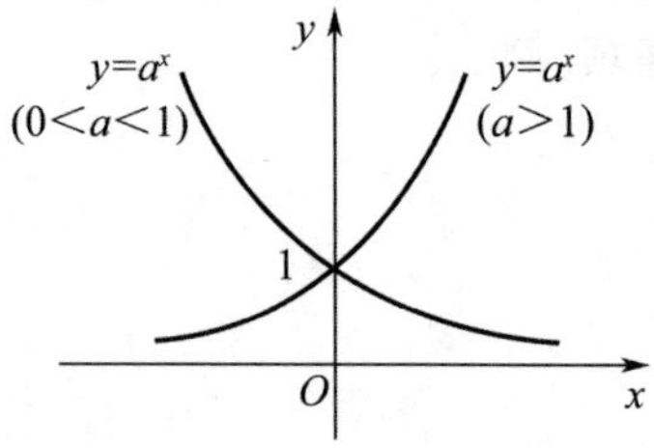

如图 2-2 所示，$\lim\limits_{x \to +\infty} \left(\dfrac{1}{2}\right)^x = 0$，$\lim\limits_{x \to -\infty} 2^x = 0$.

图 2-2

2. 当 $x \to x_0$ 时，函数 $f(x)$ 的极限

例 2　函数 $f(x) = x + 1$，讨论当 $x \to 1$ 时，函数 $f(x)$ 的变化趋势.

由表 2-1 可以看到当 x 趋于 1 时，$f(x)$ 趋于 2，故称 x 趋于 1 时，函数 $f(x) = x + 1$ 以 2 为极限.

表 2-1

x	0.9	0.99	0.999	⋯	1	⋯	1.001	1.01	1.1
$f(x)$	1.9	1.99	1.999	⋯	2	⋯	2.001	2.01	2.1

例 3　已知函数 $f(x) = \dfrac{x^2 - 1}{x - 1}$，如图 2-3 所示，讨论当 x 趋于 1 时，这个函数的变化的趋势.

显然表 2-1 中的所有数值，除 $x = 1$，$f(x) = 2$ 这对数值外，其他的数值均适用这个函数. 同样由表 2-1 可以看出，当 x 无限趋近于 1 时，函数 $f(x)$ 的值趋近于 2，故称 x 趋于 1 时，函数 $f(x) = \dfrac{x^2 - 1}{x - 1}$ 以 2 为极限.

定义 4 如果当 $x \to x_0$ 时,函数 $f(x)$ 无限地趋近于一个常数 A,那么就称常数 A 为函数 $f(x)$ 在 $x \to x_0$ 时的极限,记作
$$\lim_{x \to x_0} f(x) = A \quad \text{或} \quad f(x) \to A \quad (x \to x_0).$$

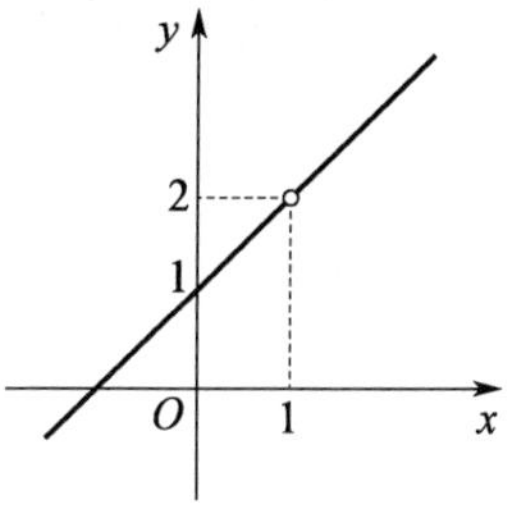

注意:当研究 $x \to x_0$ 时,函数 $f(x)$ 的极限是指 x 充分接近 x_0 时 $f(x)$ 的变化趋势,而不是求 $x = x_0$ 时 $f(x)$ 的函数值. 所以研究 $x \to x_0$ 时,函数 $f(x)$ 的极限问题与 $x = x_0$ 时 $f(x)$ 是否有意义无关.

由以上定义,我们很容易得到两个常见的简单的极限
$$\lim_{x \to a} x = a, \quad \lim_{\substack{x \to x_0 \\ (x \to \infty)}} c = c \quad (c \text{ 为常数}).$$

图 2-3

另外,初等函数 $f(x)$ 在 $x = x_0$ 处有定义时,$\lim\limits_{x \to x_0} f(x) = f(x_0)$,此结论将在 §2.5 中讨论.

自变量趋于有限值函数极限的定义

3. 左极限与右极限

前面给出的 $x \to x_0$ 时 $f(x)$ 的极限,x 趋于 x_0 的方式是任意的,可以从 x_0 的左侧($x < x_0$)趋于 x_0,也可以从 x_0 的右侧($x > x_0$)趋于 x_0. 但是,有时我们只能或只需考虑 x 仅从 x_0 的左侧趋于 x_0(记作 $x \to x_0^-$),或仅从 x_0 的右侧趋于 x_0(记作 $x \to x_0^+$)时,$f(x)$ 的变化趋势.

定义 5 如果当 x 从 x_0 的左侧趋于 x_0 时,函数 $f(x)$ 无限地趋近于一个常数 A,那么就称**常数 A 为 x 趋于 x_0 时函数 $f(x)$ 的左极限**,记作
$$\lim_{x \to x_0^-} f(x) = A.$$

如果当 x 从 x_0 的右侧趋于 x_0 时,函数 $f(x)$ 无限地趋近于一个常数 A,那么就称**常数 A 为 x 趋于 x_0 时函数 $f(x)$ 的右极限**,记作
$$\lim_{x \to x_0^+} f(x) = A.$$

例如,$\lim\limits_{x \to 1^-} \sqrt{1-x} = 0$,$\lim\limits_{x \to 0^-} \arctan \dfrac{1}{x} = -\dfrac{\pi}{2}$;$\lim\limits_{x \to 1^+} \sqrt{x-1} = 0$,$\lim\limits_{x \to 0^+} \arctan \dfrac{1}{x} = \dfrac{\pi}{2}$. 根据左、右极限的定义,显然可以得到如下定理.

定理 $\lim\limits_{x \to x_0} f(x) = A$ 成立的充分必要条件是
$$\lim_{x \to x_0^+} f(x) = \lim_{x \to x_0^-} f(x) = A.$$

例 4 讨论当 $x \to 0$ 时,$f(x) = |x|$ 的极限是否存在.

解 因为 $f(x) = |x| = \begin{cases} x, & x \geqslant 0, \\ -x, & x < 0, \end{cases}$
$$\lim_{x \to 0^+} f(x) = \lim_{x \to 0^+} x = 0, \quad \lim_{x \to 0^-} f(x) = \lim_{x \to 0^-} (-x) = 0,$$
所以由上述定理得 $\lim\limits_{x \to 0} f(x) = 0$,如图 2-4 所示.

例 5 设 $f(x) = \begin{cases} x+1, & x > 0, \\ 0, & x = 0, \\ x-1, & x < 0, \end{cases}$ 讨论当 $x \to 0$ 时,$f(x)$ 的极限是否存在.

解 $\lim\limits_{x \to 0^-} f(x) = \lim\limits_{x \to 0^-} (x-1) = -1, \quad \lim\limits_{x \to 0^+} f(x) = \lim\limits_{x \to 0^+} (x+1) = 1.$

$f(x)$ 的左、右极限都存在,但不相等,所以 $\lim\limits_{x\to 0}f(x)$ 不存在,如图 2-5 所示.

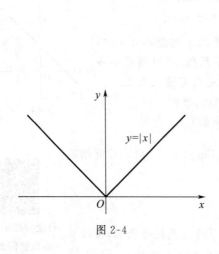

图 2-4

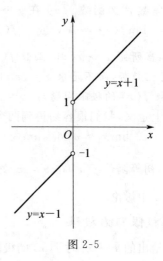

图 2-5

 习题 2.1

1. 讨论下列函数当 $x \to 0$ 时,函数的极限是否存在:

(1) $f(x) = \begin{cases} x, & x \geqslant 0, \\ x+1, & x < 0; \end{cases}$

(2) $f(x) = \begin{cases} \ln(x+1), & x \geqslant 0, \\ x, & x < 0. \end{cases}$

2. 设函数 $f(x) = \begin{cases} 2x-1, & x < 1, \\ 3, & x = 1, \\ 1, & x > 1, \end{cases}$ 画出它的图像,并讨论当 $x \to 1$ 时,函数的极限是否存在.

§2.2 无穷小量与无穷大量

一、无穷小量

我们常会遇到以 0 为极限的变量,例如,当 $n \to \infty$ 时,$\dfrac{1}{n}$ 是以 0 为极限的;当 $x \to 2$ 时,$x-2$ 是以 0 为极限的.

定义 1 以 0 为极限的变量称为**无穷小量**,简称**无穷小**.

以上所说的例子中,当 $n \to \infty$ 时,$\dfrac{1}{n}$ 是无穷小量;$x \to 2$ 时,$x-2$ 是无穷小量.

应当注意,无穷小量是一个变量,是一个以 0 为极限的变量,它不是一个很小的数. 一个不论多么小的数都是一个常数. 只有常数 0 是一个特殊的无穷小,因为 $\lim 0 = 0$.

可以验证无穷小量具有如下性质:

(1) 有限个无穷小量的代数和是无穷小量;

(2) 有限个无穷小量的乘积是无穷小量;

(3) 有界变量与无穷小量之积是无穷小量.

推论 常量与无穷小量之积仍是无穷小量.

例 求 $\lim\limits_{x\to\infty}\dfrac{\sin x}{x}$.

解 因为 $|\sin x|\leqslant 1$,所以 $\sin x$ 是有界变量,而当 $x\to\infty$ 时 $\dfrac{1}{x}$ 是无穷小量,所以当 $x\to\infty$ 时,$\dfrac{\sin x}{x}$ 是有界变量 $\sin x$ 与无穷小量 $\dfrac{1}{x}$ 的乘积. 于是,由性质(3)可知,当 $x\to\infty$ 时,$\dfrac{\sin x}{x}$ 是无穷小量,因此 $\lim\limits_{x\to\infty}\dfrac{\sin x}{x}=0$.

由极限定义和无穷小量的定义,可以推得以下定理.

定理 1 变量 $f(x)$ 以 A 为极限的充分必要条件是 $f(x)$ 可以表示为常数 A 与一个无穷小量之和,即如果 $\lim f(x)=A$,则有 $f(x)=A+\alpha$,其中 α 是 $x\to x_0$(或 $x\to\infty$)时的无穷小量;反之,如果 $f(x)=A+\alpha$,则 $\lim f(x)=A$,其中 α 是 $x\to x_0$(或 $x\to\infty$)时的无穷小量.

注意:这里是为了省略起见,在极限符号下面并没有注明变化的趋向,即它们对于 $x\to x_0$ 或 $x\to\infty$ 等都适用. 当然,在同一问题中,自变量的变化过程是相同的,这一点以后不再加以说明.

二、无穷小量与无穷大量的关系

当我们研究变量变化趋势时,有一类变量具有共同点,在各自的变化过程中都是无限增大的. 如函数 $f(x)=\dfrac{1}{x}$,当 $x\to 0$ 时,$\left|\dfrac{1}{x}\right|$ 无限增大;函数 $f(x)=x^2$,当 x 无限增大时,x^2 也无限增大. 这类变量称为无穷大量.

定义 2 在变量 x 的变化过程中,如果 $|y|$ 可以无限增大,则称变量 y 是**无穷大量**,简称**无穷大**,记作 $\lim y=\infty$.

由以上讨论可知,$\lim\limits_{x\to 0}\dfrac{1}{x}=\infty$,$\lim\limits_{x\to\infty}x^2=\infty$. 在定义 2 中,如果变量 y 只取正值(或只取负值),就称变量 y 为正无穷大(或负无穷大),记作 $\lim y=+\infty$(或 $\lim y=-\infty$).

例如,由函数图像可得出 $\lim\limits_{x\to\frac{\pi}{2}^-}\tan x=+\infty$,$\lim\limits_{x\to 0^+}\ln x=-\infty$.

在求极限的过程中,我们常用到无穷小量与无穷大量的关系,对此有如下定理(证明略).

定理 2 在变量 x 的变化过程中

(1) 如果 $y(y\neq 0)$ 是无穷小量,则 $\dfrac{1}{y}$ 是无穷大量;

(2) 如果 y 是无穷大量,则 $\dfrac{1}{y}$ 是无穷小量.

三、无穷小量的比较

两个无穷小量的比较,不论在理论上还是在实际问题中,都是很重要的. 所谓两个无穷小量的比较,就是对它们趋向于零的快慢程度进行比较.

例如,当 $x\to 0$ 时,$x,2x,x^2$ 都是无穷小量,但它们趋于 0 的速度却不一样. 如表 2-2 所示,显然 x^2 比 x 及 $2x$ 趋于 0 的速度要快得多.

表 2-2

x	0.1	0.01	0.001	0.000 1	⋯
$2x$	0.2	0.02	0.002	0.000 2	⋯
x^2	0.01	0.000 1	0.000 001	0.000 000 01	⋯

为了比较无穷小量趋于零的快慢程度,我们给出无穷小量阶的概念.

定义 3　设 α,β 是两个无穷小量,如果 $\lim\dfrac{\beta}{\alpha}=0$,则称 β 是比 α 较高阶的无穷小量,记作 $\beta=o(\alpha)$;

如果 $\lim\dfrac{\beta}{\alpha}=\infty$,则称 β 是比 α 较低阶的无穷小量;

如果 $\lim\dfrac{\beta}{\alpha}=c(c\neq 0,$ 为常数),则称 β 与 α 是同阶的无穷小量;特别地,当 $c=1$ 时,称 β 与 α 是等价的无穷小量,记作 $\alpha\sim\beta$.

因为 $\lim\limits_{x\to 0}\dfrac{x}{2x}=\dfrac{1}{2}$,所以当 $x\to 0$ 时,x 与 $2x$ 是同阶的无穷小量;又因为 $\lim\limits_{x\to 0}\dfrac{x^2}{x}=0$,所以当 $x\to 0$ 时,x^2 是比 x 较高阶的无穷小量;反之,当 $x\to 0$ 时,x 是比 x^2 较低阶的无穷小量.

定理 3　设 $\alpha,\beta,\alpha',\beta'$ 是同一条件下的无穷小量,且 $\alpha\sim\alpha',\beta\sim\beta'$,则有
$$\lim\dfrac{\beta}{\alpha}=\lim\dfrac{\beta'}{\alpha'}.$$

证　因为 $\alpha\sim\alpha',\beta\sim\beta'$,所以 $\lim\dfrac{\alpha'}{\alpha}=\lim\dfrac{\beta'}{\beta}=1$,

则　　$\lim\dfrac{\beta}{\alpha}=\lim\dfrac{\alpha'}{\alpha}\cdot\dfrac{\beta'}{\alpha'}\cdot\dfrac{\beta}{\beta'}=\lim\dfrac{\alpha'}{\alpha}\cdot\lim\dfrac{\beta'}{\alpha'}\cdot\lim\dfrac{\beta}{\beta'}=\lim\dfrac{\beta'}{\alpha'}.$

习题 2.2

1. 当 $x\to 0$ 时,下面函数哪些是无穷小,哪些是无穷大,哪些既不是无穷小也不是无穷大?

(1) $y=\dfrac{x+1}{x}$;
(2) $y=\dfrac{x}{x+1}$;
(3) $y=\dfrac{1}{x}\sin x$;
(4) $y=x\sin\dfrac{1}{x}$;
(5) $y=\dfrac{x-1}{\sin x}$;
(6) $y=\dfrac{\sin x}{1+\cos x}$.

2. 下列函数,当自变量 x 在怎样的趋向下是无穷小量或是无穷大量?

(1) $y=\dfrac{x+1}{x-1}$;
(2) $y=\dfrac{x+2}{x^2}$;
(3) $y=\dfrac{x^2-3x+2}{x^2-x-2}$.

3. 计算下列函数的极限:

(1) $\lim\limits_{x\to\infty}\dfrac{\sin x}{x}$;
(2) $\lim\limits_{x\to 0}x\cos\dfrac{1}{x}$;
(3) $\lim\limits_{x\to\infty}(3x^2-2x-1)$;
(4) $\lim\limits_{x\to\infty}\dfrac{x^2}{3x-1}$.

4. 当 $x \to 0$ 时，$3x + x^2$ 与 $x^2 - 3x^3$ 相比，哪一个是高阶无穷小？

5. 当 $x \to 1$ 时，无穷小 $1-x$ 和 (1) $1-x^3$；(2) $\frac{1}{2}(1-x^2)$ 是否同阶？是否等价？

§2.3 极限的运算法则

为了解决极限的计算问题，本节将讨论极限的运算法则，并利用这些法则去求一些变量的极限. 在下面的讨论中，u,v 都是 x 的函数，A,B,c 都是常量.

定理 1 如果 $\lim u = A, \lim v = B$，则 $\lim(u \pm v)$ 存在，且
$$\lim(u \pm v) = \lim u \pm \lim v = A \pm B,$$
即两个具有极限的变量的和（差）的极限等于这两个变量的极限的和（差）.

证 因为 $\lim u = A, \lim v = B$，由 §2.2 中定理 1 有
$$u = A + \alpha, \quad v = B + \beta,$$
其中，β, α 均为无穷小量.

于是 $(u \pm v) = (A + \alpha) \pm (B + \beta) = A \pm B + (\alpha \pm \beta)$，由无穷小量的性质(1)知 $\alpha \pm \beta$ 是无穷小量，因此由 §2.2 中定理 1 有
$$\lim(u \pm v) = A \pm B = \lim u \pm \lim v.$$
此定理可推广到三个或三个以上的有限个变量的情况.

定理 2 如果 $\lim u = A, \lim v = B$，则 $\lim uv$ 存在，且
$$\lim uv = \lim u \cdot \lim v = AB,$$
即两个具有极限的变量的积的极限等于这两个变量的极限的积.

证 因为 $\lim u = A, \lim v = B$，由 §2.2 中定理 1 有
$$u = A + \alpha, \quad v = B + \beta$$
其中，β, α 均为无穷小量.

于是 $uv = (A + \alpha)(B + \beta) = AB + (A\beta + B\alpha + \alpha\beta)$，
由无穷小量的性质及推论得，$A\beta + B\alpha + \alpha\beta$ 是无穷小量，因此有
$$\lim uv = AB = \lim u \cdot \lim v.$$
此定理也可推广到三个或三个以上的有限个变量的情况，且由此定理很容易得出以下推论.

推论 1 如果 $\lim u = A, c$ 为常数，则
$$\lim cu = c \lim u = cA.$$
此推论表明，常数因子可以提到极限符号外面.

推论 2 如果 $\lim u = A, n$ 为正整数，则
$$\lim u^n = (\lim u)^n = A^n;$$
以后可证明，如果 n 为正整数，则
$$\lim u^{\frac{1}{n}} = (\lim u)^{\frac{1}{n}} = A^{\frac{1}{n}}.$$
同样，我们可以证明如下定理.

定理 3 如果 $\lim u = A, \lim v = B \neq 0$，则 $\lim \frac{u}{v}$ 存在，且
$$\lim \frac{u}{v} = \frac{\lim u}{\lim v} = \frac{A}{B}.$$

利用这些定理和推论可求下面函数的极限.

例 1 求 $\lim\limits_{x \to 1}(3x^2 - 5x + 8)$.

解 $\lim\limits_{x \to 1}(3x^2 - 5x + 8) = \lim\limits_{x \to 1} 3x^2 - \lim\limits_{x \to 1} 5x + \lim\limits_{x \to 1} 8 = 3 - 5 + 8 = 6.$

前面已经给出,若初等函数 $f(x)$ 在 x_0 处有定义,则有
$$\lim_{x \to x_0} f(x) = f(x_0),$$
即可如下求极限,$\lim\limits_{x \to 1}(3x^2 - 5x + 8) = 3 \times 1^2 - 5 \times 1 + 8 = 6.$

例 2 求 $\lim\limits_{x \to 3} \dfrac{2x}{x^2 - 9}$.

解 因为 $\lim\limits_{x \to 3}(x^2 - 9) = 0$,所以不能直接利用商的运算法则求此分式的极限,但
$$\lim_{x \to 3} 2x = 6 \neq 0,$$
所以可求出
$$\lim_{x \to 3} \frac{x^2 - 9}{2x} = \frac{\lim\limits_{x \to 3}(x^2 - 9)}{\lim\limits_{x \to 3} 2x} = \frac{0}{6} = 0,$$
即当 $x \to 3$ 时,$\dfrac{x^2 - 9}{2x}$ 是无穷小量,由无穷大量与无穷小量的关系,可以得出 $\lim\limits_{x \to 3} \dfrac{2x}{x^2 - 9} = \infty.$

例 3 求 $\lim\limits_{x \to \infty} \dfrac{2x^2 - 2x + 1}{5x^2 + 1}$.

解 将分子、分母同除以 x^2,则
$$\lim_{x \to \infty} \frac{2x^2 - 2x + 1}{5x^2 + 1} = \lim_{x \to \infty} \frac{2 - \dfrac{2}{x} + \dfrac{1}{x^2}}{5 + \dfrac{1}{x^2}} = \frac{\lim\limits_{x \to \infty} 2 - \lim\limits_{x \to \infty} \dfrac{2}{x} + \lim\limits_{x \to \infty} \dfrac{1}{x^2}}{\lim\limits_{x \to \infty} 5 + \lim\limits_{x \to \infty} \dfrac{1}{x^2}} = \frac{2}{5}.$$

例 4 求 $\lim\limits_{x \to \infty} \dfrac{3x^2 - 2x - 1}{2x^3 - x^2 + 5}$.

解 将分子、分母同除以 x^3,得
$$\lim_{x \to \infty} \frac{3x^2 - 2x - 1}{2x^3 - x^2 + 5} = \lim_{x \to \infty} \frac{\dfrac{3}{x} - \dfrac{2}{x^2} - \dfrac{1}{x^3}}{2 - \dfrac{1}{x} + \dfrac{5}{x^3}} = 0.$$

例 5 求 $\lim\limits_{x \to \infty} \dfrac{x^3 + 1}{8x^2 + 2x + 9}$.

解 将分子、分母同除以 x^3,得
$$\lim_{x \to \infty} \frac{x^3 + 1}{8x^2 + 2x + 9} = \lim_{x \to \infty} \frac{1 + \dfrac{1}{x^3}}{\dfrac{8}{x} + \dfrac{2}{x^2} + \dfrac{9}{x^3}} = \infty.$$

由例 3 ~ 例 5 的结果,可得如下结论:
$$\lim_{x \to \infty} \frac{a_0 x^m + a_1 x^{m-1} + \cdots + a_{m-1} x + a_m}{b_0 x^n + b_1 x^{n-1} + \cdots + b_{n-1} x + b_n} = \begin{cases} \dfrac{a_0}{b_0} & (n = m), \\ 0 & (n > m), \\ \infty & (n < m), \end{cases}$$

其中，$a_0, a_1, \cdots, a_m, b_0, b_1, \cdots, b_n$ 为常数，且 $a_0 \neq 0, b_0 \neq 0, m, n$ 是非负整数.

例 6 求 $\lim\limits_{x \to 2} \dfrac{x-2}{x^2-4}$.

解 当 $x \to 2$ 时，分子、分母同时趋于 0，所以不能直接用运算法则. 但当 $x \to 2$ 时，$x-2$ 趋于 0 而不等于 0，因而分子、分母可以同时约去公因式 $x-2$，即

$$\lim_{x \to 2} \frac{x-2}{x^2-4} = \lim_{x \to 2} \frac{1}{x+2} = \frac{1}{4}.$$

例 7 求 $\lim\limits_{x \to 1} \dfrac{2-\sqrt{x+3}}{x^2-1}$.

解
$$\lim_{x \to 1} \frac{2-\sqrt{x+3}}{x^2-1} = \lim_{x \to 1} \frac{(2-\sqrt{x+3})(2+\sqrt{x+3})}{(x^2-1)(2+\sqrt{x+3})} = \lim_{x \to 1} \frac{1-x}{(x^2-1)(2+\sqrt{x+3})}$$
$$= \lim_{x \to 1} \frac{-1}{(x+1)(2+\sqrt{x+3})} = -\frac{1}{8}.$$

例 8 求 $\lim\limits_{x \to +\infty} \dfrac{\sqrt{3x^2+1}}{x+1}$.

解
$$\lim_{x \to +\infty} \frac{\sqrt{3x^2+1}}{x+1} = \lim_{x \to +\infty} \frac{\sqrt{3+\dfrac{1}{x^2}}}{1+\dfrac{1}{x}} = \sqrt{3}.$$

例 9 求 $\lim\limits_{x \to \infty}(\sqrt{x^2+x} - \sqrt{x^2-x})$.

解
$$\lim_{x \to \infty}(\sqrt{x^2+x} - \sqrt{x^2-x}) = \lim_{x \to \infty} \frac{(\sqrt{x^2+x} - \sqrt{x^2-x})(\sqrt{x^2+x} + \sqrt{x^2-x})}{\sqrt{x^2+x} + \sqrt{x^2-x}}$$
$$= \lim_{x \to \infty} \frac{2x}{\sqrt{x^2+x} + \sqrt{x^2-x}}$$
$$= \lim_{x \to \infty} \frac{2}{\sqrt{1+\dfrac{1}{x}} + \sqrt{1-\dfrac{1}{x}}} = 1.$$

下面我们给出反映极限重要性质的一个定理.

定理 4 极限值与求极限的表达式中的变量符号无关，即尽管 $u = u(x)$，但有 $\lim\limits_{x \to \infty} f(x) = \lim\limits_{u \to \infty} f(u)$ 或 $\lim\limits_{x \to x_0} f(x) = \lim\limits_{u \to u_0} f(u)$.

习题 2.3

1. 计算下列极限：

(1) $\lim\limits_{x \to 1} \dfrac{x+2}{x^2+2}$；

(2) $\lim\limits_{x \to 0}\left(1 - \dfrac{2}{x-3}\right)$；

(3) $\lim\limits_{x \to 3} \dfrac{x^2-1}{x-3}$；

(4) $\lim\limits_{x \to 3} \dfrac{x^2-9}{x-3}$；

(5) $\lim\limits_{x \to 1} \dfrac{\sqrt{3-x} - \sqrt{1+x}}{x^2-1}$；

(6) $\lim\limits_{x \to \infty} \dfrac{6x+1}{3x-2}$；

(7) $\lim\limits_{x \to \infty} \dfrac{(x+1)^2}{2x}$；

(8) $\lim\limits_{x \to \infty} \dfrac{100x}{x^2-1}$.

§2.4 两个重要极限

一、极限存在准则与重要极限 $\lim\limits_{x \to 0} \dfrac{\sin x}{x} = 1$

定理1(准则Ⅰ) 如果在某个变化过程中,三个变量 u, v, w 总有关系 $u \leqslant v \leqslant w$,且 $\lim u = \lim w = A$,则 $\lim v = A$.

这个定理称为夹逼定理.

例1 证明: $\lim\limits_{x \to 0} \sin x = 0$.

证 因为当 $|x| < \dfrac{\pi}{2}$ 时,$0 \leqslant |\sin x| \leqslant |x|$,所以由 $\lim\limits_{x \to 0} |x| = 0$,根据定理1得 $\lim\limits_{x \to 0} \sin x = 0$.

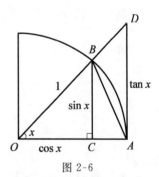

极限存在准则的应用

例2 证明:$\lim\limits_{x \to 0} \dfrac{\sin x}{x} = 1$.

证 因为 $\dfrac{\sin x}{x}$ 是偶函数,所以当 x 改变符号时,$\dfrac{\sin x}{x}$ 的值不变,因此我们只讨论 x 由正值趋于 0(即 x 角取在第一象限内)的情形.

作单位圆,如图 2-6 所示. 设圆心角 $AOB = x \left(0 < x < \dfrac{\pi}{2}\right)$,则

$$S_{\triangle AOB} < S_{\text{扇形} AOB} < S_{\triangle AOD},$$

因为

$$S_{\triangle AOB} = \dfrac{1}{2} \cdot OA \cdot BC = \dfrac{1}{2} \sin x;$$

$$S_{\text{扇形} AOB} = \dfrac{1}{2} x;$$

$$S_{\triangle AOD} = \dfrac{1}{2} OA \cdot AD = \dfrac{1}{2} \tan x;$$

图 2-6

所以 $\dfrac{1}{2} \sin x < \dfrac{1}{2} x < \dfrac{1}{2} \tan x$,即 $\sin x < x < \tan x$,同除 $\sin x$ 得

$$1 < \dfrac{x}{\sin x} < \dfrac{1}{\cos x}, \quad 即 \cos x < \dfrac{\sin x}{x} < 1.$$

由于 $\lim\limits_{x \to 0} \cos x = \lim\limits_{x \to 0} 1 = 1$,根据 §2.3 中定理4得 $\lim\limits_{x \to 0} \dfrac{\sin x}{x} = 1$.

根据定理1上式可推广为

$$\lim\limits_{u(x) \to 0} \dfrac{\sin u(x)}{u(x)} = 1.$$

下面举例说明这个公式的应用.

例3 求 $\lim\limits_{x \to 0} \dfrac{\sin 2x}{x}$.

解 $\lim\limits_{x \to 0} \dfrac{\sin 2x}{x} = 2 \lim\limits_{x \to 0} \dfrac{\sin 2x}{2x} = 2.$

例 4 求 $\lim\limits_{x\to 0}\dfrac{\tan x}{x}$.

解 $\lim\limits_{x\to 0}\dfrac{\tan x}{x}=\lim\limits_{x\to 0}\dfrac{\sin x}{x}\cdot\lim\limits_{x\to 0}\dfrac{1}{\cos x}=1$.

例 5 求 $\lim\limits_{x\to 0}\dfrac{\tan 2x}{\sin 3x}$.

解 $\lim\limits_{x\to 0}\dfrac{\tan 2x}{\sin 3x}=\lim\limits_{x\to 0}\dfrac{\tan 2x}{2x}\cdot\lim\limits_{x\to 0}\dfrac{3x}{\sin 3x}\cdot\dfrac{2}{3}=\dfrac{2}{3}$.

例 6 求 $\lim\limits_{x\to 0}\dfrac{1-\cos x}{x^2}$.

解 $\lim\limits_{x\to 0}\dfrac{1-\cos x}{x^2}=\lim\limits_{x\to 0}\dfrac{\sin^2 x}{x^2}\cdot\dfrac{1}{1+\cos x}=\dfrac{1}{2}$.

例 7 求 $\lim\limits_{x\to\infty} x\sin\dfrac{1}{x}$.

解 $\lim\limits_{x\to\infty} x\sin\dfrac{1}{x}=\lim\limits_{x\to\infty}\dfrac{\sin\dfrac{1}{x}}{\dfrac{1}{x}}=1$.

二、极限存在准则 II 与重要极限 $\lim\limits_{x\to\infty}\left(1+\dfrac{1}{x}\right)^x=\mathrm{e}$

如果对任意正整数 n,数列 $\{y_n\}$ 若满足 $y_n\leqslant y_{n+1}$,则 $\{y_n\}$ 为单调增加数列;若满足 $y_n\geqslant y_{n+1}$,则 $\{y_n\}$ 为单调减少数列. 如果存在两常数 m 和 $M(m<M)$,使对任意正整数 n,有 $m\leqslant y_n\leqslant M$,则 $\{y_n\}$ 为有界数列.

(1) **定理 2**(准则 II) 单调有界数列一定有极限(证明从略).

例如,数列 $y_n=1-\dfrac{1}{2^n}$,即 $\left\{\dfrac{1}{2},\dfrac{3}{4},\dfrac{7}{8},\cdots\right\}$,显然 $\{y_n\}$ 是单调增加的,且 $y_n\leqslant 1$,所以由定理 2 可知 $\lim\limits_{n\to\infty} y_n$ 一定存在,可以求出 $\lim\limits_{n\to\infty}\left(1-\dfrac{1}{2^n}\right)=1$.

(2) $\lim\limits_{x\to\infty}\left(1+\dfrac{1}{x}\right)^x=\mathrm{e}$.

首先我们讨论数列 $y_n=\left(1+\dfrac{1}{n}\right)^n$ 的情形. 从表 2-3 中可以看出,当 $n\to\infty$ 时,$\left(1+\dfrac{1}{n}\right)^n$ 变化的大致趋势,当 n 变大时,$\left(1+\dfrac{1}{n}\right)^n$ 也变大,但变大的速度越来越慢,而且与某一常数越来越靠近.

重要极限应用举例

表 2-3

n	1	10	100	1 000	10 000	100 000	⋯
$\left(1+\dfrac{1}{n}\right)^n$	2	2.259 37	2.704 81	2.716 92	2.718 14	2.718 27	⋯

可以证明数列 $y_n=\left(1+\dfrac{1}{n}\right)^n$ 是单调增加的,且有界(小于 3). 根据定理 1 可知,极限 $\lim\limits_{n\to\infty}\left(1+\dfrac{1}{n}\right)^n$ 是存在的. 可以证明这个极限是无理数,通常用记号 e 来表示,即

$$\lim_{n\to\infty}\left(1+\frac{1}{n}\right)^n = \mathrm{e},$$

其中 e 的近似值为 $2.718\ 281\ 828\ 459\ 045\cdots$.

可以证明，当 x 连续变化且趋于无穷大时，函数的极限 $\lim\limits_{x\to\infty}\left(1+\frac{1}{x}\right)^x$ 存在且也等于 e，即

$$\lim_{x\to\infty}\left(1+\frac{1}{x}\right)^x = \mathrm{e}.$$

利用 $t=\dfrac{1}{x}$ 代换，则当 $x\to\infty$ 时，$t\to 0$，上式也可写为

$$\lim_{t\to 0}(1+t)^{\frac{1}{t}} = \mathrm{e},$$

可推广为 $\lim\limits_{u(x)\to\infty}\left[1+\dfrac{1}{u(x)}\right]^{u(x)} = \mathrm{e}.$

以 e 为底的对数叫作自然对数，在高等数学中常用到以 e 为底的对数函数 $y=\ln x$ 和以 e 为底的指数函数 $y=\mathrm{e}^x$.

下面举例说明这个公式的应用.

例 8 求 $\lim\limits_{x\to\infty}\left(1+\dfrac{1}{x}\right)^{x+3}$.

解 $\lim\limits_{x\to\infty}\left(1+\dfrac{1}{x}\right)^{x+3} = \lim\limits_{x\to\infty}\left(1+\dfrac{1}{x}\right)^x\left(1+\dfrac{1}{x}\right)^3 = \mathrm{e}.$

例 9 求 $\lim\limits_{x\to\infty}\left(1+\dfrac{1}{x}\right)^{3x}$.

解 $\lim\limits_{x\to\infty}\left(1+\dfrac{1}{x}\right)^{3x} = \left[\lim\limits_{x\to\infty}\left(1+\dfrac{1}{x}\right)^x\right]^3 = \mathrm{e}^3.$

例 10 求 $\lim\limits_{x\to\infty}\left(1+\dfrac{2}{x}\right)^x$.

解 $\lim\limits_{x\to\infty}\left(1+\dfrac{2}{x}\right)^x = \lim\limits_{x\to\infty}\left(1+\dfrac{2}{x}\right)^{\frac{x}{2}\cdot 2} = \lim\limits_{x\to\infty}\left[\left(1+\dfrac{2}{x}\right)^{\frac{x}{2}}\right]^2 = \mathrm{e}^2.$

例 11 求 $\lim\limits_{x\to\infty}\left(1+\dfrac{2}{x}\right)^{3x}$.

解 $\lim\limits_{x\to\infty}\left(1+\dfrac{2}{x}\right)^{3x} = \lim\limits_{x\to\infty}\left(1+\dfrac{2}{x}\right)^{\frac{x}{2}\cdot 6} = \lim\limits_{x\to\infty}\left[\left(1+\dfrac{2}{x}\right)^{\frac{x}{2}}\right]^6 = \mathrm{e}^6.$

例 12 求 $\lim\limits_{x\to\infty}\left(\dfrac{x}{1+x}\right)^x$.

解法一 $\lim\limits_{x\to\infty}\left(\dfrac{x}{1+x}\right)^x = \lim\limits_{x\to\infty}\left(\dfrac{1+x}{x}\right)^{-x} = \lim\limits_{x\to\infty}\left(1+\dfrac{1}{x}\right)^{-x} = \mathrm{e}^{-1}.$

解法二 $\lim\limits_{x\to\infty}\left(\dfrac{x}{1+x}\right)^x = \lim\limits_{x\to\infty}\left(\dfrac{1+x-1}{1+x}\right)^x = \lim\limits_{x\to\infty}\left(1-\dfrac{1}{1+x}\right)^{-(1+x)(-1)-1}$

$\quad = \lim\limits_{x\to\infty}\left[\left(1-\dfrac{1}{1+x}\right)^{-(1+x)}\right]^{-1}\left(1-\dfrac{1}{1+x}\right)^{-1} = \mathrm{e}^{-1}.$

例 13 求 $\lim\limits_{x\to\infty}\left(\dfrac{x+1}{x-1}\right)^x$.

解法一 $\lim\limits_{x\to\infty}\left(\dfrac{x+1}{x-1}\right)^x = \lim\limits_{x\to\infty}\left(\dfrac{x-1+2}{x-1}\right)^x = \lim\limits_{x\to\infty}\left(1+\dfrac{2}{x-1}\right)^{\frac{x-1}{2}\cdot 2+1}$

$$= \lim_{x\to\infty}\left(1+\frac{2}{x-1}\right)^{\frac{x-1}{2}\cdot 2}\left(1+\frac{2}{x-1}\right) = e^2.$$

解法二 $\lim_{x\to\infty}\left(\dfrac{x+1}{x-1}\right)^x = \lim_{x\to\infty}\left[\dfrac{1+\dfrac{1}{x}}{1-\dfrac{1}{x}}\right]^x = \lim_{x\to\infty}\dfrac{\left(1+\dfrac{1}{x}\right)^x}{\left(1-\dfrac{1}{x}\right)^x} = \dfrac{e}{e^{-1}} = e^2.$

例 14 已知极限 $\lim_{x\to 0}(1+kx)^{\frac{1}{x}} = e^{-5}$（$k$ 为常数），求常数的值.

解 $\lim_{x\to 0}(1+kx)^{\frac{1}{x}} = \lim_{x\to 0}(1+kx)^{\frac{1}{kx}\cdot k} = e^k$，根据已知条件，得 $k=-5$.

等价无穷小在求极限中的应用

常用的无穷小等价关系如下所示：

当 $x\to 0$ 时，$x\sim\sin x\sim\tan x\sim\arcsin x\sim\arctan x\sim\ln(1+x)\sim e^x-1$，$1-\cos x\sim\dfrac{1}{2}x^2$.

 习题 2.4

1. 计算下列极限：

(1) $\lim\limits_{x\to 0}\dfrac{1-\cos x}{\sin x^2}$;

(2) $\lim\limits_{x\to 0}\dfrac{\arcsin x}{x}$;

(3) $\lim\limits_{x\to 0}\dfrac{\arctan x}{x}$;

(4) $\lim\limits_{x\to 0}x\cot x$;

(5) $\lim\limits_{x\to 0}\dfrac{\ln(1+x)}{x}$;

(6) $\lim\limits_{x\to\infty}\left(1-\dfrac{1}{x^2}\right)^x$;

(7) $\lim\limits_{x\to\infty}\left(\dfrac{2x+1}{2x-1}\right)^x$;

(8) $\lim\limits_{x\to 0}\dfrac{e^x-1}{x}$.

2. 当 $x\to 0$ 时，证明：

(1) $\arctan x\sim x$;

(2) $1-\cos x\sim\dfrac{x^2}{2}$.

3. 利用等价无穷小的性质计算下列极限：

(1) $\lim\limits_{x\to 0}\dfrac{\tan(2x^2)}{1-\cos x}$;

(2) $\lim\limits_{x\to 0}\dfrac{\tan x-\sin x}{\sin^3 x}$;

(3) $\lim\limits_{x\to 0}\dfrac{\ln(1+x)}{\sin 3x}$.

4. 当 $x\to 0$ 时，下面函数哪些是 x 的高阶无穷小？哪些是同阶无穷小？并指出其中哪些又是等价无穷小？

(1) $3x+2x^2$;

(2) $x^2+\sin 2x$;

(3) $\dfrac{1}{2}x+\dfrac{1}{2}\sin x$;

(4) $\sin x^2$;

(5) $\ln(1+x)$;

(6) $1-\cos x$.

§2.5 函数的连续性

自然界的许多现象，如空气和水的流动、气温的变化、物体运动的路程等，都是随时间的变化而连续不断变化着的.这些现象反映在数学上就是函数的连续性.连续性是函数的重要性质之一，是微积分的又一重要概念.

一、函数的连续性

定义 1 设变量 u 从它的初值 u_1 改变到终值 u_2，终值与初值的差 u_2-u_1，称为变量 u 的改变量(或增量),记作 $\Delta u = u_2 - u_1$.

注意:改变量可正可负,记号 Δu 不表示 u 与 Δ 的乘积,而是整个不可分割的记号.

设函数 $y = f(x)$,当自变量 x 从 x_0 改变到 $x_0 + \Delta x$ 时,函数 $y = f(x)$ 相应的改变量为 Δy,则有 $\Delta y = f(x_0 + \Delta x) - f(x_0)$.

现在讨论函数的连续性.首先从直观上来理解它的意义,如图 2-7 所示,函数 $y = f(x)$ 的图像是一条连续不断的曲线.对于其定义域内一点 x_0,如果自变量 x 在点 x_0 处取得极其微小的改变量 Δx 时,相应改变量 Δy 也有极其微小的改变,且当 Δx 趋于零时,Δy 也趋于零,则称函数 $y = f(x)$ 在点 x_0 处是连续的.

而如图 2-8 所示,函数的图像在点 x_0 处间断,在点 x_0 处不满足以上条件,所以它在点 x_0 处不连续.下面给出函数在一点连续的定义.

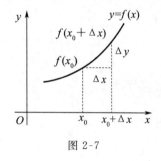

图 2-7   图 2-8

定义 2 设函数 $y = f(x)$ 在 x_0 的某个邻域内有定义,如果当自变量 x 在点 x_0 处取得的改变量 Δx 趋于零时,函数相应的改变量 Δy 也趋于零,即
$$\lim_{\Delta x \to 0} \Delta y = 0 \quad \text{或} \quad \lim_{\Delta x \to 0}[f(x_0 + \Delta x) - f(x_0)] = 0,$$
则称函数 $y = f(x)$ **在点** x_0 **处连续**.

令 $x = x_0 + \Delta x$,即 $\Delta x = x - x_0$,当 $\Delta x \to 0$ 时,$x \to x_0$,于是
$$\lim_{\Delta x \to 0}[f(x_0 + \Delta x) - f(x_0)] = 0,$$

函数在一点处连续的定义

又可以改写为 $\lim_{x \to x_0}[f(x) - f(x_0)] = 0$,即 $\lim_{x \to x_0} f(x) = f(x_0)$.因此,还可以如下定义函数在点 x_0 处连续.

定义 3 设函数 $y = f(x)$ 在 x_0 的某个邻域内有定义,如果当 $x \to x_0$ 时,函数 $y = f(x)$ 的极限存在,而且等于 $f(x)$ 在点 x_0 处的函数值,即
$$\lim_{x \to x_0} f(x) = f(x_0),$$
则称函数 $f(x)$ **在点** x_0 **处连续**.

由定义 3 可知,如果函数在某点连续,求该点的极限,只需求该点的函数值即可.

例 1 求 $\lim\limits_{x \to 0} \dfrac{\ln(x + e^2)}{1 + \cos x}$.

解 $\lim\limits_{x \to 0} \dfrac{\ln(x + e^2)}{1 + \cos x} = \dfrac{\ln e^2}{1 + \cos 0} = 1.$

定义 4 设函数 $f(x)$ 在 (a,b) 内有定义,如果 $f(x)$ 在区间内每一点处都连续,则称函数 $f(x)$ **在** (a,b) **上连续**,亦称这个区间是 $f(x)$ 的**连续区间**.

定义 5 设函数 $f(x)$ 在 x_0 的左(右)邻域内有定义,若

$$\lim_{x \to x_0^-} f(x) = f(x_0),$$

则称函数 $f(x)$ 在点 x_0 处**左连续**；若

$$\lim_{x \to x_0^+} f(x) = f(x_0),$$

则称函数 $f(x)$ 在点 x_0 处**右连续**.

定理 1 函数 $f(x)$ **在点 x_0 处连续** ⇔ 函数 $f(x)$ **在点 x_0 处既是左连续,又是右连续.**

用定理 1 来讨论函数在某一点处的连续性,特别是分段函数在分界点处的连续性更为方便.

例 2 讨论 $f(x) = |x| = \begin{cases} x, & x > 0, \\ 0, & x = 0, \\ -x, & x < 0 \end{cases}$ 在 $x = 0$ 处的连续性.

解 因为 $f(0) = 0, \lim\limits_{x \to 0^-} f(x) = \lim\limits_{x \to 0^-}(-x) = 0, \lim\limits_{x \to 0^+} f(x) = \lim\limits_{x \to 0^+} x = 0$,

所以 $\lim\limits_{x \to 0} f(x) = 0 = f(0)$,因此 $f(x)$ 在 $x = 0$ 处连续.

定义 6 若函数 $f(x)$ 在 (a,b) 内连续,且在点 $x = a$ 处右连续,在点 $x = b$ 处左连续,则函数 $f(x)$ 在 $[a,b]$ 上连续.

二、函数的间断点及其分类

根据定义 3,如果函数 $y = f(x)$ 在点 x_0 处连续,必须同时满足以下三个条件:

(1) 在点 x_0 处有定义；

(2) $\lim\limits_{x \to x_0} f(x)$ 存在；

(3) $\lim\limits_{x \to x_0} f(x) = f(x_0)$.

上述三个条件中只要有一个条件不满足,$f(x)$ 就在点 x_0 处不连续,也就是在点 x_0 处间断.此时,$y = f(x)$ 所表示的曲线在点 x_0 处是断开的.

定义 7 如果函数 $y = f(x)$ 在点 x_0 处不满足连续条件,则称其在点 x_0 处间断,称点 x_0 为 $f(x)$ 的**间断点**.

例 3 讨论 $f(x) = \dfrac{1}{x-1}$ 在点 $x = 1$ 处的连续性

解 因为函数 $f(x) = \dfrac{1}{x-1}$ 在点 $x = 1$ 处没有定义,所以 $f(x)$ 在点 $x = 1$ 处间断,$x = 1$ 是间断点,如图 2-9 所示.

例 4 讨论函数 $f(x) = \begin{cases} \mathrm{e}^{-x}, & x \leqslant 0, \\ x, & x > 0 \end{cases}$ 在点 $x = 0$ 处的连续性.

解 $f(x)$ 在点 $x = 0$ 处有定义,且 $f(0) = \mathrm{e}^0 = 1$,但是

$$\lim_{x \to 0^-} f(x) = \lim_{x \to 0^-} \mathrm{e}^{-x} = 1, \quad \lim_{x \to 0^+} f(x) = \lim_{x \to 0^+} x = 0,$$

间断点的分类及举例

故 $\lim\limits_{x \to 0^-} f(x) \neq \lim\limits_{x \to 0^+} f(x), \lim\limits_{x \to 0} f(x)$ 不存在,因此 $f(x)$ 在点 $x = 0$ 处间断,如图 2-10 所示.

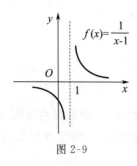
图 2-9

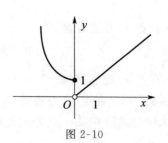
图 2-10

例 5 讨论 $f(x)=\begin{cases}x+1, & x\neq 1,\\ 1, & x=1\end{cases}$ 在点 $x=1$ 处的连续性.

解 $f(x)$ 在点 $x=1$ 处有定义,且 $f(1)=1$,但是
$$\lim_{x\to 1}f(x)=\lim_{x\to 1}(x+1)=2,\quad \lim_{x\to 1}f(x)=2\neq f(1),$$
所以 $f(x)$ 在点 $x=1$ 处间断,$x=1$ 是间断点,如图 2-11 所示.

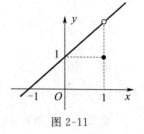
图 2-11

例 6 讨论函数 $f(x)=\begin{cases}x^2, & x\neq 0,\\ 1, & x=0\end{cases}$ 在点 $x=0$ 处的连续性.

解 由于 $\lim\limits_{x\to 0}f(x)=\lim\limits_{x\to 0}x^2=0, f(0)=1$,所以 $\lim\limits_{x\to 0}f(x)\neq f(0)$,即 $x=0$ 是函数 $f(x)$ 的间断点.

例 7 讨论函数 $f(x)=\begin{cases}x-1, & x<0,\\ 0, & x=0,\\ x+1, & x>0\end{cases}$ 在点 $x=0$ 处的连续性.

解 由于 $\lim\limits_{x\to 0^-}f(x)=\lim\limits_{x\to 0^-}(x-1)=-1, \lim\limits_{x\to 0^+}f(x)=\lim\limits_{x\to 0^+}(x+1)=1$,函数 $f(x)$ 在 $x\to 0$ 时左极限、右极限都存在,但不相等,从而函数 $f(x)$ 在点 $x=0$ 处的极限不存在,故 $x=0$ 是函数 $f(x)$ 的间断点.

根据函数 $f(x)$ 在间断点处单侧极限的情况,常将间断点分为两类:

(1) 若 x_0 是 $f(x)$ 的间断点,并且 $f(x)$ 在点 x_0 处的左极限、右极限都存在,则称 x_0 是 $f(x)$ 的**第一类间断点**;

(2) 若 x_0 是 $f(x)$ 的间断点,但不是第一类间断点,则称 x_0 是 $f(x)$ 的**第二类间断点**.

在第一类间断点中,如果左极限与右极限相等,即 $\lim\limits_{x\to x_0}f(x)$ 存在,则称此间断点为可去间断点,如例 5 中 $x=1$ 为 $f(x)$ 的可去间断点,例 6 中 $x=0$ 为 $f(x)$ 的可去间断点.如果 x_0 为 $f(x)$ 的可去间断点,我们可以补充定义 $f(x_0)$ 或者修改 $f(x_0)$ 的值,由 $f(x)$ 构造出一个在 x_0 处连续的函数.如 $\lim\limits_{x\to 1}\dfrac{x^2+x-2}{x-1}=3$,若定义 $y_1=\begin{cases}\dfrac{x^2+x-2}{x-1}, & x\neq 1,\\ 3, & x=1,\end{cases}$ 则在 $x=1$ 处 y_1 为连续函数.

例 6 中 $f(0)=1$,而 $\lim\limits_{x\to 0}f(x)=0$,若定义 $f_1(x)=\begin{cases}x^2, & x\neq 0,\\ 0, & x=0,\end{cases}$ 即 $f_1(x)=x^2$,则在 $x=0$ 处 $f_1(x)$ 为连续函数.

在第一类间断点中,如果左极限与右极限不相等,此间断点 x_0 称为 $f(x)$ 的**跳跃间断点**,

如例 7 中 $x=0$ 为 $f(x)$ 的跳跃间断点.

在第二类间断点中,如果当 $x \to x_0$ 时,$f(x) \to \infty$,则称 x_0 为 $f(x)$ 的**无穷间断点**,如在正切函数 $f(x) = \tan x$ 中,$x = k\pi + \dfrac{\pi}{2}(k = 0, \pm 1, \cdots)$ 为 $f(x)$ 的无穷间断点. 如果当 $x \to x_0$ 时,$f(x)$ 的极限不存在,呈无限振荡情形,则称 x_0 为 $f(x)$ 的**振荡间断点**,如函数 $f(x) = \begin{cases} \sin \dfrac{1}{x}, & x \neq 0, \\ 0, & x = 0 \end{cases}$ 中,$x = 0$ 为 $f(x)$ 的振荡间断点.

三、连续函数的运算

定理 2 如果函数 $f(x)$ 与 $g(x)$ 在点 x_0 处连续,则它们的和、差、积、商(分母不为零)在点 x_0 处也连续.

证 现只就"函数的和"的情形加以证明,其他情况类似地可以证明.

因为函数 $f(x)$ 与 $g(x)$ 在点 x_0 处连续,所以有
$$\lim_{x \to x_0} f(x) = f(x_0), \quad \lim_{x \to x_0} g(x) = g(x_0),$$
因此有 $\lim\limits_{x \to x_0}[f(x) + g(x)] = \lim\limits_{x \to x_0} f(x) + \lim\limits_{x \to x_0} g(x) = f(x_0) + g(x_0)$,
所以 $f(x) + g(x)$ 在点 x_0 处连续.

可以证明连续函数的反函数仍是连续函数;两个连续函数的复合函数仍是连续函数.

还可以证明基本初等函数在其定义域内都是连续函数;一般初等函数在其定义域内都是连续的.

四、闭区间上连续函数的主要性质

下面介绍定义在闭区间上连续函数的主要性质,我们只从几何上直观地加以说明,证明从略.

定理 3(最大值和最小值定理) 如果函数 $f(x)$ 在闭区间上连续,则它在该区间上一定有最大值和最小值.

例如,在图 2-12 中,函数 $f(x)$ 在闭区间 $[a,b]$ 上连续. 在 $[a,b]$ 内的点 ξ_1 处取得最小值 m,在点 ξ_2 处取得最大值 M.

定理 4(介值定理) 如果函数 $f(x)$ 在闭区间 $[a,b]$ 上连续,m 与 M 分别为 $f(x)$ 在 $[a,b]$ 上的最小值与最大值,则对介于 m 与 M 间的任一实数 $c(m < c < M)$,至少存在一点 $\xi(a < \xi < b)$,使得 $f(\xi) = c$.

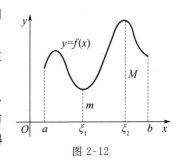

图 2-12

例如,在图 2-13 中,连续曲线 $y = f(x)$ 与直线 $y = c$ 有三个交点,其对应的横坐标分别是 ξ_1, ξ_2, ξ_3,所以有 $f(\xi_1) = f(\xi_2) = f(\xi_3) = c$.

推论 如果函数 $f(x)$ 在闭区间 $[a,b]$ 上连续,且 $f(a)$ 与 $f(b)$ 异号,则在 (a,b) 内至少有一点 ξ,使得 $f(\xi) = 0$.

例如,在图 2-14 中,因 $f(a) < 0, f(b) > 0$,连续曲线 $y = f(x)$ 交 x 轴于点 ξ 处,所以有 $f(\xi) = 0$.

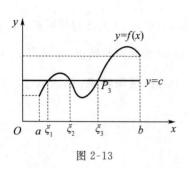
图 2-13

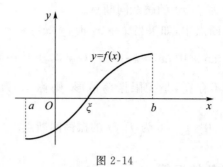
图 2-14

闭区间上连续
函数的性质

习题 2.5

1. 下列函数在指定点处间断,说明这些间断点属于哪一类？如果是可去间断点,则补充定义或改变函数的定义使其连续.

(1) $y = \dfrac{x^2-1}{x^2-3x+2}$, $x=1$, $x=2$;

(2) $y = \dfrac{x}{\tan x}$, $x=k\pi$, $x=k\pi+\dfrac{\pi}{2}$ $(k=0,\pm 1,\pm 2,\cdots)$;

(3) $y = \cos\dfrac{1}{x}$, $x=0$;

(4) $y = \begin{cases} x, & x\leqslant 2, \\ x^2, & x>2, \end{cases}$ $x=2$;

(5) $y = \dfrac{x-a}{|x-a|}$, $x=a$.

2. 设 $f(x) = 1+\dfrac{\sin x}{x}$,指出 $f(x)$ 的间断点及类型,并在间断点处补充定义使其连续.

3. 设函数 $f(x) = \begin{cases} x, & x\geqslant 1, \\ x^3, & x<1, \end{cases}$ 讨论其在点 $x=1$ 处的连续性.

4. 讨论 $f(x) = \begin{cases} x^2\sin x, & x\neq 0, \\ 0, & x=0 \end{cases}$ 在点 $x=0$ 处的连续性.

5. 设 $f(x) = \begin{cases} x^2, & x\geqslant 2, \\ ax+2, & x<2, \end{cases}$ 怎样选择 a 使 $f(x)$ 为连续函数.

6. 证明:方程 $x\cdot 2^x = 1$ 在 $(0,1)$ 内有根.

7. 证明:方程 $x^5-2x^2=1$ 至少有一个根介于 1 和 2 之间.

8. 设 $f(x)$ 在 (a,b) 内连续,且 $a<x_1<x_2<\cdots<x_n<b$,则在 $[x_1,x_2]$ 上必有点 ξ,使得
$$f(\xi) = \dfrac{f(x_1)+f(x_2)+\cdots+f(x_n)}{n}.$$

复习题二

一、填空题

1. $\lim\limits_{x\to 0}\dfrac{\sin x}{x^2+3x} = $ _____.

2. $\lim\limits_{x\to\infty}\dfrac{\sin 2x}{x} = $ _____.

3. 若 $\lim\limits_{x\to 2}\dfrac{x^2-3x+a}{x-2}=1$,则 $a=$ _____.

4. 设 $f(x)=\begin{cases}\dfrac{k}{1+x^2}, & x\geqslant 1,\\ 3x^2+2, & x<1,\end{cases}$ 若 $f(x)$ 在点 $x=1$ 处连续,则 $k=$ _____.

5. $\lim\limits_{x\to\infty}\left(\dfrac{x+1}{x}\right)^{-x}=$ _____.

6. 如果 $f(x)$ 在点 x_0 处连续,$g(x)$ 在点 x_0 处不连续,则 $f(x)+g(x)$ 在点 x_0 处 _____.

7. 若 $\lim\limits_{x\to\infty}\dfrac{3x^k-2x+5}{4x^5+3x^3-2x}=\dfrac{3}{4}$,则 $k=$ _____.

8. 函数 $f(x)=\dfrac{x^2-x}{x(x^2-1)}$ 在点 $x=-1$ 处为第 _____ 类间断点.

二、选择题

1. 设 $\alpha=1-\cos x,\beta=2x^2$,则当 $x\to 0$ 时( ).
   A. α 与 β 是同阶但不等价的无穷小
   B. α 与 β 是等价的无穷小
   C. α 是 β 的高阶的无穷小
   D. β 是 α 的高阶的无穷小

2. 当 $x\to 0$ 时,下列变量中( )与 x 为等价无穷小量.
   A. $\sin x^2$ B. $\ln(1+2x)$ C. $x\sin\dfrac{1}{x}$ D. $\sqrt{1+x}-\sqrt{1-x}$

3. $f(x)=\dfrac{e^x-1}{x}$,则点 $x=0$ 是 $f(x)$ 的( ).
   A. 连续点   B. 可去间断点   C. 跳跃间断点   D. 无穷间断点

4. $\lim\limits_{x\to\infty}\sin\dfrac{1}{x}=$ ( ).
   A. 1   B. 0   C. ∞ D. 不存在

5. $\lim\limits_{x\to+\infty}(x-\sqrt{x^2-1})=$ ( ).
   A. 0   B. ∞ C. 1   D. -1

6. 函数 $f(x)$ 在点 x_0 具有极限是 $f(x)$ 在点 x_0 处连续的( ).
   A. 必要条件
   B. 充分条件
   C. 充分必要条件
   D. 既不是必要条件,也不是充分条件

三、计算题

1. 求 $\lim\limits_{x\to 0}\dfrac{x-\sin x}{x+\sin x}$.

2. 求 $\lim\limits_{x\to 0}\dfrac{e^{2x}-1}{\sin 3x}$.

3. 求 $\lim\limits_{n\to\infty}\dfrac{1+a+a^2+\cdots+a^n}{1+b+b^2+\cdots+b^n}$ ($|a|<1,|b|<1$).

4. 求 $\lim\limits_{x\to\infty}\left(3+\dfrac{2}{x}-\dfrac{1}{x^2}\right)$.

5. 求 $\lim\limits_{x\to\infty}\left(\dfrac{x-1}{x+1}\right)^x$.

6. 求 $\lim\limits_{n\to\infty}(1^n+2^n+3^n)^{\frac{1}{n}}$ [提示:$3<(1^n+2^n+3^n)^{\frac{1}{n}}<3\cdot 3^{\frac{1}{n}}$,利用夹逼准则].

7. 定义 $f(0)$ 的值,使 $f(x)=\dfrac{\sqrt[3]{1+x}-1}{\sqrt{1+x}-1}$ 在点 $x=0$ 处连续.

8. 求 $\lim\limits_{x\to a}\dfrac{\ln x-\ln a}{x-a}$ ($a>0$)(提示:设 $x-a=t$).

四、证明题

1. 证明方程 $e^x = 3x$ 至少存在一个小于 1 的正根.

2. 设 $f(x)$ 在闭区间 $[1,2]$ 上连续,并且 $1 < f(x) < 2$,证明至少存在一点 $\xi \in (1,2)$,使得 $f(\xi) = \xi$.[提示:对函数 $F(x) = f(x) - x$ 在 $[1,2]$ 上应用介值定理].

第二章习题答案

第三章 导数与微分

§3.1 导数的概念

微分学中最基本的概念是导数,而导数来源于许多实际问题的变化率,它描述了非均匀变化现象的变化快慢程度.下面通过几个实例来引出导数概念.

一、引例

例 1 变速直线运动的瞬时速度.

设 s 表示一物体从某个时刻开始到时刻 t 作直线运动的路程,则 s 是时间 t 的函数,$s=s(t)$.当时间 t 由 t_0 改变到 $t_0+\Delta t$ 时,物体在 Δt 这一段时间内所经过的距离为 $\Delta s=s(t_0+\Delta t)-s(t_0)$.当物体匀速运动时,它的速度不随时间而改变,则

$$\frac{\Delta s}{\Delta t}=\frac{s(t_0+\Delta t)-s(t_0)}{\Delta t}$$

是一个常量,它是物体在任意时刻的平均速度.

导数定义的引入

当物体作变速运动时,它的速度随时间的变化而变化,此时 $\frac{\Delta s}{\Delta t}=v$ 近似地表示物体在 t_0 时刻的速度,显然 Δt 越小,近似的程度就越好.而当 $\Delta t\to 0$ 时,如果 $\lim\limits_{\Delta t\to 0}\frac{\Delta s}{\Delta t}$ 存在,就称此极限为物体在 t_0 时刻的瞬时速度,即

$$v(t_0)=\lim_{\Delta t\to 0}\frac{\Delta s}{\Delta t}=\lim_{\Delta t\to 0}\frac{s(t_0+\Delta t)-s(t_0)}{\Delta t}.$$

例 2 平面曲线切线的斜率.

已知曲线 $y=f(x)$,它经过点 $M_0(x_0,y_0)$,取曲线上的另一点 $M_1(x_0+\Delta x,y_0+\Delta y)$ 作割线 M_0M_1,如图 3-1 所示.设割线 M_0M_1 与 x 轴的夹角为 φ,则割线的斜率为

$$\tan\varphi=\frac{\Delta y}{\Delta x}=\frac{f(x_0+\Delta x)-f(x_0)}{\Delta x}.$$

当 $\Delta x\to 0$ 时,动点 M_1 沿曲线 $y=f(x)$ 趋于定点 M_0,使得割线 M_0M_1 的位置也随着变动而趋向于极限位置,即直线 M_0T,称直线 M_0T 为曲线 $y=f(x)$ 在定点 M_0 处的切线.

显然,此时倾角 φ 趋向于切线 M_0T 的倾角 α,即切线 M_0T 的斜率为

$$\tan\alpha=\lim_{\Delta x\to 0}\tan\varphi=\lim_{\Delta x\to 0}\frac{\Delta y}{\Delta x}=\lim_{\Delta x\to 0}\frac{f(x_0+\Delta x)-f(x_0)}{\Delta x}.$$

以上两个例题都归结为计算函数改变量与自变量改变量的比,当自变量改变量趋于零时

的极限. 这种特殊的极限叫作函数的导数.

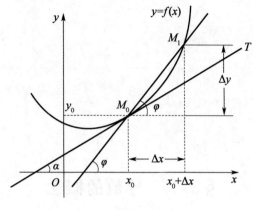

图 3-1

二、导数的定义

定义 1 设函数 $y = f(x)$ 在点 x_0 的某个邻域内有定义,当自变量 x 在点 x_0 处取得改变量 $\Delta x(\Delta x \neq 0)$ 时,函数 $y = f(x)$ 取得相应的改变量 $\Delta y = f(x_0 + \Delta x) - f(x_0)$,如果当 $\Delta x \to 0$ 时,$\dfrac{\Delta y}{\Delta x}$ 的极限存在,即 $\lim\limits_{\Delta x \to 0} \dfrac{f(x_0 + \Delta x) - f(x_0)}{\Delta x}$ 存在,则称此极限值为函数 $f(x)$ 在点 x_0 处的**导数**(或**微商**),记作

$$f'(x_0), \quad y'\big|_{x=x_0}, \quad \dfrac{\mathrm{d}y}{\mathrm{d}x}\bigg|_{x=x_0}, \quad \dfrac{\mathrm{d}}{\mathrm{d}x}f(x)\bigg|_{x=x_0}.$$

这时称函数 $y = f(x)$ 在点 x_0 处是**可导的函数**.

导数的概念

例 3 根据导数定义求 $y = \sqrt{x}$ 在点 $x = 4$ 处的导数.

解 根据导数的定义求导数通常分三步:

(1) 求 $\Delta y = f(x_0 + \Delta x) - f(x_0)$.

$$\Delta y = \sqrt{4 + \Delta x} - 2.$$

(2) 求 $\dfrac{\Delta y}{\Delta x}$.

$$\dfrac{\Delta y}{\Delta x} = \dfrac{\sqrt{4 + \Delta x} - 2}{\Delta x} = \dfrac{4 + \Delta x - 4}{\Delta x(\sqrt{4 + \Delta x} + 2)} = \dfrac{1}{\sqrt{4 + \Delta x} + 2}.$$

(3) 求 $\lim\limits_{\Delta x \to 0} \dfrac{\Delta y}{\Delta x}$.

$$\lim_{\Delta x \to 0} \dfrac{\Delta y}{\Delta x} = \lim_{\Delta x \to 0} \dfrac{1}{\sqrt{4 + \Delta x} + 2} = \dfrac{1}{4},$$

因此 $y'(4) = \dfrac{1}{4}$.

例 4 求自由落体运动 $s = \dfrac{1}{2}gt^2$ 在时刻 t_0 的瞬时速度 $v(t_0)$.

解 $\Delta s = \dfrac{1}{2}g(t_0 + \Delta t)^2 - \dfrac{1}{2}gt_0^2 = gt_0\Delta t + \dfrac{1}{2}g(\Delta t)^2;$

$$\frac{\Delta s}{\Delta t} = \frac{gt_0 \Delta t + \frac{1}{2}g(\Delta t)^2}{\Delta t} = gt_0 + \frac{1}{2}g\Delta t;$$

$$\lim_{\Delta t \to 0} \frac{\Delta s}{\Delta t} = \lim_{\Delta t \to 0} \left(gt_0 + \frac{1}{2}g\Delta t\right) = gt_0 = s'(t_0);$$

因此 $v(t_0) = s'(t_0)$.

通过例3和例4容易看出，在给定函数 $y = f(x)$ 后，其导数 $f'(x_0)$ 仅与 x_0 有关. 如果函数 $y = f(x)$ 在区间 (a,b) 内任一点 x 处是可导的，则称函数 $y = f(x)$ 在区间 (a,b) 内可导. 这时，对于每一个 $x \in (a,b)$，均有对应的导数值 $f'(x)$，因此 $f'(x)$ 也是 x 的函数，称其为函数 $f(x)$ 的导函数，导函数有时也简称为导数. 记作

$$f'(x), \quad y', \quad \frac{\mathrm{d}y}{\mathrm{d}x} \quad \text{或} \quad \frac{\mathrm{d}[f(x)]}{\mathrm{d}x}.$$

例 5 求 $y = x^2$ 的导函数.

解 $\Delta y = (x + \Delta x)^2 - x^2 = 2x\Delta x + \Delta x^2;$

$$\frac{\Delta y}{\Delta x} = 2x + \Delta x;$$

$$\lim_{\Delta x \to 0} \frac{\Delta y}{\Delta x} = \lim_{\Delta x \to 0} (2x + \Delta x) = 2x;$$

因此 $y' = (x^2)' = 2x$.

同理可得 $(x^n)' = nx^{n-1}$（n 为正整数）.

例 6 求 $y = \sin x$ 的导函数.

解 $\Delta y = \sin(x + \Delta x) - \sin x = 2\cos\left(x + \frac{\Delta x}{2}\right) \cdot \sin\frac{\Delta x}{2};$

$$\frac{\Delta y}{\Delta x} = \frac{2\cos\left(x + \frac{\Delta x}{2}\right) \cdot \sin\frac{\Delta x}{2}}{\Delta x};$$

$$\lim_{\Delta x \to 0} \frac{\Delta y}{\Delta x} = \lim_{\Delta x \to 0} \cos\left(x + \frac{\Delta x}{2}\right) \cdot \frac{\sin\frac{\Delta x}{2}}{\frac{\Delta x}{2}} = \cos x;$$

因此 $y' = (\sin x)' = \cos x$.

类似地，可以证明 $(\cos x)' = -\sin x$.

三、导数的实际意义

1. 导数的几何意义

由例2可知，函数 $y = f(x)$ 在点 x_0 处的导数 $f'(x_0)$，就是曲线 $f(x)$ 在点 $M_0(x_0, y_0)$ 处的切线 M_0T 的斜率，如图3-1所示，即

$$f'(x_0) = \lim_{\Delta x \to 0} \frac{\Delta y}{\Delta x} = \lim \tan \varphi = \tan \alpha \quad \left(\alpha \neq \frac{\pi}{2}\right).$$

由导数的几何意义及直线的点斜式方程可知，曲线 $y = f(x)$ 上点 (x_0, y_0) 处的切线方程为 $y - y_0 = f'(x_0)(x - x_0)$.

例 7 求 $y = x^2$ 在点 $x = 1$ 处的切线方程.

解 在例5中已求得

$$y' = (x^2)' = 2x,$$
因此
$$y'|_{x=1} = 2.$$
故所求的切线方程为
$$y - 1 = 2(x - 1),$$
即
$$2x - y - 1 = 0.$$

2. 导数的物理意义

从前面的例题中我们知,变速直线运动物体的速度 $v(t)$ 就是路程 $s(t)$ 关于时间 t 的导数,与此类似,许多物理量其实质就是某一函数的导数.

(1) 非均匀分布的密度.

设 L 为一非均匀分布的物质杆. 取杆的轴线为 x 轴,它的左端点为原点 O,杆所在半轴为正半轴,用函数 $m = m(x)$ 表示分布在点 O 到点 x 一段杆上的质量,则

$$\frac{\Delta m}{\Delta x} = \frac{m(x_0 + \Delta x) - m(x_0)}{\Delta x}$$

是非均匀杆在 x_0 到 $x_0 + \Delta x$ 一段的平均密度,所以非均匀杆在点 x_0 处的密度为

$$\mu(x_0) = \lim_{\Delta x \to 0} \frac{m(x_0 + \Delta x) - m(x_0)}{\Delta x} = m'(x_0),$$

即非均匀分布的密度函数是质量分布函数关于坐标 x 的导数.

(2) 交变电流的电流强度.

若在时刻 t 从导体内的指定横截面上通过的电量为 $Q = Q(t)$,则从时刻 t_0 到 $t_0 + \Delta t$ 内通过该横截面的电量为

$$\Delta Q = Q(t_0 + \Delta t) - Q(t_0),$$

该段时间通过横截面的平均电流强度应为

$$\frac{\Delta Q}{\Delta t} = \frac{Q(t_0 + \Delta t) - Q(t_0)}{\Delta t},$$

因此 t_0 时刻的(瞬时)电流强度应是

$$i(t_0) = \lim_{\Delta t \to 0} \frac{Q(t_0 + \Delta t) - Q(t_0)}{\Delta t} = Q'(t_0),$$

即交变电流的电流强度是流过的电量 $Q(t)$ 关于时间 t 的导数.

3. 导数的经济意义

设函数 $y = f(x)$ 可导,那么导函数 $f'(x)$ 也叫作函数 $y = f(x)$ 的**边际函数**. 在经济分析中,有许多问题要求边际函数.

总成本函数 $C = C(x)$ 的导数 $C'(x)$ 称为当产量为 x 时的**边际成本**. $C'(x)$ 近似等于产量为 x 时,再多生产一个单位产品所需增加的成本.

总收入函数 $R = R(x)$ 的导数 $R'(x)$ 称为销售量为 x 时的**边际收入**. $R'(x)$ 近似等于销售量为 x 时,再多销售一个单位产品所需增加(或减少)的收入.

总利润函数 $L(x) = R(x) - C(x)$ 的导数 $L'(x)$ 称为销售量为 x 单位产品时的**边际利润**. $L'(x)$ 近似等于销售量为 x 单位产品时,再多销售一个单位产品所增加(或减少)的利润.

四、左、右导数

定义 2 设函数 $y = f(x)$ 在点 x_0 某邻域内有定义,如果 $\lim\limits_{\Delta x \to 0^-} \dfrac{f(x_0 + \Delta x) - f(x_0)}{\Delta x}$ 存在,

则称为 $f(x)$ 在点 x_0 处的**左导数**,记为 $f'_-(x_0)$;如果 $\lim\limits_{\Delta x \to 0^+} \dfrac{f(x_0+\Delta x)-f(x_0)}{\Delta x}$ 存在,则称为 $f(x)$ 在点 x_0 处的**右导数**,记为 $f'_+(x_0)$.

定理 1 函数 $y=f(x)$ 在点 x_0 处可导的充分必要条件是 $y=f(x)$ 在点 x_0 处的左、右导数都存在且相等(证明略).

五、函数可导与连续关系

定理 2 如果函数 $y=f(x)$ 在点 x_0 处可导,则它在点 x_0 处一定连续.

证 因为函数 $y=f(x)$ 在点 x_0 处可导,

所以有
$$\lim_{\Delta x \to 0} \frac{\Delta y}{\Delta x} = f'(x),$$

而
$$\Delta y = \frac{\Delta y}{\Delta x} \Delta x,$$

所以
$$\lim_{\Delta x \to 0} \Delta y = \lim_{\Delta x \to 0} \frac{\Delta y}{\Delta x} \Delta x = \lim_{\Delta x \to 0} \frac{\Delta y}{\Delta x} \lim_{\Delta x \to 0} \Delta x = f'(x) \cdot 0 = 0,$$

即函数 $y=f(x)$ 在点 x_0 处连续.

但是值得注意的是,函数 $y=f(x)$ 在点 x_0 处连续,并不能说明函数 $f(x)$ 在点 x_0 处可导.

例如,函数 $f(x)=\begin{cases}-x, & x \leqslant 0,\\ x, & x>0\end{cases}$ 在点 $x_0=0$ 处是连续的,因为 $\lim\limits_{\Delta x \to 0^+}|x| = \lim\limits_{\Delta x \to 0^+} x = 0$,$\lim\limits_{\Delta x \to 0^-}|x| = \lim\limits_{\Delta x \to 0^-}(-x) = 0$,所以 $\lim\limits_{\Delta x \to 0}|x| = f(0) = 0$.

但是,函数 $f(x)$ 在点 $x=0$ 处没有导数,因为
$$f'_+(0) = \lim_{\Delta x \to 0^+} \frac{\Delta y}{\Delta x} = \lim_{\Delta x \to 0^+} \frac{|\Delta y|}{\Delta x} = \lim_{\Delta x \to 0^+} \frac{\Delta x}{\Delta x} = 1,$$
$$f'_-(0) = \lim_{\Delta x \to 0^-} \frac{\Delta y}{\Delta x} = \lim_{\Delta x \to 0^-} \frac{|\Delta y|}{\Delta x} = \lim_{\Delta x \to 0^-} \frac{-\Delta x}{\Delta x} = -1,$$

即
$$f'_+(0) \neq f'_-(0),$$

所以 $f'(0)$ 不存在.

 习题 3.1

1. 根据导数定义求下列函数的导数:
   (1) $y = ax + b$;   (2) $y = 2 - x^3$.
2. 设函数 $f(x) = \begin{cases} x^3+1, & 0 \leqslant x < 1,\\ 3x-1, & x \geqslant 1,\end{cases}$ 讨论 $f(x)$ 在 $x=1$ 处的连续性与可导性.
3. 求曲线 $y = \sqrt{x}$ 在点 $(1,1)$ 处的切线斜率.
4. 求曲线 $y = \ln x$ 在点 $(e,1)$ 处的切线方程和法线方程.

§3.2 导数的运算法则与基本公式

一、运算法则

在 §3.1 中给出了用导数定义计算导数的具体方法,但是如果对每一个函数都根据定义

求导数,那么工作量是很大的.因此,有必要给出导数的运算法则,以简化求导运算.

法则 1 设函数 $u = u(x), v = v(x)$ 都可导,则
$$(u \pm v)' = u' \pm v'.$$

证 对应于自变量 $\Delta x \neq 0$,函数 u, v 分别取得改变量 $\Delta u, \Delta v$,从而函数 $y = u \pm v$ 取得改变量

$$\Delta y = u(x + \Delta x) \pm v(x + \Delta x) - [u(x) \pm v(x)]$$
$$= u(x + \Delta x) - u(x) \pm [v(x + \Delta x) - v(x)],$$

则
$$\frac{\Delta y}{\Delta x} = \frac{u(x + \Delta x) - u(x)}{\Delta x} \pm \frac{v(x + \Delta x) - v(x)}{\Delta x}$$
$$= \frac{\Delta u}{\Delta x} \pm \frac{\Delta v}{\Delta x},$$

故
$$\lim_{\Delta x \to 0} \frac{\Delta y}{\Delta x} = \lim_{\Delta x \to 0} \left(\frac{\Delta u}{\Delta x} \pm \frac{\Delta v}{\Delta x} \right) = u' \pm v',$$

即 $(u \pm v)' = u' \pm v'.$

例 1 求 $y = x^4 + \sin x$ 的导数.

解 $y' = (x^4 + \sin x)' = (x^4)' + (\sin x)' = 4x^3 + \cos x.$

法则 2 设函数 $u = u(x), v = v(x)$ 都可导,则 $u(x) \cdot v(x)$ 也可导,且
$$(u \cdot v)' = u' \cdot v + u \cdot v'.$$

证 设 $y = u(x) \cdot v(x)$,有
$$\Delta y = u(x + \Delta x) \cdot v(x + \Delta x) - u(x) \cdot v(x)$$
$$= u(x + \Delta x) \cdot v(x + \Delta x) - u(x)v(x + \Delta x) + u(x)v(x + \Delta x) - u(x) \cdot v(x),$$

则
$$\frac{\Delta y}{\Delta x} = \frac{u(x + \Delta x) - u(x)}{\Delta x} \cdot v(x + \Delta x) + u(x) \cdot \frac{v(x + \Delta x) - v(x)}{\Delta x},$$

故
$$\lim_{\Delta x \to 0} \frac{\Delta y}{\Delta x} = \lim_{\Delta x \to 0} \frac{u(x + \Delta x) - u(x)}{\Delta x} \cdot v(x + \Delta x) + \lim_{\Delta x \to 0} \frac{v(x + \Delta x) - v(x)}{\Delta x} \cdot u(x)$$
$$= u' \cdot v + u \cdot v',$$

即 $(u \cdot v)' = u' \cdot v + u \cdot v'.$

例 2 求 $y = x^5 \cdot \cos x$ 的导数.

解 $y' = (x^5 \cdot \cos x)' = (x^5)' \cos x + x^5 (\cos x)'$
$= 5x^4 \cdot \cos x - x^5 \cdot \sin x.$

法则 3 设 $u = u(x), v = v(x)$ 都可导,且 $v'(x) \neq 0$,则 $\frac{u}{v}$ 也可导,且
$$\left(\frac{u}{v} \right)' = \frac{u'v - uv'}{v^2}.$$

证 设 $y = \frac{u(x)}{v(x)}$,有
$$\Delta y = \frac{u(x + \Delta x)}{v(x + \Delta x)} - \frac{u(x)}{v(x)} = \frac{u(x + \Delta x)v(x) - u(x)v(x + \Delta x)}{v(x + \Delta x)v(x)}$$
$$= \frac{u(x + \Delta x)v(x) - u(x)v(x) + u(x)v(x) - u(x)v(x + \Delta x)}{v(x + \Delta x)v(x)}$$
$$= \frac{\Delta u v(x) - u(x) \Delta v}{v(x + \Delta x)v(x)},$$

则
$$\frac{\Delta y}{\Delta x} = \frac{\frac{\Delta u}{\Delta x}v(x) - u(x)\frac{\Delta v}{\Delta x}}{v(x+\Delta x)v(x)},$$

故
$$\lim_{\Delta x \to 0}\frac{\Delta y}{\Delta x} = \lim_{\Delta x \to 0}\frac{\frac{\Delta u}{\Delta x}v(x) - u(x)\frac{\Delta v}{\Delta x}}{v(x+\Delta x)v(x)} = \frac{u'v - uv'}{v^2},$$

即
$$\left(\frac{u}{v}\right)' = \frac{u'v - uv'}{v^2}.$$

例 3 求 $y = \frac{\sin x}{x^2}$ 的导数.

解
$$y' = \left(\frac{\sin x}{x^2}\right)' = \frac{(\sin x)'x^2 - \sin x(x^2)'}{(x^2)^2}$$
$$= \frac{x^2\cos x - 2x\sin x}{x^4} = \frac{x\cos x - 2\sin x}{x^3}.$$

推论 1 设有 n 个函数 $u_1 = u_1(x), u_2 = u_2(x), \cdots, u_n = u_n(x)$ 都可导,则

(1) $(u_1 \pm u_2 \pm \cdots \pm u_n)' = u_1' \pm u_2' \pm \cdots \pm u_n'$;

(2) $(u_1 u_2 \cdots u_n)' = u_1' u_2 \cdots u_n + u_1 u_2' \cdots u_n + \cdots + u_1 u_2 \cdots u_n'$;

(3) $(ku)' = ku'$ (k 为常数).

为了推导导数基本公式的需要,下面给出函数导数与其反函数导数的关系.

定理 设函数 $x = f^{-1}(y)$ 在某开区间内单调可导,且 $[f^{-1}(y)]' \neq 0$,则反函数 $y = f(x)$ 在对应区间内可导,且 $f'(x) = \frac{1}{[f^{-1}(y)]'}$. 证明从略.

二、基本公式

1. 常数的导数

设 $y = c$ (c 为常数),因为 $\Delta y = 0$,所以 $\frac{\Delta y}{\Delta x} = 0$,因而 $y' = \lim_{\Delta x \to 0}\frac{\Delta y}{\Delta x} = 0$,所以 $c' = 0$,即常数的导数等于 0.

2. 幂函数的导数

设 $y = x^n$ (n 为正整数),由二项式定理可知
$$\Delta y = (x + \Delta x)^n - x^n$$
$$= x^n + nx^{n-1}\Delta x + \frac{n(n-1)}{2}x^{n-2}(\Delta x)^2 + \cdots + (\Delta x)^n - x^n$$
$$= nx^{n-1}\Delta x + \frac{n(n-1)}{2}x^{n-2}(\Delta x)^2 + \cdots + (\Delta x)^n,$$

因此
$$y' = \lim_{\Delta x \to 0}\frac{\Delta y}{\Delta x} = \lim_{\Delta x \to 0}\left[nx^{n-1} + \frac{n(n-1)}{2}x^{n-1}(\Delta x)^2 + \cdots + (\Delta x)^{n-1}\right] = nx^{n-1},$$

即
$$(x^n)' = nx^{n-1}.$$

如 $(x)' = 1$, $(x^2)' = 2x$, $(x^3)' = 3x^2$.

可以证明:对于任意常数 α,幂函数 $y = x^\alpha$ 的导数为
$$y' = \alpha x^{\alpha-1}.$$

如 $\left(\dfrac{1}{x}\right)' = (x^{-1})' = -x^{-2} = -\dfrac{1}{x^2}$，$\left(\dfrac{1}{x^2}\right)' = (x^{-2})' = -2x^{-3} = -\dfrac{2}{x^3}$.

例 4 求函数 $y = x^{-3} + x^{\frac{3}{2}} - 3$ 的导数.

解 $y' = (x^{-3} + x^{\frac{3}{2}} - 3)' = (x^{-3})' + (x^{\frac{3}{2}})' - 3' = -3x^{-4} + \dfrac{3}{2}x^{\frac{1}{2}}$.

例 5 求 $y = \dfrac{x}{1+x^2}$ 的导数.

解 $y' = \left(\dfrac{x}{1+x^2}\right)' = \dfrac{x'(1+x^2) - x(1+x^2)'}{(1+x^2)^2} = \dfrac{1+x^2 - x \cdot 2x}{(1+x^2)^2} = \dfrac{1-x^2}{(1+x^2)^2}$.

3. 指数函数 $y = a^x (a > 0, a \neq 1)$ 的导数

由 $\Delta y = a^{x+\Delta x} - a^x = a^x(a^{\Delta x} - 1)$，知

$$y' = \lim_{\Delta x \to 0} \dfrac{\Delta y}{\Delta x} = a^x \lim_{\Delta x \to 0} \dfrac{a^{\Delta x} - 1}{\Delta x},$$

令 $t = a^{\Delta x} - 1$，有 $\Delta x = \log_a(1+t)$. 当 $\Delta x \to 0$ 时，$t \to 0$，则

$$y' = a^x \lim_{t \to 0} \dfrac{t}{\log_a(1+t)} = a^x \dfrac{1}{\lim_{t \to 0} \dfrac{1}{t}\log_a(1+t)}$$

$$= a^x \dfrac{1}{\lim_{t \to 0} \log_a(1+t)^{\frac{1}{t}}} = a^x \dfrac{1}{\log_a e} = a^x \ln a.$$

特别地，若 $a = e$，则得到 $y = e^x$ 的导数为

$$y' = e^x.$$

如 $(2^x)' = 2^x \ln 2$，$(10^x)' = 10^x \ln 10$.

例 6 求 $y = x^3 - 3^x + e^x$ 的导数.

解 $y' = (x^3 - 3^x + e^x)'$
$= 3x^2 - 3^x \ln 3 + e^x$.

例 7 求 $y = x^{-2} e^x$ 的导数.

解 $y' = (x^{-2} e^x)' = (x^{-2})' e^x + x^{-2}(e^x)'$
$= -2x^{-3} e^x + x^{-2} e^x = (-2x^{-1} + 1)x^{-2} e^x$.

4. 对数函数 $y = \log_a x \ (a > 0, a \neq 1)$ 的导数

因为对数函数 $y = \log_a x$ 的反函数为指数函数 $x = a^y (a > 0, a \neq 1)$，由本节定理可得

$$y' = \dfrac{1}{(a^y)'} = \dfrac{1}{a^y \ln a} = \dfrac{1}{x \ln a}.$$

特别地，当 $a = e$ 时，可得到 $y = \ln x$ 的导数 $y' = \dfrac{1}{x}$.

如 $(\log_2 x)' = \dfrac{1}{x \ln 2}$，$(\lg x)' = \dfrac{1}{x \ln 10}$.

例 8 求 $y = \dfrac{\ln x}{x}$ 的导数.

解 $y' = \left(\dfrac{\ln x}{x}\right)' = \dfrac{(\ln x)' x - \ln x \cdot x'}{x^2} = \dfrac{\dfrac{1}{x} \cdot x - \ln x}{x^2} = \dfrac{1 - \ln x}{x^2}$.

例 9 求 $y = x^2 \log_2 x$ 的导数.

解 $y' = (x^2 \log_2 x)' = 2x \log_2 x + x^2 \dfrac{1}{x \ln 2}$

$= 2x \log_2 x + \dfrac{x}{\ln 2}.$

5. 三角函数

(1) $y = \sin x, y' = \cos x$;

(2) $y = \cos x, y' = -\sin x$;

上述两个求导公式,我们在第 1 节中已经求出,在这里不再重复.

(3) $y = \tan x$,

$$y' = (\tan x)' = \left(\dfrac{\sin x}{\cos x}\right)' = \dfrac{\cos^2 x + \sin^2 x}{\cos^2 x} = \dfrac{1}{\cos^2 x} = \sec^2 x;$$

(4) $y = \cot x$,

$$y' = (\cot x)' = \left(\dfrac{\cos x}{\sin x}\right)' = \dfrac{-\sin^2 x - \cos^2 x}{\sin^2 x} = -\dfrac{1}{\sin^2 x} = -\csc^2 x.$$

例 10 求 $y = x \sin x + \tan x$ 的导数.

解 $y' = (x \sin x + \tan x)' = (x \sin x)' + (\tan x)'$

$= \sin x + x \cos x + \sec^2 x.$

例 11 求 $y = \sec x$ 的导数.

解 $y' = (\sec x)' = \left(\dfrac{1}{\cos x}\right)' = \dfrac{\sin x}{\cos^2 x} = \dfrac{1}{\cos x} \cdot \dfrac{\sin x}{\cos x} = \sec x \cdot \tan x.$

同理可证 $(\csc x)' = -\csc x \cdot \cot x.$

6. 反三角函数

$y = \arcsin x (-1 < x < 1)$ 的导数为 $y' = \dfrac{1}{\sqrt{1-x^2}}.$

因为 $y = \arcsin x$ 的反函数是 $x = \sin y \left(-\dfrac{\pi}{2} < y < \dfrac{\pi}{2}\right)$,而 $(\sin y)' = \cos y > 0, \cos y = \sqrt{1 - \sin^2 y} = \sqrt{1 - x^2} > 0$,所以由定理 1 可得

$$y' = (\arcsin x)' = \dfrac{1}{(\sin y)'} = \dfrac{1}{\sqrt{1-x^2}},$$

即 $(\arcsin x)' = \dfrac{1}{\sqrt{1-x^2}} \quad (-1 < x < 1).$

同理可证

$(\arccos x)' = -\dfrac{1}{\sqrt{1-x^2}} \quad (-1 < x < 1),$

$(\arctan x)' = \dfrac{1}{1+x^2},$

$(\operatorname{arccot} x)' = -\dfrac{1}{1+x^2}.$

例 12 求 $y = (1-x^2)\arcsin x$ 的导数.

解 $y' = [(1-x^2)\arcsin x]' = (1-x^2)'\arcsin x + (1-x^2)(\arcsin x)'$

$= -2x\arcsin x + (1-x^2)\dfrac{1}{\sqrt{1-x^2}} = -2x\arcsin x + \sqrt{1-x^2}.$

例 13 求 $y = \dfrac{\arctan x}{1+x^2}$ 的导数.

解 $y' = \left(\dfrac{\arctan x}{1+x^2}\right)' = \dfrac{\dfrac{1}{1+x^2}(1+x^2) - \arctan x \cdot 2x}{(1+x^2)^2} = \dfrac{1 - 2x\arctan x}{(1+x^2)^2}.$

为了便于记忆和运用,我们将前面讲过的所有基本公式整理如下:

(1) $(C)' = 0$ （C 为常数）；
(2) $(x^\alpha)' = \alpha x^{\alpha-1}$ （α 为常数）；
(3) $(a^x)' = a^x \ln a$ （$a > 0, a \neq 1$）；
(4) $(e^x)' = e^x$；
(5) $(\log_a x)' = \dfrac{1}{x\ln a}$ （$a > 0, a \neq 1$）；
(6) $(\ln x)' = \dfrac{1}{x}$；
(7) $(\sin x)' = \cos x$；
(8) $(\cos x)' = -\sin x$；
(9) $(\tan x)' = \sec^2 x = \dfrac{1}{\cos^2 x}$；
(10) $(\cot x)' = -\csc^2 x = -\dfrac{1}{\sin^2 x}$；
(11) $(\sec x)' = \left(\dfrac{1}{\cos x}\right)' = \sec x \tan x$；
(12) $(\csc x)' = \left(\dfrac{1}{\sin x}\right)' = -\csc x \cot x$；
(13) $(\arcsin x)' = \dfrac{1}{\sqrt{1-x^2}}$；
(14) $(\arccos x)' = -\dfrac{1}{\sqrt{1-x^2}}$；
(15) $(\arctan x)' = \dfrac{1}{1+x^2}$；
(16) $(\text{arccot } x)' = -\dfrac{1}{1+x^2}.$

习题 3.2

1. 求下列函数的导数:

(1) $y = \dfrac{1}{\sqrt{x}} - \dfrac{1}{x^3} + \dfrac{3}{\sqrt{2}}$；

(2) $y = \dfrac{x^2}{2} + \dfrac{2}{x^2}$；

(3) $y = (x^2+1)(2x+1)$；

(4) $y = (2\sqrt{x}-1)x^2$；

(5) $y = \dfrac{(x-1)^2}{\sqrt{x}}$；

(6) $y = x^e - e^x + e^e$；

(7) $y = 2^x \cdot x^2$；

(8) $y = \lg\sqrt{x} + 2\sqrt{x}$；

(9) $y = x^3 \ln x + 2^x$；

(10) $y = \dfrac{1+\ln x}{x^2}$.

2. 求下列函数的导数:

(1) $y = x\cos x - \sin x$；

(2) $y = x\tan x - \cot x$；

(3) $y = \tan x + x\sec x$；

(4) $y = x^3(2x-1)\cos x$；

(5) $y = \dfrac{3\cos x}{1+\sin x}$；

(6) $y = \arcsin x + \arccos x$；

(7) $y = x\arcsin x + \sqrt{x}$；

(8) $y = (1+x^2)\arctan x$；

(9) $y = \sin x \cdot \arcsin x$；

(10) $y = \dfrac{\arccos x}{e^x}$.

§3.3 导数运算

一、复合函数的导数

设函数 $y=f(u),u=\varphi(x)$,即 y 是 x 的一个复合函数 $y=f[\varphi(x)]$,如果 $u=\varphi(x)$ 在点 x 处有导数 $\frac{\mathrm{d}u}{\mathrm{d}x}=\varphi'(x),y=f(u)$ 在对应点 u 处有导数 $\frac{\mathrm{d}y}{\mathrm{d}u}=f'(u)$,则复合函数 $y=f[\varphi(x)]$ 在点 x 处的导数存在,且

$$\frac{\mathrm{d}y}{\mathrm{d}x}=f'(u)\cdot\varphi'(x) \quad \text{或记为} \quad y'_x=y'_u\cdot u'_x.$$

证 设 x 取得改变量 Δx,则 u 取得相应的改变量 Δu,从而 y 取得相应的改变量 Δy,则

$$\Delta u=\varphi(x+\Delta x)-\varphi(x),$$
$$\Delta y=f(u+\Delta u)-f(u),$$

当 $\Delta u\neq 0$ 时,则有 $\frac{\Delta y}{\Delta x}=\frac{\Delta y}{\Delta u}\cdot\frac{\Delta u}{\Delta x}$.

因为 $u=\varphi(x)$ 可导,则必连续,所以当 $\Delta x\to 0$ 时,$\Delta u\to 0$.

因此

$$\lim_{\Delta x\to 0}\frac{\Delta y}{\Delta x}=\lim_{\Delta x\to 0}\left(\frac{\Delta y}{\Delta u}\cdot\frac{\Delta u}{\Delta x}\right)=\lim_{\Delta x\to 0}\frac{\Delta y}{\Delta u}\cdot\lim_{\Delta x\to 0}\frac{\Delta u}{\Delta x},$$

复合函数求导法

于是得到 $\frac{\mathrm{d}y}{\mathrm{d}x}=f'(u)\cdot\varphi'(x)$ 或写作 $y'_x=y'_u\cdot u'_x$.

上述公式表明,复合函数的导数等于复合函数对中间变量的导数乘以中间变量对自变量的导数.

同理可设

$$y=f(u),\quad u=\varphi(v),\quad v=\psi(x),$$

则复合函数 $y=f\{\varphi[\psi(x)]\}$ 对 x 的导数是

$$\frac{\mathrm{d}y}{\mathrm{d}x}=f'(u)\varphi'(v)\psi'(x).$$

例1 求 $y=(2x+3)^{10}$ 的导数.

解 令 $u=2x+3$,则 $y=u^{10}$,

所以 $y'=(u^{10})'=10u^9 u'=10(2x+3)^9(2x+3)'=20(2x+3)^9$.

在运算熟练后,可不必将中间变量写出来.

例2 求 $y=\mathrm{e}^{3x}$ 的导数.

解 $y'=\mathrm{e}^{3x}\cdot(3x)'=3\mathrm{e}^{3x}$.

例3 求 $y=\ln\sin x$ 的导数.

解 $y'=\frac{1}{\sin x}(\sin x)'=\frac{1}{\sin x}\cos x=\cot x$.

例4 求 $y=\sin(2x-5)$ 的导数.

解 $y'=\cos(2x-5)(2x-5)'=2\cos(2x-5)$.

例5 求 $y=\sin^3 x$ 的导数.

解 $y'=3\sin^2 x(\sin x)'=3\sin^2 x\cos x$.

例 6 求 $y = e^{\sin x^2}$ 的导数.

解 $y' = e^{\sin x^2}(\sin x^2)' = e^{\sin x^2}\cos x^2 (x^2)' = 2x e^{\sin x^2}\cos x^2.$

例 7 求 $y = \ln(x + \sqrt{x^2+1})$ 的导数.

解
$$y' = \frac{1}{x+\sqrt{x^2+1}}(x+\sqrt{x^2+1})'$$
$$= \frac{1}{x+\sqrt{x^2+1}}\left[1 + \frac{1}{2\sqrt{x^2+1}}(x^2+1)'\right]$$
$$= \frac{1}{x+\sqrt{x^2+1}}\left(1 + \frac{x}{\sqrt{x^2+1}}\right) = \frac{1}{\sqrt{x^2+1}}.$$

例 8 求 $y = e^{-x}\sin 3x$ 的导数.

解
$$y = (e^{-x})'\sin 3x + e^{-x}(\sin 3x)'$$
$$= e^{-x}(-x)'\sin 3x + e^{-x}\cos 3x (3x)'$$
$$= -e^{-x}\sin 3x + 3e^{-x}\cos 3x$$
$$= e^{-x}(3\cos 3x - \sin 3x).$$

例 9 求 $y = \left(\dfrac{x}{2x+1}\right)^n$ 的导数.

解
$$y' = n\left(\frac{x}{2x+1}\right)^{n-1} \cdot \left(\frac{x}{2x+1}\right)'$$
$$= n\left(\frac{x}{2x+1}\right)^{n-1} \cdot \frac{x'(2x+1) - x(2x+1)'}{(2x+1)^2}$$
$$= n\left(\frac{x}{2x+1}\right)^{n-1} \cdot \frac{1}{(2x+1)^2}$$
$$= \frac{nx^{n-1}}{(2x+1)^{n+1}}.$$

二、隐函数的导数

设方程 $p(x,y) = 0$ 确定了 y 是 x 的函数,并且可导.现在利用复合函数求导公式求隐函数 y 对 x 的导数.

例 10 求 $x^2 + y^2 = R^2$ (R 为常数)所确定的隐函数的导数 y'.

解 这里 x^2 是 x 的函数,而 y^2 可以看成是 x 的复合函数.将等式两端同时对自变量 x 求导,得到
$$2x + 2y \cdot y' = 0,$$
因此
$$y' = -\frac{x}{y} \quad (y \neq 0).$$

例 11 求 $y = x\ln y$ 的导数.

解 将方程两边对 x 求导,得
$$y' = \ln y + x\frac{1}{y}y',$$
$$y'y = y\ln y + xy',$$
即
$$y' = \frac{y\ln y}{y - x}.$$

例 12 求 $y = xe^y$ 的导数 y'.

解 将方程两边对 x 求导,得
$$y' = x'e^y + x(e^y)',$$
$$y' = e^y + xe^y y',$$
$$(1-xe^y)y' = e^y,$$

整理得
$$y' = \frac{e^y}{1-xe^y}.$$

隐函数的导数及对数求导法

例 13 求 $x = y - \sin xy$ 的导数 y'.

解 $x' = y' - (\sin xy)' = y' - \cos xy \cdot (xy)' = y' - \cos xy(y+xy')$,

整理得
$$y' = \frac{1+y\cos xy}{1-x\cos xy}.$$

三、取对数求导法

对于指数函数或幂指函数(如 $y=x^x$)可以通过将函数等式两边同时取对数,然后化成隐函数再求导数,这种方法称为"取对数求导法".

例 14 求 $y = x^x$ 的导数.

解 两边同时取对数,得
$$\ln y = x\ln x,$$

两边同时关于 x 求导,得
$$\frac{1}{y} \cdot y' = \ln x + 1,$$

整理得
$$y' = y(\ln x + 1) = x^x(\ln x + 1).$$

例 15 求 $y = \sqrt{\frac{(x+1)(x-2)}{x-3}}$ 的导数.

解 先对等式两边取对数,得
$$\ln y = \frac{1}{2}[\ln(x+1) + \ln(x-2) - \ln(x-3)],$$

两边对 x 求导,得
$$\frac{1}{y}y' = \frac{1}{2}\left(\frac{1}{x+1} + \frac{1}{x-2} - \frac{1}{x-3}\right),$$

整理得
$$y' = \frac{1}{2}y\left(\frac{1}{x+1} + \frac{1}{x-2} - \frac{1}{x-3}\right),$$

即
$$y' = \frac{1}{2}\sqrt{\frac{(x+1)(x-2)}{x-3}}\left(\frac{1}{x+1} + \frac{1}{x-2} - \frac{1}{x-3}\right).$$

四、由参数方程确定的函数的求导法则

设变量 x 与 y 都是变量 t 的函数,即
$$\begin{cases} x = \varphi(t), \\ y = \psi(t). \end{cases}$$

上式中,若 $\varphi'(t) \neq 0$,则 $x = \varphi(t)$ 存在反函数;若 $\psi'(t) \neq 0$,则 $y = \psi(t)$ 存在反函数.参数方程可看成复合函数 $y = \psi(t), t = \varphi^{-1}(x)$,从而

$$\frac{dy}{dx} = \frac{dy}{dt} \cdot \frac{dt}{dx} = \frac{dy}{dt} \cdot \frac{1}{\frac{dx}{dt}} = \frac{\psi'(t)}{\varphi'(t)} \quad [\varphi'(t) \neq 0].$$

具体求导时,直接用公式即可.

例 16 设 $\begin{cases} x = a\cos^3 t \\ y = a\sin^3 t \end{cases}$,求 $\frac{dy}{dx}$.

参数方程确定的函数的
导数与相关变化率

解 $\frac{dy}{dx} = \frac{dy}{dt} \cdot \frac{1}{\frac{dx}{dt}} = \frac{3a\sin^2 t\cos t}{-3a\cos^2 t\sin t} = -\tan t.$

例 17 设 $\begin{cases} x = e^t\cos t \\ y = e^t\sin t \end{cases}$,求 $\frac{dy}{dx}$.

解 $\frac{dy}{dx} = \frac{dy}{dt} \cdot \frac{1}{\frac{dx}{dt}} = \frac{e^t\sin t + e^t\cos t}{e^t\cos t + e^t(-\sin t)} = \frac{\sin t + \cos t}{\cos t - \sin t}.$

例 18 求曲线 $\begin{cases} x = t\ln t \\ y = t\ln^2 t \end{cases}$ 在对应 $t = e$ 处的切线和法线方程.

解 $\frac{dy}{dx} = \frac{dy}{dt} \cdot \frac{1}{\frac{dx}{dt}} = \frac{\ln^2 t + 2\ln t}{\ln t + 1},$

所以切线斜率 $k_1 = \frac{dy}{dx}\Big|_{t=e} = \frac{3}{2}$,法线斜率 $k_2 = -\frac{1}{k_1} = -\frac{2}{3}$. 当 $t = e$ 时,$x = e$,$y = e$,

故切线方程为 $y - e = \frac{3}{2}(x - e)$;法线方程为 $y - e = -\frac{2}{3}(x - e)$.

 习题 3.3

1. 求下列函数的导数:

(1) $y = (1 + 2x)^{10}$;

(2) $y = e^{\frac{1}{x}}$;

(3) $y = 3^{\sqrt{x}}$;

(4) $y = \ln\cos x$;

(5) $y = \log_2(x^2 + 1)$;

(6) $y = \sqrt{2 - 3x}$;

(7) $y = \frac{1}{2x + 1}$;

(8) $y = \cos(1 - 2x)$;

(9) $y = \tan 3x$;

(10) $y = \arcsin\sqrt{x}$;

(11) $y = \arctan\frac{1}{x}$;

(12) $y = \ln\ln x + \ln^2 x - \ln a$.

2. 求下列函数的导数:

(1) $x^2 + y^2 + xy = 1$;

(2) $y = x + e^y$;

(3) $y = x + \ln y$;

(4) $y^2 = x^4 - 2\ln y$;

(5) $y = 1 + xe^y$;

(6) $y = x + x\ln y$.

3. 求下列函数的导数:

(1) $y = (1 + x^2)^{\sin x}$;

(2) $y = (\sin x)^{\frac{1}{x}}$;

(3) $y = \sqrt{\frac{(x^2 - 1)(x + 1)}{2x^2 + 1}}$;

(4) $y = x\sqrt{\frac{x + 2}{x - 1}}$.

4. 求下列参数方程所确定的函数的导数 $\dfrac{\mathrm{d}y}{\mathrm{d}x}$：

(1) $\begin{cases} x = at^2, \\ y = bt^3; \end{cases}$
(2) $\begin{cases} x = \theta(1-\sin\theta), \\ y = \theta\cos\theta. \end{cases}$

5. 已知 $\begin{cases} x = \mathrm{e}^t\sin t, \\ y = \mathrm{e}^t\cos t, \end{cases}$ 求当 $t = \dfrac{\pi}{3}$ 时 $\dfrac{\mathrm{d}y}{\mathrm{d}x}$ 的值.

§3.4 高 阶 导 数

在变速直线运动中，位移 $s = s(t)$ 对时间 t 的导数为速度 $v = v(t) = \dfrac{\mathrm{d}s}{\mathrm{d}t}$. 速度 $v(t)$ 对时间 t 的导数为加速度 $a = a(t) = \dfrac{\mathrm{d}v}{\mathrm{d}t} = \dfrac{\mathrm{d}}{\mathrm{d}t}\left(\dfrac{\mathrm{d}s}{\mathrm{d}t}\right) = (s')'$，此时称 a 为 s 对 t 的二阶导数，记为 $a = \dfrac{\mathrm{d}^2 s}{\mathrm{d}t^2}$ 或 $a = s''$.

一般地，若 $y = f(x)$ 的导数 $y' = f'(x)$ 仍可导，则称 $f'(x)$ 的导数为 $y = f(x)$ 的二阶导数，记为 $\dfrac{\mathrm{d}^2 y}{\mathrm{d}x^2}$ 或 $\dfrac{\mathrm{d}^2 f}{\mathrm{d}x^2}$ 或 y'' 或 $f''(x)$ 等，即

$$\dfrac{\mathrm{d}^2 y}{\mathrm{d}x^2} = \dfrac{\mathrm{d}}{\mathrm{d}x}\left(\dfrac{\mathrm{d}y}{\mathrm{d}x}\right), \quad \dfrac{\mathrm{d}^2 f}{\mathrm{d}x^2} = \dfrac{\mathrm{d}}{\mathrm{d}x}\left(\dfrac{\mathrm{d}f}{\mathrm{d}x}\right), \quad y'' = (y')'.$$

类似地，称二阶导数的导数为**三阶导数**；……；$(n-1)$ 阶导数的导数为 n **阶导数**，分别记为

$$\dfrac{\mathrm{d}^3 y}{\mathrm{d}x^3}; \quad \dfrac{\mathrm{d}^4 y}{\mathrm{d}x^4}; \quad \cdots; \quad \dfrac{\mathrm{d}^n y}{\mathrm{d}x^n},$$

或

$$y'''; \quad y^{(4)}; \quad \cdots; \quad y^{(n)}.$$

二阶及以上的导数称为**高阶导数**.

若一个函数存在 n 阶导数，则比 n 阶低的导数都存在.

例1 设 $y = x\arctan x$，求 y''.

解 $y' = \arctan x + \dfrac{x}{1+x^2}$,

$y'' = \dfrac{1}{1+x^2} + \dfrac{1+x^2 - x \cdot 2x}{(1+x^2)^2} = \dfrac{2}{(1+x^2)^2}$.

函数的高阶导数

例2 设 $y = x^3 \mathrm{e}^{2x}$，求 y''.

解 $y' = 3x^2 \mathrm{e}^{2x} + 2x^3 \mathrm{e}^{2x} = \mathrm{e}^{2x}(2x^3 + 3x^2)$,

$y'' = 2(3x^2 + 2x^3)\mathrm{e}^{2x} + \mathrm{e}^{2x}(6x^2 + 6x) = \mathrm{e}^{2x}(4x^3 + 12x^2 + 6x)$.

例3 设 $y = x\sqrt{x^2+1}$，求 y''.

解 $y' = \sqrt{x^2+1} + x \cdot \dfrac{1}{2\sqrt{x^2+1}} \cdot 2x = \dfrac{2x^2+1}{\sqrt{x^2+1}}$,

$y'' = \dfrac{4x\sqrt{x^2+1} - (2x^2+1) \cdot \dfrac{1}{2\sqrt{x^2+1}} \cdot 2x}{x^2+1} = \dfrac{2x^3 + 3x}{(x^2+1)^{\frac{3}{2}}}$.

例4 设 $f(x) = \ln(\sec x + \tan x)$，求 $f^{(4)}\left(\dfrac{\pi}{4}\right)$.

解 $f'(x) = \dfrac{1}{\sec x + \tan x}(\sec x \tan x + \sec^2 x) = \sec x,$

$f''(x) = \sec x \tan x,$

$f'''(x) = \sec x \tan^2 x + \sec^3 x,$

$f^{(4)}(x) = \sec x \tan^3 x + 5\sec^3 x \tan x,$

所以 $f^{(4)}\left(\dfrac{\pi}{4}\right) = \sqrt{2} + 5(\sqrt{2})^3 = 11\sqrt{2}.$

例 5 设 $y = a_0 x^n + a_1 x^{n-1} + a_2 x^{n-2} + \cdots + a_n$, 求 $y^{(n)}$.

解 $y' = na_0 x^{n-1} + (n-1)a_1 x^{n-2} + (n-2)a_2 x^{n-3} + \cdots + a_{n-1},$

$y'' = n(n-1)a_0 x^{n-2} + (n-1)(n-2)a_1 x^{n-3} + (n-2)(n-3)a_2 x^{n-4} + \cdots + 2a_{n-2},$

$\cdots\cdots\cdots\cdots$

$y^{(n)} = n!a_0.$

易知 $k > n$ 时, $y^{(k)} = 0.$

例 6 设 $y = \sin x$, 求 $y^{(n)}$.

解 $y' = \cos x = \sin\left(x + \dfrac{\pi}{2}\right),$

$y'' = -\sin x = \sin(x + \pi),$

$y''' = -\cos x = \sin\left(x + \dfrac{3\pi}{2}\right),$

$y^{(4)} = \sin x = \sin(x + 2\pi).$

因此, 可猜想 $y^{(n)} = \sin\left(x + \dfrac{\pi}{2}n\right)$. 若记 $f(n) = y^{(n)} = \sin\left(x + \dfrac{\pi}{2}n\right)$, 则 $f(n)$ 的周期 $T = \dfrac{2\pi}{\omega} = \dfrac{2\pi}{\dfrac{\pi}{2}} = 4.$

同理 $(\cos x)^{(n)} = \cos\left(x + \dfrac{\pi}{2}n\right).$

例 7 设 $y = \ln(1 + 2x)$, 求 $y^{(n)}$.

解 $y' = \dfrac{1}{1 + 2x} \cdot 2,$

$y'' = \dfrac{-1}{(1 + 2x)^2} \cdot 2^2,$

$y''' = \dfrac{1}{(1 + 2x)^3} \cdot 2^3 \cdot 2!,$

$y^{(4)} = \dfrac{-1}{(1 + 2x)^4} \cdot 2^4 \cdot 3!$

因此, 可猜想 $y^{(n)} = (-1)^{n-1} 2^n (n-1)! \dfrac{1}{(1 + 2x)^n}.$

例 8 设 $y = \dfrac{1}{x^2 + x}$, 求 $y^{(n)}$.

解 $y = \dfrac{1}{x^2 + x} = \dfrac{1}{x} - \dfrac{1}{x + 1},$

$$y' = -\frac{1}{x^2} + \frac{1}{(x+1)^2},$$

$$y'' = 2\left[\frac{1}{x^3} - \frac{1}{(x+1)^3}\right],$$

$$y''' = -3!\left[\frac{1}{x^4} - \frac{1}{(x+1)^4}\right],$$

因此,可猜想 $y^{(n)} = (-1)^n n!\left[\frac{1}{x^{n+1}} - \frac{1}{(x+1)^{n+1}}\right].$

例 9 设 $\begin{cases} x = t + \cos t, \\ y = t + \sin t, \end{cases}$ 求 $\frac{d^2 y}{dx^2}.$

解 $\dfrac{dy}{dx} = \dfrac{\dfrac{dy}{dt}}{\dfrac{dx}{dt}} = \dfrac{1 + \cos t}{1 - \sin t},$

$$\frac{d^2 y}{dx^2} = \frac{d\left(\dfrac{dy}{dx}\right)}{dx} = \frac{d\left(\dfrac{dy}{dx}\right)}{\dfrac{dx}{dt}} = \frac{\left(\dfrac{1+\cos t}{1-\sin t}\right)'_t}{(t+\cos t)'_t} = \frac{1-\sin t + \cos t}{(1-\sin t)^3}.$$

例 10 设 $\begin{cases} x = a(t - \sin t), \\ y = a(1 - \cos t), \end{cases}$ 求 $\frac{d^2 y}{dx^2}.$

解 $\dfrac{dy}{dx} = \dfrac{\dfrac{dy}{dt}}{\dfrac{dx}{dt}} = \dfrac{\sin t}{1 - \cos t},$

$$\frac{d^2 y}{dx^2} = \frac{d\left(\dfrac{dy}{dx}\right)}{dx} = \frac{d\left(\dfrac{dy}{dx}\right)}{\dfrac{dx}{dt}} = \frac{\left(\dfrac{\sin t}{1-\cos t}\right)'_t}{(at - a\sin t)'_t} = -\frac{1}{a(1-\cos t)^2}.$$

注意: $\dfrac{d^2 y}{dx^2} \neq \dfrac{y''_t}{x''_t}.$

习题 3.4

1. 求下列函数的二阶导数:

(1) $y = x^3 + 3x^2 - 2;$ (2) $y = x^2 - \ln x;$

(3) $y = \ln \cos x;$ (4) $y = \cos^2 x.$

2. 求下列函数在给定点处的二阶导数:

(1) $f(x) = e^{2x-1},$ 求 $f''(0);$ (2) $y = x^{2-a},$ 求 $\left.\dfrac{d^2 y}{dx^2}\right|_{x=a};$

(3) $f(x) = \ln(1+x),$ 求 $f''(0);$ (4) $y = \arctan 2x + \tan \dfrac{\pi}{5},$ 求 $y''(-1).$

3. 求下列函数的 n 阶导数:

(1) $y = x^n + a_1 x^{n-1} + a_2 x^{n-2} + \cdots + a_{n-1} x + a_n$ ($a_1, a_2, \cdots, a_n$ 都是常数);

(2) $y = \sin^2 x$;

(3) $y = \dfrac{1-x}{1+x}$;

(4) $y = \sqrt[m]{1+x}$;

(5) $y = x\ln x$.

§3.5 微　　分

一、微分的定义

前面讲过函数的导数是表示函数在点 x 处的变化率,它描述了函数在点 x 处变化的快慢程度.在实际中,有时我们还需要了解函数在某一点当自变量取得一个微小的变量时,函数取得相应改变量的大小.由此引进了微分的概念.

我们看一个具体的例子.

设有边长为 x 的正方形,其面积用 A 表示,显然, $A = x^2$. 如果边长 x 取得了一个改变量 Δx,则面积 A 相应地取得改变量

$$\Delta A = (x+\Delta x)^2 - x^2 = 2x\Delta x + (\Delta x)^2.$$

上式包括两部分:第一部分为 $2x\Delta x$ 的线性函数,即图 3-2 中画斜线的两个矩形面积之和;第二部分为 $(\Delta x)^2$,当 $\Delta x \to 0$ 时,是比 Δx 高阶的无穷小量.因此,当 Δx 很小时,我们可以用第一部分 $2x\Delta x$ 近似地表示 ΔA,而将第二部分忽略掉.我们把 $2x\Delta x$ 叫作正方形面积 A 的**微分**,记作

$$dA = 2x\Delta x$$

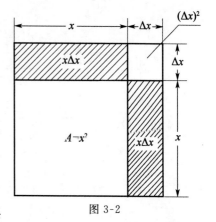

图 3-2

定义　设函数 $y = f(x)$ 在点 x 处可导,则称 $f'(x)\Delta x$ 为函数 $f(x)$ 在点 x 处的**微分**,记作 dy 或 $df(x)$,即

$$dy = df(x) = f'(x)\Delta x.$$

此时,我们称函数 $y = f(x)$ 在点 x 处**可微**.

当函数 $y = x$ 时,函数的微分　$dy = dx = x'\Delta x = \Delta x$,这样函数的微分就可写成

$$dy = f'(x)dx,$$

微分的定义

由此可得

$$\frac{dy}{dx} = f'(x).$$

由此可见,导数等于函数的微分与自变量微分之商,即 $f'(x) = \dfrac{dy}{dx}$,这就是导数也叫**微商**的由来.

二、微分的几何意义

在直角坐标系中作函数 $y = f(x)$ 的图形,如图 3-3 所示,在曲线上取定一点 $M(x,y)$,过点 M 作曲线的切线 T,此切线的斜率为 $f'(x) = \tan \alpha$.

当自变量在点 x 处取得改变量 Δx 时,就得到曲线上另外一点 $N(x+\Delta x, y+\Delta y)$. 由

图 3-3 易知

$$MQ = \Delta x, \quad NQ = \Delta y,$$

且

$$PQ = MQ \cdot \tan \alpha = f'(x)\Delta x = \mathrm{d}y.$$

因此,函数 $y = f(x)$ 的微分 $\mathrm{d}y$ 就是过点 $M(x,y)$ 的切线相应于增量 Δx 的纵坐标的改变量. 所以,用微分 $\mathrm{d}y$ 近似代替改变量 Δy,就是用函数曲线在点 $M(x,y)$ 处的切线的纵坐标的改变量 PQ 近似代替曲线 $y = f(x)$ 的纵坐标的改变量 NQ,这就是所谓的"以直代曲".

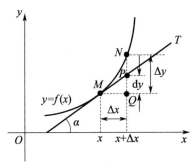

图 3-3

三、微分在近似计算中的应用

由 $\Delta y = f'(x_0)\Delta x + o(x)$ 可得 $f(x_0 + \Delta x) - f(x_0) \approx f'(x_0)\Delta x$,即

$$f(x_0 + \Delta x) \approx f(x_0) + f'(x_0)\Delta x.$$

利用上面的近似公式,可以计算函数在某一点的近似值.

例 1 求 $\sqrt[3]{1.02}$ 的近似值.

解 将这个问题看成求函数 $f(x) = \sqrt[3]{x}$ 在点 $x = 1.02$ 处的函数值的近似值问题. 由于

$$f(x_0 + \Delta x) \approx f(x_0) + f'(x_0)\Delta x = \sqrt[3]{x_0} + \frac{1}{3\sqrt[3]{x_0^2}}\Delta x,$$

令 $x_0 = 1, \Delta x = 0.02$,得到

$$\sqrt[3]{1.02} \approx \sqrt[3]{1} + \frac{1}{3\sqrt[3]{1^2}} \times 0.02 \approx 1.006\,7.$$

四、微分公式与微分运算法则

通过前面的学习,我们已经知道函数的微分就是函数的导数与自变量的改变量的乘积.

即

$$\mathrm{d}y = f'(x)\Delta x.$$

如果将自变量 x 当作自己的函数 $y = x$,可得

$$\mathrm{d}y = \mathrm{d}x = x'\Delta x,$$

即

$$\mathrm{d}x = \Delta x.$$

可微与可导的关系

因此,可以得到:自变量的微分 $\mathrm{d}x$ 就是它的改变量 Δx. 于是,函数的微分可以写成

$$\mathrm{d}y = f'(x)\mathrm{d}x.$$

上面的公式表明,函数的微分就是函数的导数与自变量的微分的乘积,由 $\mathrm{d}y = f'(x)\mathrm{d}x$ 可得

$$\frac{\mathrm{d}y}{\mathrm{d}x} = f'(x).$$

在导数的定义中,我们曾用 $\dfrac{\mathrm{d}y}{\mathrm{d}x}$ 表示导数,那时 $\dfrac{\mathrm{d}y}{\mathrm{d}x}$ 是整体作为一个符号来用的,引进微分概念以后,我们才知道 $\dfrac{\mathrm{d}y}{\mathrm{d}x}$ 表示的是函数微分与自变量微分的商,所以又称导数为**微商**.

由公式 $\dfrac{\mathrm{d}y}{\mathrm{d}x} = f'(x)$ 和 $\mathrm{d}y = f'(x)\mathrm{d}x$ 可以看出,求微分的问题可以归结为求导数的问题. 也就是说求微分 $\mathrm{d}y$,只要求出导数 $f'(x)$,再乘上 $\mathrm{d}x$ 即可. 因此我们有下列的微分公式和运算法则.

(1) $dC = 0$ （C 为常数）；   (2) $d(x^\alpha) = \alpha x^{\alpha-1} dx$；

(3) $d(e^x) = e^x dx$；   (4) $d(a^x) = a^x \ln a\, dx$；

(5) $d(\ln x) = \dfrac{1}{x} dx$；   (6) $d(\log_a x) = \dfrac{1}{x \ln a} dx$；

(7) $d(\sin x) = \cos x\, dx$；   (8) $d(\cos x) = -\sin x\, dx$；

(9) $d(\tan x) = \sec^2 x\, dx$；   (10) $d(\cot x) = -\csc^2 x\, dx$；

(11) $d(\sec x) = \sec x \tan x\, dx$；   (12) $d(\csc x) = -\csc x \cot x\, dx$；

(13) $d(\arcsin x) = \dfrac{1}{\sqrt{1-x^2}} dx$；   (14) $d(\arccos x) = -\dfrac{1}{\sqrt{1-x^2}} dx$；

(15) $d(\arctan x) = \dfrac{1}{1+x^2} dx$；   (16) $d(\operatorname{arccot} x) = -\dfrac{1}{1+x^2} dx$.

设 $u = u(x)$ 及 $v = v(x)$ 都是导函数，则有：

(1) $d(u \pm v) = du \pm dv$；   (2) $d(Cu) = C du$ （C 为常数）；

(3) $d(uv) = v du + u dv$；   (4) $d\left(\dfrac{u}{v}\right) = \dfrac{v du - u dv}{v^2}$ ($v \ne 0$).

五、微分形式的不变性

如果函数 $y = f(u)$ 关于 u 是可导的，则

(1) 当 u 是自变量时，函数的微分为 $dy = f'(u) du$；

(2) 当 u 不是自变量，而是 $u = u(x)$ 时，则 y 为 x 的复合函数，根据复合函数求导公式，y 对 x 的导数为

$$\frac{dy}{dx} = f'(u) u'(x),$$

即

$$dy = f'(u) u'(x) dx.$$

而 $u'(x) dx$ 是函数 $u = u(x)$ 的微分，即 $du = u'(x) dx$，所以当 $u = u(x)$ 时，仍有 $dy = f'(u) du$. 也就是说，对于函数 $y = f(u)$，不论 u 是自变量，还是自变量的可导函数，它的微分形式都是 $dy = f'(u) du$，这就叫作**微分形式的不变性**.

例 2 求 $y = \dfrac{x}{1-x^2}$ 的微分.

解 $dy = \left(\dfrac{x}{1-x^2}\right)' dx = \dfrac{(1-x^2) - x(-2x)}{(1-x^2)^2} dx$

$= \dfrac{1+x^2}{(1-x^2)^2} dx.$

微分在求导中的应用

例 3 求 $y = xe^{-x}$ 的微分.

解 $dy = (xe^{-x})' dx = [x' e^{-x} + x(e^{-x})'] dx = (1-x) e^x dx$.

例 4 求函数 $x^2 = 2y - \sin y$ 的微分 dy.

解 由 $(x^2)' = (2y)' - (\sin y)'$ 得

$$2x = 2y' - \cos y \cdot y',$$

整理得

$$y' = \frac{2x}{2 - \cos y},$$

所以

$$dy = \frac{2x}{2 - \cos y} dx.$$

习题 3.5

1.求下列函数的微分：

(1) $y = e^{\tan x}$；
(2) $y = (1+x^2)\arctan x$；
(3) $y = e^{\frac{\pi}{2}}\ln x$；
(4) $y = x^2\ln(1+x^2)$；
(5) $y = x + xe^y$；
(6) $y = 1 + x\ln y$.

2.求下列各式的近似值：

(1) $\sqrt[3]{996}$；
(2) $\sqrt[6]{65}$；
(3) $\cos 29°$.

 复习题三

一、填空题（在"充分""必要"和"充分必要"三者中选择一个正确的答案填入下列空格内）

1.$f(x)$ 在点 x_0 处可导是 $f(x)$ 在点 x_0 处连续的_____条件，$f(x)$ 在点 x_0 处连续是 $f(x)$ 在点 x_0 处可导的_____条件.

2.$f(x)$ 在点 x_0 处的左导数 $f'_-(x_0)$ 及右导数 $f'_+(x_0)$ 都存在且相等是 $f(x)$ 在点 x_0 处可导的_____条件.

3.$f(x)$ 在点 x_0 处可导是 $f(x)$ 在点 x_0 处可微的_____条件.

二、选择题

1.设 $f(x)$ 可导且下列各极限均存在，则（　　）成立.

A. $\lim\limits_{x\to 0}\dfrac{f(x)-f(0)}{x} = f'(0)$

B. $\lim\limits_{h\to 0}\dfrac{f(a+ah)-f(a)}{h} = f'(a)$

C. $\lim\limits_{\Delta x\to 0}\dfrac{f(x_0)-f(x_0-\Delta x)}{\Delta x} = f'(x_0)$

D. $\lim\limits_{\Delta x\to 0}\dfrac{f(x_0+\Delta x)-f(x_0-\Delta x)}{2\Delta x} = f'(x_0)$

三、计算题

1.设 $f'(a) = b$，求：

(1) $\lim\limits_{x\to a}\dfrac{xf(a)-af(x)}{x-a}$；

(2) $\lim\limits_{x\to a}\dfrac{f(x)-f(a)}{\sqrt{x}-\sqrt{a}}$ $(a > 0)$；

(3) $\lim\limits_{x\to 0}\dfrac{f(a)-f(a-3x)}{5x}$.

2.(1) 设 $f(x) = x(x-1)(x-2)\cdots(x-2\,002)$，求 $f'(0)$.

(2) 设 $f(x) = (2^x - 1)\varphi(x)$，其中 $\varphi(x)$ 在点 $x=0$ 处连续，求 $f'(0)$.

3.确定 a, b 的值，使得

$$f(x) = \begin{cases} \sin x, & x \geqslant \dfrac{\pi}{4}, \\ ax + b, & x < \dfrac{\pi}{4} \end{cases}$$

在点 $x = \dfrac{\pi}{4}$ 处可导.

4.设 $f(x)$ 在点 $x=0$ 处可导，且 $f'(0) = \dfrac{1}{3}$，又对任意的 x 有 $f(3+x) = 3f(x)$，求 $f'(3)$.

5.分析下列函数 $f(x)$ 的 $f'_-(0)$，$f'_+(0)$ 及 $f'(0)$ 是否存在.

(1) $f(x) = \begin{cases} e^x, & x \geqslant 0, \\ x^2 + 1, & x < 0; \end{cases}$

(2) $f(x) = \begin{cases} \dfrac{1}{1-e^{\frac{1}{x}}}, & x \neq 0, \\ 0, & x = 0. \end{cases}$

6.当 λ 为何值时，可使函数 $f(x) = \begin{cases} x^\lambda \cos\dfrac{1}{x}, & x > 0, \\ 0, & x \leqslant 0 \end{cases}$

在点 $x=0$ 处:(1) 连续但不可导;(2) 既连续又可导.

7.求下列函数的导数与微分：

(1) $y = x\arcsin \dfrac{x}{3} + \sqrt{9-x^2} + \ln 2$,求 dy；

(2) $y = (e^{-2x}+1) + \cos \dfrac{\pi}{4}$,求 y'；

(3) $y = \ln(e^x + \sqrt{1+e^{2x}})$,求 y'；

(4) $y = (\cos x)^{\sin x}$,求 y'；

(5) $y = \dfrac{\sqrt{x+2}(2-x)^3}{(1-x)^5}$,求 y'；

(6) $y = \ln \tan \dfrac{x}{2} - \cot x \cdot \ln(1+\sin x) - x$,求 dy.

8.设 $\arctan \dfrac{y}{x} = \dfrac{1}{2}\ln(x^2+y^2)$ 确定函数 $y=y(x)$,已知当 $x=1$ 时,$y=0$,求 $\left.\dfrac{dy}{dx}\right|_{x=1}$, $\left.\dfrac{d^2y}{dx^2}\right|_{x=1}$.

9.设 $e^y + xy = e$ 确定函数 $y=y(x)$,求 $y''(0)$.

10.求下列函数的二阶导数：

(1) $y = x\sin 3x$；   (2) $y = \ln\sqrt{\dfrac{1-x}{1+x^2}}$.

11.求下列函数的 n 阶导数：

(1) $y = \dfrac{1-x}{1+x}$；   (2) $y = \dfrac{1}{x^2-3x+2}$；   (3) $y = \ln \dfrac{a+bx}{a-bx}$.

12.利用函数的微分代替函数的增量求 $\cos 151°$ 的近似值.

13.求由下列参数方程所确定的函数的导数 $\dfrac{dy}{dx}$：

(1) $\begin{cases} x = a\cos^3\theta, \\ y = a\sin^3\theta; \end{cases}$ (2) $\begin{cases} x = \ln\sqrt{1+t^2}, \\ y = \arctan t. \end{cases}$

第三章习题答案

第四章 导数的应用

在第三章已经介绍了导数与微分的概念及计算方法,从而可以解决求瞬时速度、加速度、曲线的切线与法线等问题,并为进一步求解实际问题提供了有力的工具. 本章将介绍微分中值定理,并利用这些定理进一步研究导数的应用.

§4.1 微分中值定理

微分中值定理在微积分理论中占有重要地位,它提供了导数应用的基本理论依据. 微分中值定理包含罗尔(Rolle)定理、拉格朗日(Lagrange)中值定理、柯西(Cauchy)中值定理及泰勒(Taylor)公式.

一、引理

引理 设函数 $f(x)$ 在点 x_0 处可导,且在点 x_0 的某邻域内恒有 $f(x) \leqslant f(x_0)$ [或 $f(x) \geqslant f(x_0)$],则有 $f'(x_0) = 0$.

证 若对在 x_0 的某邻域内的任何 x,恒有 $f(x) \leqslant f(x_0)$,则

当 $\Delta x > 0$ 时,必有 $\dfrac{f(x_0 + \Delta x) - f(x_0)}{\Delta x} \leqslant 0$;

当 $\Delta x < 0$ 时,必有 $\dfrac{f(x_0 + \Delta x) - f(x_0)}{\Delta x} \geqslant 0$.

由 $f(x)$ 在点 x_0 处可导,可知 $f'(x_0) = f'_+(x_0) = f'_-(x_0)$. 由极限的性质进一步可知

$$f'_+(x_0) = \lim_{\Delta x \to 0^+} \frac{f(x_0 + \Delta x) - f(x_0)}{\Delta x} \leqslant 0,$$

$$f'_-(x_0) = \lim_{\Delta x \to 0^-} \frac{f(x_0 + \Delta x) - f(x_0)}{\Delta x} \geqslant 0,$$

从而必有 $f'(x_0) = 0$.

微分中值定理的引入

通常称使 $f'(x) = 0$ 的点 x_0 为 $f(x)$ 的**驻点**.

上述引理又称费马(Fermat)定理.

二、罗尔定理

定理 1 设函数 $f(x)$ 满足:

(1) 在闭区间 $[a,b]$ 上连续;

(2) 在开区间 (a,b) 内可导;

(3) $f(a) = f(b)$,

则至少存在一点 $\xi \in (a,b)$,使 $f'(\xi) = 0$.

证 (1) 如果 $f(x)$ 在 $[a,b]$ 上恒为常数 c,则对于任意的 $\xi \in (a,b)$,都有 $f'(\xi) = c'|_{x=\xi} = 0$.

(2) 如果 $f(x)$ 在 $[a,b]$ 不是常数,由于 $f(x)$ 在 $[a,b]$ 上连续,可知 $f(x)$ 在 $[a,b]$ 上必能取得最大值 M 和最小值 m,且 $M \neq m$. 可知 M,m 之中至少有一值与 $f(a) = f(b)$ 不等. 不妨设 $M \neq f(a) = f(b)$,即 $f(x)$ 在 (a,b) 内的某点 ξ 处取得最大值. 由费马定理可知必有 $f'(\xi) = 0$.

罗尔定理从几何上可以解说如下:

若曲线弧在 $[a,b]$ 上为连续弧段,在 (a,b) 内曲线弧上每点都有不平行于 y 轴的切线,且曲线弧段在两个端点处的纵坐标相同,那么在曲线弧段上至少有一点,过该点的切线必定平行于 x 轴,如图 4-1 所示.

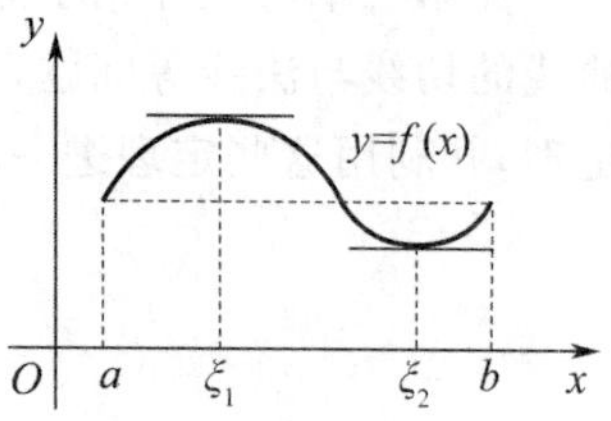

有必要指出,罗尔定理的条件有三个,如果缺少其中一个条件,定理将不一定成立.

例如,$f(x) = |x|$ 在 $[-1,1]$ 上连续,且 $f(-1) = f(1) = 1$,但是 $|x|$ 在 $(-1,1)$ 内有不可导的点,由函数图像知,不存在 $\xi \in (-1,1)$,使 $f'(\xi) = 0$.

又如,$f(x) = x$ 在 $[0,1]$ 上连续,在 $(0,1)$ 上可导,但是 $f(0) = 0$,$f(1) = 1$,由函数图像知,不存在 $\xi \in (0,1)$,使 $f'(\xi) = 0$.

图 4-1

再如,$f(x) = \begin{cases} x, & 0 \leqslant x < 1, \\ 0, & x = 1 \end{cases}$ 在 $(0,1)$ 内可导,$f(0) = 0 = f(1)$,但是 $f(x)$ 在 $[0,1]$ 上不连续,由函数图像知,也不存在 $\xi \in (0,1)$,使 $f'(\xi) = 0$.

可见罗尔定理的条件是充分条件,不是必要条件. 也就是说,定理的结论成立,函数未必满足定理中的三个条件,即定理的逆命题不成立. 例如,$f(x) = (x-1)^2$ 在 $[0,3]$ 上不满足罗尔定理的条件$[f(0) \neq f(3)]$,但是存在 $\xi = 1 \in (0,3)$,使 $f'(1) = 0$.

三、拉格朗日中值定理

定理 2 设函数 $f(x)$ 满足:

(1) 在闭区间 $[a,b]$ 上连续;

(2) 在开区间 (a,b) 内可导,

拉格朗日中值定理

则至少存在一点 $\xi \in (a,b)$,使 $f'(\xi) = \dfrac{f(b) - f(a)}{b - a}$.

分析 与罗尔定理相比,拉格朗日中值定理中缺少条件 $f(a) = f(b)$. 如果能由 $f(x)$ 构造一个新函数 $\varphi(x)$,使 $\varphi(x)$ 在 $[a,b]$ 上满足罗尔定理条件,且由 $\varphi'(\xi) = 0$ 能导出 $f'(\xi) = \dfrac{f(b) - f(a)}{b - a}$,则问题可解决.

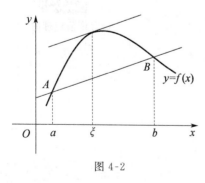

图 4-2

为此先看一下拉格朗日中值定理的几何意义,首先注意 $\dfrac{f(b) - f(a)}{b - a}$ 表示过点 $(a,f(a))$ 和点 $(b,f(b))$ 的弦线 AB 的斜率,定理的几何意义可以描述为:如果在 $[a,b]$ 上连续的曲线,除端点外处处有不垂直于 x 轴的切线,那么在曲线弧上至少有一点 $(\xi,f(\xi))$,使曲线在该点处的切线平行于过曲线弧两端点的弦线,如图 4-2 所示. 注意其弦

线 AB 的方程为
$$y = f(a) + \frac{f(b)-f(a)}{b-a}(x-a).$$

作辅助函数
$$\varphi(x) = f(x) - f(a) - \frac{f(b)-f(a)}{b-a}(x-a).$$

$\varphi(x)$ 的几何意义为:曲线的纵坐标与曲线弧两端点连线对应的纵坐标之差.

证 令 $\varphi(x) = f(x) - f(a) - \frac{f(b)-f(a)}{b-a}(x-a)$.

由于 $f(x)$ 在 $[a,b]$ 上连续,因此 $\varphi(x)$ 在 $[a,b]$ 上连续;由于 $f(x)$ 在 (a,b) 内可导,因此 $\varphi(x)$ 在 (a,b) 内可导;又由于 $\varphi(a) = 0 = \varphi(b)$,因此 $\varphi(x)$ 在 $[a,b]$ 上满足罗尔定理条件,所以至少存在一点 $\xi \in (a,b)$,使 $\varphi'(\xi) = 0$,即
$$f'(\xi) - \frac{f(b)-f(a)}{b-a} = 0,$$

从而有 $f'(\xi) = \frac{f(b)-f(a)}{b-a}$,或表示为 $f(b) - f(a) = f'(\xi)(b-a)$.

上述结论对 $b < a$ 时也成立.

如果 $f(x)$ 在 (a,b) 内可导,$x_0 \in (a,b)$,$x_0 + \Delta x \in (a,b)$,则在以 x_0 与 $x_0 + \Delta x$ 为端点的区间上 $f(x)$ 也满足拉格朗日中值定理,即
$$f(x_0 + \Delta x) - f(x_0) = f'(\xi)\Delta x,$$

其中 ξ 为 x_0 与 $x_0 + \Delta x$ 之间的点,也可以记为
$$f(x_0 + \Delta x) - f(x_0) = f'(x_0 + \theta\Delta x)\Delta x, \quad 0 < \theta < 1$$

或
$$\Delta y = f'(x_0 + \theta\Delta x)\Delta x, \quad 0 < \theta < 1,$$

因此又称拉格朗日中值定理为**有限增量定理**.

由拉格朗日中值定理可以得出积分学中有用的推论.

推论 1 若 $f'(x)$ 在 (a,b) 内恒为零,那么 $f(x)$ 在区间 (a,b) 上必为某一常数.

事实上,对于 (a,b) 内的任意两点 x_1, x_2,由拉格朗日中值定理可得
$$f(x_2) - f(x_1) = f'(\xi)(x_2 - x_1) = 0,$$

ξ 位于 x_1, x_2 之间,故有 $f(x_1) = f(x_2)$.由 x_1, x_2 的任意性可知,$f(x)$ 在 (a,b) 内恒为某常数.

推论 2 若在 (a,b) 内恒有 $f'(x) = g'(x)$,则有
$$f(x) = g(x) + C,$$

其中 C 为常数.

事实上,由已知条件及导数运算性质可得
$$[f(x) - g(x)]' = f'(x) - g'(x) = 0.$$

由推论 1 可知 $f(x) - g(x) = C$,即 $f(x) = g(x) + C$.

例 1 下列函数在给定区间上满足罗尔定理条件的有( ).

A. $f(x) = \frac{1}{x}, \quad x \in [-2, 0]$

B. $f(x) = (x-4)^2, \quad x \in [-2, 4]$

C. $f(x) = \sin x, \quad x \in \left[-\frac{3\pi}{2}, \frac{\pi}{2}\right]$

D. $f(x) = |x|, \quad x \in [-1,1]$

分析 注意罗尔定理的条件有三个:(1) 函数 $f(x)$ 在$[a,b]$上连续;(2)$f(x)$在(a,b)内可导;(3)$f(a)=f(b)$.

不难发现,$f(x) = \dfrac{1}{x}$ 在$[-2,0]$上不满足连续的条件,因此应排除 A.

$f(x)=(x-4)^2$ 在$[-2,4]$上连续;在$(-2,4)$内可导;$f(-2)=36, f(4)=0, f(-2) \neq f(4)$,因此应排除 B.

$f(x) = \sin x$ 在 $\left[-\dfrac{3\pi}{2}, \dfrac{\pi}{2}\right]$ 上连续;在 $\left(-\dfrac{3\pi}{2}, \dfrac{\pi}{2}\right)$ 内可导;$f\left(-\dfrac{3\pi}{2}\right) = 1 = f\left(\dfrac{\pi}{2}\right)$,因此 $\sin x$ 在 $\left[-\dfrac{3\pi}{2}, \dfrac{\pi}{2}\right]$ 上满足罗尔定理条件,应选 C.

$f(x) = |x|$ 在$[-1,1]$上连续,在$(-1,1)$内不可导,因此应排除 D.

综合之,本例应选 C.

例 2 函数 $f(x) = 2x^2 - x + 1$ 在$[-1,3]$上满足拉格朗日中值定理的 $\xi = (\quad)$.

A. $-\dfrac{3}{4}$ B. 0   C. $\dfrac{3}{4}$ D. 1

分析 由于 $f(x) = 2x^2 - x + 1$ 在$[-1,3]$上连续,在$(-1,3)$上可导,因此 $f(x)$ 在 $[-1,3]$ 上满足拉格朗日中值定理条件. 由拉格朗日中值定理可知,必定存在 $\xi \in (-1,3)$,使 $f'(\xi) = \dfrac{f(b) - f(a)}{b - a}$.

由于 $f(b) = f(3) = 16, f(a) = f(-1) = 4$,而 $f'(x) = 4x - 1$,因此有

$$4\xi - 1 = \dfrac{16 - 4}{3 - (-1)} = 3,$$

可解得 $\xi = 1$,因此本例应选 D.

例 3 试证 $|\arctan b - \arctan a| \leqslant |b - a|$.

分析 由于拉格朗日中值定理描述了函数的增量与自变量的增量及导数在给定区间内某点值之间的关系,因而微分中值定理常可用来证明某些有关导数增量与自变量的增量或与函数在区间内某点处导数值有关的等式与不等式.

对于所给不等式,可以认定为函数的增量与自变量的增量之间的关系,因此可以设 $f(x) = \arctan x$.

证 设 $f(x) = \arctan x$,不妨设 $a < b$.

由于 $\arctan x$ 在$[a,b]$上连续,在(a,b)内可导,因此 $\arctan x$ 在$[a,b]$上满足拉格朗日中值定理条件,可知必定存在一点 $\xi \in (a,b)$,使得 $f(b) - f(a) = f'(\xi)(b-a)$. 由于 $(\arctan x)' = \dfrac{1}{1+x^2}$,从而有 $\arctan b - \arctan a = \dfrac{1}{1+\xi^2}(b-a), a < \xi < b$.

由于 $1 + \xi^2 \geqslant 1$,因此

$$|\arctan b - \arctan a| = \dfrac{1}{1+\xi^2}|b-a| \leqslant |b-a|.$$

例 4 当 $x > 0$ 时,试证 $\dfrac{x}{1+x} < \ln(1+x) < x$.

证 设 $f(t) = \ln(1+t)$,显然 $f(t)$ 在区间$[0,x]$上满足拉格朗日中值定理,则有

$$f(x) - f(0) = f'(\xi)x, \quad \xi \in (0, x),$$

由于 $f(0) = \ln 1, f'(t) = \dfrac{1}{1+t}, f'(\xi) = \dfrac{1}{1+\xi}$,因此有

$$\ln(1+x) - \ln 1 = \frac{1}{1+\xi}[(1+x) - 1],$$

$$\ln(1+x) = \frac{x}{1+\xi}.$$

又由于 $0 < \xi < x$,因此

$$\frac{1}{1+x} < \frac{1}{1+\xi} < 1,$$

进而知

$$\frac{x}{1+x} < \frac{x}{1+\xi} < x,$$

即

$$\frac{x}{1+x} < \ln(1+x) < x.$$

四、柯西中值定理

定理 3 设函数 $f(x)$ 与 $g(x)$ 满足:

(1) 在闭区间 $[a,b]$ 上都连续;

(2) 在开区间 (a,b) 内都可导;

(3) 在开区间 (a,b) 内,$g'(x) \neq 0$,

则至少存在一点 $\xi \in (a,b)$,使 $\dfrac{f'(\xi)}{g'(\xi)} = \dfrac{f(b) - f(a)}{g(b) - g(a)}$.

在柯西中值定理中,若取 $g(x) = x$,则得到拉格朗日中值定理.因此柯西中值定理可以看成是拉格朗日中值定理的推广.

五、泰勒公式

由微分的概念知道,如果 $y = f(x)$ 在点 x_0 处可导,则有 $\Delta y = \mathrm{d}y + o(\Delta x)$,即

$$f(x) - f(x_0) = f'(x_0)(x - x_0) + o(x - x_0).$$

因此当 $|x - x_0|$ 很小时,有近似公式

$$f(x) \approx f(x_0) + f'(x_0)(x - x_0).$$

从几何上看,上述表达式可以解释为:在点 x_0 的附近,曲线 $y = f(x)$ 在点 $(x_0, f(x_0))$ 处的切线可近似代替曲线 $y = f(x)$.上述近似公式有两点不足:其一是精度往往不能满足实际需要;其二是用它作近似计算时无法估计误差.因此希望有一个能弥补上述两点不足的近似公式.在实际计算中,多项式是比较简单的函数,因此希望能用多项式

$$P_n(x) = a_0 + a_1(x - x_0) + a_2(x - x_0)^2 + \cdots + a_n(x - x_0)^n$$

来近似表达函数 $f(x)$,并使得当 $x \to x_0$ 时,$f(x) - P_n(x)$ 为比 $(x - x_0)^n$ 高阶的无穷小,还希望能写出 $f(x) - P_n(x)$ 的具体表达式,以便能估计误差.

设 $f(x)$ 在含 x_0 的某区间 (a,b) 内有 n 阶导数,为了使 $P_n(x)$ 与 $f(x)$ 尽可能相近,希望

$$P_n(x_0) = f(x_0) \quad (在点 x_0 处相等),$$

$$P_n'(x_0) = f'(x_0) \quad (在点 x_0 处有相同的切线),$$

$$P_n''(x_0) = f''(x_0) \quad (在点 x_0 处两条曲线有相同的弯曲方向,见 §4.5)$$

$$P_n^{(n)}(x_0) = f^{(n)}(x_0).$$

由于 $P_n(x_0) = a_0, P_n'(x_0) = 1 \cdot a_1, P_n''(x_0) = 2!a_2, \cdots, P_n^{(n)}(x_0) = n!a_n$，可知 $a_0 = f(x_0)$，$a_1 = f'(x_0), a_2 = \dfrac{1}{2!}f''(x_0), \cdots, a_n = \dfrac{1}{n!}f^{(n)}(x_0)$，从而得到由 $f(x)$ 构造的 n 次多项式

$$P_n(x) = f(x_0) + f'(x_0)(x-x_0) + \dfrac{f''(x_0)}{2!}(x-x_0)^2 + \cdots + \dfrac{f^{(n)}(x_0)}{n!}(x-x_0)^n.$$

若用 $P_n(x)$ 在点 x_0 附近来逼近 $f(x)$，可以证明（此处略去）下列两个结论：

(1) 余项 $r_n(x) = f(x) - P_n(x)$ 是关于 $(x-x_0)^n$ 的高阶无穷小，即 $r_n(x) = o[(x-x_0)^n]$；

(2) 如果 $f(x)$ 在 (a,b) 内有直至 $(n+1)$ 阶的导数，则 $r_n(x)$ 可以表示为

$$r_n(x) = \dfrac{f^{(n+1)}(\xi)}{(n+1)!}(x-x_0)^{n+1},$$

泰勒公式

其中 ξ 在 x_0 与 x 之间．

综上所述，可以描述为如下结论．

泰勒公式 I 设函数 $f(x)$ 在含 x_0 的某区间 (a,b) 内具有直至 n 阶的导数，则当 $x \in (a,b)$ 时，有

$$f(x) = f(x_0) + f'(x_0)(x-x_0) + \dfrac{1}{2!}f''(x_0)(x-x_0)^2 +$$
$$\cdots + \dfrac{1}{n!}f^{(n)}(x_0)(x-x_0)^n + o[(x-x_0)^n].$$

常称 $r_n(x) = o[(x-x_0)^n]$ 为泰勒展开式中的**佩亚诺(Peano)型余项**．

泰勒公式 II 设函数 $f(x)$ 在含 x_0 的某区间 (a,b) 内具有直至 $n+1$ 阶的导数，则当 $x \in (a,b)$ 时，有

$$f(x) = f(x_0) + f'(x_0)(x-x_0) + \dfrac{1}{2!}f''(x_0)(x-x_0)^2 +$$
$$\cdots + \dfrac{1}{n!}f^{(n)}(x_0)(x-x_0)^n + r_n(x),$$

其中 $r_n(x) = \dfrac{1}{(n+1)!}f^{(n+1)}(\xi)(x-x_0)^{n+1}$，$\xi$ 介于 x_0 与 x 之间，常称 $r_n(x)$ 为泰勒展开式中的**拉格朗日型余项**．

通常称 $P_n(x) = f(x_0) + f'(x_0)(x-x_0) + \dfrac{1}{2!}f''(x_0)(x-x_0)^2 + \cdots + \dfrac{1}{n!}f^{(n)}(x_0)(x-x_0)^n$ 为 $f(x)$ 在点 x_0 处的 n 次泰勒多项式．

以上展开式也称为 $f(x)$ 的 n 阶泰勒公式．

若在泰勒公式中令 $x_0 = 0$，则得到麦克劳林公式

$$f(x) = f(0) + f'(0)x + \dfrac{1}{2!}f''(0)x^2 + \cdots + \dfrac{1}{n!}f^{(n)}(0)x^n + o(x^n),$$

$$f(x) = f(0) + f'(0)x + \dfrac{1}{2!}f''(0)x^2 + \cdots + \dfrac{1}{n!}f^{(n)}(0)x^n + \dfrac{1}{(n+1)!}f^{(n+1)}(\xi)x^{n+1},$$

其中 ξ 介于 0 与 x 之间．

习题 4.1

1. 选择题.

(1) 下列各函数在 $[1,e]$ 上满足拉格朗日中值定理的有( ).

　　A. $\ln[\ln x]$ 　　　B. $\ln x$ 　　　C. $\dfrac{1}{\ln x}$ 　　　D. $\ln(x-2)$

(2) $y = \sin x$ 在 $[0,2\pi]$ 上符合罗尔定理条件的 $\xi = ($ 　 $)$.

　　A. 0 　　　B. $\dfrac{\pi}{2}$ 　　　C. π 　　　D. $\dfrac{3\pi}{2}$

2. 证明:当 $x > 0$ 时,$e^x > 1 + x$.

3. 证明:当 $x > 1$ 时,恒有 $e^x > ex$.

§4.2　洛必达法则

下面介绍由柯西中值定理导出的求极限的方法.

如果函数 $\dfrac{f(x)}{g(x)}$ 当 $x \to a$(或 $x \to \infty$)时,其分子、分母都趋于零或都趋于无穷大. 那么,极限 $\lim\limits_{\substack{x \to a \\ (x \to \infty)}} \dfrac{f(x)}{g(x)}$ 可能存在,也可能不存在. 通常称这种极限为未定型,并分别简记为 $\dfrac{0}{0}$ 或 $\dfrac{\infty}{\infty}$. 本节将介绍一种计算未定型极限的有效方法 —— **洛必达**(L'Hospital)**法则**.

一、$\dfrac{0}{0}$ 型

对于当 $x \to a$ 时的 $\dfrac{0}{0}$ 型,有如下定理.

$\dfrac{0}{0}$ 型未定式

定理 1　如果 $f(x)$ 和 $g(x)$ 满足下列条件:

(1) $\lim\limits_{x \to a} f(x) = 0, \lim\limits_{x \to a} g(x) = 0$;

(2) 在点 a 的某邻域内($x = a$ 可以除外),$f'(x)$ 与 $g'(x)$ 存在,且 $g'(x) \neq 0$;

(3) $\lim\limits_{x \to a} \dfrac{f'(x)}{g'(x)}$ 存在(或为无穷大),

那么

$$\lim_{x \to a} \dfrac{f(x)}{g(x)} = \lim_{x \to a} \dfrac{f'(x)}{g'(x)}.$$

这种在一定条件下,通过分子、分母分别求导再求极限来确定未定式的值的方法称为**洛必达**(L'Hospital)**法则**.

证　由于 $\lim\limits_{x \to a} f(x) = 0, \lim\limits_{x \to a} g(x) = 0$,可知 $x = a$ 是 $f(x),g(x)$ 的连续点,或者是 $f(x),g(x)$ 的可去间断点.

(1) 如果 $x = a$ 为 $f(x),g(x)$ 的连续点,则必有 $f(a) = 0, g(a) = 0$,从而

$$\dfrac{f(x)}{g(x)} = \dfrac{f(x) - f(a)}{g(x) - g(a)}.$$

由定理的条件可知,在点 a 的某邻域内以 a 及 x 为端点的区间上,$f(x),g(x)$ 满足柯西中

值定理条件. 因此

$$\frac{f(x)}{g(x)} = \frac{f(x)-f(a)}{g(x)-g(a)} = \frac{f'(\xi)}{g'(\xi)} \quad (\xi \text{ 在 } a \text{ 与 } x \text{ 之间}).$$

当 $x \to a$ 时, 必有 $\xi \to a$, 因此

$$\lim_{x \to a} \frac{f(x)}{g(x)} = \lim_{x \to a} \frac{f'(\xi)}{g'(\xi)} = \lim_{\xi \to a} \frac{f'(\xi)}{g'(\xi)} = \lim_{x \to a} \frac{f'(x)}{g'(x)}.$$

(2) 如果 $x = a$ 为 $f(x)$ 和 $g(x)$ 的可去间断点, 可以构造新函数 $F(x), G(x)$.

$$F(x) = \begin{cases} f(x), & x \neq a, \\ 0, & x = a, \end{cases}$$

$$G(x) = \begin{cases} g(x), & x \neq a, \\ 0, & x = a, \end{cases}$$

仿上述推证可得 $\displaystyle\lim_{x \to a} \frac{f(x)}{g(x)} = \lim_{x \to a} \frac{F(x)}{G(x)} = \lim_{x \to a} \frac{F'(x)}{G'(x)} = \lim_{x \to a} \frac{f'(x)}{g'(x)}.$

对于当 $x \to \infty$ 时的 $\dfrac{0}{0}$ 型, 有如下定理.

定理 2 如果 $f(x)$ 和 $g(x)$ 满足下列条件:

(1) $\displaystyle\lim_{x \to \infty} f(x) = 0, \lim_{x \to \infty} g(x) = 0;$

(2) 当 $|x|$ 足够大时, $f'(x)$ 和 $g'(x)$ 存在, 且 $g'(x) \neq 0$;

(3) $\displaystyle\lim_{x \to \infty} \frac{f'(x)}{g'(x)}$ 存在(或为无穷大),

那么

$$\lim_{x \to \infty} \frac{f(x)}{g(x)} = \lim_{x \to \infty} \frac{f'(x)}{g'(x)}.$$

我们略去这个定理的证明$\left(\text{证明时, 只要令 } x = \dfrac{1}{t} \text{ 就可利用定理 1 的结论得出定理 2}\right).$

例 1 求 $\displaystyle\lim_{x \to a} \frac{e^{-x} - e^{-a}}{x - a}.$

解 所给极限为 $\dfrac{0}{0}$ 型, 由洛必达法则有

$$\lim_{x \to a} \frac{e^{-x} - e^{-a}}{x - a} = \lim_{x \to a} \frac{(e^{-x} - e^{-a})'}{(x - a)'} = \lim_{x \to a} \frac{-e^{-x}}{1} = -e^{-a}.$$

例 2 求 $\displaystyle\lim_{x \to +\infty} \frac{\dfrac{1}{x}}{\operatorname{arccot} x}.$

解 所给极限为 $\dfrac{0}{0}$ 型, 由洛必达法则有

$$\lim_{x \to \infty} \frac{\dfrac{1}{x}}{\operatorname{arccot} x} = \lim_{x \to \infty} \frac{\left(\dfrac{1}{x}\right)'}{(\operatorname{arccot} x)'} = \lim_{x \to \infty} \frac{-\dfrac{1}{x^2}}{\dfrac{-1}{1+x^2}} = 1.$$

如果利用洛必达法则之后得到的导数之比的极限仍是 $\dfrac{0}{0}$ 型, 且符合洛必达法则的条件,

那么可以重复应用洛必达法则.

例 3 求 $\lim\limits_{x\to 0}\dfrac{e^x-e^{-x}-2x}{x-\sin x}$.

解 所给极限为 $\dfrac{0}{0}$ 型,由洛必达法则有

$$\lim_{x\to 0}\frac{e^x-e^{-x}-2x}{x-\sin x}=\lim_{x\to 0}\frac{e^x+e^{-x}-2}{1-\cos x}\left(\frac{0}{0}\text{型}\right)$$

$$=\lim_{x\to 0}\frac{e^x-e^{-x}}{\sin x}\left(\frac{0}{0}\text{型}\right)$$

$$=\lim_{x\to 0}\frac{e^x+e^{-x}}{\cos x}=2.$$

例 4 求 $\lim\limits_{x\to 2}\dfrac{x^3-x^2-8x+12}{x^3-6x^2+12x-8}$.

解 所给极限为 $\dfrac{0}{0}$ 型,由洛必达法则有

$$\lim_{x\to 2}\frac{x^3-x^2-8x+12}{x^3-6x^2+12x-8}=\lim_{x\to 2}\frac{3x^2-2x-8}{3x^2-12x+12}\left(\frac{0}{0}\text{型}\right)$$

$$=\lim_{x\to 2}\frac{6x-2}{6(x-2)}=\infty.$$

二、$\dfrac{\infty}{\infty}$ 型

对于 $\dfrac{\infty}{\infty}$ 型,我们给出下面两个定理,其证明略去.

定理 3 如果函数 $f(x),g(x)$ 满足下列条件:
(1) $\lim\limits_{x\to a}f(x)=\infty,\lim\limits_{x\to a}g(x)=\infty$;
(2) 在 $x=a$ 的某邻域内($x=a$ 可以除外),$f'(x)$ 与 $g'(x)$ 存在,且 $g'(x)\neq 0$;
(3) $\lim\limits_{x\to a}\dfrac{f'(x)}{g'(x)}$ 存在(或为无穷大),

那么

$$\lim_{x\to a}\frac{f(x)}{g(x)}=\lim_{x\to a}\frac{f'(x)}{g'(x)}.$$

定理 4 如果函数 $f(x),g(x)$ 满足下列条件:
(1) $\lim\limits_{x\to\infty}f(x)=\infty,\lim\limits_{x\to\infty}g(x)=\infty$;
(2) 当 $|x|$ 足够大时,$f'(x)$ 与 $g'(x)$ 存在,且 $g'(x)\neq 0$;
(3) $\lim\limits_{x\to\infty}\dfrac{f'(x)}{g'(x)}$ 存在(或为无穷大),

那么

$$\lim_{x\to\infty}\frac{f(x)}{g(x)}=\lim_{x\to\infty}\frac{f'(x)}{g'(x)}.$$

例 5 求 $\lim\limits_{x\to 0^+}\dfrac{\ln\cot x}{\ln x}$.

解 所给极限为 $\dfrac{\infty}{\infty}$,由洛必达法则有

$$\lim_{x \to 0^+} \frac{\ln \cot x}{\ln x} = \lim_{x \to 0^+} \frac{\frac{1}{\cot x}(-\csc^2 x)}{\frac{1}{x}} = \lim_{x \to 0^+} \frac{-x}{\sin x \cos x}$$

$$= \lim_{x \to 0^+} \frac{-x}{\sin x} \cdot \lim_{x \to 0^+} \frac{1}{\cos x} = -1.$$

例 6 求 $\lim\limits_{x \to +\infty} \dfrac{e^x}{x}$.

解 所给极限为 $\dfrac{\infty}{\infty}$,由洛必达法则有

$$\lim_{x \to +\infty} \frac{e^x}{x} = \lim_{x \to +\infty} \frac{e^x}{1} = \infty.$$

三、可化为 $\dfrac{0}{0}$ 型或 $\dfrac{\infty}{\infty}$ 型极限

(1) 如果 $\lim\limits_{\substack{x \to a \\ (x \to \infty)}} f(x) = 0$,$\lim\limits_{\substack{x \to a \\ (x \to \infty)}} g(x) = \infty$,则称 $\lim\limits_{\substack{x \to a \\ (x \to \infty)}} [f(x) \cdot g(x)]$ 为 $0 \cdot \infty$ 型.

对于 $0 \cdot \infty$ 型极限,常见的求解方法是先将函数变形,化为 $\dfrac{0}{0}$ 型或 $\dfrac{\infty}{\infty}$ 型,再由洛必达法则求解. 如

$$\lim_{\substack{x \to a \\ (x \to \infty)}} [f(x) \cdot g(x)] = \lim_{\substack{x \to a \\ (x \to \infty)}} \frac{g(x)}{\frac{1}{f(x)}},$$

$$\lim_{\substack{x \to a \\ (x \to \infty)}} [f(x) \cdot g(x)] = \lim_{\substack{x \to a \\ (x \to \infty)}} \frac{f(x)}{\frac{1}{g(x)}},$$

"$0 \cdot \infty$" 和 "$\infty - \infty$" 型未定式

前者化为 $\dfrac{\infty}{\infty}$ 型,后者化为 $\dfrac{0}{0}$ 型.

至于将 $0 \cdot \infty$ 型是化为 $\dfrac{\infty}{\infty}$ 型还是化为 $\dfrac{0}{0}$ 型,要看哪种形式便于计算来决定.

(2) 如果 $\lim\limits_{\substack{x \to a \\ (x \to \infty)}} f(x) = +\infty$,$\lim\limits_{\substack{x \to a \\ (x \to \infty)}} g(x) = +\infty$(或同为 $-\infty$),则称 $\lim\limits_{\substack{x \to a \\ (x \to \infty)}} [f(x) - g(x)]$ 为 $\infty - \infty$ 型极限.

对于 $\infty - \infty$ 型极限,常见的求解方法是将函数进行恒等变形,化为 $\dfrac{0}{0}$ 型或 $\dfrac{\infty}{\infty}$ 型,再由洛必达法则求解.

例 7 求 $\lim\limits_{x \to 0^+} \sqrt{x} \ln x$.

解 所给极限为 $0 \cdot \infty$ 型,不难发现将其化为 $\dfrac{\infty}{\infty}$ 型较化为 $\dfrac{0}{0}$ 型的计算简便些.

$$\lim_{x \to 0^+} \sqrt{x} \ln x = \lim_{x \to 0^+} \frac{\ln x}{\frac{1}{\sqrt{x}}}.$$

上式右端为 $\dfrac{\infty}{\infty}$ 型,可以直接利用洛必达法则求之,先令 $\sqrt{x} = t$,$x \to 0^+$ 时,$t \to 0^+$,因此

$$\lim_{x\to 0^+}\sqrt{x}\ln x = \lim_{t\to 0^+}\frac{\ln t^2}{\dfrac{1}{t}} = 2\lim_{t\to 0^+}\frac{\ln t}{\dfrac{1}{t}} = 2\lim_{t\to 0^+}\frac{\dfrac{1}{t}}{\dfrac{1}{-t^2}} = 0.$$

例 8 求 $\lim\limits_{x\to 1}\left(\dfrac{x}{x-1}-\dfrac{1}{\ln x}\right)$.

其他未定式

解 所给极限为 $\infty-\infty$ 型,先将所给函数变形.

$$\text{原式} = \lim_{x\to 1}\frac{x\ln x-(x-1)}{(x-1)\ln x}\left(\frac{0}{0}\text{ 型}\right)$$

$$= \lim_{x\to 1}\frac{\ln x+\dfrac{x}{x}-1}{\ln x+(x-1)\dfrac{1}{x}} = \lim_{x\to 1}\frac{x\ln x}{x\ln x+x-1}\left(\frac{0}{0}\text{ 型}\right)$$

$$= \lim_{x\to 1}\frac{\ln x+x\cdot\dfrac{1}{x}}{\ln x+x\cdot\dfrac{1}{x}+1} = \lim_{x\to 1}\frac{1+\ln x}{2+\ln x} = \frac{1}{2}.$$

例 9 求 $\lim\limits_{x\to 0}\dfrac{x^3\cos x}{x-\sin x}$.

解 所给极限为 $\dfrac{0}{0}$ 型,可以由洛必达法则求解. 可以注意到 $\lim\limits_{x\to 0}\cos x=1$,而 $\lim\limits_{x\to 0}\dfrac{x^3}{x-\sin x} = \lim\limits_{x\to 0}\dfrac{3x^2}{1-\cos x} = \lim\limits_{x\to 0}\dfrac{6x}{\sin x} = 6$,于是

$$\text{原式} = \lim_{x\to 0}\cos x\cdot\lim_{x\to 0}\frac{x^2}{x-\sin x} = 6.$$

说明 如果 $\dfrac{0}{0}$ 型或 $\dfrac{\infty}{\infty}$ 型极限中含有非零因子,应该单独求极限,不要参与洛必达法则运算,这样可以简化运算.

例 10 求 $\lim\limits_{x\to 0}\dfrac{\ln(1+2x)}{\sin 3x}$.

解 所给极限为 $\dfrac{0}{0}$ 型,可以由洛必达法则求解. 注意极限过程为 $x\to 0$,又 $\ln(1+2x)\sim 2x,\sin 3x\sim 3x$. 如果引入等价无穷小量代换,则

$$\text{原式} = \lim_{x\to 0}\frac{2x}{3x} = \frac{2}{3}.$$

说明 如果能将等价无穷小量代换、代数恒等变形等与洛必达法则配合使用,常可简化运算.

某些未定型极限存在,但并不一定能用洛必达法则求解,因为洛必达法则(四个定理)中的条件是 $\lim\dfrac{f(x)}{g(x)}=a$(或为无穷大)的充分条件,而不是必要条件,即如果 $\lim\dfrac{f'(x)}{g'(x)}$ 不存在(如振荡型),并不能说 $\lim\dfrac{f(x)}{g(x)}$ 也不存在,见习题 4.2 第 1 题. 这表明洛必达法则并不是万能的,运算时应注意选择合适的方法.

习题 4.2

1. 已知下列各极限都存在,则不能使用洛必达法则的有( ).

A. $\lim\limits_{x\to 0}\dfrac{x^2\sin\dfrac{1}{x}}{\sin x}$

B. $\lim\limits_{x\to +\infty} x\left(\dfrac{\pi}{2}-\arctan x\right)$

C. $\lim\limits_{x\to \infty}\dfrac{x-\sin x}{x+\sin x}$

D. $\lim\limits_{n\to \infty} n(2^{\frac{1}{n}}-1)$

2. 求下列极限:

(1) $\lim\limits_{x\to 0}\dfrac{\sin x-x}{x\sin x}$;

(2) $\lim\limits_{x\to 0}\dfrac{e^x-x-1}{x^2}$;

(3) $\lim\limits_{x\to 0}\dfrac{\tan x-x}{x-\sin x}$;

(4) $\lim\limits_{x\to 3^+}\dfrac{\cos x\ln(x-3)}{\ln(e^x-e^3)}$;

(5) $\lim\limits_{x\to +\infty}\dfrac{\ln(1+x^2)}{\ln(1+x^4)}$;

(6) $\lim\limits_{x\to 0^+}\left[\dfrac{1}{x}-\dfrac{\ln(x+1)}{x^2}\right]$;

(7) $\lim\limits_{x\to +\infty} x\left(\dfrac{\pi}{2}-\arctan x\right)$;

(8) $\lim\limits_{x\to +\infty}\dfrac{e^x}{x^n}$ (n 为自然数).

§4.3 函数的单调性

函数的单调性是函数的一个重要特性. 由几何图形可以看出,如果函数 $f(x)$ 在某区间上单调增加,则它的图形是随 x 的增大而上升的曲线;如果所给曲线上每点处都存在非铅直的切线,则曲线上各点处的切线斜率非负,即 $f'(x)\geqslant 0$,如图 4-3(a) 所示. 如果函数 $f(x)$ 在某区间上单调减少,则它的图形是随 x 的增大而下降的曲线;如果所给曲线上每点处都存在非铅直的切线,则曲线上各点处的切线斜率非正,即 $f'(x)\leqslant 0$,如图 4-3(b) 所示.

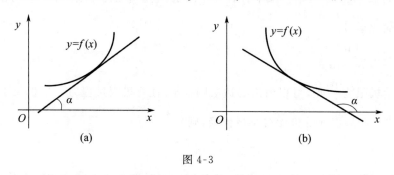

图 4-3

反过来,能否用导数的符号来判定函数的单调性呢? 由拉格朗日中值定理可以得出判定函数单调性的一个判定法.

定理 设函数 $f(x)$ 在 $[a,b]$ 上连续,在 (a,b) 内可导,则有:

(1) 如果在 (a,b) 内 $f'(x)>0$,那么函数 $f(x)$ 在 $[a,b]$ 上严格单调增加;

(2) 如果在 (a,b) 内 $f'(x)<0$,那么函数 $f(x)$ 在 $[a,b]$ 上严格单调减少.

证 在 $[a,b]$ 上任取两点 x_1,x_2,不妨设 $x_1<x_2$,由上述定理的条件可知,$f(x)$ 在 $[x_1,x_2]$ 上连续,在 (x_1,x_2) 内可导,由拉格朗日中值定理可知,至少存在一点 $\xi\in(x_1,x_2)$,使得

$$f(x_2)-f(x_1)=f'(\xi)(x_2-x_1).$$

由于在(a,b)内有$x_2 > x_1$,因此$(x_2 - x_1) > 0$.

如果在(a,b)内$f'(x) > 0$,则$f'(\xi) > 0$,必定有$f(x_2) - f(x_1) > 0$,即$f(x_1) < f(x_2)$.由于x_1, x_2为$[a,b]$上任意两点,因而表明$f(x)$在$[a,b]$上严格单调增加.

同理,如果在(a,b)内$f'(x) < 0$,可推出$f(x)$在$[a,b]$上严格单调减少.

有必要指出,上述定理中$[a,b]$为闭区间,如果换为开区间、半开区间或无穷区间仍然有相似的结论.

例1 讨论函数$f(x) = \dfrac{\ln x}{x}$的单调性.

解 $f(x) = \dfrac{\ln x}{x}$的定义域为$(0, +\infty)$,则
$$f'(x) = \frac{1 - \ln x}{x^2},$$
$f'(x)$在$(0, +\infty)$内为连续函数. 令$f'(x) = 0$,则$1 - \ln x = 0$,解得$x = e$.

当$0 < x < e$时,有$\ln x < 1$,因此$f'(x) = \dfrac{1 - \ln x}{x^2} > 0$,从而知$f(x) = \dfrac{\ln x}{x}$为严格单调增加函数.

当$e < x < +\infty$时,有$\ln x > 1$,因此$f'(x) = \dfrac{1 - \ln x}{x^2} < 0$,从而知$f(x) = \dfrac{\ln x}{x}$为严格单调减少函数.

如果$f'(x)$为连续函数,为了判定$f'(x)$的符号,可以先求出使$f'(x) = 0$的点,这样往往能简化运算.

例2 讨论函数$y = 2x^3 + 3x^2 - 12x$的单调性.

解 所给函数的定义域为$(-\infty, +\infty)$,则
$$y' = 6(x^2 + x - 2) = 6(x-1)(x+2),$$
令$y' = 0$得$x_1 = -2, x_2 = 1$.

在$(-\infty, -2)$内,$y' > 0$;在$(-2, 1)$内,$y' < 0$;在$(1, +\infty)$内,$y' > 0$. 由此可知,在$(-\infty, -2)$及$(1, +\infty)$内,所给函数严格单调增加;在$(-2, 1)$内所给函数严格单调减少.

例3 讨论函数$y = 3 - 2(x+1)^{\frac{1}{3}}$的单调性.

解 所给函数的定义域为$(-\infty, +\infty)$,则
$$y' = \frac{-2}{3\sqrt[3]{(x+1)^2}}.$$

当$x = -1$时,y'不存在;当$x \neq -1$时,$y' < 0$. 从而知所给函数在$(-\infty, -1)$与$(-1, +\infty)$内为严格单调减少函数.

由于函数在$x = -1$处连续,因此所给函数在$(-\infty, +\infty)$内为严格单调减少函数.

例4 讨论函数
$$y = \begin{cases} x^2, & x \leqslant 0, \\ \dfrac{4}{x+1}, & x > 0 \end{cases}$$
的单调性.

解 所给函数为分段函数,其定义域为$(-\infty, +\infty)$. 由于$\lim\limits_{x \to 0^-} y = \lim\limits_{x \to 0^-} x^2 = 0$,$\lim\limits_{x \to 0^+} y = $

$\lim\limits_{x\to 0^+}\dfrac{4}{x+1}=4$. 因此, $\lim\limits_{x\to 0}y$ 不存在, 可知 y 在点 $x=0$ 处不连续.

当 $x<0$ 时, $y'=(x^2)'=2x<0$, 可知 y 为严格单调减少函数;

当 $x>0$ 时, $y'=\dfrac{-4}{(x+1)^2}<0$, 可知 y 为严格单调减少函数.

由于 y 在点 $x=0$ 处不连续, 因此只能说 y 在 $(-\infty,0)$ 与 $(0,+\infty)$ 内为严格单调减少函数, 不能说 y 在 $(-\infty,+\infty)$ 内为严格单调减少函数.

例 5 讨论 $y=\dfrac{3}{8}x^{\frac{8}{3}}-\dfrac{3}{2}x^{\frac{2}{3}}$ 的单调性.

解 所给函数的定义域为 $(-\infty,+\infty)$, 则
$$y'=x^{\frac{5}{3}}-x^{-\frac{1}{3}}=x^{-\frac{1}{3}}(x^2-1)=\dfrac{(x+1)(x-1)}{\sqrt[3]{x}},$$

令 $y'=0$, 可得 $x_1=-1, x_2=1$. 当 $x=0$ 时, y' 不存在.

所给三个点 $x=-1,0,1$ 将 y 的定义域 $(-\infty,+\infty)$ 分为 $(-\infty,-1),(-1,0),(0,1)$, $(1,+\infty)$ 四个子区间. 为了研究函数的单调性, 我们只关心 y' 在上述四个子区间内的符号, 因此可将函数导数的符号及函数的单调性列于表 4-1 中, 表 4-1 中第一栏标出函数定义域被三个特殊点分划的四个区间, 第二栏标出 y' 在各子区间内的符号, 第三栏为函数的增减性.

表 4-1

x	$(-\infty,-1)$	-1	$(-1,0)$	0	$(0,1)$	1	$(1,+\infty)$
y'	$-$	0	$+$	不存在	$-$	0	$+$
y	↘		↗		↘		↗

由表 4-1 可知所给函数严格单调增加区间为 $(-1,0)$ 与 $(1,+\infty)$, 严格单调减少区间为 $(-\infty,-1)$ 与 $(0,1)$.

往往可以利用单调性证明不等式. 其基本方法如下.

欲证明当 $x>x_0$ 时, 有 $f(x)\geqslant g(x)$, 可令
$$F(x)=f(x)-g(x),$$

如果 $F(x)$ 满足下面的条件:

(1) $F(x_0)=0$;

(2) 当 $x>x_0$ 时, 有 $F'(x)\geqslant 0$,

则由 $F(x)$ 为单调增加函数可知, 当 $x>x_0$ 时, $F(x)\geqslant 0$, 即 $f(x)\geqslant g(x)$.

例 6 试证当 $x\neq 1$ 时, $e^x>ex$.

证 令 $F(x)=e^x-ex$, 则 $F(x)$ 在 $(-\infty,+\infty)$ 内连续, 且 $F(1)=0$.
$$F'(x)=e^x-e.$$

当 $x<1$ 时, $F'(x)=e^x-e<0$, 可知 $F(x)$ 为 $(-\infty,1)$ 上的严格单调减少函数, 即 $F(x)>F(1)=0$.

当 $x>1$ 时, $F'(x)=e^x-e>0$, 可知 $F(x)$ 为 $[1,+\infty)$ 上的严格单调增加函数, 即 $F(x)>F(1)=0$.

故对任意 $x\neq 1$, 都有 $F(x)>0$, 即 $e^x>ex$.

习题 4.3

1. 选择题：

   (1) 设 $y = f(x)$ 在 $(-\infty, +\infty)$ 内可导，且 $f'(x) > 0$，则 $f(x)$ 在 $(-\infty, +\infty)$ 内（   ）．

   A. 严格单调减少   B. 严格单调增加

   C. 是个常数   D. 不是严格单调函数

   (2) 函数 $y = \ln(1 + x^2)$ 的严格单调增加区间为（   ）．

   A. $(-5, 5)$ B. $(-\infty, 0)$

   C. $(0, +\infty)$ D. $(-\infty, +\infty)$

2. 讨论下列函数的单调性：

   (1) $y = 3x^4 - 4x^3$；

   (2) $y = \sqrt{2x - x^2}$；

   (3) $y = \dfrac{2}{3}x - \sqrt[3]{x}$；

   (4) $y = x^2 - \ln x$．

3. 利用单调性证明下列不等式：

   (1) $x > \ln(1 + x)$ $(x > 0)$；

   (2) $\dfrac{\arctan x}{x} < 1$ $(x \neq 0)$．

§4.4　函数的极值和最值

在实际问题中经常遇到需要解决在一定条件下的最大、最小、最远、最近、最好、最优等问题，这类问题在数学上常可以归结为求函数在给定区间上的最大值和最小值问题，这里统称为最值问题．本节将介绍函数的极值问题与最值问题．

一、函数的极值

定义　设函数 $f(x)$ 在 x_0 的某邻域内有定义，如果对于该邻域内任何异于 x_0 的 x 都有

(1) $f(x) \leqslant f(x_0)$ 成立，则称 $f(x_0)$ 为 $f(x)$ 的**极大值**，称 x_0 为 $f(x)$ 的**极大值点**；

(2) $f(x) \geqslant f(x_0)$ 成立，则称 $f(x_0)$ 为 $f(x)$ 的**极小值**，称 x_0 为 $f(x)$ 的**极小值点**．

极大值、极小值统称为**极值**．极大值点、极小值点统称为**极值点**．

如图 4-4 所示，x_1, x_3 为函数 $f(x)$ 的极大值点；x_2, x_4 为所给函数的极小值点．

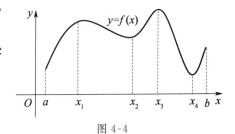

图 4-4

定理1（极值的必要条件）　设函数 $f(x)$ 在点 x_0 处可导，且 x_0 为 $f(x)$ 的极值点，则 $f'(x_0) = 0$．

由 §4.1 引理可知定理 1 成立．

若 $f'(x_0) = 0$，则称 x_0 为 $f(x)$ 的**驻点**．

定理 1 表明：可导函数的极值点必定是它的驻点．但是需要注意，函数的驻点并不一定是函数的极值点．例如，$y = x^3, x = 0$ 为其驻点，但是 $x = 0$ 并不是 $y = x^3$ 的极值点．还要指出，有些函数的不可导的点也可能是其极值点．

由上述可知，欲求函数的极值点，先要求出其驻点和导数不存在的点，然后再用下面的充分条件判别它们是否为极值点．

定理2（判定极值的第一充分条件）　设函数 $y = f(x)$ 在点 x_0 处连续，且在 x_0 的某邻域

内可导(点 x_0 可除外). 如果在该邻域内

(1) 当 $x < x_0$ 时 $f'(x) > 0$,当 $x > x_0$ 时 $f'(x) < 0$,则 x_0 为 $f(x)$ 的极大值点;

(2) 当 $x < x_0$ 时 $f'(x) < 0$,当 $x > x_0$ 时 $f'(x) > 0$,则 x_0 为 $f(x)$ 的极小值点;

(3) $f'(x)$ 在 x_0 的两侧保持同符号,则 x_0 不是 $f(x)$ 的极值点.

分析 对于情形(1),由函数单调性的判别定理可知,当 $x < x_0$ 时,$f(x)$ 为严格单调增加;当 $x > x_0$ 时,$f(x)$ 严格单调减少,因此可知 x_0 为 $f(x)$ 的极大值点.

对于情形(2)也可以进行类似分析.

由定理 2 可知,利用极值第一充分条件判定函数极值点的一般步骤为:

(1) 求出 $f'(x)$;

(2) 求出 $f(x)$ 的所有驻点和 $f'(x)$ 不存在的点 $x_1, \cdots, x_k$;

(3) 判定每个驻点和导数不存在的点 $x_i (i = 1, 2, \cdots, k)$ 两侧(在 x_i 较小的邻域内)$f'(x)$ 的符号,依据定理 2 判定 x_i 是否为 $f(x)$ 的极值点.

例 1 求 $y = 3x^4 - 8x^3 - 6x^2 + 24x$ 的极值和极值点.

解 所给函数的定义域为 $(-\infty, +\infty)$,则
$$\begin{aligned} y' &= 12x^3 - 24x^2 - 12x + 24 \\ &= 12x^2(x-2) - 12(x-2) \\ &= 12(x+1)(x-1)(x-2), \end{aligned}$$

令 $y' = 0$,可得函数的三个驻点 $x = -1, 1, 2$.

这里不难看出,y' 在 $(-\infty, +\infty)$ 内存在,函数的三个驻点 $x_1 = -1, x_2 = 1, x_3 = 2$ 把 $(-\infty, +\infty)$ 分成 $(-\infty, -1), (-1, 1), (1, 2), (2, +\infty)$ 四个子区间. 在上述四个子区间的每个区间内,y' 的符号都是一定的,而定理 2 中只要求知道导数的符号,并不关心其值为多大. 由于:

在 $(-\infty, -1)$ 内,y' 的符号为 $(-) \cdot (-) \cdot (-) = (-)$,故 $y' < 0$;

在 $(-1, 1)$ 内,y' 的符号为 $(+) \cdot (-) \cdot (-) = (+)$,故 $y' > 0$,因此 $x = -1$ 为 y 的极小值点,极小值 $f(-1) = -19$;

在 $(1, 2)$ 内,y' 的符号为 $(+) \cdot (+) \cdot (-) = (-)$,故 $y' < 0$,因此 $x = 1$ 为 y 的极大值点,极大值 $f(1) = 13$;

在 $(2, +\infty)$ 内,y' 的符号为 $(+) \cdot (+) \cdot (+) = (+)$,故 $y' > 0$,因此 $x = 2$ 为 y 的极小值点,极小值 $f(2) = 8$.

上述分析及分析结果如表 4-2 所示.

表 4-2

x	$(-\infty, -1)$	-1	$(-1, 1)$	1	$(1, 2)$	2	$(2, +\infty)$
y'	$-$	0	$+$	0	$-$	0	$+$
y	↘	极小值(-19)	↗	极大值(13)	↘	极小值(8)	↗

例 2 求 $y = 3x^4 - 8x^3 + 6x^2$ 的极值和极值点.

解 所给函数的定义域为 $(-\infty, +\infty)$,则
$$y' = 12x^3 - 24x^2 + 12x = 12x(x-1)^2,$$

令 $y' = 0$,可得驻点 $x_1 = 0, x_2 = 1$. y' 在 $(-\infty, +\infty)$ 内存在,由表 4-3 分析可知 $x = 0$ 为 y

的极小值点,极小值为 0.

表 4-3

x	$(-\infty,0)$	0	$(0,1)$	1	$(1,+\infty)$
y'	$-$	0	$+$	0	$+$
y	↘	极小值(0)	↗	非极值	↗

例 3 求 $y = \dfrac{3}{8}x^{\frac{8}{3}} - \dfrac{3}{2}x^{\frac{2}{3}}$ 的极值和极值点.

解 所给函数的定义域为 $(-\infty,+\infty)$,则
$$y' = x^{\frac{5}{3}} - x^{-\frac{1}{3}} = x^{-\frac{1}{3}}(x^2-1) = \frac{(x+1)(x-1)}{\sqrt[3]{x}}.$$

令 $y'=0$,可得驻点 $x_1=-1, x_2=1$.

当 $x=0$ 时,y 为连续函数,y' 不存在;当 $x\neq 0$ 时,y' 存在. 由表 4-4 分析可知当 $x=\pm 1$ 时,$f(x)$ 取得极小值 $-\dfrac{9}{8}$;当 $x=0$ 时 $f(x)$ 取得极大值 0.

表 4-4

x	$(-\infty,-1)$	-1	$(-1,0)$	0	$(0,1)$	1	$(1,+\infty)$
y'	$-$	0	$+$	不存在	$-$	0	$+$
y	↘	极小值 $\left(-\dfrac{9}{8}\right)$	↗	极大值(0)	↘	极小值 $\left(-\dfrac{9}{8}\right)$	↗

定理 3(判定极值的第二充分条件) 设函数 $f(x)$ 在点 x_0 处具有二阶导数,且 $f'(x_0)=0, f''(x_0)\neq 0$,则

(1) 当 $f''(x_0)<0$ 时,x_0 为 $f(x)$ 的极大值点;

(2) 当 $f''(x_0)>0$ 时,x_0 为 $f(x)$ 的极小值点.

判别极值的第二充分条件

证 由于 $f(x)$ 在点 x_0 处二阶可导,且 $f'(x_0)=0$,由佩亚诺型余项的泰勒公式有
$$f(x) = f(x_0) + f'(x_0)(x-x_0) + \frac{1}{2!}f''(x_0)(x-x_0)^2 + o[(x-x_0)^2]$$
$$= f(x_0) + \frac{1}{2!}f''(x_0)(x-x_0)^2 + o[(x-x_0)^2].$$

当 x 充分接近于 x_0 时,上式中 $\dfrac{1}{2!}f''(x_0)(x-x_0)^2 + o[(x-x_0)^2]$ 的符号取决于 $f''(x_0)$.

如果 $f''(x_0)>0$,则由上式可知,当 x 充分接近于 x_0 时,有 $f(x)>f(x_0)$,即 x_0 为 $f(x)$ 的极小值点.

如果 $f''(x_0)<0$,则由上式可知,当 x 充分接近于 x_0 时,有 $f(x)<f(x_0)$,即 x_0 为 $f(x)$ 的极大值点.

当二阶导数易求,且在驻点 x_0 处的二阶导数 $f''(x_0)\neq 0$ 时,利用判定极值的第二充分条件判定驻点 x_0 是否为极值点比较方便.

例 4 利用判定极值的第二充分条件,求函数 $y=3x^4-8x^3-6x^2+24x$ 的极值和极值点.

解 所给函数的定义域为 $(-\infty,+\infty)$,则
$$y'=12(x^3-2x^2-x+2)=12(x+1)(x-1)(x-2),$$
令 $y'=0$,得 y 的驻点 $x_1=-1,x_2=1,x_3=2$.

由
$$y''=12(x^3-2x^2-x+2)'=12(3x^2-4x-1),$$
$$y''|_{x=-1}=12(3+4-1)>0,$$
$$y''|_{x=1}=12(3-4-1)<0,$$
$$y''|_{x=2}=12(12-8-1)>0,$$

可知 $x_1=-1,x_3=2$ 为 y 的极小值点,相应的极小值 $y|_{x_1=-1}=-19,y|_{x_3=2}=8$;$x_2=1$ 为 y 的极大值点,相应的极大值 $y|_{x_2=1}=13$.

上述求函数极值和极值点的方法可总结如下.

欲求连续函数 $f(x)$ 的极值点,一般步骤为:

(1) 求出 $f(x)$ 的定义域;

(2) 求出 $f'(x)$,在 $f(x)$ 的定义域内求出 $f(x)$ 的全部驻点及导数不存在的点;

(3) 判定在上述点两侧 $f'(x)$ 的符号,利用判定极值第一充分条件判定其是否为极值点;

(4) 如果函数在驻点处的函数的二阶导数易求,可以利用判定极值第二充分条件判定其是否为极值点.

二、函数的最大值与最小值

由闭区间上连续函数的最大值最小值定理可知,如果函数 $f(x)$ 在 $[a,b]$ 上连续,则 $f(x)$ 在 $[a,b]$ 上必定能取得最大值与最小值.如何求出函数在闭区间上的最大值、最小值是本部分需要解决的基本问题.

如果函数 $f(x)$ 在 $[a,b]$ 上连续,那么 $f(x)$ 在 $[a,b]$ 上的最大值、最小值可能在 (a,b) 内取得,也可能在区间的两个端点上取得.如果最大(小)值点在 (a,b) 内,则最大(小)值点必定是极大(小)值点.

综合上所述,可以得知连续函数 $f(x)$ 在 $[a,b]$ 上的最大值点、最小值点必定是 $f(x)$ 在 (a,b) 内的驻点、导数不存在的点,或者是区间的端点.

函数最值及其应用

由此可以得知求 $[a,b]$ 上连续函数的最大值、最小值的步骤如下:

(1) 求出 $f(x)$ 的所有位于 (a,b) 内的驻点 $x_1,x_2,\cdots,x_k$;

(2) 求出 $f(x)$ 在 (a,b) 内导数不存在的点 $\bar{x}_1,\bar{x}_2,\cdots,\bar{x}_l$;

(3) 比较 $f(x_1),\cdots,f(x_k),f(\bar{x}_1),\cdots,f(\bar{x}_l),f(a),f(b)$ 值的大小.其中最大的值即为 $f(x)$ 在 $[a,b]$ 上的最大值,相应的点即为 $f(x)$ 在 $[a,b]$ 上的最大值点;而其中最小的值,即为 $f(x)$ 在 $[a,b]$ 上的最小值,相应的点即为 $f(x)$ 在 $[a,b]$ 上的最小值点.

由上述分析可以看出,最大值与最小值是函数 $f(x)$ 在区间 $[a,b]$ 上的整体性质;而极大值与极小值是函数 $f(x)$ 在某点邻域内的局部性质.

例 5 设 $f(x)=\frac{1}{3}x^3-\frac{5}{2}x^2+4x$,求 $f(x)$ 在 $[-1,2]$ 上的最大值与最小值.

解 由于所给函数为区间 $[-1,2]$ 上的连续函数,则 $f'(x)=x^2-5x+4=(x-4)(x-1)$,令 $f'(x)=0$,可以得出 $f(x)$ 的两个驻点 $x_1=1,x_2=4$.

由于 $x_2 = 4 \notin [-1,2]$,因此应该舍掉. 又 $f(1) = \dfrac{11}{6}, f(-1) = -\dfrac{41}{6}, f(2) = \dfrac{2}{3}$,可知 $f(x)$ 在 $[-1,2]$ 上的最大值点为 $x = 1$,最大值为 $f(1) = \dfrac{11}{6}$;最小值点为 $x = -1$,最小值为 $f(-1) = -\dfrac{41}{6}$.

例 6 设 $f(x) = 1 - \dfrac{2}{3}(x-2)^{\frac{2}{3}}$,求 $f(x)$ 在 $[0,3]$ 上的最大值与最小值.

解 所给函数为区间 $[0,3]$ 上的连续函数,由于 $f'(x) = -\dfrac{4}{9}(x-2)^{-\frac{1}{3}}$,故在点 $x = 2$ 处 $f'(x)$ 不存在,在 $(0,3)$ 内 $f(x)$ 没有驻点. 又

$$f(2) = 1, \quad f(0) = 1 - \dfrac{2}{3}\sqrt[3]{4}, \quad f(3) = \dfrac{1}{3},$$

可知 $f(x)$ 在 $[0,3]$ 上的最大值点为 $x = 2$,最大值为 $f(2) = 1$;最小值点为 $x = 0$,最小值为 $f(0) = 1 - \dfrac{2}{3}\sqrt[3]{4}$.

例 7 在椭圆 $\dfrac{x^2}{a^2} + \dfrac{y^2}{b^2} = 1$ 上找点 $M(x,y)$ $(x > 0, y > 0)$,使过点 M 的切线与两坐标轴所围成的三角形面积最小,并求出此面积.

解 任取椭圆 $\dfrac{x^2}{a^2} + \dfrac{y^2}{b^2} = 1$ 上的点 $M(x,y)$,且 $x > 0, y > 0$,则由隐函数求导法则可以得出过点 M 的切线斜率 $k = -\dfrac{b^2 x}{a^2 y}$,因而过点 $M(x,y)$ 的切线方程为

$$Y - y = -\dfrac{b^2 x}{a^2 y}(X - x),$$

令 $Y = 0$,得切线 x 轴的截距 $X = \dfrac{a^2}{x}$;令 $X = 0$,得切线在 y 轴上的截距 $Y = \dfrac{b^2}{y}$.

由此可以得知切线与两坐标轴所围成的三角形面积 $S = \dfrac{1}{2}XY = \dfrac{a^2 b^2}{2xy}$.

由于 $y = \dfrac{b}{a}\sqrt{a^2 - x^2}$,因此

$$S = \dfrac{a^2 b^2}{2x \dfrac{b}{a}\sqrt{a^2 - x^2}} \quad (0 < x < a).$$

如果求此函数的最小值,运算较复杂. 但是 S 最小当且仅当其分母 $\dfrac{2bx}{a}\sqrt{a^2 - x^2}$ 最大,又因 a, b 为正常数,$x\sqrt{a^2 - x^2} > 0$,所以 S 最小当且仅当 $u = x^2(a^2 - x^2)$ 最大. 由于 $u' = 2a^2 x - 4x^3 = 2x(a^2 - 2x^2)$,令 $u' = 0$,解出在 $(0,a)$ 内的唯一驻点 $x_0 = \dfrac{\sqrt{2}}{2}a$,此时 $y_0 = \dfrac{\sqrt{2}}{2}b$. 故

$$S = \dfrac{a^2 b^2}{2x_0 y_0} = ab.$$

由问题的实际意义可知,所围成的三角形面积存在最小值,而且所求的驻点唯一,因此

点 $M\left(\frac{\sqrt{2}}{2}a, \frac{\sqrt{2}}{2}b\right)$ 为所求点，最小面积为 ab.

有必要指出，对于在实际的问题中求最大（小）值，首先应该建立函数关系，通常也称为建立数学模型或目标函数．然后求出目标函数在定义区间内的驻点．如果目标函数可导，其驻点唯一，且实际意义表明函数的最大（小）值存在（且不在定义区间的端点上达到），那么所求驻点就是函数的最大（小）值点．

如果驻点有多个，且函数既存在最大值点也存在最小值点，只需比较这几个驻点处的函数值，其中，最大值即为所求最大值，最小值即为所求最小值．

例 8 欲建造一个面积为 150 m^2 的矩形球场，围墙所用材料的造价为其正面是每平方米 6 元，其余三面是每平方米 3 元．问场地的长、宽各为多少米时，才能使所用材料费最少？

分析 设所围矩形球场正面长为 x m，另一边长为 y m，则矩形场地面积为 $xy = 150$，$y = \frac{150}{x}$. 设四面围墙的高相同，都为 h，则四面围墙所使用材料的费用 $f(x)$ 为

$$f(x) = 6xh + 3(2yh) + 3xh = 9h\left(x + \frac{100}{x}\right),$$

$$f'(x) = 9h\left(1 - \frac{100}{x^2}\right).$$

令 $f'(x) = 0$，可得驻点 $x_1 = 10, x_2 = -10$（舍掉）.

$$f''(x) = \frac{1\,800h}{x^3}, \quad f''(10) = 1.8h > 0.$$

由于驻点唯一，由实际意义可知，问题的最小值存在，因此当正面长 10 m，侧面长 15 m 时，所用材料费最少．

习题 4.4

1. 求下列函数的极值和极值点：

(1) $f(x) = x^3 - 3x^2 - 9x + 5$；

(2) $y = (x-1)\sqrt[3]{x^2}$；

(3) $f(x) = c(x^2 + 1)^2$，其中 c 为常数；

(4) $y = \sqrt{2x - x^2}$；

(5) $y = \frac{2}{3}x - \sqrt[3]{x}$.

2. (1) 设 $y = f(x)$ 在点 x_0 处可导，且 $y = f(x)$ 有极小值 $f(x_0)$，求曲线 $y = f(x)$ 上点 $(x_0, f(x_0))$ 处的切线方程．

(2) 设 $y = f(x)$ 在点 x_0 处可导，且 $f(x_0)$ 为极大值，求 $\lim\limits_{\Delta x \to 0} \frac{f(x_0 + \Delta x) - f(x_0)}{\Delta x}$.

3. (1) 若两个正数之和为 8，其中之一为 x，求这两个正数的立方和 $S(x)$ 及其最小值和最小值点．

(2) 要造一个长方体无盖蓄水池，其容积为 500 m³，底面为正方形，设底面与四壁的单位造价相同，问底边和高各为多少米时，才能使所用材料最省？

(3) 在椭圆 $\frac{x^2}{a^2} + \frac{y^2}{b^2} = 1$ 内作一内接矩形．试问其长、宽各为多少时，矩形面积最大？此时面积值等于多少？

(4) 求 $f(x) = x^3 - 3x^2 - 9x + 10$ 在 $[-2, 2]$ 上的最大值、最小值、最大值点和最小值点．

§4.5 函数曲线的凹凸性与拐点

研究函数的单调性与极值为我们提供了求解最大值与最小值问题的方法,同时也提供了描绘函数图形的重要依据.但是只依赖这些知识,还难以准确地描绘出函数的图形,如函数 $y = x^2$ 与 $y = \sqrt{x}$ 都过点 $(0,0)$ 与点 $(1,1)$,且两个函数在 $[0,1]$ 上都是单调增加函数,但是这两个函数的图形弯曲的方向不同,如图 4-5 所示.由此可以给人以启示,如果我们能确定曲线弯曲的方向,必然有助于准确地描绘出函数的图形.

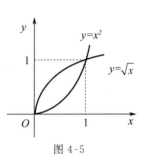

图 4-5

一、曲线的凹凸性

定义 1 设函数 $y = f(x)$ 在 $[a,b]$ 上连续,在 (a,b) 内可导.

(1) 若对于任意的 $x_0 \in (a,b)$,曲线弧 $f(x)$ 过点 $(x_0, f(x_0))$ 的切线总位于曲线弧 $f(x)$ 的下方,则称曲线弧 $y = f(x)$ 在 $[a,b]$ 上为**凹的**.

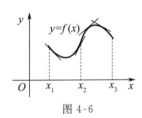

图 4-6

(2) 若对于任意的 $x_0 \in (a,b)$,曲线弧 $f(x)$ 过点 $(x_0, f(x_0))$ 的切线总位于曲线弧 $f(x)$ 的上方,则称曲线弧 $y = f(x)$ 在 $[a,b]$ 上为**凸的**.

如图 4-6 所示,图中所给曲线 $y = f(x)$ 在 $[x_1, x_2]$ 上为凹的,在 $[x_2, x_3]$ 上为凸的.

如果 $y = f(x)$ 在 (a,b) 内二阶可导,则可以利用二阶导数的符号来判定曲线弧的凹凸性.

定理(曲线弧凹凸性的判定法) 设函数 $y = f(x)$ 在 $[a,b]$ 上连续,在 (a,b) 内二阶可导.

(1) 若在 (a,b) 内 $f''(x) > 0$,则曲线弧 $y = f(x)$ 在 $[a,b]$ 上为凹的.

(2) 若在 (a,b) 内 $f''(x) < 0$,则曲线弧 $y = f(x)$ 在 $[a,b]$ 上为凸的.

证 任意取定一点 $x_0 \in (a,b)$,则曲线弧 $y = f(x)$ 上点 $M(x_0, f(x_0))$ 处的切线方程为
$$Y = f(x_0) + f'(x_0)(X - x_0).$$

任取 $x_1 \in (a,b)$,且 $x_1 \neq x_0$,则切线上对应 x_1 的点 $M_1 = (x_1, Y_1)$ 的纵坐标为
$$Y_1 = f(x_0) + f'(x_0)(x_1 - x_0).$$

而曲线弧上对应于 x_1 的点为 $(x_1, f(x_1))$.由于 $f(x)$ 在 (a,b) 内二阶可导,由具有拉格朗日型余项的泰勒公式有
$$f(x_1) = f(x_0) + f'(x_0)(x_1 - x_0) + \frac{1}{2!}f''(\xi)(x_1 - x_0)^2,$$
其中 ξ 介于 x_0, x_1 之间.

曲线凹凸性的判定法

对于情形(1),如果在 (a,b) 内 $f''(x) > 0$,则 $f''(\xi) > 0$,因此总有
$$f(x_1) > f(x_0) + f'(x_0)(x_1 - x_0) = Y_1,$$
即 $f(x_1) > Y_1$,由 x_1 的任意性,可知曲线弧 $y = f(x)$ 总位于过曲线弧上所给点的切线的上方,因此曲线弧在 $[a,b]$ 上为凹的.

相似可证情形(2).

例1 判定曲线弧 $y = x\arctan x$ 的凹凸性.

解 所给曲线在 $(-\infty, +\infty)$ 内为连续曲线弧. 由于

$$y' = \arctan x + \frac{x}{1+x^2},$$

$$y'' = \frac{1}{1+x^2} + \frac{(1+x^2) - x \cdot 2x}{(1+x^2)^2} = \frac{2}{(1+x^2)^2} > 0,$$

可知曲线弧 $y = x\arctan x$ 在 $(-\infty, +\infty)$ 内为凹的.

例2 判定曲线弧 $y = x^3$ 的凹凸性.

解 所给曲线在 $(-\infty, +\infty)$ 内为连续曲线弧. 由于

$$y' = (x^3)' = 3x^2,$$

$$y'' = (3x^2)' = 6x,$$

因此当 $x < 0$ 时, $y'' < 0$, 可知曲线弧 $y = x^3$ 为凸的; 当 $x > 0$ 时, $y'' > 0$, 可知曲线弧 $y = x^3$ 为凹的.

二、曲线的拐点

定义2 连续曲线弧上的凹弧与凸弧的分界点, 称为该曲线弧的**拐点**.

例3 试判定点 $M(0,0)$ 是否为下列曲线弧的拐点.

(1) $y_1 = x^3$; (2) $y_2 = x^{\frac{5}{3}}$; (3) $y_3 = x^{\frac{1}{3}}$.

解 所给三个函数皆为 $(-\infty, +\infty)$ 内的连续函数. 对于题(1) $y_1 = x^3$, 由例2可知, 点 $(0,0)$ 为曲线弧 $y_1 = x^3$ 的拐点.

对于题(2), $y_2' = \frac{5}{3}x^{\frac{2}{3}}$, $y_2'' = \frac{10}{9}x^{-\frac{1}{3}}$, y_2'' 在点 $x = 0$ 处不存在.

当 $x < 0$ 时, $y_2'' < 0$, 曲线弧 $y_2 = x^{\frac{5}{3}}$ 为凸的;

当 $x > 0$ 时, $y_2'' > 0$, 曲线弧 $y_2 = x^{\frac{5}{3}}$ 为凹的,

从而知点 $(0,0)$ 为曲线弧 $y_2 = x^{\frac{5}{3}}$ 的拐点.

对于题(3), $y_3' = \frac{1}{3}x^{-\frac{2}{3}}$, $y_3'' = -\frac{2}{9}x^{-\frac{5}{3}}$, y_3'' 在点 $x = 0$ 处不存在.

当 $x < 0$ 时, $y_3'' > 0$, 曲线弧 $y_3 = x^{\frac{1}{3}}$ 为凹的;

当 $x > 0$ 时, $y_3'' < 0$, 曲线弧 $y_3 = x^{\frac{1}{3}}$ 为凸的,

从而知点 $(0,0)$ 为曲线弧 $y_3 = x^{\frac{1}{3}}$ 的拐点.

仔细分析上述三个函数, y_1'' 在点 $x = 0$ 处连续, 且 $y_1''|_{x=0} = 0$, 而 y_2'', y_3'' 在点 $x = 0$ 处都不存在. 但是后两种情形中 $y_2'|_{x=0} = 0$ 存在, $y_3'|_{x=0} = \infty$ (意味着曲线 $y_3 = x^{\frac{1}{3}}$ 在点 $x = 0$ 处有铅直切线).

求连续曲线弧 $y = f(x)$ 的拐点的一般步骤为:

(1) 在 $f(x)$ 所定义的区间内, 求出二阶导数 $f''(x)$ 等于零的点;

(2) 求出二阶导数 $f''(x)$ 不存在的点;

(3) 判定上述点两侧 $f''(x)$ 是否异号. 如果 $f''(x)$ 在 x_i 的两侧异号, 则点 $(x_i, f(x_i))$ 为曲线弧 $y = f(x)$ 的拐点; 如果 $f''(x)$ 在 x_i 的两侧同号, 则点 $(x_i, f(x_i))$ 不是曲线弧 $y = f(x)$ 的拐点.

例 4 讨论曲线弧 $y = x^4 - 6x^3 + 12x^2 - 10$ 的凹凸性,并求其拐点.

解 所给函数 $y = x^4 - 6x^3 + 12x^2 - 10$ 在 $(-\infty, +\infty)$ 内连续,则
$$y' = 4x^3 - 18x^2 + 24x,$$
$$y'' = 12x^2 - 36x + 24 = 12(x-1)(x-2),$$
y'' 在 $(-\infty, +\infty)$ 内连续.令 $y'' = 0$,得 $x = 1, x = 2$.如表 4-5 分析可知,曲线弧在 $(-\infty, 1)$ 与 $(2, +\infty)$ 内为凹的,在 $(1,2)$ 内为凸的.拐点为点 $(1,-3)$ 与点 $(2,6)$.

表 4-5

x	$(-\infty, 1)$	1	$(1,2)$	2	$(2, +\infty)$
y''	+	0	−	0	+
y	凹	拐点$(1,-3)$	凸	拐点$(2,6)$	凹

例 5 讨论曲线 $y = (x-1)\sqrt[3]{x^2}$ 的凹凸性,并求其拐点.

解 所给函数在 $(-\infty, +\infty)$ 内为连续函数,则
$$y' = [(x-1)\sqrt[3]{x^2}]'$$
$$= (x^{\frac{5}{3}} - x^{\frac{2}{3}})' = \frac{5}{3}x^{\frac{2}{3}} - \frac{2}{3}x^{-\frac{1}{3}},$$
$$y'' = \frac{10}{9}x^{-\frac{1}{3}} + \frac{2}{9}x^{-\frac{4}{3}}.$$

当 $x = 0$ 时,y'' 不存在.当 $x \neq 0$ 时,y'' 为连续函数.

令 $y'' = 0$,可得 $x = -\frac{1}{5}$.由表 4-6 分析可知,所给曲线在 $\left(-\infty, -\frac{1}{5}\right)$ 为凸的,在 $\left(-\frac{1}{5}, +\infty\right)$ 为凹的,拐点为点 $\left(-\frac{1}{5}, -\frac{6}{5\sqrt[3]{25}}\right)$.

表 4-6

x	$\left(-\infty, -\frac{1}{5}\right)$	$-\frac{1}{5}$	$\left(-\frac{1}{5}, 0\right)$	0	$(0, +\infty)$
y''	−	0	+	不存在	+
y	凸	拐点$\left(-\frac{1}{5}, -\frac{6}{5\sqrt[3]{25}}\right)$	凹	非拐点	凹

习题 4.5

1. 讨论下列曲线的凹凸性,并求出曲线的拐点:

(1) $y = x\ln x$; (2) $y = 3x^5 + 5x^4 + 3x - 5$;

(3) $y = \dfrac{x^3}{x^2 + 3}$; (4) $y = \ln(1 + x^3)$;

(5) $y = \dfrac{\ln x}{x}$; (6) $y = \sqrt[3]{1 - x^2}$.

2. 已知曲线 $y = ax^3 + bx^2 + x + 2$ 有一个拐点 $(-1, 3)$,求 a, b 的值.

3. 若函数 $y = f(x)$ 在 $(-\infty, +\infty)$ 内严格单调增加,且函数曲线为凹的,关于 $\lim\limits_{x \to +\infty} f(x)$ 能得出什么结论?若函数 $y = g(x)$ 在 $(-\infty, +\infty)$ 内严格单调减少,且函数曲线为凸的,关于 $\lim\limits_{x \to +\infty} g(x)$ 能得出什么结论?

§4.6　函数的作图

这一节将研究怎样准确地作出函数的图形.

由函数的单调性、函数的极值、曲线的凹凸性可以描绘出函数图形的基本形态.下面再介绍渐近线的概念,以便进一步了解曲线上的点无限远离坐标原点时的形态.

一、渐近线

关于渐近线,给出如下确切的定义.

定义　点 M 沿曲线 $y=f(x)$ 无限远离坐标原点时,若点 M 与某定直线 L 之间的距离趋于零,则称直线 L 为曲线 $y=f(x)$ 的一条渐近线.

若渐近线 L 与 x 轴平行,则称 L 为曲线 $y=f(x)$ 的**水平渐近线**,如图 4-7(a)~(c) 所示.

若渐近线 L 与 x 轴垂直,则称 L 为曲线 $y=f(x)$ 的**铅直渐近线**,如图 4-7(d)~(f) 所示.

若渐近线 L 既不与 x 轴平行,也不与 x 轴垂直,则称 L 为曲线 $y=f(x)$ 的**斜渐近线**,如图 4-7(g)~(h) 所示.

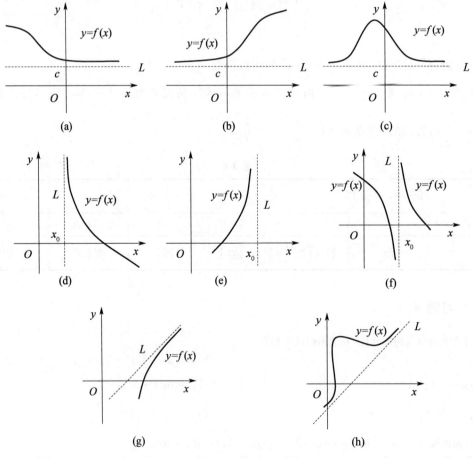

图 4-7

1. 水平渐近线

如图 4-7(a),(b),(c) 中直线 $y=c$ 都是曲线 $y=f(x)$ 的水平渐近线.

容易看出,当且仅当下列三种情形之一成立时,直线 $y=c$ 为曲线 $y=f(x)$ 的水平渐近线：

$$\lim_{x\to+\infty}f(x)=c,\quad \lim_{x\to-\infty}f(x)=c,\quad \lim_{x\to\infty}f(x)=c.$$

图 4-7(a) 属于第一种情形,图 4-7(b) 属于第二种情形,图 4-7(c) 属于第三种情形.

2. 铅直渐近线

容易看出,当且仅当下列三种情形之一成立时,直线 $x=x_0$ 为曲线 $y=f(x)$ 的铅直渐近线：

$$\lim_{x\to x_0^+}f(x)=\infty,\quad \lim_{x\to x_0^-}f(x)=\infty,\quad \lim_{x\to x_0}f(x)=\infty.$$

图 4-7(d),(e),(f) 分别属于这三种情形.

本书不讨论斜渐近线(g),(h) 的情形.

例1 求曲线 $y=\dfrac{1}{x^2-2x-3}$ 的水平渐近线和铅直渐近线.

解 由于 $x^2-2x-3=(x+1)(x-3)$,可知当 $x=-1$ 及 $x=3$ 时所给函数没有定义,因此函数的定义域为 $(-\infty,-1),(-1,3),(3,+\infty)$.

$$\lim_{x\to\infty}\frac{1}{x^2-2x-3}=\lim_{x\to\infty}\frac{1}{(x-1)^2-4}=0,$$

可知 $y=0$ 为所给曲线的水平渐近线.

又由于

$$\lim_{x\to-1^-}f(x)=\lim_{x\to-1^-}\frac{1}{(x+1)(x-3)}=+\infty,$$

$$\lim_{x\to-1^+}f(x)=\lim_{x\to-1^+}\frac{1}{(x+1)(x-3)}=-\infty,$$

可知 $x=-1$ 为所给曲线的铅直渐近线[在 $x=-1$ 的两侧 $f(x)$ 的趋向不同].

$$\lim_{x\to3^-}f(x)=\lim_{x\to3^-}\frac{1}{(x+1)(x-3)}=-\infty,$$

$$\lim_{x\to3^+}f(x)=\lim_{x\to3^+}\frac{1}{(x+1)(x-3)}=+\infty,$$

可知 $x=3$ 为所给曲线的铅直渐近线[在 $x=3$ 的两侧 $f(x)$ 的趋向不同].

例2 求曲线 $y=\dfrac{\ln x}{x}$ 的渐近线.

解 所给函数的定义域为 $(0,+\infty)$.

由于

$$\lim_{x\to+\infty}\frac{\ln x}{x}=\lim_{x\to+\infty}\frac{\frac{1}{x}}{1}=0,$$

可知 $y=0$ 为所给曲线 $y=\dfrac{\ln x}{x}$ 的水平渐近线.

由于

$$\lim_{x\to0^+}\frac{\ln x}{x}=-\infty,$$

可知 $x=0$ 为曲线 $y=\dfrac{\ln x}{x}$ 的铅直渐近线.

二、函数的作图

对函数的单调性、极值、曲线的凹凸性及曲线的渐近线进行研究,可以得到有关图形的全面信息,从而能比较准确地作出函数的图形.

作函数图形的一般步骤为:

(1) 确定函数 $y=f(x)$ 的定义域及不连续点;

(2) 判定函数 $y=f(x)$ 的奇偶性与周期性.

如果函数 $y=f(x)$ 为奇函数或偶函数,只需研究当 $x\geqslant 0$ 时函数的性质,作出其图形;而另一半曲线的图形可由对称性得出.如果函数 $y=f(x)$ 为周期函数,只需研究其在一个周期内的性质,作出其图形,其余部分利用周期性可得;

(3) 求函数的一阶导数 y'. 求 $y=f(x)$ 的驻点、导数不存在的点,以便确定函数的增减性、极值;

(4) 求函数的二阶导数 y''. 求 $y''=0$ 的点和 y'' 不存在的点,以便确定曲线的凹凸性和拐点;

(5) 确定曲线的渐近线;

(6) 将上述所求得的结果按自变量由小到大的顺序列入一个表中,并将函数图形的形态列于表中,然后描绘成图形.

例 3 作出函数 $y=x^3-6x^2+9x-2$ 的图形.

解 所给函数的定义域为 $(-\infty,+\infty)$,是连续的非奇非偶函数、非周期函数.
$$y'=3x^2-12x+9=3(x-1)(x-3),$$
令 $y'=0$,可得驻点 $x_1=1,x_2=3$.
$$y''=6x-12=6(x-2),$$
令 $y''=0$,得 $x=2$.

由以上分析可列表 4-7.

表 4-7

x	$(-\infty,1)$	1	$(1,2)$	2	$(2,3)$	3	$(3,+\infty)$
y'	$+$	0	$-$	-3	$-$	0	$+$
y''	$-$	$-$	$-$	0	$+$	$+$	$+$
y	↗凸	极大值(2)	↘凸	拐点(2,0)	↘凹	极小值(-2)	↗凹

分析可知,所给函数图形无渐近线.再补充点 $(0,-2)$,描绘函数图形,如图 4-8 所示.

例 4 作出函数 $y=\dfrac{x}{1+x^2}$ 的图形.

解 所给函数的定义域为 $(-\infty,+\infty)$. 所给函数为奇函数,只需研究 $[0,+\infty)$ 内函数的形态.
$$y'=\dfrac{1-x^2}{(1+x^2)^2},\text{令 }y'=0,\text{可得函数的驻点 }x=1.$$

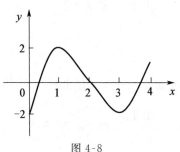

图 4-8

$$y'' = \frac{2x(x^2-3)}{(1+x^2)^3}, 令 y'' = 0, 可得 x = 0, x = \sqrt{3}.$$

由于 $\lim\limits_{x \to +\infty} y = \lim\limits_{x \to +\infty} \frac{x}{1+x^2} = 0$,可知 $y = 0$ 为该曲线的水平渐近线.该曲线没有铅直渐近线.

由以上分析可列表 4-8.

表 4-8

x	$(0,1)$	1	$(1,\sqrt{3})$	$\sqrt{3}$	$(\sqrt{3},+\infty)$
y'	+	0	−	−	−
y''	−	−	−	0	+
y	↗凸	极大值 $\left(\frac{1}{2}\right)$	↘凸	拐点 $\left(\sqrt{3},\frac{\sqrt{3}}{4}\right)$	↘凹

分析可知,因为函数为连续的奇函数,在 $x > 0$ 的邻域内,曲线是凸的,故在 $x < 0$ 的邻域内,曲线是凹的.所以点$(0,0)$ 为拐点.描绘图形如图 4-9 所示.

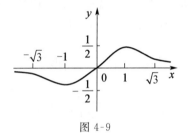

图 4-9

习题 4.6

1. 求曲线 $y = x\sin\frac{1}{x}$ 的水平渐近线和铅直渐近线.
2. 求曲线 $y = \frac{2x^2+3x-4}{x^2}$ 的水平渐近线和铅直渐近线.
3. 作出函数 $y = x - \ln(x+1)$ 的图形.
4. 作出函数 $y = 2x^3 - 3x^2$ 的图形.
5. 作出函数 $y = \ln|x|$ 的图形.

§4.7 曲 率

曲线的凹凸性定性地描述了曲线弯曲的形状.在许多工程技术中,例如道路的弯曲、桥梁或隧道的拱形、齿轮轮廓曲线的形状,常常需要定量研究曲线弯曲的程度.为此我们将引入曲线的曲率概念,并利用导数建立曲率的计算公式.下面先引入弧微分的概念,再定义曲线的曲率.

一、弧微分

在曲线 $y = f(x)$ 上取定点 $M_0(x_0, y_0)$ 作为度量曲线弧长的起点,设 $M(x,y)$ 为该曲线弧上任意一点,规定依 x 增大的方向为曲线弧的正向,用 s 表示曲线弧段 $\widehat{M_0M}$ 的长度,则 $s = s(x) = \widehat{M_0M}$.

当自变量自点 x 取得增量 Δx 时,设 $x+\Delta x$ 对应于曲线弧上点 N,如图 4-10 所示,则自点 M 取得弧长增量为

$$\Delta s = \widehat{M_0N} - \widehat{M_0M} = \widehat{MN}.$$

当 $\Delta x > 0$ 时,$\Delta s > 0$;当 $\Delta x < 0$ 时,$\Delta s = \widehat{MN} < 0$. 因此

$$\frac{\Delta s}{\Delta x} = \frac{\widehat{MN}}{\Delta x} = \frac{\widehat{MN}}{|\overline{MN}|} \cdot \frac{|\overline{MN}|}{\Delta x}$$

$$= \frac{\widehat{MN}}{|\overline{MN}|} \frac{\sqrt{(\Delta x)^2 + (\Delta y)^2}}{\Delta x}$$

$$= \frac{\widehat{MN}}{|\overline{MN}|} \sqrt{1 + \left(\frac{\Delta y}{\Delta x}\right)^2}, \tag{4.1}$$

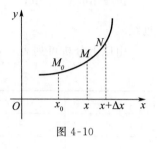

图 4-10

其中 $|\overline{MN}|$ 为弦 $\overline{MN}$ 的长(弦长 $|\overline{MN}|$ 与弧长 $\widehat{MN}$ 有相同的正负号).

设函数 $y = f(x)$ 具有一阶连续导数,注意到当 $\Delta x \to 0$ 时,N 沿曲线弧趋于 M. 可以证明 $\lim\limits_{\Delta x \to 0} \frac{\widehat{MN}}{|\overline{MN}|} = 1$. 于是,对式(4.1)两端取 $\Delta x \to 0$ 时的极限,即得

$$\frac{\mathrm{d}s}{\mathrm{d}x} = \lim_{\Delta x \to 0}\frac{\Delta s}{\Delta x} = \lim_{\Delta x \to 0}\frac{\widehat{MN}}{|\overline{MN}|}\sqrt{1+\left(\frac{\Delta y}{\Delta x}\right)^2} = \sqrt{1+\left(\frac{\mathrm{d}y}{\mathrm{d}x}\right)^2} = \sqrt{1+y'^2},$$

从而

$$\mathrm{d}s = \sqrt{1+y'^2}\,\mathrm{d}x.$$

我们称 $\mathrm{d}s$ 为弧长 s 的微分,简称**弧微分**.

例 1 求曲线 $y = \sqrt{a^2 - x^2}$ 的弧微分.

解 当 $x \neq \pm a$ 时,有 $y' = \frac{-x}{\sqrt{a^2-x^2}}$,则

$$\mathrm{d}s = \sqrt{1+y'^2}\,\mathrm{d}x = \sqrt{1+\left(\frac{-x}{\sqrt{a^2-x^2}}\right)^2}\,\mathrm{d}x = \frac{|a|}{\sqrt{a^2-x^2}}\,\mathrm{d}x.$$

二、曲率

为定量研究曲线弧的弯曲程度,先来分析曲线弧的弯曲程度与哪些因素有关.

设曲线弧有连续转动的切线,且曲线弧 $\widehat{AB}$ 与 $\widehat{CD}$ 的长度相同,如图 4-11 所示,易见曲线弧 $\widehat{AB}$ 的弯曲程度较曲线弧 $\widehat{CD}$ 的弯曲程度小. 如果动点 M 沿曲线弧 $\widehat{AB}$ 由点 A 转动到点 B,相应的曲线弧上点 A 处的切线沿曲线弧 $\widehat{AB}$ 转动到点 B 处,它所转过的角,称为切线的转角,那么由图 4-11 可见,$\widehat{AB}$ 切线的转角为 α,$\widehat{CD}$ 切线的转角为 β,且 $\alpha < \beta$. 不难明白,如果曲线弧长相等,切线的转角越大,曲线的弯曲程度越大.

同样由图 4-12 可见,如果曲线弧的切线的转角相等,那么曲线弧长越小,曲线弧的弯曲程

度越大.

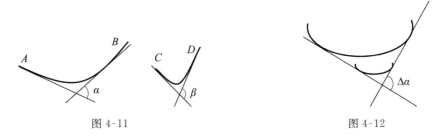

图 4-11　　　　　图 4-12

由上述分析可以看出,曲线的弯曲程度与切线的转角有关,也与曲线弧长有关.

设曲线弧 $\widehat{MN}$ 的长为 Δs,曲线弧的切线的转角为 $\Delta\alpha$,则称 $\left|\dfrac{\Delta\alpha}{\Delta s}\right|$ 为曲线弧 $\widehat{MN}$ 的平均曲率.

平均曲率表示曲线弧 $\widehat{MN}$ 的平均弯曲程度. 显然点 N 越接近于点 M,曲线弧 $\widehat{MN}$ 的平均曲率越接近于曲线弧在点 M 处的曲率. 因此,我们用 $\widehat{MN}$ 的平均曲率[当点 N 沿曲线趋于点 M(即 $\Delta s \to 0$)时]的极限来定义曲线弧在点 M 处的曲率,即如果

$$\lim_{\Delta x \to 0}\left|\dfrac{\Delta\alpha}{\Delta s}\right|$$

存在,就称其极限值为曲线弧在点 M 处的曲率,记为 K,即

$$K = \lim_{\Delta x \to 0}\left|\dfrac{\Delta\alpha}{\Delta s}\right| = \left|\dfrac{\mathrm{d}\alpha}{\mathrm{d}s}\right|.$$

设函数 $y = f(x)$ 具有二阶导数. 如图 4-13 所示,曲线 $y = f(x)$ 在点 $M(x, f(x))$ 处切线的倾角 α 满足

$$y' = \tan\alpha, \quad \alpha = \arctan y',$$

因此

$$\mathrm{d}\alpha = \dfrac{1}{1 + y'^2}y''\mathrm{d}x.$$

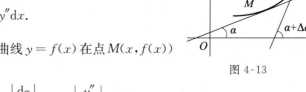

图 4-13

而弧长的微分 $\mathrm{d}s = \sqrt{1 + y'^2}\,\mathrm{d}x$,因此,曲线 $y = f(x)$ 在点 $M(x, f(x))$ 处的曲率为

$$K = \left|\dfrac{\mathrm{d}\alpha}{\mathrm{d}s}\right| = \dfrac{|y''|}{(1 + y'^2)^{\frac{3}{2}}}.$$

例 2　求直线 L 上任意一点处的曲率.

解　建立直角坐标系之后,不妨认为直线 L 的方程为 $y = ax + b$,可得 $y' = a, y'' = 0$. 由曲率公式可知,直线上任意一点处的曲率 $K = 0$.

例 3　求圆周 $(x - a)^2 + (y - b)^2 = R^2$ 上任意一点处的曲率.

解　设 $M(x, y)$ 为圆周上的任意一点,则由平面几何知识可知

$$\Delta s = R\Delta\alpha.$$

因此

$$K = \lim_{\Delta s \to 0}\left|\dfrac{\Delta\alpha}{\Delta s}\right| = \lim_{\Delta s \to 0}\dfrac{1}{R} = \dfrac{1}{R},$$

即圆周上各点处的曲率相同,皆等于该圆半径的倒数.

例 4　求曲线 $xy = a^2 (a > 0)$ 在点 (a, a) 处的曲率.

解　由 $y = f(x)$ 可得 $y = \dfrac{a^2}{x}$,则

$$y' = \frac{-a^2}{x^2}, \quad y'' = \frac{2a^2}{x^3},$$

$$K = \frac{|y''|}{(1+y'^2)^{\frac{3}{2}}} = \frac{\left|\frac{2a^2}{x^3}\right|}{\left[1+\left(-\frac{a^2}{x^2}\right)^2\right]^{\frac{3}{2}}} = \frac{2a^2|x^3|}{(x^4+a^4)^{\frac{3}{2}}},$$

因此在点(a,a)处曲线的曲率为

$$K\big|_{(a,a)} = \frac{2a^2 a^3}{(a^4+a^4)^{\frac{3}{2}}} = \frac{1}{\sqrt{2}a}.$$

三、曲率圆

如果曲线$y=f(x)$上点$M(x,y)$处的曲率$K \neq 0$,则称曲率K的倒数$\frac{1}{K}$为曲线在点M处的曲率半径,记为R,即

$$R = \frac{1}{K} = \frac{(1+y'^2)^{\frac{3}{2}}}{|y''|}.$$

设$K \neq 0$,过曲线$y=f(x)$上点$M(x,y)$作曲线的法线,如图 4-14 所示,在法线上沿曲线凹向的一侧取点D,使$|MD| = \frac{1}{K} = R$,以D为圆心,以$R=\frac{1}{K}$为半径作圆,则称此圆为曲线$y=f(x)$在点M处的**曲率圆**,称曲率圆的半径为曲线$y=f(x)$在此点的**曲率半径**,称曲率圆的圆心D为曲线$y=f(x)$在点M处的**曲率中心**.

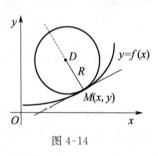

图 4-14

由上述定义可知曲率圆有如下性质:

(1) 它与曲线$y=f(x)$在点M处相切;

(2) 在点M处,曲率圆与曲线$y=f(x)$有相同的曲率;

(3) 在点M处,曲率圆与曲线$y=f(x)$的凹向相同.

例 5 试判定曲线$y = ax^2 + bx + c$上哪一点处的曲率半径最小.

解 由$y = ax^2 + bx + c$,可得$y' = 2ax+b, y'' = 2a$. 因此

$$R = \frac{(1+y'^2)^{\frac{3}{2}}}{|y''|} = \frac{[1+(2ax+b)^2]^{\frac{3}{2}}}{|2a|}.$$

由于分母为常数,可知当$2ax+b=0$,即$x = -\frac{b}{2a}$时,R最小,此时$R = \frac{1}{2|a|}$,曲线上相应点为$\left(-\frac{b}{2a}, \frac{4ac-b^2}{4a}\right)$. 此点为抛物线的顶点,直观上也容易得知抛物线在顶点处的曲率最大.

例 6 如果有一个工件,内表面的截线为抛物线$y = 0.4x^2$,欲用砂轮磨削其内表面,试判定砂轮直径最大为多少才合适.

解 为了在磨削时能保证工件合格,砂轮的半径应小于抛物线形工件上各点处曲率半径的最小值. 由例 5 可知,$y = 0.4x^2, a = 0.4, b = 0, c = 0$. 因此其曲率半径在点$\left(-\frac{b}{2a}, \frac{4ac-b^2}{4a}\right) = (0,0)$处最小.

由于$y' = 0.8x, y'' = 0.8$,因此 $y'\big|_{x=0} = 0, y''\big|_{x=0} = 0.8,$

$$R = \frac{(1+y'^2)^{\frac{3}{2}}}{|y''|} = \frac{1}{0.8} = 1.25,$$

故选用砂轮的直径最大为 2.50 单位.

 习题 4.7

1. 求曲线 $y = x^2 + x$ 的弧微分.
2. 计算曲线 $y = x^2$ 在点 $(\sqrt{2}, 2)$ 处的曲率.
3. 计算曲线 $y = \ln(1+x+x^2)$ 在点 $(0,0)$ 处的曲率.
4. 求曲线 $y = \ln(1-x^2)$ 上曲率最大的点.
5. 求抛物线 $y = x^2 - 4x + 3$ 上的曲率半径最小的点及相应的曲率半径.

§4.8 方程的近似根

很多数学问题及实际问题都涉及求方程的根,而很多方程,即使是简单的三次代数方程,如 $x^3 - 3x + 1 = 0$,其实根也很难精确地求解(虽然三次代数方程有求根公式,但公式很复杂),因此需要研究求方程近似根的方法.下面介绍求方程近似根的几种常用方法.

一、图解法

欲求方程 $f(x) = 0$ 的根,如果能将方程恒等变形为 $f_1(x) = f_2(x)$,其中,$y = f_1(x)$,$y = f_2(x)$ 的图形比较简单,那么只需画出 $y = f_1(x)$ 与 $y = f_2(x)$ 的图形,这两条曲线交点的横坐标即为方程 $f(x) = 0$ 的根.

例 1 求 $x\ln x - 2 = 0$ 的近似根.

解 将方程恒等变形为 $\ln x = \frac{2}{x}$. 作出 $y = \ln x$ 与 $y = \frac{2}{x}$ 的曲线,如图 4-15 所示,其交点为 M,可测得其横坐标 $x_0 \approx 2.3$,即方程的近似解 $x_0 = 2.3$.

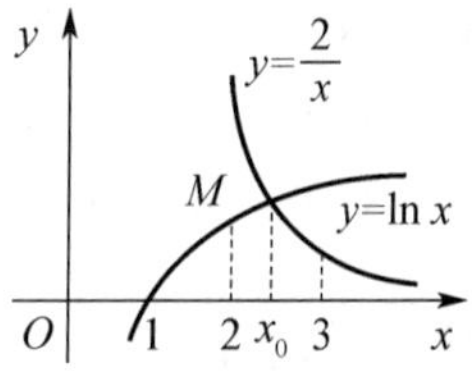

图 4-15

二、二分法

设函数 $y = f(x)$ 在 $[a,b]$ 上连续,且 $f(a) \cdot f(b) < 0$. 由连续函数的零点定理可知 $f(x)$ 在 (a,b) 内至少有一个零点,即 $f(x) = 0$ 在 (a,b) 内至少有一个根. 这个根可以利用下述二分法求出.

(1) 计算区间 $[a,b]$ 中点 $\frac{a+b}{2}$ 处的函数值 $f\left(\frac{a+b}{2}\right)$,若 $f\left(\frac{a+b}{2}\right) = 0$,则 $x = \frac{a+b}{2}$ 即为方程的根,若 $f\left(\frac{a+b}{2}\right) \neq 0$,则进行下一步.

(2) 比较 $f\left(\frac{a+b}{2}\right)$ 与 $f(a), f(b)$ 的符号. 若 $f\left(\frac{a+b}{2}\right)$ 与 $f(a)$ 异号,则取新区间 $\left[a, \frac{a+b}{2}\right]$;若 $f\left(\frac{a+b}{2}\right)$ 与 $f(b)$ 异号,则取新区间 $\left[\frac{a+b}{2}, b\right]$.

重复上述过程可得方程所需精确度的近似根.

例 2 求 $f(x) = x^3 - 4x - 2 = 0$ 在 $[2,3]$ 之间的根.

解 由于 $f(2) = -2, f(3) = 13, f(x) = x^3 - 4x - 2$ 为 $[2,3]$ 上的连续函数,因此可知在 $(2,3)$ 内必定存在一点 x,使 $f(x) = 0$.

由于 $[2,3]$ 的中点为 $2.5, f(2.5) = 3.625$,可知 $f(x)$ 在 $x = 2$ 处与 $x = 2.5$ 处异号,取新区间为 $[2, 2.5]$,新区间的中点为 $2.25, f(2.25) = 0.3906$,可知 $f(x)$ 在 $x = 2$ 处与 $x = 2.25$ 处异号,新区间为 $[2, 2.25]$.

如果一直做下去,可得新区间及近似根:

$[2, 3]$

$[2, 2.5]$

$[2, 2.25]$

$[2.125, 2.25]$

$[2.1875, 2.25]$

$[2.1875, 2.21875]$

$[2.203125, 2.21875]$… 得到根 $x_0 = 2.2$(精确到小数点后一位数字)

$[2.2109375, 2.21875]$… 得到根 $x_0 = 2.21$(精确到小数点后两位数字)

$[2.2109375, 2.2148338]$…

二分法存在下面几个问题.

(1) 函数在方程根的附近不一定异号.如 $f(x) = x^2 - 2x + 1 = 0$,方程的根为 $x = 1$,但是 $f(x)$ 在 $x = 1$ 的两侧保持同号.此类问题不能用二分法求解.

(2) $f(x) = 0$ 在 $[a, b]$ 内可能有多个根,但这个方法只能求出一个根.

(3) 二分法速度比较慢,因此不是很有效.连续三次使用二分法只把根的范围缩小到开始区间的 $\left(\dfrac{1}{2}\right)^3 = \dfrac{1}{8}$.如例 2,要连续应用六次才能确定出小数点后第一位数字.

但是二分法是高等数学中的一个重要思想方法,利用二分法可以证明"单调有界数列必有极限"等许多性质.

三、牛顿法(切线法)

设:(1) $f(x)$ 在 $[a, b]$ 上具有二阶导数,且 $f'(x), f''(x)$ 保持定号,即曲线在 $[a, b]$ 上严格单调,且保持凹凸性不变 $[f'(x)f''(x) > 0$ 或 $f'(x)f''(x) < 0]$;

(2) $f(a) \cdot f(b) < 0$,即 $f(x) = 0$ 在 (a, b) 内有解.

综合 (1),(2) 可知 $f(x) = 0$ 在 (a, b) 内有解且只有一个解.

设 $f'(x)f''(x) > 0$,如图 4-16 所示,则过 B 作曲线的切线,设切线与 x 轴的交点为 x_1,在切线方程 $y - f(b) = f'(b)(x - b)$ 中,令 $y = 0$ 可得 $x_1 = b - \dfrac{f(b)}{f'(b)}$.

再以 $[a, x_1]$ 为新区间,过 x_1 作平行于 y 轴的直线与曲线相交于 B_1,过 B_1 作曲线的切线,与 x 轴相交于 x_2,可得 $x_2 = x_1 - \dfrac{f(x_1)}{f'(x_1)}$.

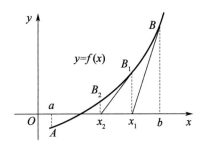
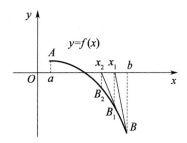

图 4-16

重复上述步骤,则有

$$x_{n+1} = x_n - \frac{f(x_n)}{f'(x_n)}.$$

如果 $f'(x)f''(x) < 0$,如图 4-17 所示,则过 A 作曲线的切线与 x 轴相交于 x_1,同理可得 $x_1 = a - \frac{f(a)}{f'(a)}$.

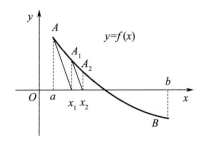
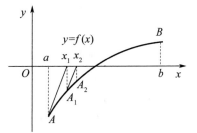

图 4-17

再以 $[x_1, b]$ 为新区间,过 x_1 作平行于 y 轴的直线与曲线相交于 A_1,过 A_1 作曲线的切线与 x 轴相交于 x_2,可得 $x_2 = x_1 - \frac{f(x_1)}{f'(x_1)}$.

重复上述步骤,则有

$$x_{n+1} = x_n - \frac{f(x_n)}{f'(x_n)}.$$

从点列 $x_1, x_2, \cdots, x_n, \cdots$ 中可以得到满足精度要求的方程的近似根.

复习题四

一、填空题

1. 设 $f(x) = \dfrac{1+x}{x}$,则 $f(x)$ 在 $[1,2]$ 上满足拉格朗日中值定理的 $\xi = $ _____.

2. $\lim\limits_{x \to 0^+} \sqrt{x} \ln x = $ _____.

3. $y = x + \dfrac{4}{x}$ 的凹区间为 _____.

4. $y = x^2 + (2-x)^2$ 在 $[0,2]$ 上的最大值点为 _____,最大值为 _____.

5. $y = \dfrac{4(x-1)}{x^2}$ 的水平渐近线为 _____.

二、选择题

1. 下列函数在 $[1,e]$ 上满足拉格朗日中值定理条件的是（　　）.

   A. $\ln[\ln x]$ B. $\ln x$ C. $\dfrac{1}{\ln x}$ D. $\ln(2-x)$

2. 函数 $f(x) = \sin x$ 在 $[0, 2\pi]$ 上满足罗尔定理结论的 ξ 为（　　）.

   A. 0 B. $\dfrac{\pi}{2}$ C. π D. $\dfrac{3\pi}{2}$

3. 若 x_0 为 $f(x)$ 的极值点，则下列命题（　　）正确.

   A. $f'(x_0) = 0$ B. $f'(x_0) \neq 0$

   C. $f'(x_0) = 0$ 或 $f'(x_0)$ 不存在   D. $f'(x_0)$ 不存在

4. 设 x_0 为函数 $f(x)$ 的驻点，则 $y = f(x)$ 在 x_0 处必定（　　）.

   A. 连续   B. 可导

   C. 有极值   D. 曲线 $y = f(x)$ 在点 $(x_0, f(x_0))$ 处的切线平行于 x 轴

5. 下列给定的极限都存在，则不能使用洛必达法则的有（　　）.

   A. $\lim\limits_{x \to 0} \dfrac{x^2 \sin \frac{1}{x}}{\sin x}$ B. $\lim\limits_{x \to \infty} \dfrac{x - \sin x}{x + \sin x}$

   C. $\lim\limits_{x \to +\infty} x \left(\dfrac{\pi}{2} - \arctan x \right)$ D. $\lim\limits_{x \to 0} \dfrac{\ln(1+x)}{\tan x}$

6. 函数 $y = x + \dfrac{4}{x}$ 的严格单调减少区间为（　　）.

   A. $(-\infty, -2), (2, +\infty)$ B. $(-2, 2)$

   C. $(-\infty, 0), (0, +\infty)$ D. $(-2, 0), (0, 2)$

7. 曲线 $y = x^3 - 12x + 1$ 在 $(0, 2)$ 内为（　　）.

   A. 严格单调上升   B. 严格单调下降

   C. 凹的   D. 凸的

8. 下列（　　）成立时，曲线 $y = f(x)$ 有铅直渐近线 $x = x_0$.

   A. $\lim\limits_{x \to x_0^-} f(x) = +\infty$ B. $\lim\limits_{x \to x_0^-} f(x) = -\infty$

   C. $\lim\limits_{x \to x_0} f(x) = \infty$ D. $\lim\limits_{x \to x_0} f(x) = x_0$

9. 设 $a < x < b, f'(x) < 0, f''(x) < 0$，则在区间 (a, b) 内，函数 $y = f(x)$ 的图形（　　）.

   A. 沿 x 轴正向下降且为凹的   B. 沿 x 轴正向下降且为凸的

   C. 沿 x 轴正向上升且为凹的   D. 沿 x 轴正向上升且为凸的

10. 设函数 $y = f(x)$ 二阶可导，且 $f'(x) < 0, f''(x) < 0$，又 $\Delta y = f(x + \Delta x) - f(x), \mathrm{d}y = f'(x)\mathrm{d}x$，则当 $\Delta x > 0$ 时，有（　　）.

    A. $\Delta y > \mathrm{d}y > 0$ B. $\Delta y < \mathrm{d}y < 0$

    C. $\mathrm{d}y > \Delta y > 0$ D. $\mathrm{d}y < \Delta y < 0$

三、计算题

1. 求 $\lim\limits_{x \to 0} \dfrac{e^{2x} - 2e^x + 1}{x^2 \cos x}$.

2. 求 $\lim\limits_{x \to 0} \dfrac{(1+x)^{\frac{1}{x}} - e}{x}$.

3. 设 $f(x) = x^a$（a 为正数），$g(x) = \ln x$，求 $\lim\limits_{x \to +\infty} \dfrac{f(x) + g(x)}{2f(x)}$.

4. 求 $f(x) = c(x^2 + 1)^2$ 的极值与极值点.

5. 试证当 $x \geqslant 0$ 时,$x \geqslant \arctan x$.

6. 已知曲线 $y = ax^3 + bx^2 + cx$ 在点 $(1,2)$ 处有水平切线,且原点为该曲线的拐点,求 a,b,c 的值,并写出此曲线的方程.

7. 设 $y = f(x)$ 在点 x_0 处可导,且 $f(x_0)$ 为 $f(x)$ 的极小值,求曲线 $y = f(x)$ 过点 $(x_0, f(x_0))$ 的切线方程和法线方程.

8. 作出 $y = x - \ln x$ 的图形.

第四章习题答案

第五章
不 定 积 分

前面章节中讨论了一元函数的微分学,本章及下一章我们将讨论一元函数的积分学.一元函数积分学包含两部分,即不定积分与定积分,本章先介绍不定积分的概念、基本性质与基本积分方法.

§5.1 不定积分的概念与性质

在微分学中,我们讨论了求已知函数的导数(或微分)的问题,例如质点作变速直线运动,已知运动规律(即位移函数)为
$$s = s(t),$$
则质点在时刻 t 的瞬时速度为
$$v = s'(t).$$

实质上,在运动学中我们也常常遇到相反的问题,即已知作变速直线运动的质点在时刻 t 的瞬时速度
$$v = v(t),$$
而要求出其运动规律(即位移 s 与时间 t 的关系)
$$s = s(t).$$
这个相反问题实际上是所求的函数 $s = s(t)$,应满足
$$s'(t) = v(t).$$
上述问题在自然科学及工程技术中都是普遍存在的,即已知一个函数的导数或微分,去寻求原来的函数.为了便于研究这类问题,我们首先引入原函数与不定积分的概念.

一、原函数与不定积分

1. 原函数

定义 1 设 $f(x)$ 定义在区间 I 上,如果对任意的 $x \in I$,都有
$$F'(x) = f(x) \quad \text{或} \quad d[F(x)] = f(x)dx,$$
则称 $F(x)$ 为 $f(x)$ 在该区间上的一个**原函数**.

原函数与不定积分的概念

例如,因为 $\left(\dfrac{x^3}{3}\right)' = x^2$,所以 $\dfrac{x^3}{3}$ 是函数 x^2 在 $(-\infty, +\infty)$ 上的原函数;因为 $(\sin x)' = \cos x$,所以 $\sin x$ 是函数 $\cos x$ 在 $(-\infty, +\infty)$ 上的原函数.

上述例子中涉及的函数 $x^2, \cos x$ 都有原函数,现在的问题是,如果一个已知函数 $f(x)$ 的

原函数存在,那么 $f(x)$ 的原函数是否唯一?

因为 $\left(\dfrac{x^3}{3}\right)' = x^2$,而常数的导数等于零,所以有 $\left(\dfrac{x^3}{3}+1\right)' = x^2$,$\left(\dfrac{x^3}{3}+2\right)' = x^2$,…,$\left(\dfrac{x^3}{3}+C\right)' = x^2$(这里 C 是任意常数),这就是说 $\dfrac{x^3}{3}+1,\dfrac{x^3}{3}+2,\cdots,\dfrac{x^3}{3}+C$ 都是 x^2 在 $(-\infty,+\infty)$ 上的原函数.事实上 $\dfrac{x^3}{3}$ 是函数 x^2 在 $(-\infty,+\infty)$ 上的一个原函数,则与 $\dfrac{x^3}{3}$ 只相差一个常数项的函数都是函数 x^2 在 $(-\infty,+\infty)$ 上的原函数. 由此可见, 如果已知函数 $f(x)$ 有原函数,那么 $f(x)$ 的原函数就不止一个, 而是有无穷多个,那么 $f(x)$ 的全体原函数之间的内在联系是什么呢? 为此,介绍以下定理.

定理　若函数 $f(x)$ 在区间 I 上存在原函数,则其任意两个原函数只差一个常数项.

证　设 $F(x),G(x)$ 是 $f(x)$ 是在区间 I 上的任意两个原函数,有
$$F'(x) = G'(x) = f(x),$$
于是
$$[G(x) - F(x)]' = G'(x) - F'(x) = f(x) - f(x) = 0.$$
由于导数恒为零的函数必为常数(参见 §4.1 拉格朗日中值定理的推论),所以有
$$G(x) - F(x) = C \quad (C \text{ 为任意常数}),$$
即
$$G(x) = F(x) + C.$$

这个定理表明:若 $F(x)$ 是 $f(x)$ 的一个原函数,则 $f(x)$ 的全体原函数为 $F(x) + C$.

一个函数具备怎样的条件,就能保证它的原函数存在呢?这里给出一个充分条件,即如果函数 $f(x)$ 在某区间 I 上连续,则 $f(x)$ 在区间 I 上存在原函数,简言之,连续函数必有原函数. 由于初等函数在其定义区间上都是连续函数,所以初等函数在其定义区间上都有原函数.

2. 不定积分

定义 2　如果函数 $F(x)$ 是 $f(x)$ 在区间 I 上的一个原函数,那么 $f(x)$ 的全体原函数 $F(x) + C$(C 为任意常数)称为函数 $f(x)$ 在区间 I 上的**不定积分**,记作
$$\int f(x) \mathrm{d}x,$$
即
$$\int f(x) \mathrm{d}x = F(x) + C,$$

其中,记号"$\int$"称为**积分号**,$f(x)$ 称为**被积函数**,$f(x)\mathrm{d}x$ 称为**被积表达式**,x 称为**积分变量**,C 称为**积分常数**.

求不定积分 $\int f(x) \mathrm{d}x$,就是求被积函数 $f(x)$ 的全体原函数,为此,只需求得 $f(x)$ 的一个原函数 $F(x)$,然后再加任意常数 C 即可.

例 1　求 $\int x^4 \mathrm{d}x$.

解　由于 $\left(\dfrac{x^5}{5}\right)' = x^4$,所以

$$\int x^4 \mathrm{d}x = \frac{x^5}{5} + C.$$

例 2 求 $\int \dfrac{1}{1+x^2} \mathrm{d}x$.

解 由于 $(\arctan x)' = \dfrac{1}{1+x^2}(-\infty < x < +\infty)$,所以在 $(-\infty, +\infty)$ 上有

$$\int \frac{1}{1+x^2} \mathrm{d}x = \arctan x + C.$$

例 3 求 $\int \dfrac{1}{x} \mathrm{d}x (x \neq 0)$.

解 当 $x > 0$ 时,有 $(\ln x)' = \dfrac{1}{x}$,则

$$\int \frac{1}{x} \mathrm{d}x = \ln x + C;$$

当 $x < 0$ 时,有 $[\ln(-x)]' = \dfrac{1}{-x} \cdot (-x)' = \dfrac{1}{-x} \cdot (-1) = \dfrac{1}{x}$,则

$$\int \frac{1}{x} \mathrm{d}x = \ln(-x) + C.$$

又因为

$$\ln|x| = \begin{cases} \ln x, & x > 0, \\ \ln(-x), & x < 0, \end{cases}$$

所以,综上有

$$\int \frac{1}{x} \mathrm{d}x = \ln|x| + C \quad (x \neq 0).$$

例 4 验证下式成立:

$$\int x^a \mathrm{d}x = \frac{1}{a+1} x^{a+1} + C \quad (a \neq -1).$$

证 因为

$$\left(\frac{1}{a+1} x^{a+1}\right)' = \frac{1}{a+1}(a+1)x^a = x^a \quad (a \neq -1),$$

所以

$$\int x^a \mathrm{d}x = \frac{1}{a+1} x^{a+1} + C \quad (a \neq -1).$$

本例所验证的正是幂函数的积分公式,其中指数 a 是不等于 -1 的任意实数.

例 5 利用例 4 的结果,计算下列不定积分:

(1) $\int \sqrt[3]{x} \mathrm{d}x$; (2) $\int \dfrac{1}{\sqrt{x}} \mathrm{d}x$; (3) $\int \dfrac{1}{x^2} \mathrm{d}x$.

解 (1) $\int \sqrt[3]{x} \mathrm{d}x = \int x^{\frac{1}{3}} \mathrm{d}x = \dfrac{1}{\frac{1}{3}+1} x^{\frac{1}{3}+1} + C = \dfrac{3}{4} x^{\frac{4}{3}} + C.$

(2) $\int \dfrac{1}{\sqrt{x}} \mathrm{d}x = \int x^{-\frac{1}{2}} \mathrm{d}x = \dfrac{1}{-\frac{1}{2}+1} x^{-\frac{1}{2}+1} + C = 2\sqrt{x} + C.$

$$(3) \int \frac{1}{x^2} \mathrm{d}x = \int x^{-2} \mathrm{d}x = \frac{1}{-2+1} x^{-2+1} + C$$
$$= -x^{-1} + C = -\frac{1}{x} + C.$$

3. 不定积分的几何意义

函数 $f(x)$ 在某区间上的一个原函数 $F(x)$，在几何上表示为一条曲线 $y = F(x)$，称为**积分曲线**. 这条曲线上点 x 处的切线斜率等于 $f(x)$，即满足 $F'(x) = f(x)$.

由于函数 $f(x)$ 的不定积分是 $f(x)$ 的全体原函数 $F(x) + C$（C 为任意常数），对于每一个

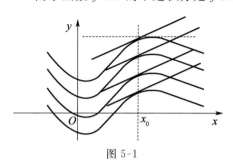

图 5-1

给定的 C 的值，都有一条确定的积分曲线，当 C 取不同的值时，就得到不同的积分曲线，所有的积分曲线组成**积分曲线族**. 由于积分曲线族中每一条积分曲线，在点 x 处的切线斜率都等于 $f(x)$，因此它们在点 x 处的切线互相平行. 因为任意两条积分曲线的纵坐标之间只相差一个常数，所以它们都可由曲线 $y = F(x)$ 沿纵坐标轴方向上下平行移动而得到，如图 5-1 所示.

如果已知 $f(x)$ 的原函数满足条件：在点 x_0 处原函数的值为 y_0，就可以确定积分常数 C 的值，从而找到特定的一个原函数. 在几何上，就是过点 (x_0, y_0) 的一条积分曲线. 具体做法是把点 (x_0, y_0) 代入 $y = F(x) + C$，求得 $C = y_0 - F(x_0)$，于是所要求的积分曲线为

$$y = F(x) + [y_0 - F(x_0)].$$

例 6 设曲线通过点 $(2,5)$，且其上任一点的切线斜率等于这点的横坐标的 2 倍，求此曲线方程.

解 设所求的曲线方程为 $y = f(x)$，依题意可知，曲线在点 (x,y) 处的切线斜率为 $2x$，即
$$y' = 2x,$$
所以
$$y = \int 2x \mathrm{d}x = x^2 + C.$$

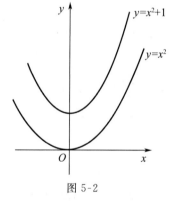

图 5-2

它是一族抛物线，如图 5-2 所示. 由于所求的曲线经过点 $(2,5)$，把 $(2,5)$ 代入上述曲线方程，则有 $5 = 4 + C$，得 $C = 1$. 因此所求的曲线方程为
$$y = x^2 + 1.$$

例 7 某物体初速度为 0，t 时刻的速度为 at（a 为大于零的常数），作匀加速运动，且已知在时刻 $t = t_0$ 时，位移 $s = s_0$，求物体的运动规律（即位移函数）$s = s(t)$.

解 依题意可知，物体运动速度 $s'(t) = at$，所以有
$$s(t) = \int s'(t) \mathrm{d}t = \int at \mathrm{d}t = \frac{1}{2}at^2 + C.$$

因为当 $t = t_0$ 时，$s = s_0$，于是可得
$$s_0 = \frac{1}{2}at_0^2 + C, \quad C = s_0 - \frac{1}{2}at_0^2,$$

所以物体的运动规律为

$$s = \frac{1}{2}at^2 + s_0 - \frac{1}{2}at_0^2 = \frac{1}{2}a(t^2 - t_0^2) + s_0.$$

二、不定积分的性质

根据不定积分的定义可知,不定积分有以下性质.

性质 1 微分运算与积分运算互为逆运算.

(1) $\left[\int f(x)\mathrm{d}x\right]' = f(x)$ 或 $\mathrm{d}\left[\int f(x)\mathrm{d}x\right] = f(x)\mathrm{d}x$,

(2) $\int F'(x)\mathrm{d}x = F(x) + C$ 或 $\int \mathrm{d}F(x) = F(x) + C.$

即若先积分后求导,则两者作用互相抵消;反之,若先求导后积分,则抵消后要多一个任意常数项.特别地,有 $\int \mathrm{d}x = x + C$.

性质 2 两个函数的和(或差)的不定积分等于各函数不定积分的和(或差),即

$$\int [f(x) \pm g(x)]\mathrm{d}x = \int f(x)\mathrm{d}x \pm \int g(x)\mathrm{d}x.$$

证 只要证明上式右端的导数等于左端中的被积函数即可.由导数运算法则以及不定积分性质 1,有

$$\left[\int f(x)\mathrm{d}x \pm \int g(x)\mathrm{d}x\right]' = \left[\int f(x)\mathrm{d}x\right]' \pm \left[\int g(x)\mathrm{d}x\right]' = f(x) \pm g(x).$$

这说明 $\int f(x)\mathrm{d}x \pm \int g(x)\mathrm{d}x$ 是函数 $f(x) \pm g(x)$ 的不定积分,所以欲证的等式成立.

以后,凡一个不定积分用另外的不定积分表示时(见性质 2),任意常数都可不另外写出,意味着它含于积分号中,一旦该端不再含积分号时,则应立即添上任意常数.

性质 2 可以推广到有限多个函数的情形,即

$$\int [f_1(x) \pm f_2(x) \pm \cdots \pm f_n(x)]\mathrm{d}x = \int f_1(x)\mathrm{d}x \pm \int f_2(x)\mathrm{d}x \pm \cdots \pm \int f_n(x)\mathrm{d}x.$$

性质 3 被积函数中不为零的常数因子可以移到积分号的前面,即

$$\int kf(x)\mathrm{d}x = k\int f(x)\mathrm{d}x \quad (k \text{ 是常数}, k \neq 0).$$

性质 3 的证明与性质 2 的证明相仿,读者可自证.

三、基本积分公式

不定积分的性质 1 明确指出,微分运算与积分运算互为逆运算,因此由基本微分公式可以得到相应的基本积分公式.

例如,因为 $\left(\dfrac{a^x}{\ln a}\right)' = a^x (a > 0, a \neq 1)$,所以 $\dfrac{a^x}{\ln a}$ 是 a^x 的原函数,于是可得

$$\int a^x \mathrm{d}x = \frac{a^x}{\ln a} + C \quad (a > 0, a \neq 1).$$

类似地,可以得到其他积分公式,常用的基本积分公式有:

(1) $\int k\,\mathrm{d}x = kx + C$ (k 为常数);

(2) $\int x^a \mathrm{d}x = \dfrac{1}{a+1} x^{a+1} + C \quad (a \neq -1)$；

(3) $\int \dfrac{1}{x} \mathrm{d}x = \ln |x| + C$；

(4) $\int a^x \mathrm{d}x = \dfrac{a^x}{\ln a} + C \quad (a > 0, a \neq 1)$；

(5) $\int \mathrm{e}^x \mathrm{d}x = \mathrm{e}^x + C$；

(6) $\int \sin x \mathrm{d}x = -\cos x + C$；

(7) $\int \cos x \mathrm{d}x = \sin x + C$；

(8) $\int \dfrac{1}{\sin^2 x} \mathrm{d}x = \int \csc^2 x \mathrm{d}x = -\cot x + C$；

(9) $\int \dfrac{1}{\cos^2 x} \mathrm{d}x = \int \sec^2 x \mathrm{d}x = \tan x + C$；

(10) $\int \sec x \tan x \mathrm{d}x = \sec x + C$；

(11) $\int \csc x \cot x \mathrm{d}x = -\csc x + C$；

(12) $\int \dfrac{1}{\sqrt{1-x^2}} \mathrm{d}x = \arcsin x + C$；

(13) $\int \dfrac{1}{1+x^2} \mathrm{d}x = \arctan x + C$.

以上基本积分公式组成基本积分表.基本积分公式是计算不定积分的基础,必须牢记.以后,我们将利用各种不同的积分方法,推导出更多的积分公式.

利用不定积分的性质以及基本积分表,可以直接计算一些简单函数的不定积分.

例 8 求 $\int (2x^3 - 5x^2 + 4x - 3) \mathrm{d}x$.

解
$$\int (2x^3 - 5x^2 + 4x - 3) \mathrm{d}x = \int 2x^3 \mathrm{d}x - \int 5x^2 \mathrm{d}x + \int 4x \mathrm{d}x - \int 3 \mathrm{d}x$$
$$= 2\int x^3 \mathrm{d}x - 5\int x^2 \mathrm{d}x + 4\int x \mathrm{d}x - 3\int \mathrm{d}x$$
$$= \dfrac{1}{2} x^4 - \dfrac{5}{3} x^3 + 2x^2 - 3x + C.$$

注意:此题中被积函数是积分变量 x 的多项式函数,在利用不定积分性质 2 之后,拆成了四项分别求不定积分,从而可得到四个积分常数,因为有限个任意常数的和仍为任意常数,所以无论"有限项不定积分的代数和"中的有限项为多少项,在求出原函数之后只需加上一个积分常数 C.

例 9 求 $\int (3^x - 2\sin x) \mathrm{d}x$.

解
$$\int (3^x - 2\sin x) \mathrm{d}x = \int 3^x \mathrm{d}x - 2\int \sin x \mathrm{d}x$$
$$= \dfrac{3^x}{\ln 3} - 2 \cdot (-\cos x) + C$$

$$= \frac{3^x}{\ln 3} + 2\cos x + C.$$

注意：计算不定积分所得到的结果是否正确，可以进行检验，检验的方法很简单，只需看所得到的结果（全体原函数）的导数是否等于被积函数即可. 例如，在例 9 中，因为有

$$\left(\frac{3^x}{\ln 3} + 2\cos x + C\right)' = \left(\frac{3^x}{\ln 3}\right)' + (2\cos x)'$$
$$= 3^x - 2\sin x,$$

所以所求结果是正确的.

有些不定积分虽然不能直接使用基本积分公式，但当被积函数经过适当的代数或三角恒等变形后，便可以利用不定积分的基本性质及基本积分公式计算不定积分.

例 10 求 $\int \sqrt{x}\,(x-1)^2 \mathrm{d}x$.

解 因为被积函数

$$\sqrt{x}(x-1)^2 = \sqrt{x}(x^2 - 2x + 1)$$
$$= x^{\frac{5}{2}} - 2x^{\frac{3}{2}} + x^{\frac{1}{2}},$$

所以有

$$\int \sqrt{x}\,(x-1)^2 \mathrm{d}x = \int (x^{\frac{5}{2}} - 2x^{\frac{3}{2}} + x^{\frac{1}{2}})\mathrm{d}x$$
$$= \int x^{\frac{5}{2}} \mathrm{d}x - 2\int x^{\frac{3}{2}} \mathrm{d}x + \int x^{\frac{1}{2}} \mathrm{d}x$$
$$= \frac{2}{7}x^{\frac{7}{2}} - \frac{4}{5}x^{\frac{5}{2}} + \frac{2}{3}x^{\frac{3}{2}} + C.$$

例 11 求 $\int \dfrac{(\sqrt{x}-1)(\sqrt{x}+1)}{\sqrt[3]{x}}\mathrm{d}x$.

解 因为被积函数

$$\frac{(\sqrt{x}-1)(\sqrt{x}+1)}{\sqrt[3]{x}} = \frac{x-1}{\sqrt[3]{x}} = x^{\frac{2}{3}} - x^{-\frac{1}{3}},$$

所以有

$$\int \frac{(\sqrt{x}-1)(\sqrt{x}+1)}{\sqrt[3]{x}}\mathrm{d}x = \int (x^{\frac{2}{3}} - x^{-\frac{1}{3}})\mathrm{d}x$$
$$= \int x^{\frac{2}{3}} \mathrm{d}x - \int x^{-\frac{1}{3}} \mathrm{d}x$$
$$= \frac{3}{5}x^{\frac{5}{3}} - \frac{3}{2}x^{\frac{2}{3}} + C.$$

例 12 求 $\int \left(\mathrm{e}^{x+2} - \dfrac{1}{x} + 3^x \cdot 4^{-x}\right)\mathrm{d}x$.

解 因为被积函数

$$\mathrm{e}^{x+2} - \frac{1}{x} + 3^x \cdot 4^{-x} = \mathrm{e}^x \cdot \mathrm{e}^2 - \frac{1}{x} + \left(\frac{3}{4}\right)^x,$$

所以有

$$\int \left(\mathrm{e}^{x+2} - \frac{1}{x} + 3^x \cdot 4^{-x}\right)\mathrm{d}x = \int \left[\mathrm{e}^x \cdot \mathrm{e}^2 - \frac{1}{x} + \left(\frac{3}{4}\right)^x\right]\mathrm{d}x$$

$$= e^2 \int e^x \, dx - \int \frac{1}{x} dx + \int \left(\frac{3}{4}\right)^x dx$$

$$= e^x \cdot e^2 - \ln|x| + \frac{\left(\frac{3}{4}\right)^x}{\ln\left(\frac{3}{4}\right)}$$

$$= e^{x+2} - \ln|x| + \frac{3^x \cdot 4^{-x}}{\ln 3 - 2\ln 2} + C.$$

运算熟练之后,运算步骤可以简略一些.

例 13 求 $\int \frac{x^2}{x^2+1} dx$.

解 将被积函数化为下面的形式:

$$\frac{x^2}{x^2+1} = \frac{x^2+1-1}{x^2+1} = 1 - \frac{1}{x^2+1},$$

则

$$\int \frac{x^2}{x^2+1} dx = \int \left(1 - \frac{1}{x^2+1}\right) dx$$

$$= \int dx - \int \frac{1}{x^2+1} dx$$

$$= x - \arctan x + C.$$

例 14 求 $\int \frac{x^4-2}{x^2+1} dx$.

解 与上例类似,可先将被积函数作恒等变形,再逐项积分,即有

$$\int \frac{x^4-2}{x^2+1} dx = \int \frac{(x^2-1)(x^2+1)-1}{x^2+1} dx$$

$$= \int \left[(x^2-1) - \frac{1}{x^2+1}\right] dx,$$

$$\int x^2 dx - \int dx - \int \frac{1}{x^2+1} dx = \frac{x^3}{3} - x - \arctan x + C.$$

在这里我们顺便指出,例 13、例 14 中的被积函数的分子、分母都为 x 的多项式函数,这样的函数称为 x 的有理函数.

例 15 求 $\int \tan^2 x \, dx$.

解 本题不能直接利用基本积分公式,但被积函数可以经过三角恒等变形为

$$\tan^2 x = \sec^2 x - 1,$$

所以有

$$\int \tan^2 x \, dx = \int (\sec^2 x - 1) dx$$

$$= \int \sec^2 x \, dx - \int dx$$

$$= \tan x - x + C.$$

类似地,有

$$\int \cot^2 x \, dx = -\cot x - x + C.$$

例 16 求 $\int \sin^2 \frac{x}{2} dx$.

解 本题不能直接利用基本积分公式,可以用三角函数公式将被积函数进行恒等变形,然后再逐项积分.

$$\int \sin^2 \frac{x}{2} dx = \int \frac{1-\cos x}{2} dx$$
$$= \frac{1}{2}\int dx - \frac{1}{2}\int \cos x dx$$
$$= \frac{1}{2}x - \frac{1}{2}\sin x + C.$$

类似地,有
$$\int \cos^2 \frac{x}{2} dx = \frac{1}{2}x + \frac{1}{2}\sin x + C.$$

例 17 求 $\int \frac{\cos 2x}{\sin^2 x \cos^2 x} dx$.

解 与前两例类似,可先用余弦的二倍角公式
$$\cos 2x = \cos^2 x - \sin^2 x,$$
将被积函数作三角恒等变形,再逐项积分,即有
$$\int \frac{\cos 2x}{\sin^2 x \cos^2 x} dx = \int \frac{\cos^2 x - \sin^2 x}{\sin^2 x \cos^2 x} dx$$
$$= \int \left(\frac{1}{\sin^2 x} - \frac{1}{\cos^2 x} \right) dx$$
$$= \int \frac{1}{\sin^2 x} dx - \int \frac{1}{\cos^2 x} dx$$
$$= -\cot x - \tan x + C.$$

习题 5.1

1. 填空题:

(1) 函数 x^2 的原函数是 _____.

(2) 函数 x^2 是函数 _____ 的原函数.

(3) 函数 $\cos 2x$ 的原函数是 _____.

(4) 函数 $\cos 2x$ 是函数 _____ 的原函数.

(5) 函数 3^{2x} 的原函数是 _____.

(6) 函数 3^{2x} 是函数 _____ 的原函数.

2. 求解下列问题:

(1) 求过点 $(1,2)$,且在点 $(x, f(x))$ 处的切线斜率为 $3x^2$ 的曲线方程 $y = f(x)$.

(2) 已知在曲线 $y = f(x)$ 上任一点 $(x, f(x))$ 处的切线斜率为 $\frac{1}{2\sqrt{x}}$,且曲线经过点 $(4,-1)$,求此曲线方程.

(3) 已知动点在时刻 t 的速度为 $v = 3t - 2$,且当 $t = 0$ 时,$s = 5$,求此动点的运动方程.

(4) 已知质点在时刻 t 的加速度为 $t^2 + 1$,且当 $t = 0$,速度 $v = 1$,求质点运动时的速度函数.

3. 选择题:

(1) $\int (\sqrt{x} + 1)(\sqrt{x^3} + 1) dx = ($ _____ $)$.

A. $\dfrac{x^3}{3} + \dfrac{2}{5}x^{\frac{5}{2}} + \dfrac{2}{3}x^{\frac{3}{2}} + x + C$
B. $2x + \dfrac{3}{2}x^{\frac{1}{2}} + \dfrac{1}{2\sqrt{x}} + C$
C. $\dfrac{6}{13}x^{\frac{13}{6}} + \dfrac{3}{5}x^{\frac{5}{3}} + \dfrac{2}{3}x^{\frac{3}{2}} + x + C$
D. $\dfrac{7}{6}x^{\frac{1}{6}} + \dfrac{2}{3}x^{-\frac{1}{3}} - \dfrac{1}{2\sqrt{x}} + C$

(2) $\int \dfrac{3x^4 + 3x^2 + 1}{x^2 + 1}\,\mathrm{d}x = (\quad)$.

A. $x^3 + \tan x + C$
B. $9x^3 + \arctan x + C$
C. $x^3 + \arctan x + C$
D. $6x + \arctan x + C$

(3) $\int \mathrm{d}(\arctan\sqrt{x}) = (\quad)$.

A. $\arctan\sqrt{x}$
B. $\operatorname{arccot}\sqrt{x}$
C. $\arctan\sqrt{x} + C$
D. $6x + \arctan x + C$

(4) 若 $f'(x) = g(x)$,则(　　)成立.

A. $\int g(x)\,\mathrm{d}x = f(x) + C$
B. $\int f(x)\,\mathrm{d}x = g(x) + C$
C. $\int g'(x)\,\mathrm{d}x = f(x) + C$
D. $\int f'(x)\,\mathrm{d}x = g(x) + C$

(5) 下列各等式中不正确的是(　　).

A. $\left[\int f(x)\,\mathrm{d}x\right]' = f(x)$
B. $\mathrm{d}\left[\int f(x)\,\mathrm{d}x\right] = f(x)\,\mathrm{d}x$
C. $\int f'(x)\,\mathrm{d}x = f(x) + C$
D. $\int \mathrm{d}[F(x)] = F(x)$

(6) 设 $f(x)$ 的原函数是 $\dfrac{1}{x}$,则 $f'(x) = (\quad)$.

A. $\ln|x|$ B. $\dfrac{1}{x}$ C. $-\dfrac{1}{x^2}$ D. $\dfrac{2}{x^3}$

(7) 如果 $\int \mathrm{d}[f(x)] = \int \mathrm{d}[g(x)]$,则下列各式中不正确的是(　　).

A. $f'(x) = g'(x)$
B. $\mathrm{d}[f(x)] = \mathrm{d}[g(x)]$
C. $f(x) = g(x)$
D. $\mathrm{d}\left[\int f'(x)\,\mathrm{d}x\right] = \mathrm{d}\left[\int g'(x)\,\mathrm{d}x\right]$

(8) $\int \dfrac{1}{1 + \cos 2x}\,\mathrm{d}x = (\quad)$.

A. $2\tan x + C$
B. $\dfrac{1}{2}\tan x + C$
C. $-\dfrac{1}{\sin^2 x} + C$
D. $-\dfrac{1}{2\sin 2x} + C$

(9) 导数 $\left[\int f'(x)\,\mathrm{d}x\right]' = (\quad)$.

A. $f'(x)$ B. $f'(x) + C$ C. $f''(x)$ D. $f''(x) + C$

4. 验证下列等式:

(1) $\int \sqrt{x}\,(x^3 - 2)\,\mathrm{d}x = \dfrac{2}{9}x^4\sqrt{x} - \dfrac{4}{3}x\sqrt{x} + C$;

(2) $\int \dfrac{x}{\sqrt{1 + x^2}}\,\mathrm{d}x = \sqrt{1 + x^2} + C$;

(3) $\int \sin^2 x\,\mathrm{d}x = \dfrac{1}{2}x - \dfrac{1}{4}\sin 2x + C$;

(4) $\int \dfrac{1}{\sqrt{x^2 - a^2}}\,\mathrm{d}x = \ln(x + \sqrt{x^2 - a^2}) + C$;

(5) $\int x\cos x\mathrm{d}x = x\sin x + \cos x + C$;

(6) $\int \mathrm{e}^{f(x)} f'(x)\mathrm{d}x = \mathrm{e}^{f(x)} + C$.

5. 求下列不定积分：

(1) $\int (4x^3 + 3x^2 + 2x - 1)\mathrm{d}x$;

(2) $\int \dfrac{x^4 - 2x^2 + 5x - 3}{x^2}\mathrm{d}x$;

(3) $\int \dfrac{(1-x)^2}{\sqrt[3]{x}}\mathrm{d}x$;

(4) $\int \sqrt{x\sqrt{x\sqrt{x}}}\,\mathrm{d}x$;

(5) $\int 3^x \mathrm{e}^x \mathrm{d}x$;

(6) $\int \dfrac{\mathrm{e}^{2x}-1}{\mathrm{e}^x - 1}\mathrm{d}x$;

(7) $\int \cot^2 x\mathrm{d}x$;

(8) $\int \dfrac{\cos 2x}{\cos x + \sin x}\mathrm{d}x$;

(9) $\int \mathrm{e}^x \left(1 - \dfrac{\mathrm{e}^{-x}}{\sqrt{1-x^2}}\right)\mathrm{d}x$;

(10) $\int \dfrac{x^2 + 2}{x^2(1+x^2)}\mathrm{d}x$;

(11) $\int \dfrac{1}{x^2(1+x^2)}\mathrm{d}x$;

(12) $\int \dfrac{\mathrm{e}^x + \mathrm{e}^{-x}}{2}\mathrm{d}x$.

§5.2 换元积分法

前一节中介绍了不定积分的概念、基本性质及基本积分公式，并通过例题说明如何应用不定积分的性质与基本积分公式直接计算不定积分，但能直接积分的简单函数是很有限的，下面介绍换元积分法。用换元法解题的基本思路是：利用变量代换，使得被积表达式变形为基本积分表中所列积分的形式，从而计算不定积分。

换元积分法可以分为第一类换元积分法和第二类换元积分法。

一、第一类换元积分法

例1 求 $\int \cos 2x\mathrm{d}x$.

分析 计算此不定积分，如果直接套用基本积分公式 $\int \cos x\mathrm{d}x = \sin x + C$，似乎所求答案应为 $\sin 2x + C$，显然这一结果是不正确的。因为 $(\sin 2x + C)' = 2\cos 2x$，也就是说 $\sin 2x$ 不是 $\cos 2x$ 的原函数。事实上，因为 $\left(\dfrac{1}{2}\sin 2x\right)' = \cos 2x$，所以 $\dfrac{1}{2}\sin 2x$ 才是 $\cos 2x$ 的原函数，于是正确的答案应当是

$$\int \cos 2x\mathrm{d}x = \dfrac{1}{2}\sin 2x + C.$$

计算不定积分 $\int \cos 2x\mathrm{d}x$ 为什么不能直接套用基本积分公式？原因在于被积函数 $\cos 2x$ 与公式 $\int \cos x\mathrm{d}x$ 中的被积函数不一样。如果令 $u = 2x$，则 $\cos 2x = \cos u$，$\mathrm{d}u = 2\mathrm{d}x$，从而 $\mathrm{d}x = \dfrac{1}{2}\mathrm{d}u$，所以有

$$\int \cos 2x\mathrm{d}x = \int \cos u \cdot \dfrac{1}{2}\mathrm{d}u = \dfrac{1}{2}\int \cos u\mathrm{d}u.$$

第一类换元法

由于 $\dfrac{d}{du}\sin u = \cos u$,即对新的积分变量 u 而言,$\sin u$ 是被积函数 $\cos u$ 的原函数,因此有

$$\dfrac{1}{2}\int \cos u\, du = \dfrac{1}{2}\sin u + C,$$

再把 $u = 2x$ 代回,得

$$\dfrac{1}{2}\sin u + C = \dfrac{1}{2}\sin 2x + C.$$

综合上述分析,此题的正确解法如下:

解 令 $u = 2x$,得 $du = 2dx$,即 $dx = \dfrac{1}{2}du$,则有

$$\int \cos 2x\, dx = \dfrac{1}{2}\int \cos u\, du$$

$$= \dfrac{1}{2}\sin u + C$$

$$= \dfrac{1}{2}\sin 2x + C.$$

这种解法对于复合函数的积分具有普遍意义,一般地,有如下定理.

定理 1 设

$$\int f(u)\, du = F(u) + C,$$

如果 $u = \varphi(x)$ 具有连续导数,则有

$$\int f[\varphi(x)]\,\varphi'(x)\, dx = F[\varphi(x)] + C. \tag{5.1}$$

证 只要能够证明式(5.1)的右端对 x 的导数等于左端的被积函数即可.依题意有

$$\int f(u)\, du = F(u) + C,$$

即有 $\dfrac{d}{du}F(u) = f(u)$;又由复合函数的微分法,可得

$$\dfrac{d}{du}F[\varphi(x)] \xrightarrow{\text{令}u = \varphi(x)} \dfrac{d}{du}F(u) \cdot \dfrac{du}{dx}$$

$$= f(u) \cdot \varphi'(x) = f[\varphi(x)]\varphi'(x).$$

根据不定积分定义,则有

$$\int f[\varphi(x)]\varphi'(x)\, dx = F[\varphi(x)] + C.$$

公式(5.1)称为不定积分的第一类换元积分公式,应用第一类换元积分公式计算不定积分的方法称为第一类换元积分法.

例 2 求 $\int (3x-1)^{1\,999}\, dx$.

解 令 $u = 3x - 1$,得 $du = 3dx$,即 $dx = \dfrac{1}{3}du$,

于是有

$$\int (3x-1)^{1\,999}\,\mathrm{d}x = \int u^{1\,999}\,\frac{1}{3}\mathrm{d}u$$

$$= \frac{1}{3}\int u^{1\,999}\,\mathrm{d}u = \frac{1}{3}\times\frac{1}{2\,000}u^{2\,000}+C$$

$$= \frac{1}{6\,000}(3x-1)^{2\,000}+C.$$

例 3 求 $\int \dfrac{1}{\sqrt{3-2x}}\mathrm{d}x$.

解 令 $u=3-2x$，得 $\mathrm{d}u=-2\mathrm{d}x$，即 $\mathrm{d}x=-\dfrac{1}{2}\mathrm{d}u$，于是有

$$\int \frac{1}{\sqrt{3-2x}}\mathrm{d}x = \int \frac{1}{\sqrt{u}}\cdot\left(-\frac{1}{2}\right)\mathrm{d}u$$

$$=-\frac{1}{2}\int \frac{1}{\sqrt{u}}\mathrm{d}u = -\frac{1}{2}\cdot 2\sqrt{u}+C$$

$$=-\sqrt{3-2x}+C.$$

由以上各例的解题过程可以看出,用第一类换元积分法求不定积分的步骤如下.

(1) 换元. 若能将被积表达式化为 $f[\varphi(x)]\varphi'(x)\mathrm{d}x$ 的形式,作变量代换,令 $u=\varphi(x)$, $\mathrm{d}u=\varphi'(x)\mathrm{d}x$, 于是有

$$\int f[\varphi(x)]\,\varphi'(x)\mathrm{d}x = \int f(u)\mathrm{d}u.$$

(2) 积分. 换元后的积分变量是 u, 若被积函数为 $f(u)$ 是容易积分的, 即如果容易求得 $F(u)$, 使得 $F'(u)=f(u)$, 则

$$\int f(u)\mathrm{d}u = F(u)+C.$$

(3) 还原. 把 $u=\varphi(x)$ 代入已求出的 $F(u)+C$ 中,还原为原积分变量 x 的函数即得所求不定积分为 $F[\varphi(x)]+C$.

上述过程可表示为

$$\int f[\varphi(x)]\,\varphi'(x)\mathrm{d}x \xrightarrow[\mathrm{d}u=\varphi'(x)\mathrm{d}x]{\text{令}\,u=\varphi(x)}$$

$$\int f(u)\mathrm{d}u \xrightarrow{\text{若}\,F'(u)=f(u)} F(u)+C \xrightarrow{\text{把}\,u=\varphi(x)\,\text{代回}}$$

$$F[\varphi(x)]+C.$$

例 4 求 $\int x\sqrt{x^2+4}\,\mathrm{d}x$.

解 令 $u=x^2+4$, 则 $\mathrm{d}u=2x\mathrm{d}x$, $\mathrm{d}x=\dfrac{1}{2x}\mathrm{d}u$, 则

$$\int x\sqrt{x^2+4}\,\mathrm{d}x = \frac{1}{2}\int \sqrt{u}\,\mathrm{d}u = \frac{1}{2}\cdot\frac{2}{3}u^{\frac{3}{2}}+C = \frac{1}{3}(x^2+4)^{\frac{3}{2}}+C.$$

还应注意到,在换元—积分—还原的解题过程中,关键是换元,若在被积函数中作变量代换 $\varphi(x)=u$, 还需要在被积表达式中再凑出 $\varphi'(x)\mathrm{d}x$, 即 $\mathrm{d}\varphi(x)$, 也就是 $\mathrm{d}u$, 这样才能以 u 为积分变量作积分,也就是将所求积分化为 $\int f[\varphi(x)]\mathrm{d}\varphi(x) = \int f(u)\mathrm{d}u = F[\varphi(x)]+C$. 在上述解

题过程中变量 u 可不必写出,从这个意义上讲,第一类换元积分法也称为"凑微分法".

例 5 求 $\int \dfrac{A}{x-a}\mathrm{d}x$.

解 $\int \dfrac{A}{x-a}\mathrm{d}x = A\int \dfrac{1}{x-a}\mathrm{d}(x-a) = A\ln|x-a|+C.$

例 6 求 $\int \dfrac{A}{(x-a)^n}\mathrm{d}x\ (n \neq 1)$.

解 $\int \dfrac{A}{(x-a)^n}\mathrm{d}x = A\int \dfrac{1}{(x-a)^n} \cdot \mathrm{d}(x-a) = A \cdot \dfrac{1}{1-n}(x-a)^{-n+1}+C$
$$= \dfrac{A}{1-n} \cdot \dfrac{1}{(x-a)^{n-1}}+C \quad (n \neq 1).$$

例 7 求 $\int \dfrac{2x-3}{x^2-3x-1}\mathrm{d}x$.

解 因为 $(2x-3)\mathrm{d}x = \mathrm{d}(x^2-3x-1)$,所以有
$$\int \dfrac{2x-3}{x^2-3x-1}\mathrm{d}x = \int \dfrac{1}{x^2-3x-1}\mathrm{d}(x^2-3x-1)$$
$$= \ln|x^2-3x-1|+C.$$

例 8 求 $\int (\ln x)^2 \dfrac{\mathrm{d}x}{x}$.

解 因为 $\dfrac{1}{x}\mathrm{d}x = \mathrm{d}(\ln x)$,所以有
$$\int (\ln x)^2 \dfrac{\mathrm{d}x}{x} = \int (\ln x)^2 \mathrm{d}(\ln x) = \dfrac{1}{3}(\ln x)^3 + C.$$

例 9 求 $\int \dfrac{\mathrm{e}^{\arctan x}}{1+x^2}\mathrm{d}x$.

解 因为 $\dfrac{1}{1+x^2}\mathrm{d}x = \mathrm{d}(\arctan x)$,所以有
$$\int \dfrac{\mathrm{e}^{\arctan x}}{1+x^2}\mathrm{d}x = \int \mathrm{e}^{\arctan x}\mathrm{d}(\arctan x) = \mathrm{e}^{\arctan x} + C.$$

在例 5 ~ 例 9 的解题过程中,不再写出换元的过程,而是凑微分后直接积分. 由于不需要写出换元过程,自然也就不再有还原过程,所以用凑微分法计算不定积分可以极大地简化解题书写过程.

显然,用凑微分法计算不定积分时,熟记凑微分公式是十分必要的. 以下是常用的凑微分公式(在下列各式中,a,b 均为常数,且 $a \neq 0$):

(1) $\mathrm{d}x = \dfrac{1}{a}\mathrm{d}(ax+b)$;

(2) $x\mathrm{d}x = \dfrac{1}{2a}\mathrm{d}(ax^2+b)$;

(3) $x^a \mathrm{d}x = \dfrac{1}{a(a+1)}\mathrm{d}(ax^{a+1}+b) \quad (a \neq -1)$;

(4) $\dfrac{1}{\sqrt{x}}\mathrm{d}x = \dfrac{2}{a}\mathrm{d}(a\sqrt{x}+b)$;

(5) $\dfrac{1}{x^2}dx = -\dfrac{1}{a}d\left(\dfrac{a}{x}+b\right)$;

(6) $\dfrac{1}{x}dx = d(\ln|x|+b)$;

(7) $e^x dx = d(e^x + b)$;

(8) $\cos x \, dx = \dfrac{1}{a} d(a\sin x + b)$;

(9) $\sin x \, dx = -\dfrac{1}{a} d(a\cos x + b)$;

(10) $\dfrac{1}{\sqrt{1-x^2}} dx = d(\arcsin x) = -d(\arccos x)$;

(11) $\dfrac{1}{1+x^2} dx = d(\arctan x) = -d(\operatorname{arccot} x)$.

应用凑微分法计算积分时，有时需要先将被积函数作适当的代数式或三角函数式的恒等变形，再用凑微分法求不定积分.

例 10 求 $\displaystyle\int \dfrac{1}{a^2+x^2} dx$.

解 $\displaystyle\int \dfrac{1}{a^2+x^2} dx = \dfrac{1}{a^2}\int \dfrac{1}{1+\left(\dfrac{x}{a}\right)^2} dx = \dfrac{1}{a}\int \dfrac{1}{1+\left(\dfrac{x}{a}\right)^2} d\left(\dfrac{x}{a}\right) = \dfrac{1}{a}\arctan \dfrac{x}{a} + C.$

例 11 求 $\displaystyle\int \dfrac{1}{\sqrt{a^2-x^2}} dx$.

解 $\displaystyle\int \dfrac{1}{\sqrt{a^2-x^2}} dx = \dfrac{1}{a}\int \dfrac{1}{\sqrt{1-\left(\dfrac{x}{a}\right)^2}} dx = \int \dfrac{1}{\sqrt{1-\left(\dfrac{x}{a}\right)^2}} d\left(\dfrac{x}{a}\right) = \arcsin \dfrac{x}{a} + C.$

例 12 求 $\displaystyle\int \dfrac{1}{a^2-x^2} dx$.

解 $\displaystyle\int \dfrac{1}{a^2-x^2} dx = \dfrac{1}{2a}\int\left(\dfrac{1}{x-a}-\dfrac{1}{x+a}\right)dx = -\dfrac{1}{2a}\left(\int \dfrac{1}{x-a}dx - \int \dfrac{1}{x+a}dx\right)$

$= -\dfrac{1}{2a}\left[\int \dfrac{1}{x-a}d(x-a) - \int \dfrac{1}{x+a}d(x+a)\right]$

$= -\dfrac{1}{2a}(\ln|x-a| - \ln|x+a|) + C$

$= -\dfrac{1}{2a}\ln\left|\dfrac{x-a}{x+a}\right| + C.$

例 13 求 $\displaystyle\int \tan x \, dx$.

解 $\displaystyle\int \tan x \, dx = \int \dfrac{\sin x}{\cos x} dx = -\int \dfrac{1}{\cos x} d(\cos x) = -\ln|\cos x| + C.$

例 14 求 $\displaystyle\int \csc x \, dx$

解 $\displaystyle\int \csc x \, dx = \int \dfrac{1}{\sin x} dx = \int \dfrac{1}{2\sin \dfrac{x}{2}\cos \dfrac{x}{2}} dx = \int \dfrac{1}{\tan \dfrac{x}{2}\cos^2 \dfrac{x}{2}} d\left(\dfrac{x}{2}\right)$

$$= \int \frac{1}{\tan \frac{x}{2}} \mathrm{d}\left(\tan \frac{x}{2}\right) = \ln\left|\tan \frac{x}{2}\right| + C.$$

因为
$$\tan \frac{x}{2} = \frac{\sin \frac{x}{2}}{\cos \frac{x}{2}} = \frac{2\sin^2 \frac{x}{2}}{\sin x} = \frac{1-\cos x}{\sin x} = \csc x - \cot x,$$

所以上式积分结果也可以写为
$$\int \csc x \mathrm{d}x = \ln|\csc x - \cot x| + C.$$

利用例 14 的结果,根据三角函数的诱导公式 $\cos x = \sin\left(x + \frac{\pi}{2}\right)$,读者不难得到
$$\int \sec x \mathrm{d}x = \ln|\sec x + \tan x| + C.$$

第一类换元积分法还适合求一些简单的三角函数有理式的积分,如计算形如
$$\int \sin^m x \cos^n x \mathrm{d}x$$
的积分,可分两种情况:

(1) 若 m,n 中至少有一个为奇数时,当 m 为奇数时,可将 $\sin x \mathrm{d}x$ 凑成 $-\mathrm{d}(\cos x)$,并把被积函数化为关于 $\cos x$ 的多项式函数;而当 n 为奇数时,可将 $\cos x \mathrm{d}x$ 凑成 $\mathrm{d}(\sin x)$,并把被积函数化为关于 $\sin x$ 的多项式函数;然后逐项按幂函数计算不定积分.

(2) 若 m,n 均为偶数时,可用半角公式降幂后再逐项积分.

例 15 求 $\int \sin^4 x \cos x \mathrm{d}x$.

解 $\int \sin^4 x \cos x \mathrm{d}x = \int \sin^4 x \mathrm{d}(\sin x) = \frac{1}{5}\sin^5 x + C.$

例 16 求 $\int \sin^3 x \cos^4 x \mathrm{d}x$.

解 因为被积函数
$$\sin^3 x \cos^4 x = \sin x \sin^2 x \cos^4 x = \sin x(1-\cos^2 x)\cos^4 x = \sin x(\cos^4 x - \cos^6 x),$$
所以有
$$\int \sin^3 x \cos^4 x \mathrm{d}x = \int \sin x(\cos^4 x - \cos^6 x)\mathrm{d}x = -\int(\cos^4 x - \cos^6 x)\mathrm{d}(\cos x)$$
$$= \frac{1}{7}\cos^7 x - \frac{1}{5}\cos^5 x + C.$$

例 17 求 $\int \sin^2 x \cos^2 x \mathrm{d}x$.

解 因为被积函数
$$\sin^2 x \cos^2 x = \frac{1}{4}(2\sin x \cos x)^2 = \frac{1}{4}(\sin 2x)^2$$
$$= \frac{1}{4} \cdot \frac{1-\cos 4x}{2} = \frac{1-\cos 4x}{8},$$

所以有

$$\int \sin^2 x \cos^2 x \mathrm{d}x = \int \frac{1-\cos 4x}{8} \mathrm{d}x = \frac{1}{8}\left(\int \mathrm{d}x - \int \cos 4x \mathrm{d}x\right) = \frac{x}{8} - \frac{1}{32}\sin 4x + C.$$

还需要说明的是，计算某些积分时，由于选择不同的变量代换或不同的凑微分形式，所以求出的不定积分在形式上也可能不尽相同，但是它们之间至多相差一个常数项，属同一个原函数族.

例18 求 $\int \sin 2x \mathrm{d}x$.

解法一 $\int \sin 2x \mathrm{d}x = \frac{1}{2}\int \sin(2x) \mathrm{d}(2x) = -\frac{1}{2}\cos 2x + C.$

解法二 $\int \sin 2x \mathrm{d}x = 2\int \sin x \cos x \mathrm{d}x = 2\int \sin x \mathrm{d}(\sin x) = \sin^2 x + C.$

解法三 $\int \sin 2x \mathrm{d}x = 2\int \sin x \cos x \mathrm{d}x = -2\int \cos x \mathrm{d}(\cos x) = -\cos^2 x + C.$

因为 $\sin^2 x = -\cos^2 x + 1 = -\frac{1}{2}\cos 2x + \frac{1}{2}$，可知 $\sin^2 x, -\frac{1}{2}\cos 2x$ 相互间只差一个常数项，所以上述三种解法所得的结果都属同一个原函数族，也就是说，三种解法都是正确的.

二、第二类换元积分法

计算不定积分，第一类换元积分法使用的范围相当广泛，但对于某些无理函数的积分，则需应用第二类换元积分法.

例19 求 $\int \frac{1}{1+\sqrt{x}} \mathrm{d}x$.

解 作变量代换，令 $\sqrt{x} = t$，则 $x = t^2$，有 $\frac{1}{1+\sqrt{x}} = \frac{1}{1+t}$，且 $\mathrm{d}x = 2t\mathrm{d}t$，于是可将无理函数的积分化为有理函数的积分，所以有

$$\int \frac{1}{1+\sqrt{x}} \mathrm{d}x = \int \frac{2t}{1+t} \mathrm{d}t = \int \frac{2(t+1)-2}{1+t} \mathrm{d}t = \int \left(2 - \frac{2}{1+t}\right) \mathrm{d}t$$

$$= 2\int \mathrm{d}t - 2\int \frac{1}{1+t} \mathrm{d}(1+t) = 2t - 2\ln|1+t| + C$$

$$= 2\sqrt{x} - 2\ln(1+\sqrt{x}) + C.$$

一般地说，若积分 $\int f(x) \mathrm{d}x$ 不易计算，可以作适当变量代换 $x = \varphi(t)$，把原积分化为 $\int f[\varphi(t)]\varphi'(t) \mathrm{d}t$ 的形式而可能使其容易积分. 当然在求出原函数后，还要将 $t = \varphi^{-1}(x)$ 代回，还原成 x 的函数，这就是第二类换元积分法计算不定积分的基本思想.

定理2 设 $f(x)$ 连续，$x = \varphi(t)$ 及 $\varphi'(t)$ 均连续，且 $\varphi'(t) \neq 0$，$x = \varphi(t)$ 的反函数 $t = \varphi^{-1}(x)$ 存在，若 $\Phi(t)$ 是 $f[\varphi(t)]\varphi'(t)$ 的一个原函数，即

$$\int f[\varphi(t)] \varphi'(t) \mathrm{d}t = \Phi(t) + C,$$

则有 $\int f(x) \mathrm{d}x = \Phi[\varphi^{-1}(x)] + C.$ (5.2)

证 由复合函数的求导法则以及反函数的求导公式，有

$$\frac{\mathrm{d}}{\mathrm{d}x}\Phi[\varphi^{-1}(x)] = \frac{\mathrm{d}\Phi}{\mathrm{d}t} \cdot \frac{\mathrm{d}t}{\mathrm{d}x} = f[\varphi(t)] \cdot \varphi'(t) \cdot \frac{1}{\varphi'(t)} = f[\varphi(t)] = f(x),$$

这就说明了 $\Phi[\varphi^{-1}(x)]$ 是 $f(x)$ 的原函数,即公式(5.2)成立.

公式(5.2)称为**第二类换元积分公式**.

例 20 求 $\int \frac{x}{\sqrt{1-x}} \mathrm{d}x$.

解 为了将根式消除,令 $\sqrt{1-x} = t, x = 1-t^2, \mathrm{d}x = -2t\mathrm{d}t$,所以有

$$\int \frac{x}{\sqrt{1-x}} \mathrm{d}x = -\int \frac{1-t^2}{t} \cdot 2t\mathrm{d}t = 2\int(-1+t^2)\,\mathrm{d}t = -2t + \frac{2}{3}t^3 + C$$
$$= -2\sqrt{1-x} + \frac{2}{3}(1-x)\sqrt{1-x} + C.$$

例 21 求 $\int \frac{1}{\sqrt{x} + \sqrt[3]{x}} \mathrm{d}x$.

解 为了将分母中的根式消除,令 $\sqrt[6]{x} = t, x = t^6, \mathrm{d}x = 6t^5\mathrm{d}t$,所以有

$$\int \frac{1}{\sqrt{x} + \sqrt[3]{x}} \mathrm{d}x = \int \frac{6t^5}{t^3 + t^2} \mathrm{d}t = 6\int \frac{t^3}{t+1} \mathrm{d}t = 6\int \frac{(t^3+1)-1}{t+1} \mathrm{d}t$$
$$= 6\int \left(t^2 - t + 1 - \frac{1}{t+1}\right)\mathrm{d}t$$
$$= 6\left(\frac{t^3}{3} - \frac{t^2}{2} + t - \ln|t+1|\right) + C$$
$$= 2t^3 - 3t^2 + 6t - 6\ln|t+1| + C$$
$$= 2\sqrt{x} - 3\sqrt[3]{x} + 6\sqrt[6]{x} - 6\ln(\sqrt[6]{x}+1) + C.$$

归纳以上各例的解题过程,用第二类换元积分法求不定积分时,可按以下步骤进行.

(1) 换元. 选择适当的变量代换 $x = \varphi(t)$,要求 $\varphi(t)$ 单调、有连续的导数且 $\varphi'(t) \neq 0$,则

$$\int f(x)\mathrm{d}x = \int f[\varphi(t)]\varphi'(t)\mathrm{d}t.$$

(2) 积分. 换元后的不定积分 $\int f[\varphi(t)]\varphi'(t)\mathrm{d}t$,可以直接或通过恒等变形,或再经过适当的换元求出,记为 $\Phi(t)$,即

$$\int f[\varphi(t)]\varphi'(t)\mathrm{d}t = \Phi(t) + C.$$

(3) 还原. 由 $x = \varphi(t)$ 解出其反函数 $t = \varphi^{-1}(x)$,并把 $t = \varphi^{-1}(x)$ 代回求出的原函数 $\Phi(t)$ 中,还原为原积分变量 x 的函数 $\Phi[\varphi^{-1}(x)]$,即

$$\int f(x)\mathrm{d}x = \Phi(t) + C = \Phi[\varphi^{-1}(x)] + C.$$

例 22 求 $\int \sqrt{a^2 - x^2}\,\mathrm{d}x\,(a > 0)$.

解 令 $x = a\sin t, \mathrm{d}x = a\cos t\mathrm{d}t$,而

$$\sqrt{a^2 - x^2} = \sqrt{a^2 - a^2\sin^2 t} = a\sqrt{1-\sin^2 t} = a\cos t \quad \left(-\frac{\pi}{2} < t < \frac{\pi}{2}\right),$$

于是有

$$\int \sqrt{a^2-x^2}\,dx = \int a\cos t \cdot a\cos t\,dt = a^2\int \cos^2 t\,dt = a^2\int \frac{1+\cos 2t}{2}\,dt$$
$$= \frac{a^2}{2}\left(\int dt + \int \cos 2t\,dt\right) = \frac{a^2}{2}\left(t + \frac{1}{2}\sin 2t\right) + C$$
$$= \frac{a^2}{2}(t + \sin t\cos t) + C.$$

因为 $x = a\sin t, \sin t = \dfrac{x}{a}$,则 $t = \arcsin \dfrac{x}{a}$,并有

$$\cos t = \sqrt{1-\sin^2 t} = \sqrt{1-\left(\frac{x}{a}\right)^2} = \frac{\sqrt{a^2-x^2}}{a},$$

所以有

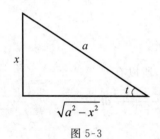

图 5-3

$$\int \sqrt{a^2-x^2}\,dx = \frac{a^2}{2}\arcsin \frac{x}{a} + \frac{x\sqrt{a^2-x^2}}{2} + C.$$

上面 $\cos t = \dfrac{\sqrt{a^2-x^2}}{a}$,也可由如图 5-3 所示的直角三角形直接写出:

$$\cos t = \frac{\text{邻边}}{\text{斜边}} = \frac{\sqrt{a^2-x^2}}{a}.$$

例 23 求 $\displaystyle\int \frac{1}{\sqrt{x^2+a^2}}\,dx\,(a>0)$.

解 令 $x = a\tan t$,于是

$$\frac{1}{\sqrt{x^2+a^2}} = \frac{1}{\sqrt{a^2\tan^2 t + a^2}} = \frac{1}{a\sec t} = \frac{1}{a}\cos t \quad \left(-\frac{\pi}{2} < t < \frac{\pi}{2}\right),$$
$$dx = a\sec^2 t\,dt.$$

所以有

$$\int \frac{1}{\sqrt{x^2+a^2}}\,dx = \frac{1}{a}\int \cos t \cdot a\sec^2 t\,dt = \int \sec t\,dt$$
$$= \ln|\sec t + \tan t| + C.$$

根据 $\tan t = \dfrac{x}{a}$,利用图 5-4 所示的直角三角形,可得

$$\sec t = \frac{\text{斜边}}{\text{邻边}} = \frac{\sqrt{x^2+a^2}}{a},$$

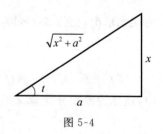

图 5-4

所以有

$$\int \frac{1}{\sqrt{x^2+a^2}}\,dx = \ln\left|\frac{\sqrt{x^2+a^2}}{a} + \frac{x}{a}\right| + C_1$$
$$= \ln\left|\sqrt{x^2+a^2} + x\right| + C \quad (\text{其中 } C = C_1 - \ln a).$$

例 24 求 $\displaystyle\int \frac{1}{\sqrt{x^2-a^2}}\,dx\,(a>0)$.

解 令 $x = a\sec t$,于是 $\dfrac{1}{\sqrt{x^2-a^2}} = \dfrac{1}{\sqrt{a^2\sec^2 t - a^2}} = \dfrac{1}{a\tan t} \quad \left(0 < t < \dfrac{\pi}{2}\right),$

$$dx = a\sec t \cdot \tan t dt,$$

所以有

$$\int \frac{1}{\sqrt{x^2-a^2}}dx = \int \frac{a\sec t \cdot \tan t}{a\tan t}dt = \int \sec t dt = \ln|\sec t + \tan t| + C.$$

由 $\sec t = \dfrac{x}{a}$,利用如图 5-5 所示的直角三角形,可得

$$\tan t = \frac{\text{对边}}{\text{邻边}} = \frac{\sqrt{x^2-a^2}}{a},$$

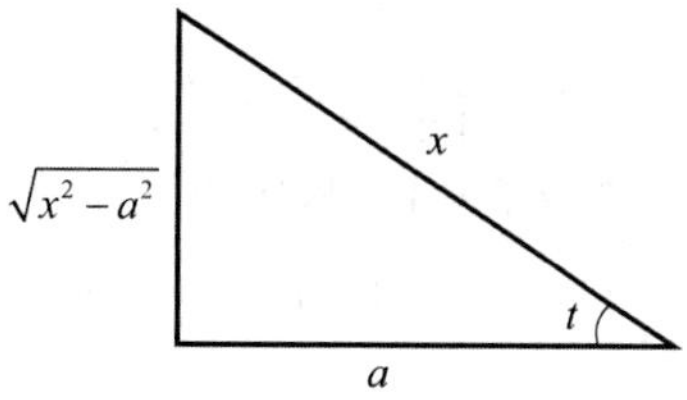

所以有

$$\int \frac{1}{\sqrt{x^2-a^2}}dx = \ln\left|\frac{x}{a} + \frac{\sqrt{x^2-a^2}}{a}\right| + C_1$$

$$= \ln\left|\sqrt{x^2-a^2} + x\right| + C \quad (\text{其中 } C = C_1 - \ln a).$$

图 5-5

例 23 ~ 例 25 中的解题方法称为三角代换法或三角换元法.

一般地说,应用三角换元法作积分适用于如下情形:

$$\int R(x, \sqrt{a^2-x^2})dx,可令 x = a\sin t, dx = a\cos t dt;$$

$$\int R(x, \sqrt{a^2+x^2})dx,可令 x = a\tan t, dx = a\sec^2 t dt;$$

$$\int R(x, \sqrt{x^2-a^2})dx,可令 x = a\sec t, dx = a\sec t \tan t dt;$$

其中 $R(x, \sqrt{a^2-x^2})$ 表示由 x 和 $\sqrt{a^2-x^2}$ 构成的有理函数. 三角换元法的目的是去掉被积函数中的根号.

本节介绍了两类换元积分法,无论是第一类换元积分法,还是第二类换元积分法,都是把不容易求出的积分转化为能够直接求出的积分或利于直接求出的积分.

习题 5.2

1. 在下列各式的横线上填入适当的系数,使等式成立:

(1) $dx = $ _____ $d(3x-2)$;　　(2) $xdx = $ _____ $d(x^2+1)$;

(3) $x^2 dx = $ _____ $d(1-2x^3)$;　　(4) $\dfrac{1}{x^2}dx = $ _____ $d\left(1+\dfrac{1}{x}\right)$;

(5) $\dfrac{1}{\sqrt{x}}dx = $ _____ $d(\sqrt{x}-1)$;　　(6) $\dfrac{1}{x}dx = $ _____ $d(3\ln x - 1)$;

(7) $xe^{x^2}dx = $ _____ $d(e^{x^2})$;　　(8) $\sin 2x dx = $ _____ $d(\cos 2x)$;

(9) $\cos \dfrac{x}{3} dx = $ _____ $d\left(\sin \dfrac{x}{3}\right)$;　　(10) $\sec^2 5x dx = $ _____ $d(\tan 5x)$;

(11) $\dfrac{1}{\sqrt{1-4x^2}}dx = $ _____ $d(\arcsin 2x)$;　　(12) $\dfrac{dx}{4+x^2} = $ _____ $d\left(\arctan \dfrac{x}{2}\right)$.

2. 填空题:

(1) $xdx = d($ _____ $)$;　　(2) $x^2 dx = d($ _____ $)$;

(3) $\dfrac{1}{x^2}dx = d($ _____ $)$;　　(4) $\dfrac{1}{\sqrt{x}}dx = d($ _____ $)$;

(5) $\dfrac{1}{x}dx = d(\qquad)$;   (6) $e^{3x}dx = d(\qquad)$;

(7) $2^x dx = d(\qquad)$;   (8) $\sin\dfrac{x}{2}dx = d(\qquad)$;

(9) $\cos 2x dx = d(\qquad)$;   (10) $\dfrac{1}{\cos^2 3x}dx = d(\qquad)$;

(11) $\dfrac{1}{\sqrt{1-9x^2}}dx = d(\qquad)$;   (12) $\dfrac{dx}{x(1+\ln^2 x)} = d(\qquad)$.

3. 求下列不定积分：

(1) $\int (3x-2)^5 dx$;   (2) $\int \dfrac{1}{\sqrt{1-2x}}dx$;

(3) $\int x\sin x^2 dx$;   (4) $\int \dfrac{x}{\sqrt{1-x^2}}dx$;

(5) $\int \dfrac{x^2}{\sqrt{x^3-1}}dx$;   (6) $\int x^2 e^{x^3} dx$;

(7) $\int \dfrac{\cos\sqrt{x}}{\sqrt{x}}dx$;   (8) $\int \dfrac{\sec^2\dfrac{1}{x}}{x^2}dx$;

(9) $\int \dfrac{e^{\frac{1}{x}}}{x^2}dx$;   (10) $\int \dfrac{1}{\sqrt{x}(1+x)}dx$;

(11) $\int \dfrac{e^x}{2-e^x}dx$;   (12) $\int e^x(2-e^x)dx$;

(13) $\int \dfrac{\ln^2 x}{x}dx$;   (14) $\int \dfrac{\sqrt{1+\ln x}}{x}dx$;

(15) $\int \dfrac{1}{x(1+\ln x)}dx$;   (16) $\int \dfrac{1}{x\sqrt{1-\ln^2 x}}dx$;

(17) $\int \dfrac{1}{\cos^2(3x-1)}dx$;   (18) $\int \dfrac{1}{\sin^2(4x-3)}dx$;

(19) $\int \dfrac{1}{4-9x^2}dx$;   (20) $\int \dfrac{1}{4+9x^2}dx$;

(21) $\int \dfrac{1}{x^2+6x+5}dx$;   (22) $\int \dfrac{2x+2}{x^2+2x-10}dx$;

(23) $\int \dfrac{(\arctan x)^2}{1+x^2}dx$;   (24) $\int \dfrac{dx}{(\arcsin x)^2 \sqrt{1-x^2}}$.

4. 求下列不定积分：

(1) $\int \sin^2 x dx$;   (2) $\int \cos^2 2x dx$;

(3) $\int \sin^4 x dx$;   (4) $\int \sin^4 x \cos^3 x dx$;

(5) $\int \cos 3x \cos 2x dx$;   (6) $\int \sin 3x \cos 5x dx$.

5. 求下列不定积分：

(1) $\int x\sqrt{x+1}dx$;   (2) $\int \dfrac{1}{1+\sqrt{2x}}dx$;

(3) $\int \dfrac{1}{\sqrt{x+1}+2}dx$;   (4) $\int \dfrac{\sqrt{x}}{\sqrt{x}-1}dx$;

(5) $\int \dfrac{1}{\sqrt[3]{x}+1}dx$;   (6) $\int \dfrac{1}{\sqrt{x}+\sqrt[3]{x^2}}dx$.

6.求下列不定积分:

(1) $\int \sqrt{1-x^2}\,\mathrm{d}x$;

(2) $\int \dfrac{1}{x^2\sqrt{1-x^2}}\,\mathrm{d}x$;

(3) $\int \dfrac{1}{\sqrt{1+x^2}}\,\mathrm{d}x$;

(4) $\int (1+x^2)^{-\frac{3}{2}}\,\mathrm{d}x$;

(5) $\int \dfrac{1}{x\sqrt{x^2-1}}\,\mathrm{d}x$;

(6) $\int \dfrac{\sqrt{x^2-1}}{x}\,\mathrm{d}x$.

§5.3 分部积分法

设函数 $u=u(x), v=v(x)$ 的导数连续,由函数乘积的微分公式得
$$\mathrm{d}(uv)=v\mathrm{d}u+u\mathrm{d}v,$$
移项后,得
$$u\mathrm{d}v=\mathrm{d}(uv)-v\mathrm{d}u.$$
对上式两端同时积分,并利用微分法与积分法互为逆运算的关系,得
$$\int u\mathrm{d}v=uv-\int v\mathrm{d}u, \tag{5.3}$$
或
$$\int uv'\mathrm{d}x=uv-\int vu'\mathrm{d}x. \tag{5.4}$$

公式(5.3)或公式(5.4)称为**分部积分公式**,利用分部积分公式计算不定积分的方法称为**分部积分法**.应用分部积分公式的作用在于:把不容易求出的积分 $\int u\mathrm{d}v$ 或 $\int uv'\mathrm{d}x$ 转化为容易求出的积分 $\int v\mathrm{d}u$ 或 $\int vu'\mathrm{d}x$.

例1 求 $\int x\sin x\,\mathrm{d}x$.

解 令 $u=x, \mathrm{d}v=\sin x\,\mathrm{d}x$,则
$$\mathrm{d}u=\mathrm{d}x, \quad v=-\cos x,$$

分部积分法

利用分部积分公式,得
$$\begin{aligned}\int x\sin x\,\mathrm{d}x &=-x\cos x-\int(-\cos x)\,\mathrm{d}x\\ &=-x\cos x+\int\cos x\,\mathrm{d}x\\ &=-x\cos x+\sin x+C.\end{aligned}$$

注意:(1) 使用分部积分公式由 $\mathrm{d}(uv)$ 求 uv 时,在 uv 后不必添加常数 C.

(2) 利用分部积分公式的目的在于化难为易,解题的关键在于恰当地选择 u 与 $\mathrm{d}v$,如果此题令 $u=\sin x, \mathrm{d}v=x\mathrm{d}x$,则
$$\mathrm{d}u=\cos x\,\mathrm{d}x, \quad v=\dfrac{x^2}{2},$$
利用分部积分公式,得

$$\int x\sin x\,\mathrm{d}x = \frac{x^2}{2}\sin x - \int \frac{x^2}{2}\cos x\,\mathrm{d}x.$$

显而易见,不定积分 $\int \frac{x^2}{2}\cos x\,\mathrm{d}x$ 比所要求的不定积分 $\int x\sin x\,\mathrm{d}x$ 更复杂,因此这样选择 u 与 $\mathrm{d}v$ 是不合适的.

那么怎样才能恰当地选择 u 与 $\mathrm{d}v$ 才合适呢?一般地说:

(1) 由 v' 易求 v;

(2) 再考虑利用分部积分公式后,$\int v\,\mathrm{d}u$ 比 $\int u\,\mathrm{d}v$ 便于计算.

例 2 求 $\int x\arctan x\,\mathrm{d}x$.

解 令 $u = \arctan x, \mathrm{d}v = x\,\mathrm{d}x$,则

$$\mathrm{d}u = \frac{1}{1+x^2}\mathrm{d}x, \quad v = \frac{x^2}{2},$$

利用分部积分公式,得

$$\begin{aligned}
\int x\arctan x\,\mathrm{d}x &= \frac{1}{2}x^2\arctan x - \int \frac{x^2}{2}\cdot\frac{1}{1+x^2}\mathrm{d}x \\
&= \frac{1}{2}x^2\arctan x - \frac{1}{2}\int\left(1 - \frac{1}{1+x^2}\right)\mathrm{d}x \\
&= \frac{1}{2}x^2\arctan x - \frac{x}{2} + \frac{1}{2}\arctan x + C.
\end{aligned}$$

例 3 求 $\int x^2 \mathrm{e}^x\,\mathrm{d}x$.

解 令 $u = x^2, \mathrm{d}v = \mathrm{e}^x\,\mathrm{d}x$,则

$$\mathrm{d}u = 2x\,\mathrm{d}x, \quad v = \mathrm{e}^x,$$

利用分部积分公式,得

$$\int x^2 \mathrm{e}^x\,\mathrm{d}x = x^2 \mathrm{e}^x - 2\int x\mathrm{e}^x\,\mathrm{d}x.$$

此时,虽然没有完全去掉积分号,但是不定积分 $\int x\mathrm{e}^x\,\mathrm{d}x$ 要比原积分 $\int x^2 \mathrm{e}^x\,\mathrm{d}x$ 容易计算,因为在被积函数中 x 的幂次下降了一次,可继续使用分部积分公式.

令 $u = x, \mathrm{d}v = \mathrm{e}^x\,\mathrm{d}x$,则 $\mathrm{d}u = \mathrm{d}x, \quad v = \mathrm{e}^x$,

利用分部积分公式,得

$$\begin{aligned}
\int x^2 \mathrm{e}^x\,\mathrm{d}x &= x^2\mathrm{e}^x - 2\left(x\mathrm{e}^x - \int \mathrm{e}^x\,\mathrm{d}x\right) \\
&= x^2\mathrm{e}^x - 2x\mathrm{e}^x + 2\mathrm{e}^x + C \\
&= \mathrm{e}^x(x^2 - 2x + 2) + C.
\end{aligned}$$

此题是两次利用分部积分公式求不定积分,应注意的是先后两次选择 u 与 $\mathrm{d}v$ 的方法要保持一致,即两次都选择 x 的幂函数部分为 u,而 $\mathrm{e}^x\,\mathrm{d}x$ 为 $\mathrm{d}v$.

在熟悉了用分部积分法解题的基本思路后,并且在熟练地掌握了凑微分公式的基础上,中间过程 u 与 $\mathrm{d}v$ 可不写出,直接利用分部积分公式计算.

例 4 求 $\int x^4 \ln x \, dx$.

解 $\int x^4 \ln x \, dx = \int \ln x \, d\left(\dfrac{x^5}{5}\right) = \dfrac{x^5}{5} \ln x - \dfrac{1}{5} \int x^4 \, dx = \dfrac{x^5}{5} \ln x - \dfrac{x^5}{25} + C.$

例 5 求 $\int e^x \cos x \, dx$.

解 $\int e^x \cos x \, dx = \int \cos x \, d(e^x) = e^x \cos x + \int e^x \sin x \, dx = e^x \cos x + \int \sin x \, d(e^x),$

$$= e^x \cos x + e^x \sin x - \int e^x \cos x \, dx.$$

经过两次分部积分之后,在上式右端又出现了所求的积分$\int e^x \cos x \, dx$,这样便出现了循环公式

$$\int e^x \cos x \, dx = e^x \sin x + e^x \cos x - \int e^x \cos x \, dx,$$

只要将等式右端的 $-\int e^x \cos x \, dx$ 移项到左端,可得

$$2\int e^x \cos x \, dx = e^x (\sin x + \cos x) + C_1,$$

由此即得

$$\int e^x \cos x \, dx = \dfrac{e^x}{2}(\sin x + \cos x) + C \quad \left(\text{其中 } C = \dfrac{C_1}{2}\right).$$

类似地,有

$$\int e^x \sin x \, dx = \dfrac{e^x}{2}(\sin x - \cos x) + C.$$

综合以上各例,一般情况下,u 与 dv 可按以下规律选择.

(1) 形如 $\int x^n \sin kx \, dx$, $\int x^n \cos kx \, dx$, $\int x^n e^{kx} \, dx$(其中 n 为正整数)的不定积分,令 $u = x^n$,余下的为 dv(即 $\sin kx \, dx = dv$,$\cos kx \, dx = dv$ 或 $e^{kx} \, dx = dv$),如例 1、例 3.

(2) 形如 $\int x^n \ln x \, dx$,$\int x^n \arctan x \, dx$,$\int x^n \arcsin x \, dx$(其中 n 为正整数)的不定积分,令 $dv = x^n dx$,余下的为 u(即 $u = \ln x$,或 $u = \arctan x$),如例 2、例 4.

(3) 形如 $\int e^{ax} \sin bx \, dx$,$\int e^{ax} \cos bx \, dx$ 的不定积分,可以任意选择 u 和 dv,但应注意,因为要使用两次分部积分公式,两次选择 u 和 dv 应保持一致,即如果第一次令 $u = e^{ax}$,则第二次也须令 $u = e^{ax}$,只有这样才能出现循环公式,然后用解方程的方法求出积分,如例 5.

例 6 求 $\int \ln x \, dx$.

解 利用分部积分公式,被积函数 $\ln x$ 可看作 u,而把 dx 可看作 dv,有

$$\int \ln x \, dx = x \ln x - \int x \, d(\ln x) = x \ln x - \int dx = x \ln x - x + C.$$

例 7 求 $\int \arcsin x \, dx$.

解 与上例相仿,把被积函数 $\arcsin x$ 看作 u,而把 dx 看作 dv,有

$$\int \arcsin x \mathrm{d}x = x\arcsin x - \int x \cdot \mathrm{d}(\arcsin x) = x\arcsin x - \int \frac{x}{\sqrt{1-x^2}}\mathrm{d}x$$

$$= x\arcsin x + \sqrt{1-x^2} + C.$$

类似地,有 $\quad \int \arctan x \mathrm{d}x = x\arctan x - \frac{1}{2}\ln(1+x^2) + C.$

例 8 求 $\int \cos\sqrt{x}\,\mathrm{d}x.$

解 被积函数中含有 $\sqrt{x}$,先用第二类换元法去掉根号,即令 $\sqrt{x}=t$,于是 $x=t^2$,$\mathrm{d}x = 2t\mathrm{d}t$,有

$$\int \cos\sqrt{x}\,\mathrm{d}x = 2\int t\cos t\,\mathrm{d}t.$$

再对右端用分部积分法,得

$$\int t\cos t\,\mathrm{d}t = \int t\mathrm{d}(\sin t) = t\sin t - \int \sin t\,\mathrm{d}t = t\sin t + \cos t + C_1,$$

于是

$$\int \cos\sqrt{x}\,\mathrm{d}x = 2(t\sin t + \cos t + C_1)$$

$$= 2\sqrt{x}\sin\sqrt{x} + 2\cos\sqrt{x} + C \quad (\text{其中 } C = 2C_1).$$

例 9 求 $\int \frac{x\arctan x}{\sqrt{1+x^2}}\mathrm{d}x.$

解法一 令 $\arctan x = t$,$x = \tan t$,$\mathrm{d}x = \sec^2 t\,\mathrm{d}t$,于是有

$$\int \frac{x\arctan x}{\sqrt{1+x^2}}\mathrm{d}x = \int \frac{t\cdot\tan t}{\sqrt{1+\tan^2 t}}\sec^2 t\,\mathrm{d}t = \int t\cdot\tan t\cdot\sec t\,\mathrm{d}t$$

$$= \int t\mathrm{d}(\sec t) = t\sec t - \int \sec t\,\mathrm{d}t$$

$$= t\sec t - \ln|\sec t + \tan t| + C_1$$

$$= \sqrt{1+x^2}\arctan x - \ln|x+\sqrt{1+x^2}| + C.$$

解法二

$$\int \frac{x\arctan x}{\sqrt{1+x^2}}\mathrm{d}x = \int \arctan x\,\mathrm{d}(\sqrt{1+x^2})$$

$$= \sqrt{1+x^2}\arctan x - \int \sqrt{1+x^2}\,\mathrm{d}(\arctan x)$$

$$= \sqrt{1+x^2}\arctan x - \int \sqrt{1+x^2}\cdot\frac{1}{1+x^2}\mathrm{d}x$$

$$= \sqrt{1+x^2}\arctan x - \int \frac{1}{\sqrt{1+x^2}}\mathrm{d}x$$

$$= \sqrt{1+x^2}\arctan x - \ln|x+\sqrt{1+x^2}| + C.$$

习题 5.3

1.求下列不定积分:

(1) $\int x\cos x\,\mathrm{d}x$;

(2) $\int x\mathrm{e}^{-x}\,\mathrm{d}x$;

(3) $\int x(\arctan x)^2 dx$;

(4) $\int \arctan x dx$;

(5) $\int x^2 \ln x dx$;

(6) $\int x\sin x\cos x dx$;

(7) $\int e^{-x}\cos x dx$;

(8) $\int e^{\sqrt{x}} dx$;

(9) $\int \ln^2 x dx$;

(10) $\int \dfrac{\ln\ln x}{x} dx$.

复习题五

一、填空题

1. 设曲线经过点 $(1,0)$，且在其上任一点 x 处的切线斜率为 $3x^2$，则此曲线方程为_____.

2. $f'(x) = 1, f(0) = 0$，则 $\int f(x) dx =$ _____.

3. 若 $F'(x) = f(x)$，则 $\int \sin x f(\cos x) dx =$ _____.

4. $\int \dfrac{1}{1-x} dx =$ _____.

5. $\int e^{-x}\sin e^{-x} dx =$ _____.

6. 若 $uv = x\sin x, \int u'v dx = \cos x + C$，则 $\int uv' dx =$ _____.

7. $\int \dfrac{e^x - 1}{e^x + 1} dx =$ _____.

8. $\int$ _____ $dx = xe^x + C$.

9. 若 $f'(x)(1+x^2) = 1$，且 $f(0) = 4$，则 $f(x) =$ _____.

10. 设 $f(x)$ 是连续函数且 $\int f(x) dx = F(x) + C$，则 $\int F(x) f(x) dx =$ _____.

二、选择题

1. 若 $F(x), G(x)$ 都是函数 $f(x)$ 的原函数,则必有（　　）.
   A. $F(x) = G(x)$　　　　　　　　　　B. $F(x) = CG(x)$
   C. $F(x) = G(x) + C$　　　　　　　　D. $F(x) = \dfrac{1}{C} G(x)$ （C 为不为零的常数）.

2. 函数 $f(x) = e^{-x}$ 的不定积分为（　　）.
   A. e^{-x}　　　　B. $-e^{-x}$　　　　C. $e^{-x} + C$　　　　D. $-e^{-x} + C$

3. 设 $f'(x)$ 存在且连续，则 $\left\{\int d[f(x)]\right\}' = $（　　）.
   A. $f(x)$　　　　B. $f'(x)$　　　　C. $f'(x) + C$　　　　D. $f(x) + C$

4. 设 $f(x) = k\tan 2x$ 的一个原函数为 $\dfrac{2}{3}\ln\cos 2x$，则 k 等于（　　）.
   A. $-\dfrac{2}{3}$　　　　B. $\dfrac{2}{3}$　　　　C. $-\dfrac{4}{3}$　　　　D. $\dfrac{3}{4}$

5. $\int \cos 2x dx = $（　　）.
   A. $\sin x\cos x + C$　　　　　　　　B. $-\dfrac{1}{2}\sin 2x + C$
   C. $2\sin 2x + C$　　　　　　　　　　D. $\sin 2x + C$

6. 若 $\int f(x)dx = xe^x + C$,则 $f(x) = ($ 　 $)$.

　　A. $(x+2)e^x$ 　　　　B. $(x-1)e^x$ 　　　　C. xe^x 　　　　D. $(x+1)e^x$

7. 如果 $f(x) = e^{-x}$,则 $\int \dfrac{f'(\ln x)}{x}dx = ($ 　 $)$.

　　A. $-\dfrac{1}{x} + C$ 　　B. $\dfrac{1}{x} + C$ 　　C. $-\ln x + C$ 　　D. $\ln x + C$

8. 若 $\int f(x)dx = x^2 + C$,则 $\int xf(1-x^2)dx = ($ 　 $)$.

　　A. $2(1-x)^2 + C$ 　　　　　　　　　B. $-2(1-x^2)^2 + C$

　　C. $\dfrac{1}{2}(1-x^2)^2 + C$ 　　　　　　D. $-\dfrac{1}{2}(1-x^2)^2 + C$

9. 设 $f(x) = \sin ax$,则 $\int xf''(x)dx = ($ 　 $)$.

　　A. $\dfrac{x}{a}\cos ax - \sin ax + C$ 　　　　B. $ax\cos ax - \sin ax + C$

　　C. $\dfrac{x}{a}\sin ax - a\cos ax + C$ 　　　D. $ax\sin ax - a\cos ax + C$

三、计算题

1. 求 $\int (5-2x)^9 dx$.　　　　　　　　2. 求 $\int \dfrac{e^x}{\sqrt{e^x+1}}dx$.

3. 求 $\int \dfrac{\sin x + \cos x}{(\sin x - \cos x)^3}dx$.　　　　4. 求 $\int \dfrac{\sin x}{\cos^3 x \sqrt[3]{1+\sec^2 x}}dx$.

5. 求 $\int \dfrac{1}{1+e^{2x}}dx$.　　　　　　　6. 求 $\int \dfrac{1}{x^2-x-6}dx$.

7. 求 $\int x\sqrt[4]{2x+3}dx$.　　　　　　8. 求 $\int \dfrac{1}{x^2\sqrt{x^2+3}}dx$.

9. 求 $\int \dfrac{xe^x}{(1+x)^2}dx$.　　　　　　10. 求 $\int \dfrac{\ln x}{x^3}dx$.

第五章习题答案

第六章 定积分及其应用

本章我们将讨论积分学的另一个基本问题 —— 定积分问题.

§6.1 定积分的概念

一、引例

1. 曲边梯形的面积

在初等数学中,我们已学会计算多边形及圆形的面积,而对于由任意曲线围成的平面图形的面积,就不会计算了.

由任意曲线所围成的平面图形的面积的计算,依赖于曲边梯形的面积的计算. 所谓曲边梯形是指在平面直角坐标系中,由连续曲线 $y=f(x)$,直线 $x=a, x=b$ 及 x 轴所围成的图形,如图 6-1 所示.

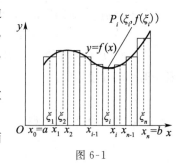

图 6-1

下面我们来讨论如何定义曲边梯形的面积以及它的计算方法.

设曲边梯形是由连续曲线 $y=f(x)[f(x)\geqslant 0]$,x 轴与两条直线 $x=a, x=b$ 所围成的. 我们知道

$$矩形面积 = 高 \times 底,$$

矩形的底是不变的,而曲边梯形在底边上各点处的高 $f(x)$ 在区间 $[a,b]$ 上是变动的,因此它的面积不能直接由上述面积公式来定义和计算,但在很小一段区间上高的变化是很小的,近似于不变. 如果我们把区间 $[a,b]$ 划分为许多小区间,在每个小区间上用其中某一点处的高来近似代替同一个小区间上的窄曲边梯形的变高,那么每个窄曲边梯形就可以近似地看成窄矩形. 把所有窄矩形面积之和作为曲边梯形面积的近似值,并把区间 $[a,b]$ 无限细分,使得每个小区间都缩向一点,即其长度趋于零,这时所有窄矩形面积之和的极限就可以定义为曲边梯形的面积.

现将曲边梯形的面积的计算详述如下.

(1) 分割. 在区间 $[a,b]$ 中任意插入 $n-1$ 个分点

$$a = x_0 < x_1 < x_2 < \cdots < x_{n-1} < x_n = b,$$

把 $[a,b]$ 分成 n 个小区间

$$[x_0, x_1],\ [x_1, x_2],\ \cdots,\ [x_{n-1}, x_n].$$

曲边梯形的面积

过每个分点 $x_i(i=1,2,\cdots,n-1)$ 作 x 轴垂线,把曲边梯形分成 n 个窄曲边梯形,如图6-1所示.用 S 表示曲边梯形 $AabB$ 的面积,ΔS_i 表示第 i 个窄曲边梯形的面积,则有

$$S_n = \Delta S_1 + \Delta S_2 + \cdots + \Delta S_n = \sum_{i=1}^{n} \Delta S_i.$$

(2)近似代替.在每个小区间 $[x_{i-1},x_i](i=1,2,\cdots,n)$ 内任取一点 ξ_i,过点 ξ_i 作 x 轴的垂线与曲边交于点 $P_i(\xi_i, f(\xi_i))$,以 Δx_i 为底,$f(\xi_i)$ 为高作矩形,取这个矩形的面积 $f(\xi_i)\Delta x_i$ 作为 ΔS_i 近似值,即

$$\Delta S_i \approx f(\xi_i)\Delta x_i \quad (i=1,2,\cdots,n).$$

(3)求和.$S \approx f(\xi_1)\Delta x_1 + f(\xi_2)\Delta x_2 + \cdots + f(\xi_n)\Delta x_n = \sum_{i=1}^{n} f(\xi_i)\Delta x_i.$

(4)取极限.用 $\Delta x = \max\{\Delta x_1, \Delta x_2, \cdots, \Delta x_n\}$ 表示所有小区间中最大区间的长度,当分点数 n 无限增大而 Δx 趋于 0 时,总和 S_n 的极限值就定义为曲边梯形的面积 S,即

$$S = \lim_{\Delta x \to 0} \sum_{i=1}^{n} f(\xi_i)\Delta x_i.$$

2. 变速直线运动的路程

设一物体作变速直线运动,已知速度 $v(t)$ 是时间间隔 $[a,b]$ 上的一个连续函数,求从 a 到 b 这段时间内物体通过的路程 s.由于物体作变速直线运动,不能用匀速运动路程公式 $s=vt$ 去求 s,我们用上例类似的四个步骤去求解.

(1)分割.在时间间隔 $[a,b]$ 中插入 $n-1$ 个分点,设分点为

$$a = t_0 < t_1 < t_2 < \cdots < t_{n-1} < t_n = b.$$

(2)近似代替.在第 i 个时间间隔 $[t_{i-1}, t_i]$ 上任取一时刻 ξ_i,以速度 $v(\xi_i)$ 代替时间 $[t_{i-1}, t_i]$ 上各个时刻的速度,则有

$$\Delta s_i \approx v(\xi_i)\Delta t_i \quad (i=1,2,\cdots,n).$$

(3)求和.将所有近似值作和,得到总路程 s 的近似值,即

$$s \approx \sum_{i=1}^{n} v(\xi_i)\Delta t_i.$$

(4)取极限.对时间间隔 $[a,b]$ 分得越细,误差就越小,于是记 $\lambda = \max\{\Delta t_i\}$ $(i=1,2,\cdots,n)$,当 $\lambda \to 0$ 时,和式 $\sum_{i=1}^{n} v(\xi_i)\Delta t_i$ 的极限值就是所求路程 s,即

$$s = \lim_{\lambda \to 0} \sum_{i=1}^{n} v(\xi_i)\Delta t_i.$$

二、定积分的定义

以上两个实例虽然实际意义不同,但都可以归结为求同一结构的总和的极限.抛开问题的具体意义,抓住它们在数量关系上的本质与特征加以概括,抽象出定积分的定义.

定义 如果函数 $f(x)$ 在区间 $[a,b]$ 上有定义,用点

$$a = x_0 < x_1 < x_2 < \cdots < x_{n-1} < x_n = b$$

把 $[a,b]$ 分成 n 个小区间

$$[x_0, x_1], \quad [x_1, x_2], \quad \cdots, \quad [x_{n-1}, x_n],$$

这些小区间的长度分别记为

$$\Delta x_1 = x_1 - x_0, \quad \Delta x_2 = x_2 - x_1, \quad \cdots, \quad \Delta x_n = x_n - x_{n-1}.$$

在每个小区间 $[x_{i-1}, x_i]$ 上任取一点 ξ_i，作函数值 $f(\xi_i)$ 与小区间长度 Δx_i 的乘积 $f(\xi_i)\Delta x_i (i=1,2,\cdots,n)$，并作和

$$S_n = \sum_{i=1}^n f(\xi_i)\Delta x_i,$$

记 $\Delta x = \max\{\Delta x_1, \Delta x_2, \cdots, \Delta x_n\}$，当 $\Delta x \to 0$ 时，和式 S_n 的极限存在，这时我们称这个极限值为函数 $f(x)$ 在区间 $[a,b]$ 上的**定积分**，记作 $\int_a^b f(x)\mathrm{d}x$，即

$$\int_a^b f(x)\mathrm{d}x = \lim_{\Delta x \to 0} \sum_{i=1}^n f(\xi_i)\Delta x_i,$$

其中，$f(x)$ 称为**被积函数**，$f(x)\mathrm{d}x$ 称为**被积表达式**，x 称为**积分变量**，a 称为**积分下限**，b 称为**积分上限**，$[a,b]$ 称为**积分区间**，"$\int$" 为**积分号**.

按定积分定义，曲边梯形的面积 S 可用定积分表示为

$$S = \int_a^b f(x)\mathrm{d}x \quad [f(x) \geqslant 0].$$

注意：

(1) 如果积分和式的极限存在，则此极限是个常量，它只与被积函数 $f(x)$ 的表达式以及积分区间 $[a,b]$ 有关，而与积分变量用什么字母表示无关，即有

$$\int_a^b f(x)\mathrm{d}x = \int_a^b f(t)\mathrm{d}t.$$

(2) 在定积分定义中，我们假定 $a < b$，如果 $b < a$，我们规定

$$\int_a^b f(x)\mathrm{d}x = -\int_b^a f(x)\mathrm{d}x.$$

特别地，当 $a = b$ 时，有

$$\int_a^b f(x)\mathrm{d}x = 0.$$

(3) 函数 $f(x)$ 在 $[a,b]$ 上满足怎样的条件，$f(x)$ 在 $[a,b]$ 上可积？这个问题我们只给出以下两个充分条件，它们的证明已超出本书范围，所以略去.

结论1 若 $f(x)$ 在区间 $[a,b]$ 上连续，则 $f(x)$ 在 $[a,b]$ 上可积.

结论2 若 $f(x)$ 在区间 $[a,b]$ 上有界，且只有有限个间断点，则 $f(x)$ 在 $[a,b]$ 上可积.

习题 6.1

1. 利用定积分的几何意义，求下列定积分：

(1) $\int_{-1}^2 x\mathrm{d}x$； (2) $\int_{-\pi}^{\pi} \sin x\mathrm{d}x$；

(3) $\int_1^4 x\mathrm{d}x$； (4) $\int_0^1 (2x+1)\mathrm{d}x$；

(5) $\int_0^4 (2-x)\mathrm{d}x$； (6) $\int_0^1 \sqrt{1-x^2}\mathrm{d}x$.

2. 由定积分的几何意义，判定下列定积分的值的正负：

(1) $\int_{-3}^1 x\mathrm{d}x$； (2) $\int_0^{\frac{\pi}{2}} \sin x\mathrm{d}x$；

(3) $\int_{-\frac{\pi}{2}}^{0} \sin x \mathrm{d}x$; (4) $\int_{-\frac{\pi}{2}}^{\pi} \sin x \mathrm{d}x$.

3. 用定积分表示下列极限：

(1) $\lim_{n \to \infty} \sum_{i=1}^{n} \frac{n}{n^2 + i^2}$; (2) $\lim_{n \to \infty} \sum_{i=1}^{n} \frac{1}{n+i}$.

4. 设有一水池，深 4 m，其横截面都是圆，圆的半径与截面到池底的距离 h 之间有以下关系：$r = \sqrt{h}$，求水池的容积.

5. 已知某一导线中的电流 $i = f(t)$，用定积分表达从 t_1 到 t_2 这段时间内通过导线横截面的电量.

6. 已知一物体在 x 轴上作直线运动，它在点 x 处所受的力为 $F = F(x)$（设这个力平行于 x 轴），用定积分表示这个物体从 $x = a$ 移动到 $x = b$ 时，变力 $F = F(x)$ 所做的功.

7. 设 x 轴上有一细棒，位于 $x = a$ 与 $x = b$ 的区间上，细棒在 x 处的线密度为 $\delta = f(x)$，用定积分表达这根细棒的质量.

8. 利用定积分的几何意义，计算作自由落体运动物体从 $t = 3$ s 到 $t = 5$ s 这段时间内下落的路程 $\int_{3}^{5} gt \mathrm{d}t$ 的数值.

9. 设 $a < b$，问 a, b 取什么值时，积分 $\int_{a}^{b} (x - x^2) \mathrm{d}x$ 取得最大值？

§6.2 定积分的性质

下面我们讨论定积分的性质. 下列各性质中积分上下限的大小，如不特别指明，均不加限制，并假设各性质中所列出的定积分都是存在的.

性质 1 函数的和（差）的定积分等于它们的定积分的和（差），即
$$\int_{a}^{b} [f(x) \pm g(x)] \mathrm{d}x = \int_{a}^{b} f(x) \mathrm{d}x \pm \int_{a}^{b} g(x) \mathrm{d}x.$$

证
$$\int_{a}^{b} [f(x) \pm g(x)] \mathrm{d}x = \lim_{\Delta x \to 0} \sum_{i=1}^{n} [f(\xi_i) \pm g(\xi_i)] \Delta x_i$$
$$= \lim_{\Delta x \to 0} \sum_{i=1}^{n} f(\xi_i) \Delta x_i \pm \lim_{\Delta x \to 0} \sum_{i=1}^{n} g(\xi_i) \Delta x_i$$
$$= \int_{a}^{b} f(x) \mathrm{d}x \pm \int_{a}^{b} g(x) \mathrm{d}x.$$

这个性质可以推广到有限个函数的和（差）的情况.

性质 2 被积函数的常数因子可以提到积分号外面，即
$$\int_{a}^{b} kf(x) \mathrm{d}x = k \int_{a}^{b} f(x) \mathrm{d}x \quad (k \text{ 是常数}).$$

证
$$\int_{a}^{b} kf(x) \mathrm{d}x = \lim_{\Delta x \to 0} \sum_{i=1}^{n} kf(\xi_i) \Delta x_i$$
$$= k \lim_{\Delta x \to 0} \sum_{i=1}^{n} f(\xi_i) \Delta x_i$$
$$= k \int_{a}^{b} f(x) \mathrm{d}x.$$

性质 3 若将积分区间分成两部分，则在整个区间上的定积分等于这两部分区间上定积分之和，即设 $a < c < b$，则

$$\int_a^b f(x)\mathrm{d}x = \int_a^c f(x)\mathrm{d}x + \int_c^b f(x)\mathrm{d}x.$$

证 因为函数 $f(x)$ 在区间 $[a,b]$ 上可积,所以不论把 $[a,b]$ 怎样分,积分和的极限总是不变的.因此在分区间时,可以使 c 永远是分点,那么 $[a,b]$ 上的积分和等于 $[a,c]$ 上的积分与 $[c,b]$ 上的积分之和,记为

$$\sum_{[a,b]} f(\xi_i)\Delta x_i = \sum_{[a,c]} f(\xi_i)\Delta x_i + \sum_{[c,b]} f(\xi_i)\Delta x_i,$$

令 $\Delta x \to 0$,上式两端同时取极限,即得

$$\int_a^b f(x)\mathrm{d}x = \int_a^c f(x)\mathrm{d}x + \int_c^b f(x)\mathrm{d}x.$$

此性质也称为定积分的可加性.

由定积分的补充说明,可知:不论 a,b,c 相对位置如何,总有等式

$$\int_a^b f(x)\mathrm{d}x = \int_a^c f(x)\mathrm{d}x + \int_c^b f(x)\mathrm{d}x$$

成立.

若 $a<b<c$,由于

$$\int_a^c f(x)\mathrm{d}x = \int_a^b f(x)\mathrm{d}x + \int_b^c f(x)\mathrm{d}x = \int_a^b f(x)\mathrm{d}x - \int_c^b f(x)\mathrm{d}x,$$

于是得

$$\int_a^b f(x)\mathrm{d}x = \int_a^c f(x)\mathrm{d}x + \int_c^b f(x)\mathrm{d}x.$$

性质 4 若在区间 $[a,b]$ 上,$f(x) \equiv 1$,则

$$\int_a^b 1\mathrm{d}x = \int_a^b \mathrm{d}x = b-a.$$

此性质读者可以自行证明.

性质 5 若函数 $f(x)$ 与 $g(x)$ 在区间 $[a,b]$ 上总满足条件 $f(x) \leqslant g(x)$,则

$$\int_a^b f(x)\mathrm{d}x \leqslant \int_a^b g(x)\mathrm{d}x.$$

证 $\int_a^b g(x)\mathrm{d}x - \int_a^b f(x)\mathrm{d}x = \int_a^b [g(x)-f(x)]\mathrm{d}x = \lim_{\Delta x \to 0}\sum_{i=1}^n [g(\xi_i)-f(\xi_i)]\Delta x_i,$

由于 $\qquad g(\xi_i)-f(\xi_i) \geqslant 0, \quad \Delta x_i \geqslant 0 \quad (i=1,2,\cdots,n),$

所以 $\qquad \lim_{\Delta x \to 0}\sum_{i=1}^n [g(\xi_i)-f(\xi_i)]\Delta x_i \geqslant 0,$

因此 $\qquad \int_a^b g(x)\mathrm{d}x \geqslant \int_a^b f(x)\mathrm{d}x,$

即 $\qquad \int_a^b f(x)\mathrm{d}x \leqslant \int_a^b g(x)\mathrm{d}x.$

性质 6 设 M 及 m 分别是函数 $f(x)$ 在区间 $[a,b]$ 上的最大值及最小值,则

$$m(b-a) \leqslant \int_a^b f(x)\mathrm{d}x \leqslant M(b-a) \quad (a<b).$$

证 由 $m \leqslant f(x) \leqslant M$,以及性质 5 得

$$\int_a^b m\mathrm{d}x \leqslant \int_a^b f(x)\mathrm{d}x \leqslant \int_a^b M\mathrm{d}x,$$

再由性质 2、性质 4 得
$$m(b-a) \leqslant \int_a^b f(x)\mathrm{d}x \leqslant M(b-a).$$

此性质说明,由被积函数在积分区间上的最大值及最小值,可以估计定积分值的范围.

例如,定积分 $\int_{\frac{1}{2}}^1 x^4 \mathrm{d}x$,它的被积函数 $f(x)=x^4$ 在积分区间 $\left[\frac{1}{2},1\right]$ 上是单调增加的,于是 $f(x)=x^4$ 在 $\left[\frac{1}{2},1\right]$ 上的最小值为 $m=\left(\frac{1}{2}\right)^4=\frac{1}{16}$,最大值 $M=1^4=1$,由性质 6 得
$$\frac{1}{16}\left(1-\frac{1}{2}\right) \leqslant \int_{\frac{1}{2}}^1 x^4 \mathrm{d}x \leqslant 1 \cdot \left(1-\frac{1}{2}\right),$$
即
$$\frac{1}{32} \leqslant \int_{\frac{1}{2}}^1 x^4 \mathrm{d}x \leqslant \frac{1}{2}.$$

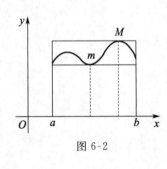

图 6-2

性质 6 的几何解释是:由曲线 $y=f(x)$,$x=a$,$x=b$ 和 x 轴所围成的曲边梯形面积,介于以 $[a,b]$ 为底,以最小纵坐标 m 为高的矩形面积及最大纵坐标 M 为高的矩形面积之间,如图 6-2 所示.

性质7(定积分中值定理) 若函数 $f(x)$ 在闭区间 $[a,b]$ 上连续,则在积分区间 $[a,b]$ 上至少存在一点 ξ,使得下面等式成立:
$$\int_a^b f(x)\mathrm{d}x = f(\xi)(b-a) \quad (a \leqslant \xi \leqslant b).$$

此公式称为积分中值公式.

证 由性质 6 中的不等式各除以 $b-a$,得
$$m \leqslant \frac{1}{b-a}\int_a^b f(x)\mathrm{d}x \leqslant M.$$

此式表明 $\frac{1}{b-a}\int_a^b f(x)\mathrm{d}x$ 介于 $f(x)$ 的最小值 m 及最大值 M 之间. 根据闭区间上连续函数的介值定理,在 $[a,b]$ 上至少存在一点 ξ,使得函数 $f(x)$ 在点 ξ 处的值与 $\frac{1}{b-a}\int_a^b f(x)\mathrm{d}x$ 数值相等,即应有
$$\frac{1}{b-a}\int_a^b f(x)\mathrm{d}x = f(\xi) \quad (a \leqslant \xi \leqslant b),$$
故
$$\int_a^b f(x)\mathrm{d}x = f(\xi) \quad (b-a).$$

定积分中值定理有如下的几何解释:在区间 $[a,b]$ 上至少存在一点 ξ,使得以区间 $[a,b]$ 为底边,与 $x=a$,$x=b$,$y=f(x)$ 所围成的曲线图形的面积等于同一底边上高为 $f(\xi)$ 的矩形的面积,如图 6-3 所示.

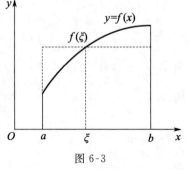

图 6-3

习题 6.2

1. 不计算积分,比较下列积分值的大小:

(1) $\int_0^1 x^3 \mathrm{d}x$ 与 $\int_0^1 x^2 \mathrm{d}x$;

(2) $\int_1^2 x^3 \mathrm{d}x$ 与 $\int_1^2 x^2 \mathrm{d}x$;

(3) $\int_0^1 \mathrm{e}^x \mathrm{d}x$ 与 $\int_0^1 \mathrm{e}^{x^2} \mathrm{d}x$;

(4) $\int_0^{\frac{\pi}{2}} x \mathrm{d}x$ 与 $\int_0^{\frac{\pi}{2}} \sin x \mathrm{d}x$.

2. 利用定积分的性质 6 估计 $\int_0^1 e^x dx$ 的积分值.

3. 设 $\int_{-1}^1 3f(x)dx = 18, \int_{-1}^3 f(x)dx = 4, \int_{-1}^3 g(x)dx = 3$, 求:

(1) $\int_{-1}^1 f(x)dx$;

(2) $\int_1^3 f(x)dx$;

(3) $\int_3^{-1} g(x)dx$;

(4) $\int_3^{-1} \frac{1}{5}[4f(x) + 3g(x)]dx$.

4. 设 $f(x)$ 和 $g(x)$ 在 $[a,b]$ 上连续,证明:

(1) 若在 $[a,b]$ 上, $f(x) \geqslant 0$, 则
$$\int_a^b f(x)dx \geqslant 0;$$

(2) 若在 $[a,b]$ 上, $f(x) \geqslant 0$, 且
$$\int_a^b f(x)dx = 0,$$
则在 $[a,b]$ 上, $f(x) \equiv 0$;

(3) 若在 $[a,b]$ 上, $f(x) \leqslant g(x)$, 且
$$\int_a^b f(x)dx = \int_a^b g(x)dx,$$
则在 $[a,b]$ 上, $f(x) \equiv g(x)$.

5. 水利工程中要计算拦水闸门所受的水压力. 已知闸门上水的压强 p 与水深 h 存在函数关系, 且有 $p = 9.8h (kN/m^2)$. 若闸门门高 $H = 3\,m$, 宽 $L = 2\,m$, 求水面与闸门顶相齐时闸门所受的水压力 F.

6. 设 $f(x)$ 在 $[0,1]$ 连续, 证明 $\int_0^1 f^2(x)dx \geqslant \left[\int_0^1 f(x)dx\right]^2$.

§6.3 微积分学基本公式

由定积分的定义可以看出计算定积分用定义的方法比较麻烦. 如果被积函数是比较复杂的函数, 其困难就更大. 因此, 我们必须寻求计算定积分的有效方法.

我们知道, 原函数概念与作为和式极限的定积分概念是从两个完全不同的角度引进来的, 那么它们之间有没有关系呢? 本节我们就研究这两个概念之间的关系, 并通过这个关系, 得出利用原函数计算定积分的公式.

一、积分上限的函数及其导数

设函数 $f(x)$ 在区间 $[a,b]$ 上连续, x 为区间 $[a,b]$ 上的任意一点, 现在来考察 $f(x)$ 在部分区间 $[a,x]$ 上的定积分 $\int_a^x f(x)dx$.

首先, 由于 $f(x)$ 在 $[a,x]$ 上连续, 因此这个定积分存在. 这时 x 既表示定积分的上限, 又表示积分变量. 因为定积分与积分变量的记法无关, 所以为了明确起见, 可以把积分变量改用其他字母, 如用 t 表示, 则上面定积分可以写成
$$\int_a^x f(t)dt.$$

如果上限 x 在区间 $[a,b]$ 上任意变动, 则对于每一个取定的 x 值, 定积分有一个对应值, 所以它在区间 $[a,b]$ 上定义了一个函数, 记作 $\Phi(x)$, 即

$$\Phi(x)=\int_a^x f(t)\mathrm{d}t,\quad x\in[a,b].$$

定理 1 若函数 $f(x)$ 在区间 $[a,b]$ 上连续,则积分上限的函数

$$\Phi(x)=\int_a^x f(t)\mathrm{d}t,\quad x\in[a,b],$$

在 $[a,b]$ 上具有导数,并且它的导数是

$$\Phi'(x)=\frac{\mathrm{d}}{\mathrm{d}x}\int_a^x f(t)\mathrm{d}t=f(x),\quad x\in[a,b].$$

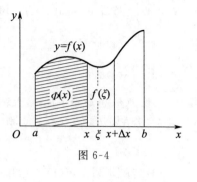

图 6-4

证 当上限 x 取得改变量 Δx,如图 6-4 所示,$\Delta x>0$,$\Phi(x)$ 在 $x+\Delta x$ 处的函数值为

$$\Phi(x+\Delta x)=\int_a^{x+\Delta x} f(t)\mathrm{d}t,$$

于是得到函数的改变量

$$\begin{aligned}\Delta\Phi&=\Phi(x+\Delta x)-\Phi(x)\\&=\int_a^{x+\Delta x}f(t)\mathrm{d}t-\int_a^x f(t)\mathrm{d}t\\&=\int_a^x f(t)\mathrm{d}t+\int_x^{x+\Delta x}f(t)\mathrm{d}t-\int_a^x f(t)\mathrm{d}t\\&=\int_x^{x+\Delta x}f(t)\mathrm{d}t.\end{aligned}$$

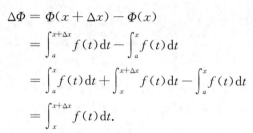

变上限积分及其导数

由积分中值定理,即有等式 $\Delta\Phi=f(\xi)\Delta x(\xi\in[x,x+\Delta x])$,

于是

$$\frac{\Delta\Phi}{\Delta x}=f(\xi).$$

由于假设 $f(x)$ 在 $[a,b]$ 上连续,而当 $\Delta x\to 0$ 时,$\xi\to x$,因此 $\lim\limits_{\Delta x\to 0}f(\xi)=f(x)$. 于是令 $\Delta x\to 0$,对上式两端取极限,左端的极限也存在且等于 $f(x)$,即 $\Phi(x)$ 的导数存在,并且 $\Phi'(x)=f(x)$.

由定理 1 可知,$\Phi(x)$ 是连续函数 $f(x)$ 的一个原函数. 因此,引出如下的原函数存在定理.

定理 2 若函数 $f(x)$ 在区间 $[a,b]$ 上连续,则函数

$$\Phi(x)=\int_a^x f(t)\mathrm{d}t$$

是 $f(x)$ 在 $[a,b]$ 上的一个原函数.

例 1 求导数 $\dfrac{\mathrm{d}}{\mathrm{d}x}\int_0^1\sin\mathrm{e}^x\mathrm{d}x$.

解 由于定积分 $\int_0^1\sin\mathrm{e}^x\mathrm{d}x$ 是常数,所以

$$\frac{\mathrm{d}}{\mathrm{d}x}\int_0^1\sin\mathrm{e}^x\mathrm{d}x=0.$$

例 2 求导数 $\dfrac{\mathrm{d}}{\mathrm{d}x}\int_0^x\sin\mathrm{e}^t\mathrm{d}t$.

解 由于 $\int_0^x\sin\mathrm{e}^t\mathrm{d}t$ 是变上限定积分,为积分上限 x 的函数,由定理 2,有

$$\frac{\mathrm{d}}{\mathrm{d}x}\int_0^x\sin\mathrm{e}^t\mathrm{d}t=\sin\mathrm{e}^x.$$

例3 求导数 $\dfrac{\mathrm{d}}{\mathrm{d}x}\displaystyle\int_x^0 \sin \mathrm{e}^t\mathrm{d}t$.

解 由于 $\displaystyle\int_x^0 \sin \mathrm{e}^t\mathrm{d}t$ 是变下限定积分,因此不能直接应用定理 2 求它的导数. 可以先把它化为变上限定积分,然后应用定理 2 求它的导数,即

$$\frac{\mathrm{d}}{\mathrm{d}x}\int_x^0 \sin \mathrm{e}^t\mathrm{d}t = -\frac{\mathrm{d}}{\mathrm{d}x}\int_0^x \sin \mathrm{e}^t\mathrm{d}t$$
$$= -\sin \mathrm{e}^x.$$

例4 求导数 $\dfrac{\mathrm{d}}{\mathrm{d}x}\displaystyle\int_0^{\sqrt{x}} \sin \mathrm{e}^t\mathrm{d}t$.

解 由于变上限定积分 $\displaystyle\int_0^{\sqrt{x}} \sin \mathrm{e}^t\mathrm{d}t$ 是积分上限的 $\sqrt{x}$ 函数,而积分上限 $\sqrt{x}$ 又为自变量 x 的函数,于是变上限定积分 $\displaystyle\int_0^{\sqrt{x}} \sin \mathrm{e}^t\mathrm{d}t$ 为自变量 x 的复合函数. 根据复合函数导数运算法则,有

$$\frac{\mathrm{d}}{\mathrm{d}x}\int_0^{\sqrt{x}} \sin \mathrm{e}^t\mathrm{d}t = \sin \mathrm{e}^{\sqrt{x}} \frac{1}{2\sqrt{x}}$$
$$= \frac{\sin \mathrm{e}^{\sqrt{x}}}{2\sqrt{x}}.$$

例5 求 $\dfrac{\mathrm{d}}{\mathrm{d}x}\displaystyle\int_x^{x^2} \sin t\mathrm{d}t$

解
$$\frac{\mathrm{d}}{\mathrm{d}x}\int_x^{x^2} \sin t\mathrm{d}t = \frac{\mathrm{d}}{\mathrm{d}x}\left(\int_x^0 \sin t\mathrm{d}t + \int_0^{x^2} \sin t\mathrm{d}t\right)$$
$$= -\frac{\mathrm{d}}{\mathrm{d}x}\int_0^x \sin t\mathrm{d}t + \frac{\mathrm{d}}{\mathrm{d}x}\int_0^{x^2} \sin t\mathrm{d}t$$
$$= -\sin x + \sin x^2 \cdot 2x$$
$$= 2x\sin x^2 - \sin x.$$

例6 已知变上限定积分 $\displaystyle\int_a^x f(t)\mathrm{d}t = 5x^3 + 40$,求 $f(x)$ 与 a.

解 对关系式 $\displaystyle\int_a^x f(t)\mathrm{d}t = 5x^3 + 40$ 两端同对自变量求导,

得到 $$f(x) = 15x^2.$$

关系式 $\displaystyle\int_a^x f(t)\mathrm{d}t = 5x^3 + 40$ 在 $x = a$ 处当然是成立的,有 $\displaystyle\int_a^a f(t)\mathrm{d}t = 5a^3 + 40$,
根据定积分的定义,有 $$5a^3 + 40 = 0,$$
得到 $$a = -2.$$

例7 求极限 $\displaystyle\lim_{x\to 0}\dfrac{\displaystyle\int_0^x \cos^2 t\mathrm{d}t}{x}$.

解 当 $x \to 0$ 时,变上限定积分 $\displaystyle\int_0^x \cos^2 t\mathrm{d}t$ 的极限为零,因而所求极限为 $\dfrac{0}{0}$ 型未定式极限,可以应用洛必达法则求解.

所以 $$\lim_{x\to 0}\frac{\displaystyle\int_0^x \cos^2 t\mathrm{d}t}{x} = \lim_{x\to 0}\frac{\cos^2 x}{1} = 1.$$

例 8 求 $\lim\limits_{x\to 0}\dfrac{\int_0^x e^t dt}{x}$.

解 此极限是 $\dfrac{0}{0}$ 型未定式的极限,应用洛必达法则,分子、分母同时对 x 求导数,有

$$\lim_{x\to 0}\frac{\int_0^x e^t dt}{x}=\lim_{x\to 0}\frac{e^x}{1}=1.$$

二、牛顿-莱布尼茨公式

下面根据定理 2 证明一个重要定理,它给出了用原函数计算定积分的公式.

定理 3 设函数 $f(x)$ 在区间 $[a,b]$ 上连续,且 $F(x)$ 是 $f(x)$ 的一个原函数,则

$$\int_a^b f(x)dx = F(b)-F(a).$$

证 $F(x)$ 是 $f(x)$ 的一个原函数,由定理 2 知 $\Phi(x)=\int_a^x f(t)dt$ 也是 $f(x)$ 的一个原函数,因此

$$\Phi(x) = F(x)+C \quad (C\text{ 是常数}),$$

由于

$$\Phi(a)=\int_a^a f(t)dt=0,$$

所以

$$F(a)+C=0,$$

即

$$C=-F(a),$$

于是

$$\Phi(x)=\int_a^x f(t)dt=F(x)-F(a),$$

令 $x=b$,则有

$$\Phi(b)=\int_a^b f(x)dx=F(b)-F(a),$$

即

$$\int_a^b f(x)dx = F(b)-F(a),$$

于是定理得证.

通常记为

$$\int_a^b f(x)dx = F(x)\Big|_a^b = F(b)-F(a) \quad \text{或} \quad \int_a^b f(x)dx = [F(x)]_a^b = F(b)-F(a).$$

此公式也叫**牛顿**(Newton)**-莱布尼茨**(Leibniz)**公式**或**微积分基本公式**. 这个公式进一步揭示了定积分与不定积分之间的关系,即一个连续函数在区间 $[a,b]$ 上的定积分等于它的任一个原函数在区间 $[a,b]$ 上的增量.

牛顿-莱布尼茨公式揭示了定积分与不定积分的内在联系,把求定积分归结为求原函数,使得定积分的计算简单明了,从而为定积分的广泛应用提供了必要的条件.

在计算定积分时,应当明确:积分变量从积分下限变化到积分上限,在积分区间上取值.

若能直接应用不定积分基本公式或第一换元积分法求原函数,则可直接应用牛顿-莱布尼茨公式求定积分.

例 9 计算 $\int_0^1 x^2 dx$.

解 由于 $\dfrac{x^3}{3}$ 是 x^2 的一个原函数,由牛顿-莱布尼茨公式有

$$\int_0^1 x^2 \mathrm{d}x = \frac{x^3}{3}\bigg|_0^1 = \frac{1^3}{3} - \frac{0^3}{3} = \frac{1}{3}.$$

例 10 计算 $\int_0^2 \sqrt{x}\,\mathrm{d}x$.

解
$$\int_0^2 \sqrt{x}\,\mathrm{d}x = \frac{2}{3}\sqrt{x^3}\bigg|_0^2 = \frac{2}{3}(2\sqrt{2} - 0) = \frac{4\sqrt{2}}{3}.$$

例 11 计算 $\int_1^{\mathrm{e}} \frac{1}{x}\mathrm{d}x$.

解
$$\int_1^{\mathrm{e}} \frac{1}{x}\mathrm{d}x = (\ln x)\bigg|_1^{\mathrm{e}} = \ln \mathrm{e} - \ln 1 = 1.$$

例 12 求 $\int_0^1 \mathrm{e}^x \mathrm{d}x$.

解
$$\int_0^1 \mathrm{e}^x \mathrm{d}x = \mathrm{e}^x\bigg|_0^1 = \mathrm{e} - 1.$$

例 13 求 $\int_0^{\pi} \cos^2 \frac{x}{2}\mathrm{d}x$.

解
$$\int_0^{\pi} \cos^2 \frac{x}{2}\mathrm{d}x = \int_0^{\pi} \frac{1 + \cos x}{2}\mathrm{d}x = \frac{1}{2}(x + \sin x)\bigg|_0^{\pi} = \frac{\pi}{2}.$$

例 14 求 $\int_0^{\frac{\pi}{4}} \tan^2 x \, \mathrm{d}x$.

解
$$\int_0^{\frac{\pi}{4}} \tan^2 x \, \mathrm{d}x = \int_0^{\frac{\pi}{4}} (\sec^2 x - 1)\mathrm{d}x = (\tan x - x)\bigg|_0^{\frac{\pi}{4}} = 1 - \frac{\pi}{4}.$$

例 15 求 $\int_0^1 \frac{1}{1 + x^2}\mathrm{d}x$.

解
$$\int_0^1 \frac{1}{1 + x^2}\mathrm{d}x = \arctan x\bigg|_0^1 = \arctan 1 - \arctan 0 = \frac{\pi}{4}.$$

例 16 求 $\int_{-1}^1 (x - 1)^3 \mathrm{d}x$.

解
$$\int_{-1}^1 (x - 1)^3 \mathrm{d}x = \frac{1}{4}(x - 1)^4\bigg|_{-1}^1 = \frac{1}{4}(0 - 16) = -4.$$

例 17 求 $\int_{-3}^0 \frac{1}{\sqrt{1 - x}}\mathrm{d}x$.

解 $\int_{-3}^0 \frac{1}{\sqrt{1 - x}}\mathrm{d}x = -\int_{-3}^0 \frac{1}{\sqrt{1 - x}}\mathrm{d}(1 - x) = -2\sqrt{1 - x}\bigg|_{-3}^0 = -2(1 - 2) = 2.$

例 18 求 $\int_0^{\pi} \sin 2x \, \mathrm{d}x$.

解
$$\int_0^{\pi} \sin 2x \, \mathrm{d}x = \frac{1}{2}\int_0^{\pi} \sin 2x \, \mathrm{d}(2x) = -\frac{1}{2}\cos 2x\bigg|_0^{\pi} = 0.$$

例 19 求 $\int_1^{\mathrm{e}} \frac{\ln x}{x}\mathrm{d}x$.

解
$$\int_1^{\mathrm{e}} \frac{\ln x}{x}\mathrm{d}x = \int_1^{\mathrm{e}} \ln x \, \mathrm{d}(\ln x) = \frac{1}{2}\ln^2 x\bigg|_1^{\mathrm{e}} = \frac{1}{2}(1 - 0) = \frac{1}{2}.$$

例 20 求 $\int_0^{\sqrt{a}} x\mathrm{e}^{x^2}\mathrm{d}x$.

解 $\int_0^{\sqrt{a}} x e^{x^2} dx = \frac{1}{2} \int_0^{\sqrt{a}} e^{x^2} d(x^2) = \frac{1}{2} e^{x^2} \Big|_0^{\sqrt{a}} = \frac{1}{2}(e^a - e^0) = \frac{1}{2}(e^a - 1).$

例 21 计算 $\int_1^3 |2-x| dx$.

解 因为 $|2-x| = \begin{cases} 2-x, & x \leqslant 2, \\ x-2, & x \geqslant 2, \end{cases}$

所以由定积分的可加性,有

$$\int_1^3 |2-x| dx = \int_1^2 (2-x) dx + \int_2^3 (x-2) dx$$
$$= \left(2x - \frac{1}{2}x^2\right)\Big|_1^2 + \left(\frac{1}{2}x^2 - 2x\right)\Big|_2^3$$
$$= \frac{1}{2} + \frac{1}{2} = 1.$$

在应用不定积分第一换元积分法求原函数的过程中,是自变量 x 从积分下限变化到积分上限,而不是中间变量 u 从积分下限变化到积分上限.

在应用牛顿-莱布尼茨公式求定积分时,必须注意被积函数在积分区间上连续这个条件,否则会出现错误.

习题 6.3

1. 求函数 $F(x) = \int_0^x \sin x dx$ 的导数在 $x = \pi$ 及 $x = \frac{\pi}{2}$ 处的值.

2. 求函数 $y = \int_2^x (t-1)(t-2)^2 dt$ 的极值点.

3. 求下列函数的导数:

(1) $\int_0^y e^{-t^2} dt + \int_1^{x^2} \sin u^2 du = 0$,求 $\frac{dy}{dx}$;

(2) $\int_0^{y^2} e^t dt = \int_0^x \ln \cos t dt$,求 $\frac{dy}{dx}$.

4. 求由参数方程 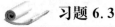 $\begin{cases} x = \int_0^t \sin u du, \\ y = \int_0^t \cos u du \end{cases}$ 所确定的函数对 x 的导数 $\frac{dy}{dx}$.

5. 求下列极限:

(1) $\lim_{x \to 0} \dfrac{\int_0^x \cos t^2 dt}{x}$; (2) $\lim_{x \to 0} \dfrac{x - \int_0^x \frac{\sin t}{t} dt}{x - \sin x}$; (3) $\lim_{x \to \infty} \dfrac{\left(\int_0^x e^{t^2} dt\right)^2}{\int_0^x e^{2t^2} dt}$.

6. 已知 $x \geqslant 0$ 及 $\int_0^{x^2(1+x)} f(t) dt = x$,求 $f(2)$.

7. 已知 $\int_0^x f(t) dt = \int_x^1 t^2 f(t) dt + \frac{x^{16}}{8} + \frac{x^{18}}{9} + c$,求 $f(x)$ 及 c.

8. 已知 $\int_{2\ln 2}^x \dfrac{dt}{\sqrt{e^t - 1}} = x$,求 x.

9. 一质点作直线运动,已知其速度 $v = 2t + 4 \text{(cm/s)}$,试求在前 10 s 内质点所经过的路程.

10. 物体运动的速度与时间的平方成正比,设从时间 $t = 0$ 开始后 3 s 内,物体经过的路程为 18 cm,试求路

程 s 和时间 t 的关系.

11. 计算下列积分:

(1) $\int_0^a (3x^2 - x + 1)dx$;

(2) $\int_1^2 \left(x^2 + \dfrac{1}{x^4}\right)dx$;

(3) $\int_4^9 \sqrt{x}(1+\sqrt{x})dx$;

(4) $\int_{\frac{1}{\sqrt{3}}}^{\sqrt{3}} \dfrac{1}{1+x^2}dx$;

(5) $\int_{-\frac{1}{2}}^{\frac{1}{2}} \dfrac{1}{\sqrt{1-x^2}}dx$;

(6) $\int_0^{\sqrt{3}a} \dfrac{1}{a^2+x^2}dx$;

(7) $\int_0^1 \dfrac{1}{\sqrt{4-x^2}}dx$;

(8) $\int_{-1}^0 \dfrac{3x^4+3x^2+1}{x^2+1}dx$;

(9) $\int_{-e-1}^{-2} \dfrac{1}{1+x}dx$;

(10) $\int_0^{\frac{\pi}{4}} \tan^2\theta d\theta$;

(11) $\int_0^{2\pi} |\sin x| dx$;

(12) $\int_0^2 f(x)dx$, 其中 $f(x) = \begin{cases} x+1, & x \leqslant 1, \\ \dfrac{1}{2}x^2, & x > 1. \end{cases}$

§6.4 定积分的换元积分法

在第五章中,我们已知道用换元积分法可以求出一些函数的原函数.因此,对应于不定积分换元积分法则,有定积分换元积分法则.

定理 假设

(1) 函数 $f(x)$ 在区间 $[a,b]$ 上连续;

(2) 函数 $x = \varphi(t)$ 在区间 $[\alpha,\beta]$ 上是单值的,且有连续导数;

(3) 当 t 在区间 $[\alpha,\beta]$ 上变化时,$x = \varphi(t)$ 的值在 $[a,b]$ 上变化,且
$$\varphi(\alpha) = a, \quad \varphi(\beta) = b,$$

则有
$$\int_a^b f(x)dx = \int_\alpha^\beta f[\varphi(t)]\varphi'(t)dt.$$

定积分的换元积分法

此公式称为**定积分的换元公式**.

证 若 $\int f(x)dx = F(x) + C$,由不定积分的换元公式有
$$\int f[\varphi(t)]\varphi'(t)dt = F[\varphi(t)] + C,$$

于是有
$$\int_a^b f(x)dx = F(x)\Big|_a^b$$
$$= F(b) - F(a)$$
$$= F[\varphi(\beta)] - F[\varphi(\alpha)]$$
$$= \int_\alpha^\beta f[\varphi(t)]\varphi'(t)dt.$$

从左往右方向使用换元积分公式,相当于不定积分的第二类换元积分法;从右往左方向使用换元积分公式,相当于不定积分的第一类换元积分法.

显然,换元积分公式对于 $\alpha > \beta$ 也是适用的.

注意：(1) 用 $x = \varphi(t)$ 把原来变量 x 代换成新变量 t 时，积分限也要换成相应于新变量 t 的积分限.

(2) 求出 $f[\varphi(t)]\varphi'(t)dt$ 的一个原函数 $\Phi(t)$ 后，不必像计算不定积分那样再把 $\Phi(t)$ 变成原来变量 x 的函数，而只要把新变量 t 的上、下限分别代入 $\Phi(t)$ 中然后相减就可以.

例 1 求积分 $\int_0^8 \dfrac{1}{1+\sqrt[3]{x}} dx$.

解 令 $t = \sqrt[3]{x}$，$x = t^3$，

则 $$dx = 3t^2 dt.$$

当 x 从 0 变到 8 时，t 从 0 变到 2，

所以
$$\int_0^8 \frac{1}{1+\sqrt[3]{x}} dx = \int_0^2 \frac{3t^2}{1+t} dt = 3\int_0^2 \frac{(t^2-1)+1}{1+t} dt$$
$$= 3\left(\frac{1}{2}t^2 - t + \ln|1+t|\right)\Big|_0^2 = 3\ln 3.$$

例 2 求 $\int_{\frac{1}{2}}^1 \dfrac{\sqrt{2x-1}}{x} dx$.

解 令 $t = \sqrt{2x-1}$，即 $x = \dfrac{1}{2}(t^2+1)$，

从而 $$dx = tdt.$$

当 $x = \dfrac{1}{2}$ 时，$t = 0$；当 $x = 1$ 时，$t = 1$，

所以
$$原式 = \int_0^1 \frac{t}{\frac{1}{2}(t^2+1)} t\,dt = 2\int_0^1 \frac{t^2}{t^2+1} dt$$
$$= 2\int_0^1 \left(1 - \frac{1}{1+t^2}\right) dt = 2(t - \arctan t)\Big|_0^1$$
$$= 2[(1-\arctan 1) - (0-\arctan 0)]$$
$$= 2 - \frac{\pi}{2}.$$

例 3 计算 $\int_0^a \sqrt{a^2-x^2}\,dx\,(a>0)$.

解 设 $x = a\sin t$，

则 $$dx = a\cos t\,dt.$$

当 $x = 0$ 时，$t = 0$；当 $x = a$ 时，$t = \dfrac{\pi}{2}$，

于是
$$\int_0^a \sqrt{a^2-x^2}\,dx = a^2 \int_0^{\frac{\pi}{2}} \cos^2 t\,dt = \frac{a^2}{2} \int_0^{\frac{\pi}{2}} (1+\cos 2t)\,dt$$
$$= \frac{a^2}{2}\left(t + \frac{1}{2}\sin 2t\right)\Big|_0^{\frac{\pi}{2}} = \frac{1}{4}\pi a^2.$$

例 4 求 $\int_0^{\frac{1}{2}} \dfrac{x^2}{\sqrt{(1-x^2)^3}} dx$.

解 令 $x = \sin t$，则 $dx = \cos t\,dt$.

当 $x=0$ 时,$t=0$;当 $x=\frac{1}{2}$ 时,$t=\frac{\pi}{6}$,则

$$原式=\int_0^{\frac{\pi}{6}} \frac{\sin^2 t}{\sqrt{(1-\sin^2 t)^3}} \cos t \, dt = \int_0^{\frac{\pi}{6}} \tan^2 t \, dt = (\tan t - t)\Big|_0^{\frac{\pi}{6}}$$

$$= \left(\frac{1}{\sqrt{3}} - 0\right) - \left(\frac{\pi}{6} - 0\right) = \frac{1}{\sqrt{3}} - \frac{\pi}{6}.$$

例 5 证明:

(1) 若 $f(x)$ 在 $[-a,a]$ 上连续,且为偶函数,则
$$\int_{-a}^a f(x) dx = 2\int_0^a f(x) dx;$$

(2) 若 $f(x)$ 在 $[-a,a]$ 上连续,且为奇函数,则
$$\int_{-a}^a f(x) dx = 0.$$

利用对称性求定积分

证 因为 $\int_{-a}^a f(x) dx = \int_{-a}^0 f(x) dx + \int_0^a f(x) dx,$

对积分 $\int_{-a}^0 f(x) dx$ 作代换,令 $x=-t,$

得 $$\int_{-a}^0 f(x) dx = -\int_a^0 f(-t) dt = \int_0^a f(-t) dt = \int_0^a f(-x) dx.$$

于是 $$\int_{-a}^a f(x) dx = \int_{-a}^0 f(x) dx + \int_0^a f(x) dx = \int_0^a f(-x) dx + \int_0^a f(x) dx$$

$$= \int_0^a [f(-x) + f(x)] dx.$$

(1) 若 $f(x)$ 为偶函数,即 $f(-x) = f(x)$,则
$$f(-x) + f(x) = 2f(x),$$

从而 $$\int_{-a}^a f(x) dx = 2\int_0^a f(x) dx;$$

(2) 若 $f(x)$ 为奇函数,即 $f(-x) = -f(x)$,则
$$f(-x) + f(x) = f(x) - f(x) = 0,$$

从而 $$\int_{-a}^a f(x) dx = 0.$$

此结论常可简化计算偶函数、奇函数在对称于原点的区间上的定积分.

例 6 求定积分 $\int_{-2}^2 \frac{\sin x}{1+x^2} dx.$

解 对于被积函数 $f(x) = \frac{\sin x}{1+x^2},$

因为 $$f(-x) = \frac{\sin(-x)}{1+(-x)^2} = -\frac{\sin x}{1+x^2} = -f(x),$$

所以 $f(x) = \frac{\sin x}{1+x^2}$ 为奇函数,

因而 $$\int_{-2}^2 \frac{\sin x}{1+x^2} dx = 0.$$

例 7 求定积分 $\int_{-1}^1 (x^5 + 5x^4 - 3x - 7) dx.$

解 尽管被积函数 $f(x) = x^5 + 5x^4 - 3x - 7$ 为非奇非偶函数,但其中 $x^5 - 3x$ 为奇函数, $5x^4 - 7$ 为偶函数,所以

$$\int_{-1}^{1} (x^5 + 5x^4 - 3x - 7) dx = 2\int_{0}^{1} (5x^4 - 7) dx = 2(x^5 - 7x)\Big|_{0}^{1}$$
$$= 2(1^5 - 0 - 7 \times 1 + 0) = -12.$$

 习题 6.4

1. 计算下列定积分:

(1) $\int_{\frac{\pi}{3}}^{\pi} \sin\left(x + \frac{\pi}{3}\right) dx$;

(2) $\int_{-2}^{1} \frac{1}{(9+4x)^3} dx$;

(3) $\int_{0}^{2\pi} \sin\varphi \cos^2\varphi \, d\varphi$;

(4) $\int_{0}^{\pi} (1 - \cos^2\theta) d\theta$;

(5) $\int_{0}^{\sqrt{2}} x\sqrt{2 - x^2} \, dx$;

(6) $\int_{0}^{1} x^2 \sqrt{1 - x^2} \, dx$;

(7) $\int_{-1}^{1} \frac{x dx}{\sqrt{5 - 4x}}$;

(8) $\int_{0}^{4} \frac{dx}{1 + \sqrt{x}}$;

(9) $\int_{0}^{1} t e^{-t^2} dt$;

(10) $\int_{1}^{2} \frac{dx}{x \sqrt{1 + \ln x}}$;

(11) $\int_{-2}^{-1} \frac{dx}{x^2 + 4x + 5}$;

(12) $\int_{-\frac{\pi}{2}}^{\frac{\pi}{2}} \cos x \cos 2x \, dx$;

(13) $\int_{-\frac{\pi}{2}}^{\frac{\pi}{2}} \sqrt{\cos x - \cos^3 x} \, dx$;

(14) $\int_{0}^{\pi} \sqrt{1 + \cos 2x} \, dx$;

(15) $\int_{0}^{\pi} (1 - \sin^3\theta) d\theta$;

(16) $\int_{\frac{1}{\sqrt{2}}}^{1} \frac{\sqrt{1 - x^2}}{x^2} dx$;

(17) $\int_{\frac{3}{4}}^{1} \frac{dx}{\sqrt{1 - x} - 1}$;

(18) $\int_{0}^{\sqrt{3}a} \frac{x}{\sqrt{3a^2 - x^2}} dx \quad (a > 0)$;

(19) $\int_{-2}^{0} \frac{(x+2) dx}{x^2 + 2x + 2}$;

(20) $\int_{1}^{\sqrt{3}} \frac{dx}{x^2 \sqrt{1 + x^2}}$.

2. 利用函数的奇偶性计算下列定积分:

(1) $\int_{-\frac{1}{2}}^{\frac{1}{2}} \frac{(\arcsin x)^2}{\sqrt{1 - x^2}} dx$;

(2) $\int_{-5}^{5} \frac{x^2 \sin x^3}{x^4 + 2x^2 + 1} dx$.

3. 设 $f(x)$ 在 $[a, b]$ 上连续,证明 $\int_{a}^{b} f(x) dx = \int_{a}^{b} f(a + b - x) dx$.

4. 证明 $\int_{x}^{1} \frac{dt}{1 + t^2} = \int_{1}^{\frac{1}{x}} \frac{dt}{1 + t^2} (x > 0)$.

5. 若 $f(t)$ 是连续的奇函数,证明 $\int_{0}^{x} f(t) dt$ 是偶函数;若 $f(t)$ 是连续的偶函数,证明 $\int_{0}^{x} f(t) dt$ 是奇函数.

§6.5 定积分的分部积分法

计算不定积分有分部积分法,相应地计算定积分也有分部积分法. 设函数 $u(x), v(x)$ 在区间 $[a, b]$ 上具有连续导数 $u'(x), v'(x)$,有

$$(uv)' = u'v + uv',$$

等式两端在$[a,b]$上取定积分,则$\int_a^b (uv)' dx = uv \Big|_a^b$,

得
$$uv \Big|_a^b = \int_a^b (u'v) dx + \int_a^b (uv') dx,$$

移项有
$$\int_a^b uv' dx = uv \Big|_a^b - \int_a^b u'v dx,$$

或写成
$$\int_a^b u dv = uv \Big|_a^b - \int_a^b v du.$$

这就是定积分的分部积分公式.

例1 求定积分$\int_1^5 \ln x dx$.

解 令 $u = \ln x, dv = dx$,

则
$$du = \frac{1}{x} dx, \quad v = x,$$

于是
$$\int_1^5 \ln x dx = x\ln x \Big|_1^5 - \int_1^5 x \frac{1}{x} dx = 5\ln 5 - 4.$$

例2 求定积分$\int_0^1 xe^x dx$.

解
$$\int_0^1 xe^x dx = \int_0^1 x de^x = xe^x \Big|_0^1 - \int_0^1 e^x dx$$
$$= e - e^x \Big|_0^1 = e - (e-1) = 1.$$

例3 求$\int_0^{\frac{\pi}{6}} (x+3)\sin 3x dx$.

解
$$\int_0^{\frac{\pi}{6}} (x+3)\sin 3x dx = -\frac{1}{3} \int_0^{\frac{\pi}{6}} (x+3) d(\cos 3x)$$
$$= -\frac{1}{3}(x+3)\cos 3x \Big|_0^{\frac{\pi}{6}} + \frac{1}{3} \int_0^{\frac{\pi}{6}} \cos 3x dx$$
$$= 1 + \frac{1}{9} \int_0^{\frac{\pi}{6}} \cos 3x d(3x)$$
$$= 1 + \frac{1}{9} \sin 3x \Big|_0^{\frac{\pi}{6}}$$
$$= 1 + \frac{1}{9} = \frac{10}{9}.$$

例4 求定积分$\int_0^{\frac{1}{2}} \arcsin x dx$.

解
$$\int_0^{\frac{1}{2}} \arcsin x dx = (x\arcsin x) \Big|_0^{\frac{1}{2}} - \int_0^{\frac{1}{2}} \frac{x}{\sqrt{1-x^2}} dx = \frac{1}{2} \cdot \frac{\pi}{6} + \frac{1}{2} \int_0^{\frac{1}{2}} \frac{d(1-x^2)}{\sqrt{1-x^2}}$$
$$= \frac{\pi}{12} + \sqrt{1-x^2} \Big|_0^{\frac{1}{2}} = \frac{\pi}{12} + \frac{\sqrt{3}}{2} - 1.$$

在许多定积分的计算中,既要用分部积分法也要用换元积分法,因此,在计算时要灵活使用定积分的方法.

例 5 计算 $\int_0^1 e^{\sqrt{x}} dx$.

解 令 $\sqrt{x} = t, x = t^2, dx = 2tdt$，则当 $x = 0$ 时，$t = 0$；当 $x = 1$ 时，$t = 1$，于是 $\int_0^1 e^{\sqrt{x}} dx = 2\int_0^1 te^t dt = 2te^t \Big|_0^1 - 2\int_0^1 e^t dt = 2e - 2(e^t) \Big|_0^1 = 2[e - (e-1)] = 2.$

 习题 6.5

1. 求下列定积分：

(1) $\int_0^1 xe^{-x} dx$；

(2) $\int_1^e x\ln x \, dx$；

(3) $\int_0^1 x\arctan x \, dx$；

(4) $\int_0^{\frac{\pi}{2}} e^{2x} \cos x \, dx$；

(5) $\int_1^e \sin(\ln x) dx$；

(6) $\int_{\frac{1}{e}}^e |\ln x| dx$；

(7) $I_m = \int_0^\pi x\sin^m x \, dx \quad (m \in \mathbf{N}^+)$.

§6.6 广 义 积 分

前面我们所研究的定积分有两个特点：一是积分区间为有限区间；二是被积函数在积分区间上是有界函数，但我们也不得不考虑无限区间上的积分和无界函数的积分，它们已不属于前面所研究的定积分. 因此，本节我们对定积分作如下推广，从而形成"广义积分"的概念.

一、无限区间上的广义积分

定义 1 设函数 $f(x)$ 在区间 $[a, +\infty)$ 连续. 取 $b > a$，若极限 $\lim_{b \to +\infty} \int_a^b f(x) dx$ 存在，则称此极限为函数 $f(x)$ 在无限区间 $[a, +\infty)$ 上的**广义积分**，记作 $\int_a^{+\infty} f(x) dx$，即

$$\int_a^{+\infty} f(x) dx = \lim_{b \to +\infty} \int_a^b f(x) dx,$$

这时也称广义积分 $\int_a^{+\infty} f(x) dx$ **收敛**；若上述极限不存在，就称广义积分 $\int_a^{+\infty} f(x) dx$ **发散**，这时虽然用同样的记号但已不表示数值.

类似地，设 $f(x)$ 在 $(-\infty, b]$ 上连续，取 $a < b$，若极限 $\lim_{a \to -\infty} \int_a^b f(x) dx$ 存在，则称此极限为函数 $f(x)$ 在无限区间 $(-\infty, b]$ 上的广义积分，记作 $\int_{-\infty}^b f(x) dx$，即

$$\int_{-\infty}^b f(x) dx = \lim_{a \to -\infty} \int_a^b f(x) dx,$$

这时也称广义积分 $\int_{-\infty}^b f(x) dx$ 收敛；若上述极限不存在，则称广义积分 $\int_{-\infty}^b f(x) dx$ 发散.

设函数 $f(x)$ 在区间 $(-\infty, +\infty)$ 上连续，若广义积分 $\int_{-\infty}^c f(x) dx$ 和 $\int_c^{+\infty} f(x) dx [c \in (-\infty, +\infty)]$ 都收敛，则称上面两个广义积分的和为函数 $f(x)$ 在无限区间 $(-\infty, +\infty)$ 上的

广义积分，记作 $\int_{-\infty}^{+\infty} f(x)\mathrm{d}x$，即

$$\int_{-\infty}^{+\infty} f(x)\mathrm{d}x = \int_{-\infty}^{c} f(x)\mathrm{d}x + \int_{c}^{+\infty} f(x)\mathrm{d}x = \lim_{a \to -\infty}\int_{a}^{c} f(x)\mathrm{d}x + \lim_{b \to +\infty}\int_{c}^{b} f(x)\mathrm{d}x,$$

这时也称广义积分 $\int_{-\infty}^{+\infty} f(x)\mathrm{d}x$ 收敛；否则称广义积分 $\int_{-\infty}^{+\infty} f(x)\mathrm{d}x$ 发散.

如果 $F(x)$ 是被积函数 $f(x)$ 的一个原函数，则广义积分的计算也可以省略极限符号，按牛顿-莱布尼茨公式的形式记作

$$\int_{-\infty}^{b} f(x)\mathrm{d}x = \lim_{a \to -\infty}\int_{a}^{b} f(x)\mathrm{d}x = \lim_{a \to -\infty} F(x)\Big|_{a}^{b} = F(x)\Big|_{-\infty}^{b},$$

$$\int_{a}^{+\infty} f(x)\mathrm{d}x = \lim_{b \to +\infty}\int_{a}^{b} f(x)\mathrm{d}x = \lim_{b \to +\infty} F(x)\Big|_{a}^{b} = F(x)\Big|_{a}^{+\infty},$$

$$\int_{-\infty}^{+\infty} f(x)\mathrm{d}x = \int_{-\infty}^{0} f(x)\mathrm{d}x + \int_{0}^{+\infty} f(x)\mathrm{d}x = F(x)\Big|_{-\infty}^{0} + F(x)\Big|_{0}^{+\infty} = F(x)\Big|_{-\infty}^{+\infty}.$$

例 1 计算 $\int_{1}^{+\infty} \dfrac{1}{x^2}\mathrm{d}x$.

解 $\int_{1}^{+\infty} \dfrac{1}{x^2}\mathrm{d}x = -\dfrac{1}{x}\Big|_{1}^{+\infty} = -(0-1) = 1.$

例 2 计算 $\int_{0}^{+\infty} \mathrm{e}^{-2x}\mathrm{d}x$.

解 $\int_{0}^{+\infty} \mathrm{e}^{-2x}\mathrm{d}x = -\dfrac{1}{2}\int_{0}^{+\infty} \mathrm{e}^{-2x}\mathrm{d}(-2x) = -\dfrac{1}{2}\mathrm{e}^{-2x}\Big|_{0}^{+\infty} = -\dfrac{1}{2}(0-1) = \dfrac{1}{2}.$

例 3 计算 $\int_{0}^{+\infty} \dfrac{x}{(1+x^2)^2}\mathrm{d}x$.

解 $\int_{0}^{+\infty} \dfrac{x}{(1+x^2)^2}\mathrm{d}x = \dfrac{1}{2}\int_{0}^{+\infty} \dfrac{\mathrm{d}(1+x^2)}{(1+x^2)^2} = -\dfrac{1}{2(1+x^2)}\Big|_{0}^{+\infty} = -\left(0-\dfrac{1}{2}\right) = \dfrac{1}{2}.$

例 4 已知广义积分 $\int_{-\infty}^{+\infty} \dfrac{A}{1+x^2}\mathrm{d}x = 1$，求常数 A.

解 $\int_{-\infty}^{+\infty} \dfrac{A}{1+x^2}\mathrm{d}x = A\arctan x\Big|_{-\infty}^{+\infty} = A\left[\dfrac{\pi}{2} - \left(-\dfrac{\pi}{2}\right)\right] = A\pi,$

根据已知条件得 $A\pi = 1$，所以 $A = \dfrac{1}{\pi}$.

例 5 试确定积分 $\int_{1}^{+\infty} \dfrac{1}{x^a}\mathrm{d}x$ 在 a 取什么值时收敛，取什么值时发散.

解 当 $a = 1$ 时，$\int_{1}^{+\infty} \dfrac{1}{x^a}\mathrm{d}x = \int_{1}^{+\infty} \dfrac{1}{x}\mathrm{d}x = \ln x\Big|_{1}^{+\infty} = +\infty$，即当 $a = 1$ 时，$\int_{1}^{+\infty} \dfrac{1}{x^a}\mathrm{d}x$ 发散.

当 $a \neq 1$ 时，$\int_{1}^{+\infty} \dfrac{1}{x^a}\mathrm{d}x = \dfrac{x^{1-a}}{1-a}\Big|_{1}^{+\infty} = \begin{cases} +\infty, & a < 1, \\ \dfrac{1}{a-1}, & a > 1. \end{cases}$

因此，当 $a > 1$ 时，$\int_{1}^{+\infty} \dfrac{1}{x^a}\mathrm{d}x$ 收敛，其值为 $\dfrac{1}{a-1}$；当 $a \leqslant 1$ 时，$\int_{1}^{+\infty} \dfrac{1}{x^a}\mathrm{d}x$ 发散.

二、无界函数的广义积分

定义 2 设函数 $f(x)$ 在 $(a,b]$ 上连续，在点 a 的右邻域内无界，取 $\varepsilon > 0$，若极限

$\lim\limits_{\varepsilon \to 0^+} \int_{a+\varepsilon}^{b} f(x) \mathrm{d}x$ 存在,则称此极限为函数 $f(x)$ 在 $(a,b]$ 上的**广义积分**,记作 $\int_a^b f(x) \mathrm{d}x$,即

$$\int_a^b f(x) \mathrm{d}x = \lim\limits_{\varepsilon \to 0^+} \int_{a+\varepsilon}^{b} f(x) \mathrm{d}x,$$

此时也称广义积分 $\int_a^b f(x) \mathrm{d}x$ **收敛**;若上述极限不存在,则称广义积分 $\int_a^b f(x) \mathrm{d}x$ **发散**.

类似地,设 $f(x)$ 在 $[a,b)$ 上连续,在点 b 的左邻域内无界,取 $\varepsilon > 0$,若极限 $\lim\limits_{\varepsilon \to 0^+} \int_a^{b-\varepsilon} f(x) \mathrm{d}x$ 存在,则定义

$$\int_a^b f(x) \mathrm{d}x = \lim\limits_{\varepsilon \to 0^+} \int_a^{b-\varepsilon} f(x) \mathrm{d}x,$$

此时,称广义积分 $\int_a^b f(x) \mathrm{d}x$ 收敛;否则,称广义积分 $\int_a^b f(x) \mathrm{d}x$ 发散.

无界函数的广义积分

设 $f(x)$ 在 $[a,b]$ 上除点 $c\ (a<c<b)$ 外连续,而在点 c 的邻域内无界. 若两个广义积分 $\int_a^c f(x) \mathrm{d}x$ 与 $\int_c^b f(x) \mathrm{d}x$ 都收敛,则定义

$$\int_a^b f(x) \mathrm{d}x = \int_a^c f(x) \mathrm{d}x + \int_c^b f(x) \mathrm{d}x = \lim\limits_{\varepsilon \to 0^+} \int_a^{c-\varepsilon} f(x) \mathrm{d}x + \lim\limits_{\varepsilon \to 0^+} \int_{c+\varepsilon}^b f(x) \mathrm{d}x$$

收敛;否则,就称广义积分 $\int_a^b f(x) \mathrm{d}x$ 发散.

例 6 求定积分 $\int_0^1 \dfrac{1}{\sqrt{x}} \mathrm{d}x$.

解 由于 $\lim\limits_{x \to 0^+} \dfrac{1}{\sqrt{x}} = +\infty$,说明 $\int_0^1 \dfrac{1}{\sqrt{x}} \mathrm{d}x$ 为广义积分,因此

$$\int_0^1 \dfrac{1}{\sqrt{x}} \mathrm{d}x = \lim\limits_{\varepsilon \to 0^+} \int_{0+\varepsilon}^1 \dfrac{1}{\sqrt{x}} \mathrm{d}x = \lim\limits_{\varepsilon \to 0^+} 2\sqrt{x} \Big|_{\varepsilon}^1 = 2 \lim\limits_{\varepsilon \to 0^+} (1-\sqrt{\varepsilon}) = 2.$$

例 7 求定积分 $\int_0^1 \dfrac{1}{\sqrt{1-x^2}} \mathrm{d}x$.

解 由于极限 $\lim\limits_{x \to 1} \dfrac{1}{\sqrt{1-x^2}} = +\infty$,说明 $\int_0^1 \dfrac{1}{\sqrt{1-x^2}} \mathrm{d}x$ 为广义积分,所以

$$\int_0^1 \dfrac{1}{\sqrt{1-x^2}} \mathrm{d}x = \lim\limits_{\varepsilon \to 0^+} \int_0^{1-\varepsilon} \dfrac{1}{\sqrt{1-x^2}} \mathrm{d}x$$
$$= \lim\limits_{\varepsilon \to 0^+} \arcsin x \Big|_0^{1-\varepsilon} = \lim\limits_{\varepsilon \to 0^+} \arcsin(1-\varepsilon)$$
$$= \arcsin 1 = \dfrac{\pi}{2}.$$

例 8 讨论广义积分 $\int_{-1}^1 \dfrac{1}{x^2} \mathrm{d}x$ 的敛散性.

解 当 $x=0$ 时,被积函数 $f(x) = \dfrac{1}{x^2}$ 间断,且 $\lim\limits_{x \to 0} \dfrac{1}{x^2} = \infty$,

$$\int_{-1}^0 \dfrac{1}{x^2} \mathrm{d}x = \lim\limits_{\varepsilon \to 0^+} \int_{-1}^{-\varepsilon} \dfrac{1}{x^2} \mathrm{d}x = \lim\limits_{\varepsilon \to 0^+} \left(-\dfrac{1}{x}\right) \Big|_{-1}^{-\varepsilon} = +\infty,$$

即广义积分 $\int_{-1}^0 \dfrac{1}{x^2} \mathrm{d}x$ 发散,所以 $\int_{-1}^1 \dfrac{1}{x^2} \mathrm{d}x = \int_{-1}^0 \dfrac{1}{x^2} \mathrm{d}x + \int_0^1 \dfrac{1}{x^2} \mathrm{d}x$ 发散.

例9 广义积分 $\int_0^1 \dfrac{\mathrm{d}x}{x^p}$，$p$ 为何值时积分收敛？p 为何值时积分发散？

解 当 $p=1$ 时，$\int_0^1 \dfrac{\mathrm{d}x}{x^p} = \int_0^1 \dfrac{\mathrm{d}x}{x} = \lim\limits_{\varepsilon \to 0^+} \ln x \Big|_{0+\varepsilon}^1 = +\infty$，则积分 $\int_0^1 \dfrac{\mathrm{d}x}{x^p}$ 发散.

当 $p \neq 1$ 时，$\int_0^1 \dfrac{\mathrm{d}x}{x^p} = \lim\limits_{\varepsilon \to 0^+} \dfrac{x^{1-p}}{1-p} \Big|_{0+\varepsilon}^1 = \begin{cases} \dfrac{1}{1-p}, & p < 1; \\ +\infty, & p > 1. \end{cases}$

于是，当 $p < 1$ 时，广义积分收敛，其值为 $\dfrac{1}{1-p}$；当 $p \geqslant 1$ 时，广义积分发散.

习题 6.6

1. 判定下列各广义积分的收敛性，如果收敛，计算其值：

(1) $\int_1^{+\infty} \dfrac{\mathrm{d}x}{\sqrt{x} + x\sqrt{x}}$；

(2) $\int_0^{+\infty} \mathrm{e}^{-2x} \mathrm{d}x$；

(3) $\int_2^{+\infty} \dfrac{x \mathrm{d}x}{1+x^2}$；

(4) $\int_0^{+\infty} \mathrm{e}^{-\sqrt{x}} \mathrm{d}x$；

(5) $\int_{-\infty}^{+\infty} \dfrac{2x \mathrm{d}x}{1+x^2}$；

(6) $\int_{-\infty}^{+\infty} x \mathrm{e}^{-x^2} \mathrm{d}x$；

(7) $\int_0^1 \dfrac{\mathrm{d}x}{1-x}$；

(8) $\int_0^5 \dfrac{x \mathrm{d}x}{\sqrt{25-x^2}}$；

(9) $\int_0^{\frac{1}{\mathrm{e}}} \dfrac{\mathrm{d}x}{x \ln^2 x}$；

(10) $\int_{-1}^1 \dfrac{x+1}{\sqrt[5]{x^3}} \mathrm{d}x$.

2. 当 k 为何值时，广义积分 $\int_2^{+\infty} \dfrac{\mathrm{d}x}{x(\ln x)^k}$ 收敛？当 k 为何值时，该广义积分发散？又当 k 为何值时，该积分取得最小值？

3. 利用递推公式计算积分 $I_n = \int_0^{+\infty} x^n \mathrm{e}^{-x} \mathrm{d}x (n \in \mathbf{N})$.

§6.7 定积分的应用

一、定积分的微元法

在本章第 1 节中求曲边梯形面积有四个步骤：分割、近似代替、求和、取极限. 在实际应用中可以把这些步骤简化为以下过程，在 $[a,b]$ 上任取小区间 $[x, x+\mathrm{d}x]$（见图 6-5），区间 $[x, x+\mathrm{d}x]$ 上的小曲边梯形 $\varphi\theta$ 的面积 ΔS 可以近似为以 $f(x)$ 为高，$\mathrm{d}x$ 为底的小矩形面积 $f(x) \mathrm{d}x$，即

$$\Delta S \approx f(x) \mathrm{d}x,$$

式中，ΔS 的近似值 $f(x) \mathrm{d}x$ 称为 S 的微元（或微分），记作

$$\mathrm{d}S = f(x) \mathrm{d}x,$$

把这些微元在 $[a,b]$ 上"无限累加"，即 a 到 b 的定积分 $\int_a^b f(x) \mathrm{d}x$ 就是曲边梯形的面积.

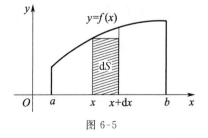

图 6-5

一般地，若所求量 Q 与 x 的变化区间 $[a,b]$ 有关，且关于区间 $[a,b]$ 具有可加性，在上述任意一个小区间 $[x,x+\mathrm{d}x]$ 上找出所求量的一微小量的近似值 $\mathrm{d}Q = f(x)\mathrm{d}x$，然后把它作为被积表达式，从而得到所求量的积分表达式

$$Q = \int_a^b f(x)\mathrm{d}x.$$

这种方法叫作**微元法**，$\mathrm{d}Q = f(x)\mathrm{d}x$ 称为所求量 Q 的**微元**.

二、定积分在几何中的应用

1. 平面图形的面积

（1）直角坐标情形.

由曲线 $y = f(x)(x \geqslant 0)$ 及 $x = a, x = b(a < b)$ 及 x 轴所围成的图形，如图 6-5 所示，其面积微元为 $\mathrm{d}S = f(x)\mathrm{d}x$，面积为

$$S = \int_a^b f(x)\mathrm{d}x.$$

由上、下两条曲线 $y = f(x), y = g(x),[f(x) \geqslant g(x)]$ 及 $x = a, x = b(a < b)$ 所围成的图形（见图 6-6），其面积微元为 $\mathrm{d}S = [f(x) - g(x)]\mathrm{d}x$，面积为

$$S = \int_a^b [f(x) - g(x)]\mathrm{d}x.$$

由左、右两条曲线 $x = \varphi(y), x = \psi(y)[\psi(y) > \varphi(y)]$ 及 $y = c, y = d(c < d)$ 所围成的图形（见图 6-7），其面积微元为 $\mathrm{d}S = [\psi(y) - \varphi(y)]\mathrm{d}y$，面积为

$$S = \int_c^d [\psi(y) - \varphi(y)]\mathrm{d}y.$$

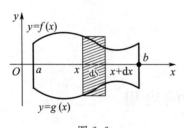

图 6-6

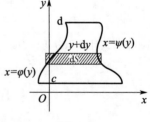

图 6-7

例 1 求曲线 $y = 4 - x^2$ 与 x 轴所围成的平面图形的面积.

解 如图 6-8 所示，取积分变量为 x，为了确定平面图形所在范围，求抛物线 $y = 4 - x^2$ 与 x 轴的交点.

解方程组 $\begin{cases} y = 4 - x^2, \\ y = 0, \end{cases}$ 得交点 $(-2, 0)$ 与 $(2, 0)$，可知积分区间为 $[-2, 2]$，其面积微元为 $\mathrm{d}S = (4 - x^2)\mathrm{d}x$，故所求图形面积为

$$S = \int_{-2}^{2}(4 - x^2)\mathrm{d}x = 2\int_0^2 (4 - x^2)\mathrm{d}x = \frac{32}{3}.$$

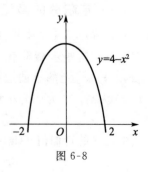

图 6-8

例 2 求两条抛物线 $y = x^2$ 与 $y^2 = x$ 所围成的平面图形的面积.

解 如图 6-9 所示，取 x 为积分变量，解方程组 $\begin{cases} y = x^2, \\ y^2 = x, \end{cases}$ 得交点 $(0,0)$ 与 $(1,1)$.

可知积分区间为 $[0,1]$，其面积微元为
$$dS = (\sqrt{x} - x^2)dx,$$
于是所求面积为
$$S = \int_0^1 (\sqrt{x} - x^2)dx = \left(\frac{2}{3}x^{\frac{3}{2}} - \frac{1}{3}x^3\right)\Big|_0^1 = \frac{1}{3}.$$

例 3 求抛物线 $y^2 = 2x$ 与直线 $y = x - 4$ 所围成的平面图形的面积.

解 如图 6-10 所示，取 y 为积分变量，解方程组 $\begin{cases} y^2 = 2x, \\ y = x - 4, \end{cases}$ 得交点 $(2, -2)$ 与 $(8, 4)$. 可知积分区间为 $[-2, 4]$，其面积微元为
$$dS = \left[(y + 4) - \frac{y^2}{2}\right]dy,$$
于是所求面积为
$$S = \int_{-2}^{4} \left[(y + 4) - \frac{y^2}{2}\right]dy = \left(\frac{1}{2}y^2 + 4y - \frac{1}{6}y^3\right)\Big|_{-2}^{4} = 18.$$

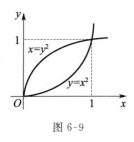

图 6-9

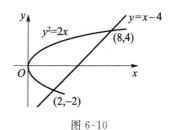

图 6-10

(2) 极坐标情形.

某些平面图形，用极坐标来计算它们的面积比较方便.

设由曲线 $\rho = \varphi(\theta)$ 及射线 $\theta = \alpha, \theta = \beta$ 围成一图形（简称为曲边扇形），现在要计算它的面积（见图 6-11）. 这里，$\varphi(\theta)$ 在 $[\alpha, \beta]$ 上连续，且 $\varphi(\theta) \geqslant 0$.

由于当 θ 在 $[\alpha, \beta]$ 上变动时，极径 $\rho = \varphi(\theta)$ 也随之变动，因此所求图形的面积不能直接利用扇形面积的公式 $A = \frac{1}{2}R^2\theta$ 来计算.

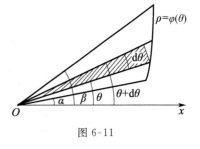

图 6-11

取极角 θ 为积分变量，它的变化区间为 $[\alpha, \beta]$. 相应于任一小区间 $[\theta, \theta + d\theta]$ 的窄曲边扇形的面积可以用半径为 $\rho = \varphi(\theta)$、中心角为 $d\theta$ 的扇形的面积来近似代替，从而得到这窄曲边扇形面积的近似值，即曲边扇形的面积元素
$$dA = \frac{1}{2}[\varphi(\theta)]^2 d\theta.$$

以 $\frac{1}{2}[\varphi(\theta)]^2 d\theta$ 为被积表达式，在闭区间 $[\alpha, \beta]$ 上作定积分，便得到所求曲边扇形的面积为
$$A = \int_\alpha^\beta \frac{1}{2}[\varphi(\theta)]^2 d\theta.$$

例 4 计算阿基米德螺线 $\rho=a\theta(a>0)$ 上相应于 θ 从 0 到 2π 的一段弧与极轴所围成的图形(见图 6-12)的面积.

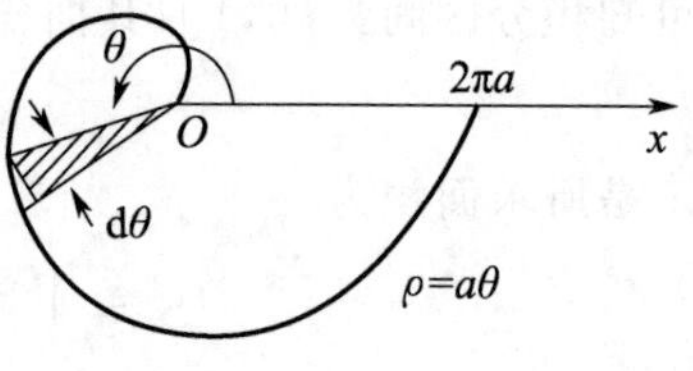

解 在指定的这段螺线上,θ 的变化区间为 $[0,2\pi]$. 相应于 $[0,2\pi]$ 上任一小区间 $[\theta,\theta+\mathrm{d}\theta]$ 的窄曲边扇形的面积近似于半径为 $a\theta$、中心角为 $\mathrm{d}\theta$ 的扇形的面积,从而得到面积元素

$$\mathrm{d}A=\frac{1}{2}(a\theta)^2\mathrm{d}\theta,$$

于是所求面积为

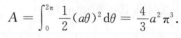

图 6-12

$$A=\int_0^{2\pi}\frac{1}{2}(a\theta)^2\mathrm{d}\theta=\frac{4}{3}a^2\pi^3.$$

例 5 计算心形线 $\rho=a(1+\cos\theta)(a>0)$ 所围成的图形的面积.

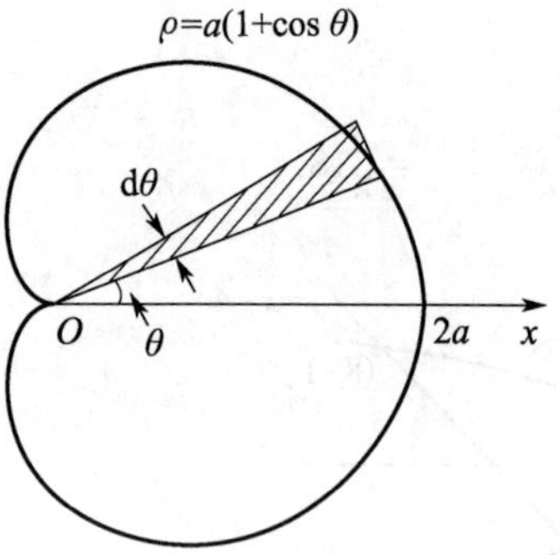

解 心形线所围成的图形如图 6-13 所示. 这个图形对称于极轴,因此所求图形的面积 A 是极轴以上部分图形面积 A_1 的两倍.

对于极轴以上部分的图形,θ 的变化区间为 $[0,\pi]$. 相应于 $[0,\pi]$ 上任一小区间 $[\theta,\theta+\mathrm{d}\theta]$ 的窄曲边扇形的面积近似于半径为 $a(1+\cos\theta)$、中心角为 $\mathrm{d}\theta$ 的扇形的面积.

图 6-13

从而得到面积元素

$$\mathrm{d}A=\frac{1}{2}a^2(1+\cos\theta)^2\mathrm{d}\theta,$$

于是

$$\begin{aligned}A_1&=\int_0^\pi\frac{1}{2}a^2(1+\cos\theta)^2\mathrm{d}\theta=\frac{a^2}{2}\int_0^\pi(1+2\cos\theta+\cos^2\theta)\mathrm{d}\theta\\&=\frac{a^2}{2}\int_0^\pi\left(\frac{3}{2}+2\cos\theta+\frac{1}{2}\cos 2\theta\right)\mathrm{d}\theta\\&=\frac{a^2}{2}\left(\frac{3}{2}\theta+2\sin\theta+\frac{1}{4}\sin 2\theta\right)\Big|_0^\pi=\frac{3}{4}\pi a^2,\end{aligned}$$

因而所求面积为 $A=2A_1=\frac{3}{2}\pi a^2$.

2. 旋转体的体积

设一旋转体是由连续曲线 $y=f(x)$ 与直线 $x=a,x=b$ 及 x 轴所围成的曲边梯形绕 x 轴旋转一周而成(见图 6-14),现在用微元法求它的体积.

在区间 $[a,b]$ 上任取 $[x,x+\mathrm{d}x]$,对应于该区间的小薄片体积近似于以 $f(x)$ 为半径,以 $\mathrm{d}x$ 为高的薄片圆柱体体积,从而得到体积微元为

$$\mathrm{d}V=\pi[f(x)]^2\mathrm{d}x,$$

则旋转体的体积为 $$V_x=\pi\int_a^b f^2(x)\mathrm{d}x.$$

类似地,若旋转体是由曲线 $x=\varphi(y)$ 与直线 $y=c,y=d$ 及 y 轴所围成的

求体积

图形绕 y 轴旋转一周而成的旋转体(见图 6-15),则其体积为

$$V_y = \pi \int_c^d \varphi^2(y) \, dy.$$

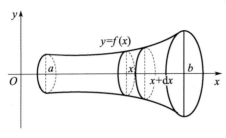

图 6-14

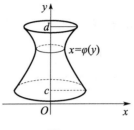

图 6-15

例 6 求椭圆 $\dfrac{x^2}{a^2} + \dfrac{y^2}{b^2} = 1$ 绕 x 轴旋转而成的旋转体的体积.

解 这个旋转体是由 $y = \dfrac{b}{a}\sqrt{a^2 - x^2}$ 绕 x 轴旋转而成的,如图 6-16 所示.

取 x 为积分变量,可知积分区间为 $[-a, a]$,其体积微元为

$$dV = \pi y^2 \, dx = \pi \dfrac{b^2}{a^2}(a^2 - x^2) \, dx,$$

故所求体积为

$$\int_{-a}^{a} \pi \dfrac{b^2}{a^2}(a^2 - x^2) \, dx = \dfrac{2\pi b^2}{a^2} \int_0^a (a^2 - x^2) \, dx = \dfrac{4}{3}\pi ab^2,$$

当 $a = b = R$ 时,得球体体积 $V = \dfrac{4}{3}\pi R^3$.

例 7 试求过点 $O(0,0)$ 和点 $P(r,h)$ 的直线与直线 $y = h$ 及 y 轴围成的直角三角形绕 y 轴旋转而成的圆锥体的体积(见图 6-17).

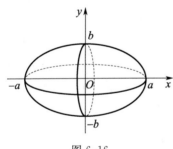

图 6-16

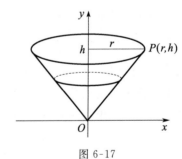

图 6-17

解 过 OP 的直线方程为 $y = \dfrac{h}{r}x$,即 $x = \dfrac{r}{h}y$,因为绕 y 轴旋转,取 y 为积分变量,那么积分区间为 $[0, h]$,体积微元为 $dV = \pi \left(\dfrac{r}{h}y\right)^2 dy$,故所求体积为

$$V = \pi \int_0^h \left(\dfrac{r}{h}y\right)^2 dy = \dfrac{\pi r^2}{h^2}\left(\dfrac{1}{3}y^3\right)\Big|_0^h = \dfrac{1}{3}\pi r^2 h.$$

3. 平行截面为已知的立体的体积

如图 6-18 所示,该立体位于两个平行平面 $x = a$ 和 $x = b$

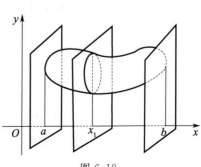

图 6-18

之间,以 $S(x)$ 表示过点 x 且垂直于 x 轴的截面面积,则 $S(x)$ 是已知的连续函数.

取 x 为积分变量,积分区间为 $[a,b]$,体积微元为 $dV = S(x)dx$,故所求的立体体积为

$$V = \int_a^b S(x)dx.$$

三、定积分在物理学中的应用

1. 变力做功

由物理学可知,在常力 F 的作用下,物体沿力的方向作直线运动,当物体移动一段距离 s 时,力所做的功为

$$W = F \cdot s.$$

但在实际问题中,物体在运动中所受到的力是变化的,这就是下面要讨论的变力做功的问题.

例 8 如图 6-19 所示,点 O 为弹簧的平衡位置.已知弹簧每拉长 0.02 m 需要 9.8 N 的力,求把弹簧拉长 0.1 m 所做的功.

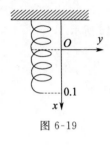

图 6-19

解 取弹簧的平衡位置为坐标原点,以拉伸方向为 x 轴的正向建立坐标系.因为弹簧在弹性限度内,拉伸弹簧所需的力 F 和弹簧的伸长量 x 成正比,若取为比例系数,则

$$F = kx,$$

又因 $\qquad x = 0.02 \text{ m}, \quad F = 9.8 \text{ N},$

代入得 $\qquad k = 4.9 \times 10^2 \text{ N/m}.$

取 x 为积分变量,积分区间为 $[0,0.1]$,在 $[0,0.1]$ 上任取一小区间 $[x, x+dx]$,与它对应的变力所做的功的近似值,即为微元功

$$dW = 4.9 \times 10^2 x dx,$$

求定积分,得弹簧拉长所做的功为

$$W = \int_0^{0.1} dW = \int_0^{0.1} 4.9 \times 10^2 x dx = 4.9 \times 10^2 \times \left.\frac{x^2}{2}\right|_0^{0.1} = 2.45(\text{J}).$$

例 9 如图 6-20 所示,把一个带 $+q$ 电量的点电荷放在 r 轴上坐标原点处,它产生一个电场.这个电场对周围的电荷有作用力.由物理学知,如果有一个单位正电荷放在这个电场中距离原点为 r 的地方,那么电场对它的作用力的大小为

$$F = k\frac{q}{r^2} \quad (k \text{ 为常数}),$$

当这个单位正电荷在电场中从 $r = a$ 处沿 r 轴移动到 $r = b (a < b)$ 处时,计算电场力对它所做的功.

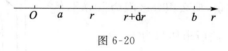

图 6-20

解 取 r 为积分变量,积分区间为 $[a,b]$.在区间 $[a,b]$ 上任取小区间 $[r, r+dr]$,与它相应的电场力所做的功近似于 $F = k\frac{q}{r^2}$ 作为常力所做的功,从而得到功微元 $dW = \frac{kq}{r^2}dr$.求定积分,得所求电场力所做的功为

$$W = \int_a^b \frac{kq}{r^2} \mathrm{d}r = kq \int_a^b \frac{\mathrm{d}r}{r^2} = kq \left(-\frac{1}{r}\right)\Big|_a^b = kq \left(\frac{1}{a} - \frac{1}{b}\right).$$

例 10 修一座大桥的桥墩时先要下围囹,并抽尽里面的水以便施工.已知半径是 10 m 的圆柱形围囹上沿高出水面 2 m,河水深 18 m,问抽尽围囹内的水需做多少功?

解 以围囹上沿的圆心为原点,向下的方向为 x 轴的正方向,建立如图 6-21 所示的坐标系.取水深 x 为积分变量,它的变化区间为 $[2,20]$.在区间 $[2,20]$ 上任一小区间 $[x, x+\mathrm{d}x]$ 的一薄层水的高度为 $\mathrm{d}x$,其重量为 $\rho\pi 10^2 \mathrm{d}x$,其中 $\rho = 9.8 \times 10^3$ kg/m³ 为水的比重.

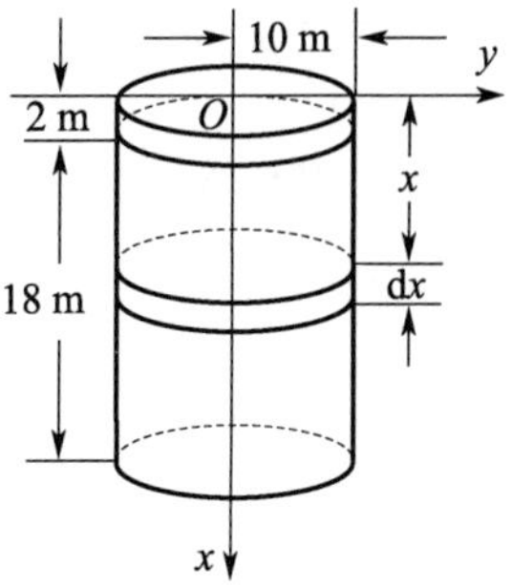

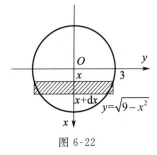

图 6-21

把这薄层水抽出围囹时,需要提升的距离近似为 x,因此需做的功近似为

$$\mathrm{d}W = \rho\pi 10^2 x \mathrm{d}x = 9.8 \times 10^5 \pi x \mathrm{d}x.$$

在 $[2,20]$ 上求定积分,得到所求的功为

$$W = \int_2^{20} 9.8 \times 10^5 \pi x \mathrm{d}x = 4.9 \times 10^5 \pi x^2 \Big|_2^{20} \approx 6.09 \times 10^8 (\mathrm{J}).$$

2. 液体压力

从物理学知道,在液体深为 h 处的压强为 $P = \rho g h$,这里 ρ 是液体的比重.如果有一面积为 S 的平板水平地放置在液体深为 h 处,那么平板一侧所受的液体压力为

$$F = P \cdot S.$$

如果平板垂直放置在液体中,由于液体深度不同的点处压强 P 不相等,平板一侧所受的液体压力就不能用上述方法计算.我们可以用定积分的微元法来计算.

例 11 设一水平放置的水管,其断面是直径为 6 m 的圆,求当水半满时水管一端的竖立闸门上所受的压力.

解 如图 6-22 建立直角坐标系,圆的方程为

$$x^2 + y^2 = 9,$$

取 x 为积分变量,积分区间为 $[0,3]$,在 $[0,3]$ 上任取一小区间 $[x, x+\mathrm{d}x]$.半圆上相应于 $[x, x+\mathrm{d}x]$ 上的窄条上各点处的压强近似为 $\rho g x$,窄条的面积近似于 $2\sqrt{9-x^2}\mathrm{d}x$.因此这窄条一侧所受水压力的近似值,即压力微元为

图 6-22

$$\mathrm{d}F = \rho g x \times 2\sqrt{9-x^2}\mathrm{d}x = 2\rho g x \sqrt{9-x^2}\mathrm{d}x,$$

在 $[0,3]$ 上求定积分,得到水的压力为

$$F = \int_0^3 2\rho g x \sqrt{9-x^2}\mathrm{d}x = 2\rho g \left(-\frac{1}{2}\right) \int_0^3 \sqrt{9-x^2}\mathrm{d}(9-x^2)$$
$$= -\rho g \frac{2}{3}(9-x^2)^{\frac{3}{2}}\Big|_0^3 = 18\rho g.$$

例 12 设有一形状是等腰梯形的竖直的闸门,如图 6-23 所示,当水面齐闸门顶时,求闸门所受的压力.

解 在如图 6-23 所示的直角坐标系中,直线 AB 的方程为

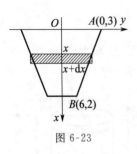

图 6-23

$$y = -\frac{x}{6} + 3,$$

取 x 为积分变量,积分区间为 $[0,6]$,在 $[0,6]$ 上任取一小区间 $[x, x+dx]$,梯形上相应于 $[x, x+dx]$ 的窄条上各点处的压强近似于 $\rho g x$,这窄条的面积近似于宽为 dx、长为 $2y = 2\left(-\frac{x}{6} + 3\right)$ 的小矩形的面积.因此这窄条一侧所受水压力的近似值,即压力微元为

$$dF = \rho g x \times 2\left(-\frac{x}{6} + 3\right)dx = \rho g\left(-\frac{x^2}{3} + 6x\right)dx.$$

在 $[0,6]$ 上求定积分,得到水的压力为

$$F = \int_0^6 \rho g\left(-\frac{x^2}{3} + 6x\right)dx = \rho g\left(-\frac{x^3}{9} + 3x^2\right)\Big|_0^6 = 84\rho g.$$

四、经济应用问题举例

例 13 某产品总产量的变化率是时间 t 的函数,即 $f(t) = 30 + 5t - 0.3t^2$(t/月),试确定总产量函数,并计算出第一季度的总产量.

解 因为总产量 $F(t)$ 是它的变化率 $f(t)$ 的原函数,所以

$$F(t) = \int_0^t f(x)dx = \int_0^t (30 + 5x - 0.3x^2)dx = 30t + \frac{5}{2}t^2 - 0.1t^3,$$

第一季度的总产量为

$$\int_0^3 (30 + 5t - 0.3t^2)dt = \left(30t + \frac{5}{2}t^2 - 0.1t^3\right)\Big|_0^3 = 109.8(t).$$

例 14 已知某商品每周生产 x 单位时,总费用的变化 $f(x) = 0.4x - 12$(元/单位),求总费用 $F(x)$;若商品销售单价为 20 元,求总利润,并求每周生产多少个单位时,可获最大利润,最大利润是多少?

解 因为变上限的定积分是被积函数的一个原函数,所以总费用 $F(x)$ 就是其变化率在 $[0,x]$ 上的定积分,故

$$F(x) = \int_0^x (0.4t - 12)dt = 0.2x^2 - 12x,$$

若销售单价为 20 元,则销售 x 个单位商品得到的总收益 $R(x)$ 为

$$R(x) = 20x,$$

于是总利润函数 $L(x)$ 为

$$L(x) = R(x) - F(x) = 20x - 0.2x^2 + 12x = 32x - 0.2x^2,$$

由 $L'(x) = 32 - 0.4x = 0$,得唯一驻点 $x = 80$,而 $L''(80) = -0.4 < 0$,故 $L(x)$ 在 $x = 80$ 个单位时取得最大值,最大利润为

$$L(80) = 32 \times 80 - 0.2 \times 80^2 = 1\,280(元).$$

例 15 某厂生产某种产品 x 百台,总成本 C(单位:万元)的变化率为 $C' = 2$,固定成本为 0,收益函数 R 的变化率是产量 x 的函数,即 $R'(x) = 7 - 2x$,问:(1)当产量为多少时,总利润最大;(2)在利润最大的产量基础上又生产 50 台,总利润减少了多少.

解 (1)因为可变成本就是总成本变化率在 $[0,x]$ 上的定积分,又知固定成本为 0,于是生产 x 百台总成本为

$$C(x)=\int_0^x C'(t)\mathrm{d}t=\int_0^x 2\mathrm{d}t=2x,$$

同理可得总收益函数为

$$R(x)=\int_0^x R'(t)\mathrm{d}t=\int_0^x (7-2t)\mathrm{d}t=7x-x^2,$$

于是得到总利润函数为

$$L(x)=R(x)-C(x)=7x-x^2-2x=5x-x^2,$$
$$L'(x)=R'(x)-C'(x)=7-2x-2=5-2x,$$

令 $L'(x)=0$,得唯一驻点 $x=2.5$(百台). 又知 $L''(x)=-2<0$,因此当 $x=250$ 台时,$L(x)$ 有最大值,最大值为 $L(2.5)=6.25$(万元).

(2) 若在 2.5 百台的基础上又生产 0.5 百台,则利润为

$$L(3)=5\times 3-3^2=6(万元),$$

而最大利润 $\qquad L(2.5)=6.25$(万元),

因此总利润减少了 $\quad L(2.5)-L(3)=6.25-6=0.25$(万元).

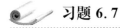 习题 6.7

1. 求由抛物线 $y=x^2$ 及直线 $x+y=2$ 所围成的图形的面积.

2. 求椭圆 $\dfrac{x^2}{a^2}+\dfrac{y^2}{b^2}=1$ 的面积.

3. 求由抛物线 $y^2=4(x+1)$ 及 $y^2=4(1-x)$ 所围成的图形的面积.

4. 求由抛物线 $y=\dfrac{1}{2}x^2$ 将圆 $x^2+y^2=8$ 分割成两部分的图形的面积.

5. 求由 $y=\mathrm{e}^x,y=\mathrm{e}^{-x}$ 及直线 $x=1$ 所围成的图形的面积.

6. 求由抛物线 $y=x^2-4x+5$,直线 $x=3,x=5$ 及 x 轴所围成的图形的面积.

7. 已知 $y=x^2$ 与 $y=0,x=1$ 所围面积被 $y=ax$ 及 $y=bx$ 分成三等份,求 a 及 b.

8. 求由下列曲线所围成的图形的面积:
(1) $r=2a\cos\theta$; (2) $x=a\cos^3 t,y=a\sin^3 t$; (3) $r=2a(2+\cos\theta)$.

9. 求椭圆 $\dfrac{x^2}{a^2}+\dfrac{y^2}{b^2}=1$ 分别绕 x 轴及 y 轴旋转而成的旋转体体积.

10. 求由 $y=x(2-x)$ 及 x 轴所围成的平面图形绕 x 轴旋转而成的旋转体体积.

11. 求由椭圆 $(x-R)^2+y^2=R^2$ 及直线 $x=h(0<h<2R)$ 所围成的弓形绕 x 轴旋转而成的立体的体积(此立体叫作球缺).

12. 求由椭圆 $(x-5)^2+y^2=16$ 绕 y 轴旋转而成的立体的体积.

13. 求由 $xy=4$ 与直线 $x=4,x=8$ 及 $y=0$ 所围成的平面图形绕 x 轴及 y 轴旋转而成的立体的体积.

14. 在水坝中有一矩形闸门,宽 4 m,高 6 m(上游水位高 6 m,下游水位高 2 m),试求水坝闸门所受的水压力.

15. 一个等腰梯形的水坝,上底长 400 m,下底长 100 m,高 20 m,上底与水平面齐,求水坝所受的水压力.

16. 一半圆形水闸,其直径为 2 m,问水涨满半圆时,水闸所受的压力是多少?

17. 设生产某产品的固定成本为 10,而当产量为 x 时的边际成本函数为 $MC=40-20x+3x^2$,边际收入函数为 $MR=32-10x$,试求:(1) 总利润函数;(2) 使总利润最大的产量.

18. 设某商品从时刻 0 到时刻 t 的销售量为 $x(t)=kt(t\in[0,T],k>0)$. 欲在 T 时将数量为 A 的该商品销售完,试求:

(1) t 时刻的商品剩余量,并确定 k 的值;

（2）在时间段$[0,T]$上的平均剩余量.

复习题六

一、填空题

1. 函数 $y = \dfrac{1}{\sqrt[3]{x}}$ 在区间 $[1,8]$ 上的平均值为 _____.

2. $\left[\displaystyle\int_{x^2}^{a} f(t)\,\mathrm{d}t \right]' =$ _____.

3. $\displaystyle\int_0^x (\mathrm{e}^{t^2})'\,\mathrm{d}t =$ _____.

4. $\displaystyle\lim_{x \to 0} \dfrac{\displaystyle\int_0^x \cos^2 t\,\mathrm{d}t}{x} =$ _____.

5. $\displaystyle\int_0^a x^2\,\mathrm{d}x = 9$，则 $a =$ _____.

6. 设 $f(x) = \begin{cases} x, & x \geqslant 0, \\ 1, & x < 0, \end{cases}$ 则 $\displaystyle\int_{-1}^{2} f(x)\,\mathrm{d}x =$ _____.

7. $\displaystyle\int_{-\frac{\pi}{2}}^{\frac{\pi}{2}} \dfrac{\sin x}{2 + \cos x}\,\mathrm{d}x =$ _____.

8. 已知 $f(0) = 2, f(2) = 3, f'(2) = 4$，则 $\displaystyle\int_0^2 x f''(x)\,\mathrm{d}x =$ _____.

9. 若反常积分 $\displaystyle\int_{-\infty}^{\infty} \dfrac{A}{1 + x^2}\,\mathrm{d}x = 1$，则 $A =$ _____.

10. $\displaystyle\int_0^{\frac{\pi^2}{4}} \cos\sqrt{x}\,\mathrm{d}x =$ _____.

二、选择题

1. $\dfrac{\mathrm{d}}{\mathrm{d}x} \displaystyle\int_a^b \arctan x\,\mathrm{d}x = (\quad)$.

   A. $\arctan x$ B. $\dfrac{1}{1+x^2}$

   C. $\arctan b - \arctan a$ D. 0

2. 设函数 $f(x) = \displaystyle\int_0^x (t-1)(t+2)\,\mathrm{d}t$，则 $f'(-2) = (\quad)$.

   A. 0 B. 1 C. 2 D. -1

3. 若 $\displaystyle\int_0^x f(t)\,\mathrm{d}t = \mathrm{e}^{2x}$，则 $f(x)$ 等于 ( ).

   A. $2\mathrm{e}^{2x}$ B. e^{2x} C. $2x\mathrm{e}^{2x}$ D. $2x\mathrm{e}^{2x-1}$

4. $\displaystyle\int_1^{\mathrm{e}} \dfrac{\ln x}{x}\,\mathrm{d}x = (\quad)$.

   A. $\dfrac{1}{2}$ B. $\dfrac{\mathrm{e}^2}{2} - \dfrac{1}{2}$ C. $\dfrac{1}{2\mathrm{e}^2} - \dfrac{1}{2}$ D. -1

5. 若 $\displaystyle\int_0^1 (2x + k)\,\mathrm{d}x = 2$，则 $k = (\quad)$.

   A. 0 B. 1 C. 2 D. -1

6. 若 $\displaystyle\int_0^1 \mathrm{e}^x f(\mathrm{e}^x)\,\mathrm{d}x = \displaystyle\int_a^b f(u)\,\mathrm{d}u$，则 ( ).

   A. $a = 0, b = 1$ B. $a = 0, b = \mathrm{e}$ C. $a = 1, b = 10$ D. $a = 1, b = \mathrm{e}$

7. 设 $\Phi(x) = \int_0^{x^2} t e^{-t} dt$，则 $\Phi'(x) = ($).

A. xe^{-x}　　　　B. $-xe^{-x}$　　　　C. $2x^3 e^{-x^2}$　　　　D. $-2x^3 e^{-x^2}$

8. 下列反常积分中收敛的是( ).

A. $\int_e^{+\infty} \frac{\ln x}{x} dx$　　　　　　　　B. $\int_e^{+\infty} \frac{1}{x\ln x} dx$

C. $\int_e^{+\infty} \frac{1}{x(\ln x)^2} dx$　　　　　　D. $\int_e^{+\infty} \frac{1}{x\sqrt[3]{\ln x}} dx$

三、计算题

1. 计算下列定积分：

(1) $\int_0^4 \frac{1}{1+\sqrt{x}} dx$；

(2) $\int_0^{\frac{\pi}{4}} \ln(1+\tan x) dx$；

(3) $\int_0^a \frac{dx}{x+\sqrt{a^2-x^2}} \quad (a>0)$；

(4) $\int_0^{\pi} x^2 |\cos x| dx$.

2. 求函数 $\Phi(x) = \int_0^x t e^{-t^2} dt$ 的极值点.

3. 设函数 $f(x) = \begin{cases} \sqrt{x+1}, & |x| \leqslant 1, \\ \frac{1}{1+x^2}, & 1 \leqslant |x| \leqslant \sqrt{3}, \end{cases}$ 计算 $\int_{-\sqrt{3}}^{\sqrt{3}} f(x) dx$.

4. 求由曲线 $y=x^3$ 及 $y=\sqrt{x}$ 所围图形的面积.

5. 求由 $y=x^2$ 及 $x=y^2$ 所围成的平面图形绕 x 轴旋转而成的旋转体体积.

6. 一等腰三角形垂直闸门，底为 6 m，高为 3 m，底与水面平行且在水上 1 m 处，问闸门所受压力是多少？

7. 半径为 r 的球沉入水中，球的上部与水面相切，球的密度与水相同，现将球从水中取出，需做多少功？

四、证明题

1. 证明：若在区间 $[0,+\infty)$ 上有连续函数 $f(x)>0$，则当 $x>0$ 时，$\varphi(x) = \dfrac{\int_0^x tf(t)dt}{\int_0^x f(t)dt}$ 为单调增加函数.

第六章习题答案

第七章
向量代数与空间解析几何

在这一章里,我们先引进向量的概念,介绍向量的一些运算,然后以向量为工具讨论空间的平面和直线,最后介绍二次曲面和空间曲线的部分内容.

§7.1 向量及其线性运算

一、向量概念

客观世界中有这样一类量,它们既有大小,又有方向,例如,位移、速度、加速度、力、力矩等,这一类量称为**向量**(也称矢量).

数学上常用有向线段来表示向量,有向线段的长度表示向量的大小,有向线段的方向表示向量的方向,如图 7-1 所示,以 A 为起点、B 为终点的有向线段所表示的向量记作 $\overrightarrow{AB}$. 有时也用一个黑体字母(或书写时,在字母上面加箭头)来表示向量,例如,a, r, u, F 或 $\vec{a}, \vec{r}, \vec{u}, \vec{F}$ 等.

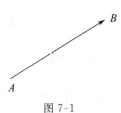

图 7-1

在实际问题中,有些向量与其起点有关(例如,质点的运动速度与该质点的位置有关,一个力与该力的作用点的位置有关),有些向量与其起点无关. 由于一切向量的共性是它们都有大小和方向,因此数学只研究与起点无关的向量,并称这种向量为**自由向量**(以后简称为向量),即只考虑向量的大小和方向,不论它的起点在什么地方. 当遇到与起点有关的向量时,可在一般原则下作特别处理.

由于我们只讨论自由向量,所以如果两个向量 a 和 b 的大小相等,且方向相同,我们就说向量 a 和 b 是**相等的**,记作 $a = b$. 这就是说,经过平行移动后能完全重合的向量是相等的.

向量的大小叫作**向量的模**. 向量 $\overrightarrow{M_1M_2}, a, \vec{a}$ 的模依次记作 $|\overrightarrow{M_1M_2}|, |a|, |\vec{a}|$. 模等于 1 的向量叫作**单位向量**. 模等于零的向量叫作**零向量**,记作 **0** 或 $\vec{0}$. 零向量的起点和终点重合,它的方向可以看作是任意的.

两个非零向量如果它们的方向相同或者相反,就称这两个向量平行. 向量 a 与 b 平行,记作 $a // b$. 由于零向量的方向可以看作是任意的,因此可以认为零向量与任意向量都平行.

当两个平行向量的起点放在同一点时,它们的终点和公共起点应在一条直线上,因此两向量平行,又称**两向量共线**.

类似还有向量共面的概念,设有 $k (k \geqslant 3)$ 个向量,当把它们的起点放在同一点时,如果 k 个终点和公共起点在同一个平面上,就称 k 个**向量共面**.

二、向量的加减法

向量的加法运算规定如下.

设有两个向量 a 与 b,任意取一点 A,作 $\overrightarrow{AB} = a$,再以 B 为起点,作 $\overrightarrow{BC} = b$,连接 AC,那么向量 $\overrightarrow{AC} = c$ 称为向量 a 与 b 的和,记作 $a + b$,即 $c = a + b$,如图 7-2 所示.

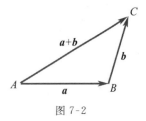

图 7-2

上述作出两向量之和的方法叫作向量相加的**三角形法则**.

力学上有求合力的平行四边形法则,仿此,也有向量相加的平行四边形法则. 这就是:当向量 a 与 b 不平行时,作 $\overrightarrow{AB} = a$,$\overrightarrow{AD} = b$,以 $\overrightarrow{AB}$,$\overrightarrow{AD}$ 为边作一平行四边形 $ABCD$,连接对角线 $\overrightarrow{AC}$,显然向量 $\overrightarrow{AC}$ 等于向量 a 与 b 的和,即 $a + b$.

向量的加法符合下列运算规律:

(1) 交换律　　$a + b = b + a$;

(2) 结合律　　$(a + b) + c = a + (b + c)$.

这是因为,按向量加法的规定(三角形法则),从图 7-3 可见,

$$a + b = \overrightarrow{AB} + \overrightarrow{BC} = \overrightarrow{AC} = c,$$
$$b + a = \overrightarrow{AD} + \overrightarrow{DC} = \overrightarrow{AC} = c,$$

所以符合交换律. 又如图 7-4 所示,先作 $a + b$,再加上 c,即得和 $(a + b) + c$,如以 a 与 $b + c$ 相加,则得同一结果,所以符合结合律.

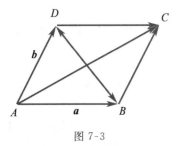

图 7-3　　　　　　　图 7-4

由于向量的加法符合交换律和结合律,故 n 个向量 $a_1, a_2, \cdots, a_n (n \geqslant 3)$ 相加可写成

$$a_1 + a_2 + \cdots + a_n,$$

并按向量相加的三角形法则,可得 n 个向量相加的法则如下:使前一向量的终点作为次一向量的起点,相继作向量 $a_1, a_2, \cdots, a_n$,再以第一向量的起点为起点,最后一向量的终点为终点作一向量,这个向量即为所求的和.

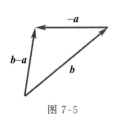

图 7-5

设 a 为一向量,与 a 的模相同而方向相反的向量叫作 a 的**负向量**,记作 $-a$. 由此,我们规定两个向量 b 与 a 的差为

$$b - a = b + (-a),$$

即把向量 $-a$ 加到向量 b 上,便得 b 与 a 的差 $b - a$(见图 7-5).

特别地,当 $b = a$ 时,有

$$a - a = a + (-a) = \mathbf{0}.$$

三、向量与实数的乘法

向量 a 与实数 λ 的乘积记作 λa,规定 λa 是一个向量,它的模为

$$|\lambda a| = |\lambda| |a|,$$

它的方向当 $\lambda > 0$ 时与 a 相同,当 $\lambda < 0$ 时与 a 相反.

当 $\lambda = 0$ 时,$|\lambda a| = 0$,即 λa 为零向量,这时它的方向可以是任意的.

特别地,当 $\lambda = \pm 1$ 时,有

$$1 \times a = a, \quad (-1) \times a = -a.$$

向量与实数的乘积符合下列运算规律:

(1) 结合律　　$\lambda(\mu a) = \mu(\lambda a) = (\lambda\mu)a$;

这是因为由向量与数的乘积的规定可知,向量 $\lambda(\mu a)$, $\mu(\lambda a)$, $(\lambda\mu)a$ 都是平行的向量,它们的方向也是相同的,而且

$$|\lambda(\mu a)| = |\mu(\lambda a)| = |(\lambda\mu)a| = |\lambda\mu| |a|,$$

所以 $\lambda(\mu a) = \mu(\lambda a) = (\lambda\mu)a$.

(2) 分配律　　$(\lambda + \mu)a = \lambda a + \mu a$;

$$\lambda(a + b) = \lambda a + \lambda b.$$

这个规律同样可以按向量与数的乘积的规定来证明,这里从略.

向量相加及数乘向量统称为向量的**线性运算**.

定理　　设向量 $a \neq \mathbf{0}$,那么,向量 b 平行于 a 的充分必要条件是:存在唯一的实数 λ,使 $b = \lambda a$.

证　　条件的充分性是显然的,下面证明条件的必要性.

设 $b // a$,则 b 与 λa 共线,且 $|\lambda| = \dfrac{|b|}{|a|}$,当 b 与 a 同向时 λ 取正值,当 b 与 a 反向时 λ 取负值,故 $b = \lambda a$.

再证数 λ 的唯一性.设 $b = \lambda a$,又设 $b = \mu a$,两式相减,便得 $(\lambda - \mu)a = \mathbf{0}$,即 $|\lambda - \mu| |a| = 0$,因 $|a| \neq 0$,故 $|\lambda - \mu| = 0$,即 $\lambda = \mu$,故 λ 唯一.

上述定理是建立数轴的理论依据,我们知道,给定一个点、一个方向及单位长度,就确定了一条数轴.由于一个单位向量既确定了方向又确定了单位长度,因此给定一个点及一个单位向量就确定了一条数轴.设点 O 及单位向量 i 确定了数轴 Ox,对于轴上任一点 P,对应一个向量 $\overrightarrow{OP}$,由于 $\overrightarrow{OP} // i$,根据定理,必有唯一的实数 x,使 $\overrightarrow{OP} = xi$(实数 x 成为轴上有向线段 $\overrightarrow{OP}$ 的值),并知 $\overrightarrow{OP}$ 与实数 x 一一对应,于是

$$\text{点 } P \leftrightarrow \text{向量 } \overrightarrow{OP} = xi \leftrightarrow \text{唯一实数 } x,$$

从而轴上的点 P 与实数 x 有一一对应的关系,据此,定义实数 x 为轴上点 P 的坐标.

由此可知,轴上点 P 的坐标为 x 的充分必要条件是 $\overrightarrow{OP} = xi$.

 习题 7.1

1. 设 $u = a + b - 2c$,$v = -a - 3b + c$.试用 a, b, c 来表示 $2u - 3v$.

2. 如果平面上一个四边形的对角线互相平分,试应用向量证明它是平行四边形.

3. 把 $\triangle ABC$ 的 BC 边五等分,设分点依次为 D_1, D_2, D_3, D_4,再把各分点与点 A 连接,试以 $\overrightarrow{AB} = c$,$\overrightarrow{BC} = a$ 表示向量 $\overrightarrow{D_1A}, \overrightarrow{D_2A}, \overrightarrow{D_3A}$ 和 $\overrightarrow{D_4A}$.

§7.2 点的坐标与向量的坐标

一、空间直角坐标系

在空间取定一点 O 和三个两两垂直的单位向量 i,j,k，就确定了三条都以 O 为原点的两两垂直的数轴，依次记为 x 轴（横轴）、y 轴（纵轴）、z 轴（竖轴），统称为坐标轴，它们组成一个空间直角坐标系，称为 $Oxyz$ 坐标系（见图 7-6）.

建立空间直角坐标系时，习惯上取右手系，即 x,y,z 三条轴的方向符合右手规则，这就是：以右手握住 z 轴，当右手的四个手指从正向 x 轴以 $\dfrac{\pi}{2}$ 角度转向正向 y 轴时，大拇指的指向就是 z 轴的正向，如图 7-6 所示.

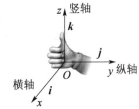

图 7-6

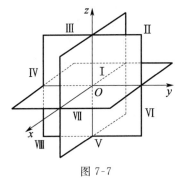

图 7-7

三条坐标轴中的任意两条可以确定一个平面，这样定出的三个平面统称为**坐标面**. x 轴及 y 轴所确定的坐标面叫作 xOy 面，另两个由 y 轴及 z 轴和由 z 轴及 x 轴所确定的坐标面，分别叫作 yOz 面及 zOx 面. 三个坐标面把空间分成八个部分，每一个部分叫作**卦限**，由 x 轴、y 轴与 z 轴正半轴确定的那个卦限叫作第一卦限，逆时针其他的卦限依次为第二、第三、第四卦限，在 xOy 面的下方，即第一卦限之下的为第五卦限，按逆时针方向确定，这八个卦限分别用字母 Ⅰ,Ⅱ,Ⅲ,Ⅳ,Ⅴ,Ⅵ,Ⅶ,Ⅷ 表示（见图 7-7）.

任给向量 r，对应有点 M 使 $\overrightarrow{OM} = r$. 以 $\overrightarrow{OM}$ 为对角线、三条坐标轴为棱作出长方体 $RHMK\text{-}OPNQ$，如图 7-8 所示，有 $r = \overrightarrow{OM} = \overrightarrow{OP} + \overrightarrow{PN} + \overrightarrow{NM} = \overrightarrow{OP} + \overrightarrow{OQ} + \overrightarrow{OR}$.

设 $\overrightarrow{OP} = xi, \overrightarrow{OQ} = yj, \overrightarrow{OR} = zk$，则 $r = \overrightarrow{OM} = xi + yj + zk$.

显然，给定向量 r，就确定了点 M 及 $\overrightarrow{OP}, \overrightarrow{OQ}, \overrightarrow{OR}$ 三个向量，进而确定了 x,y,z 三个有序数；反之，给定三个有序数 x,y,z 也就确定了向量 r 和点 M. 于是点 M、向量 r 与三个有序数 x,y,z 之间有一一对应的关系，即

$$M \leftrightarrow r = \overrightarrow{OM} = xi + yj + zk \leftrightarrow (x,y,z).$$

定义 有序数 (x,y,z) 称为向量 r 在坐标系 $Oxyz$ 中的坐标，记作 $r = (x,y,z)$；有序数 (x,y,z) 也称为**点 M 在坐标系 $Oxyz$ 中的坐标**，记作 $M(x,y,z)$.

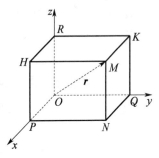

图 7-8

向量 $r = \overrightarrow{OM}$ 称为点 M 关于原点 O 的**向径**. 上述定义表明，一个点与该点的向径有相同的坐标，(x,y,z) 既表示点 M，又表示向量 $\overrightarrow{OM}$. 定义表明，若

$$r = xi + yj + zk, \tag{7.1}$$

则

$$r = (x,y,z), \tag{7.2}$$

即

$$xi + yj + zk = (x,y,z). \tag{7.3}$$

式(7.1)称为向量 r 的**坐标分解式**,式(7.2)称为向量 r 的**坐标表示式**,坐标 x,y,z,又称为向量 r 在三个坐标轴上的**分量**,而向量 xi, yj, zk 称为向量 r 在三个坐标轴上的**分向量**. 则在空间直角坐标系中,

$$r = \overrightarrow{OM} = \overrightarrow{OP} + \overrightarrow{PN} + \overrightarrow{NM} = xi + yj + zk = (x,y,z).$$

二、利用坐标作向量的线性运算

设
$$a = (a_x, a_y, a_z), \quad b = (b_x, b_y, b_z),$$
即
$$a = a_x i + a_y j + a_z k, \quad b = b_x i + b_y j + b_z k.$$

利用向量加法的交换律与结合律,以及向量与数的结合律与分配律,有

$$a + b = (a_x + b_x)i + (a_y + b_y)j + (a_z + b_z)k,$$
$$a - b = (a_x - b_x)i + (a_y - b_y)j + (a_z - b_z)k,$$
$$\lambda a = (\lambda a_x)i + (\lambda a_y)j + (\lambda a_z)k \quad (\lambda \text{ 为实数}),$$

即
$$a + b = (a_x + b_x, a_y + b_y, a_z + b_z),$$
$$a - b = (a_x - b_x, a_y - b_y, a_z - b_z),$$
$$\lambda a = (\lambda a_x, \lambda a_y, \lambda a_z).$$

可见,对向量进行加、减及与数相乘,只需对向量的各个坐标分别进行相应的数量运算.

上节定理指出,当向量 $a \neq 0$ 时,向量 $b // a$,相当于 $b = \lambda a$,按坐标表示式即为 $(b_x, b_y, b_z) = \lambda(a_x, a_y, a_z)$,这也就相当于向量 b 与 a 对应的坐标成比例,即

$$\frac{b_x}{a_x} = \frac{b_y}{a_y} = \frac{b_z}{a_z} = \lambda.$$

例 1 求解以向量为未知元的线性方程组

$$\begin{cases} 5x - 3y = a, \\ 3x - 2y = b, \end{cases}$$

其中,$a = (2,1,2), b = (-1,1,-2)$.

解 如同解以实数为未知元的线性方程组一样,可解得

$$x = 2a - 3b, \quad y = 3a - 5b,$$

以 a, b 的坐标表达式代入,即得

$$x = 2(2,1,2) - 3(-1,1,-2) = (7, -1, 10),$$
$$y = 3(2,1,2) - 5(-1,1,-2) = (11, -2, 16).$$

三、向量的模、两点间的距离

设向量 $r = (x,y,z)$,作 $\overrightarrow{OM} = r$,如图 7-9 所示,有
$$r = \overrightarrow{OM} = \overrightarrow{OP} + \overrightarrow{OQ} + \overrightarrow{OR}.$$

得 $|r| = |\overrightarrow{OM}| = \sqrt{|\overrightarrow{OP}|^2 + |\overrightarrow{OQ}|^2 + |\overrightarrow{OR}|^2}.$

由 $\overrightarrow{OP} = xi, \quad \overrightarrow{OQ} = yj, \quad \overrightarrow{OR} = zk,$

有 $|OP| = |x|, \quad |OQ| = |y|, \quad |OR| = |z|,$

于是 $|r| = \sqrt{x^2 + y^2 + z^2}.$

设有点 $A(x_1, y_1, z_1)$ 及点 $B(x_2, y_2, z_2)$,则点 A 与点 B 的距离 $|AB|$ 就是向量 $\overrightarrow{AB}$ 的模. 由

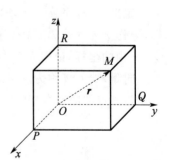

图 7-9

$$\overrightarrow{AB} = \overrightarrow{OB} - \overrightarrow{OA} = (x_2, y_2, z_2) - (x_1, y_1, z_1)$$
$$= (x_2 - x_1, y_2 - y_1, z_2 - z_1),$$

有
$$|AB| = |\overrightarrow{AB}| = \sqrt{(x_2 - x_1)^2 + (y_2 - y_1)^2 + (z_2 - z_1)^2}.$$

例 2 在 z 轴上求与点 $A(-4,1,7)$ 和点 $B(3,5,-2)$ 等距离的点.

解 因为所求的点 M 在 z 轴上,所以设该点为 $M(0,0,z)$. 依题意有
$$|MA| = |MB|,$$

即
$$\sqrt{(-4-0)^2 + (1-0)^2 + (7-z)^2} = \sqrt{(3-0)^2 + (5-0)^2 + (-2-z)^2},$$

解得
$$z = \frac{14}{9},$$

所以所求的点为 $M\left(0, 0, \frac{14}{9}\right)$.

习题 7.2

1. 试确定 m 和 n 的值,使向量 $\boldsymbol{a} = -2\boldsymbol{i} + 3\boldsymbol{j} + n\boldsymbol{k}$ 和 $\boldsymbol{b} = m\boldsymbol{i} - 6\boldsymbol{j} + 2\boldsymbol{k}$ 平行.
2. 已知三点 $A(1,-1,3), B(-2,0,5), C(4,-2,1)$,问这三点是否在一条直线上.
3. 在 yOz 面上,求与三点 $A(3,1,2), B(4,-2,-2)$ 和 $C(0,5,1)$ 等距离的点.
4. 试证明以三点 $A(4,1,9), B(10,-1,6), C(2,4,3)$ 为顶点的三角形是等腰直角三角形.
5. 已知 $A(-1,2,-4), B(6,-2,z), |\overrightarrow{AB}| = 9$,求 z 的值.
6. 求点 $M(4,-3,5)$ 到各坐标轴的距离.
7. 求平行于向量 $\boldsymbol{a} = (6, 7, -6)$ 的单位向量.
8. 分别求与向量 $\boldsymbol{a} = (-2, -1, 2)$ 及 $\boldsymbol{b} = (2, -3, -6)$ 方向一致的单位向量.

§7.3 向量的方向余弦

先引进两向量的夹角的概念.

设有两个非零向量 $\boldsymbol{a}, \boldsymbol{b}$,任取空间一点 O,作 $\overrightarrow{OA} = \boldsymbol{a}, \overrightarrow{OB} = \boldsymbol{b}$,规定不超过 π 的 $\angle AOB$(设 $\varphi = \angle AOB, 0 \leqslant \varphi \leqslant \pi$)为向量 $\boldsymbol{a}$ 与 $\boldsymbol{b}$ 的夹角(见图 7-10),记作 $\widehat{(\boldsymbol{a}, \boldsymbol{b})}$ 或 $\widehat{(\boldsymbol{b}, \boldsymbol{a})}$,即 $\widehat{(\boldsymbol{a}, \boldsymbol{b})} = \varphi$. 如果向量 $\boldsymbol{a}$ 与 $\boldsymbol{b}$ 中有一个是零向量,规定它们的夹角可在 0 与 π 之间任意取值.

类似地,可以规定向量与一轴的夹角或空间两轴的夹角,这里不再赘述.

非零向量 $\boldsymbol{r}$ 与三条坐标轴的夹角 α, β, γ 称为向量 $\boldsymbol{r}$ 的方向角(见图 7-11).

设 $\boldsymbol{r} = (x, y, z)$,从图 7-11 可看出,由于坐标 x 是有向线段 $\overrightarrow{OP}$ 的值,故
$$\cos \alpha = \frac{x}{|OM|} = \frac{x}{|\boldsymbol{r}|},$$

类似地,可知
$$\cos \beta = \frac{y}{|\boldsymbol{r}|}, \quad \cos \gamma = \frac{z}{|\boldsymbol{r}|},$$

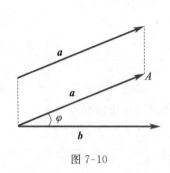

图 7-10   图 7-11

从而
$$(\cos\alpha, \cos\beta, \cos\gamma) = \left(\frac{x}{|\boldsymbol{r}|}, \frac{y}{|\boldsymbol{r}|}, \frac{z}{|\boldsymbol{r}|}\right)$$
$$= \frac{1}{|\boldsymbol{r}|}(x, y, z) = \frac{\boldsymbol{r}}{|\boldsymbol{r}|} = \boldsymbol{e}_r.$$

$\cos\alpha, \cos\beta, \cos\gamma$ 称为向量 $\boldsymbol{r}$ 的**方向余弦**. 上式表明,以向量 $\boldsymbol{r}$ 的方向余弦为坐标的向量就是与 $\boldsymbol{r}$ 方向一致的单位向量 $\boldsymbol{e}_r$,并由此可得
$$\cos^2\alpha + \cos^2\beta + \cos^2\gamma = 1.$$

例 1　已知两点 $A(2,2,\sqrt{2})$ 和 $B(1,3,0)$,求向量 $\overrightarrow{AB}$ 的模、方向余弦和方向角.

解　$\overrightarrow{AB} = \overrightarrow{OB} - \overrightarrow{OA} = (1,3,0) - (2,2,\sqrt{2}) = (-1,1,-\sqrt{2})$,
$$|\overrightarrow{AB}| = \sqrt{1+1+2} = \sqrt{4} = 2;$$
$$\cos\alpha = -\frac{1}{2}, \quad \cos\beta = \frac{1}{2}, \quad \cos\gamma = -\frac{\sqrt{2}}{2};$$
$$\alpha = \frac{2\pi}{3}, \quad \beta = \frac{\pi}{3}, \quad \gamma = \frac{3\pi}{4}.$$

例 2　设点 A 位于第 Ⅰ 卦限,其向径的模 $|\overrightarrow{OA}| = 6$,且向径 $\overrightarrow{OA}$ 与 x 轴、y 轴的夹角依次为 $\frac{\pi}{3}$ 和 $\frac{\pi}{4}$,求点 A 的坐标.

解　$\alpha = \frac{\pi}{3}, \beta = \frac{\pi}{4}$,由关系式 $\cos^2\alpha + \cos^2\beta + \cos^2\gamma = 1$,得
$$\cos^2\gamma = 1 - \left(\frac{1}{2}\right)^2 - \left(\frac{\sqrt{2}}{2}\right)^2 = \frac{1}{4},$$
由点 A 在第一卦限,知 $\cos\gamma > 0$,故
$$\cos\gamma = \frac{1}{2}.$$
于是
$$\overrightarrow{OA} = 6\left(\frac{1}{2}, \frac{\sqrt{2}}{2}, \frac{1}{2}\right) = (3, 3\sqrt{2}, 3),$$
这就是点 A 的坐标.

 习题 7.3

1. 已知两点 $M_1(4,\sqrt{2},1)$ 和 $M_2(3,0,2)$,计算向量 $\overrightarrow{M_1M_2}$ 的模、方向余弦和方向角.

2. 已知向量 $\boldsymbol{r}$ 与各坐标轴成相等的锐角,如果 $|\boldsymbol{r}| = 2\sqrt{3}$,求 $\boldsymbol{r}$ 的坐标.

3. 设 $m = 3i + 5j + 8k, n = 2i - 4j - 7k, p = 5i + j - 4k$,求向量 $a = 4m + 3n - p$ 在 x 轴上的投影及在 y 轴上的分向量.

§7.4 数量积与向量积

一、两向量的数量积

设一物体在常力 F 作用下从点 M_1 移动到点 M_2,以 s 表示位移 $\overrightarrow{M_1M_2}$.由物理学可知,力 F 所做的功为 $W = |F||s|\cos\theta$,其中 θ 为 F 与 s 的夹角(见图 7-12).

从这个问题看出,我们有时要对两个向量 a 和 b 作这样的运算,运算的结果是一个数,它等于 $|a|$,$|b|$ 及它们的夹角 θ 的余弦的乘积.我们把它叫作向量 a 与 b **数量积**,记作 $a \cdot b$,即

$$a \cdot b = |a||b|\cos\theta.$$

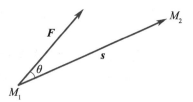

图 7-12

由数量积的定义可以推得:

(1) $a \cdot a = |a|^2$.

这是因为夹角 $\theta = 0$,所以

$$a \cdot a = |a|^2 \cos 0 = |a|^2.$$

(2) 对于两个非零向量 a, b,如果 $a \cdot b = 0$,那么 $a \perp b$;反之,如果 $a \perp b$,那么 $a \cdot b = 0$.

这是因为如果 $a \cdot b = 0$,由于 $|a| \neq 0, |b| \neq 0$,所以 $\cos\theta = 0$,从而 $\theta = \dfrac{\pi}{2}$,即 $a \perp b$;反之,如果 $a \perp b$,那么 $\theta = \dfrac{\pi}{2}$,$\cos\theta = 0$,于是 $a \cdot b = |a||b|\cos\theta = 0$.

由于零向量的方向可以看作是任意的,故可以认为零向量与任何向量都垂直,因此上述结论可叙述为向量 $a \perp b$ 的充分必要条件是 $a \cdot b = 0$.

数量积符合下列运算规律.

(1) 交换律 $a \cdot b = b \cdot a$.

因根据定义有

$$a \cdot b = |a||b|\cos(\widehat{a,b}), \quad b \cdot a = |b||a|\cos(\widehat{b,a}),$$

而 $|a||b| = |b||a|$, 且 $\cos(\widehat{a,b}) = \cos(\widehat{b,a})$,

所以 $a \cdot b = b \cdot a$.

(2) 分配律 $(a + b) \cdot c = a \cdot c + b \cdot c$.

(3) 数量积还符合如下的结合律:

$$(\lambda a) \cdot b = \lambda(a \cdot b) \quad (\lambda \text{ 为常数}).$$

由上述结合律,利用交换律,容易推得

$$a \cdot (\lambda b) = \lambda(a \cdot b) \quad \text{及} \quad (\lambda a) \cdot (\mu b) = \lambda\mu(a \cdot b),$$

这是因为

$$a \cdot (\lambda b) = (\lambda b) \cdot a = \lambda(b \cdot a) = \lambda(a \cdot b),$$
$$(\lambda a) \cdot (\mu b) = \lambda[a \cdot (\mu b)] = \lambda[\mu(a \cdot b)] = \lambda\mu(a \cdot b).$$

下面我们来推导数量积的坐标表达式.

设 $\boldsymbol{a} = a_x\boldsymbol{i} + a_y\boldsymbol{j} + a_z\boldsymbol{k}, \boldsymbol{b} = b_x\boldsymbol{i} + b_y\boldsymbol{j} + b_z\boldsymbol{k}$,按数量积的运算规律,可得

$$\begin{aligned}\boldsymbol{a} \cdot \boldsymbol{b} &= (a_x\boldsymbol{i} + a_y\boldsymbol{j} + a_z\boldsymbol{k})(b_x\boldsymbol{i} + b_y\boldsymbol{j} + b_z\boldsymbol{k}) \\ &= a_x\boldsymbol{i} \cdot (b_x\boldsymbol{i} + b_y\boldsymbol{j} + b_z\boldsymbol{k}) + a_y\boldsymbol{j} \cdot (b_x\boldsymbol{i} + b_y\boldsymbol{j} + b_z\boldsymbol{k}) + a_z\boldsymbol{k} \cdot (b_x\boldsymbol{i} + b_y\boldsymbol{j} + b_z\boldsymbol{k}) \\ &= a_xb_x\boldsymbol{i}\cdot\boldsymbol{i} + a_xb_y\boldsymbol{i}\cdot\boldsymbol{j} + a_xb_z\boldsymbol{i}\cdot\boldsymbol{k} + a_yb_x\boldsymbol{j}\cdot\boldsymbol{i} + a_yb_y\boldsymbol{j}\cdot\boldsymbol{j} + a_yb_z\boldsymbol{j}\cdot\boldsymbol{k} + \\ & \quad a_zb_x\boldsymbol{k}\cdot\boldsymbol{i} + a_zb_y\boldsymbol{k}\cdot\boldsymbol{j} + a_zb_z\boldsymbol{k}\cdot\boldsymbol{k}.\end{aligned}$$

由于 $\boldsymbol{i}, \boldsymbol{j}, \boldsymbol{k}$ 互相垂直,所以

$$\boldsymbol{i} \cdot \boldsymbol{j} = \boldsymbol{j} \cdot \boldsymbol{k} = \boldsymbol{k} \cdot \boldsymbol{i} = 0,$$
$$\boldsymbol{j} \cdot \boldsymbol{i} = \boldsymbol{k} \cdot \boldsymbol{j} = \boldsymbol{i} \cdot \boldsymbol{k} = 0.$$

又由于 $\boldsymbol{i}, \boldsymbol{j}, \boldsymbol{k}$ 的模均为 1,所以 $\boldsymbol{i} \cdot \boldsymbol{i} = \boldsymbol{j} \cdot \boldsymbol{j} = \boldsymbol{k} \cdot \boldsymbol{k} = 1$,因而得

$$\boldsymbol{a} \cdot \boldsymbol{b} = a_xb_x + a_yb_y + a_zb_z.$$

这就是**两个向量的数量积的坐标表达式**.

由于 $\boldsymbol{a} \cdot \boldsymbol{b} = |\boldsymbol{a}||\boldsymbol{b}|\cos\theta$,所以当 $\boldsymbol{a}, \boldsymbol{b}$ 都不是零向量时,有

$$\cos\theta = \frac{\boldsymbol{a} \cdot \boldsymbol{b}}{|\boldsymbol{a}||\boldsymbol{b}|}.$$

以数量积的坐标表达式及向量的模的表达式代入上式,就得

$$\cos\theta = \frac{a_xb_x + a_yb_y + a_zb_z}{\sqrt{a_x^2 + a_y^2 + a_z^2}\sqrt{b_x^2 + b_y^2 + b_z^2}}.$$

这就是**两向量夹角余弦的坐标表达式**.

例 2 已知三点 $M(1,1,1), A(2,2,1)$ 和 $B(2,1,2)$,求 $\angle AMB$.

解 作向量 $\overrightarrow{MA}$ 及 $\overrightarrow{MB}$,$\angle AMB$ 就是向量 $\overrightarrow{MA}$ 与 $\overrightarrow{MB}$ 的夹角.这里
$$\overrightarrow{MA} = (1,1,0), \quad \overrightarrow{MB} = (1,0,1),$$

从而
$$\overrightarrow{MA} \cdot \overrightarrow{MB} = 1\times1 + 1\times0 + 0\times1 = 1;$$
$$|\overrightarrow{MA}| = \sqrt{1^2 + 1^2 + 0^2} = \sqrt{2};$$
$$|\overrightarrow{MB}| = \sqrt{1^2 + 0^2 + 1^2} = \sqrt{2}.$$

代入两向量夹角余弦的表达式,得

$$\cos\angle AMB = \frac{\overrightarrow{MA} \cdot \overrightarrow{MB}}{|\overrightarrow{MA}| \cdot |\overrightarrow{MB}|} = \frac{1}{\sqrt{2} \cdot \sqrt{2}} = \frac{1}{2}.$$

由此得 $\angle AMB = \dfrac{\pi}{3}$.

二、两向量的向量积

在研究物体转动问题时,不但要考虑这物体所受的力,还要分析这些力所产生的力矩.下面就举一个简单的例子来说明表达力矩的方法.

如图 7-13 所示,设 O 为一根杠杆 L 的支点,有一个力 $\boldsymbol{F}$ 作用于这杠杆上点 P 处,$\boldsymbol{F}$ 与 $\overrightarrow{OP}$ 的夹角为 θ.由力学规定,力 $\boldsymbol{F}$ 对支点 O 的力矩是一向量 $\boldsymbol{M}$,它的模
$$|\boldsymbol{M}| = |\overrightarrow{OQ}||\boldsymbol{F}| = |\overrightarrow{OP}||\boldsymbol{F}|\sin\theta.$$

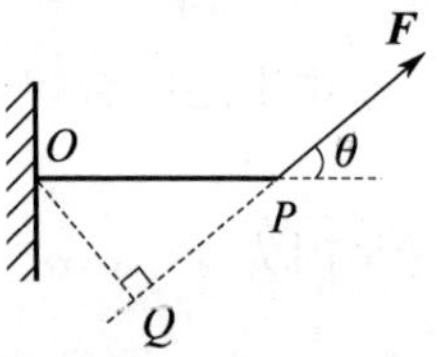

图 7-13

而 M 的方向垂直于 $\overrightarrow{OP}$ 与 F 所决定的平面，M 的指向是按右手规则从 $\overrightarrow{OP}$ 以不超过 π 的角转向 F 来确定的，即当右手的四个手指从 $\overrightarrow{OP}$ 以不超过 π 的角转向 F 握拳时，大拇指的指向就是 M 的指向（见图 7-14）.

这种由两个已知向量按上面的规则来确定另一个向量的情况，在其他力学和物理问题中也遇到过. 从而可以抽象出两个向量的向量积概念.

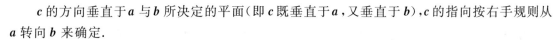

图 7-14

设向量 c 是由两个向量 a 与 b 按下列方式定出：

c 的模 $|c| = |a||b|\sin\theta$，其中 θ 为 a，b 间的夹角；

c 的方向垂直于 a 与 b 所决定的平面（即 c 既垂直于 a，又垂直于 b），c 的指向按右手规则从 a 转向 b 来确定.

那么，向量 c 叫作向量 a，b 的向量积，记作 $a \times b$，即

$$c = a \times b.$$

因此，上面的力矩 M 等于 $\overrightarrow{OP}$ 与 F 的向量积，即

$$M = \overrightarrow{OP} \times F.$$

向量积的计算

由向量积的定义可以推得：

(1) $a \times a = \mathbf{0}$.

这是因为夹角 $\theta = 0$，所以

$$|a \times a| = |a|^2 \sin 0 = 0.$$

(2) 对于两个非零向量 a，b，如果 $a \times b = \mathbf{0}$，那么 $a//b$；反之，如果 $a//b$，那么 $a \times b = \mathbf{0}$.

这是因为如果 $a \times b = \mathbf{0}$，由于 $|a| \neq 0$，$|b| \neq 0$，故必有 $\sin\theta = 0$，于是 $\theta = 0$ 或 π，即 $a//b$；反之，如果 $a//b$，那么 $\theta = 0$ 或 π，于是 $\sin\theta = 0$，从而 $|a \times b| = 0$，即 $a \times b = \mathbf{0}$.

由于可以认为零向量与任何向量都平行，因此上述结论可叙述为向量 $a//b$ 的充分必要条件是 $a \times b = \mathbf{0}$.

向量积符合下列运算规律.

(1) $b \times a = -a \times b$.

这是因为按右手规则 b 转向 a 定出的方向恰好与按右手规则从 a 转向 b 定出的方向相反，它表明交换律对向量积不成立.

(2) 分配律　$(a + b) \times c = a \times c + b \times c$.

(3) 向量积还符合如下的结合律：

$$(\lambda a) \times b = a \times (\lambda b) = \lambda(a \times b) \quad (\lambda \text{ 为常数}).$$

下面来推导向量积的坐标表达式.

设 $a = a_x \mathbf{i} + a_y \mathbf{j} + a_z \mathbf{k}$，$b = b_x \mathbf{i} + b_y \mathbf{j} + b_z \mathbf{k}$，那么，按上述运算规律，得

$$\begin{aligned}a \times b &= (a_x \mathbf{i} + a_y \mathbf{j} + a_z \mathbf{k}) \times (b_x \mathbf{i} + b_y \mathbf{j} + b_z \mathbf{k}) \\&= a_x \mathbf{i} \times (b_x \mathbf{i} + b_y \mathbf{j} + b_z \mathbf{k}) + a_y \mathbf{j} \times (b_x \mathbf{i} + b_y \mathbf{j} + b_z \mathbf{k}) + a_z \mathbf{k} \times (b_x \mathbf{i} + b_y \mathbf{j} + b_z \mathbf{k}) \\&= a_x b_x (\mathbf{i} \times \mathbf{i}) + a_x b_y (\mathbf{i} \times \mathbf{j}) + a_x b_z (\mathbf{i} \times \mathbf{k}) + a_y b_x (\mathbf{j} \times \mathbf{i}) + a_y b_y (\mathbf{j} \times \mathbf{j}) + \\&\quad a_y b_z (\mathbf{j} \times \mathbf{k}) + a_z b_x (\mathbf{k} \times \mathbf{i}) + a_z b_y (\mathbf{k} \times \mathbf{j}) + a_z b_z (\mathbf{k} \times \mathbf{k}).\end{aligned}$$

由于 $\mathbf{i} \times \mathbf{i} = \mathbf{j} \times \mathbf{j} = \mathbf{k} \times \mathbf{k} = \mathbf{0}$，$\mathbf{i} \times \mathbf{j} = \mathbf{k}$，$\mathbf{j} \times \mathbf{k} = \mathbf{i}$，$\mathbf{k} \times \mathbf{i} = \mathbf{j}$，$\mathbf{j} \times \mathbf{i} = -\mathbf{k}$，$\mathbf{k} \times \mathbf{j} = -\mathbf{i}$，$\mathbf{i} \times \mathbf{k} = -\mathbf{j}$，所以

$$a \times b = (a_y b_z - a_z b_y)\mathbf{i} + (a_z b_x - a_x b_z)\mathbf{j} + (a_x b_y - a_y b_x)\mathbf{k}.$$

为了帮助记忆,利用三阶行列式,上式可写成

$$a \times b = \begin{vmatrix} \mathbf{i} & \mathbf{j} & \mathbf{k} \\ a_x & a_y & a_z \\ b_x & b_y & b_z \end{vmatrix} = \begin{vmatrix} a_y & a_z \\ b_y & b_z \end{vmatrix}\mathbf{i} - \begin{vmatrix} a_x & a_z \\ b_x & b_z \end{vmatrix}\mathbf{j} + \begin{vmatrix} a_x & a_y \\ b_x & b_y \end{vmatrix}\mathbf{k}.$$

例 3 设 $a = (2, 1, -1)$, $b = (1, -1, 2)$,计算 $a \times b$.

解
$$a \times b = \begin{vmatrix} \mathbf{i} & \mathbf{j} & \mathbf{k} \\ 2 & 1 & -1 \\ 1 & -1 & 2 \end{vmatrix} = \mathbf{i} - 5\mathbf{j} - 3\mathbf{k}.$$

例 4 三角形 ABC 的顶点分别是 $A(1,2,3)$, $B(2,3,5)$ 和 $C(2,4,7)$,求三角形 ABC 的面积.

解 根据向量积的定义,可知三角形 ABC 的面积

$$S_{\triangle ABC} = \frac{1}{2}|\overrightarrow{AB}||\overrightarrow{AC}|\sin\angle A$$
$$= \frac{1}{2}|\overrightarrow{AB} \times \overrightarrow{AC}|.$$

向量积的应用举例

由于 $\overrightarrow{AB} = (1,1,2)$, $\overrightarrow{AC} = (1,2,4)$,

因此
$$\overrightarrow{AB} \times \overrightarrow{AC} = \begin{vmatrix} \mathbf{i} & \mathbf{j} & \mathbf{k} \\ 1 & 1 & 2 \\ 1 & 2 & 4 \end{vmatrix} = 0\mathbf{i} - 2\mathbf{j} + \mathbf{k},$$

于是
$$S_{\triangle ABC} = \frac{1}{2}|0\mathbf{i} - 2\mathbf{j} + \mathbf{k}| = \frac{1}{2}\sqrt{0^2 + (-2)^2 + 1^2} = \frac{\sqrt{5}}{2}.$$

习题 7.4

1. 设 $a = 3\mathbf{i} - \mathbf{j} - 2\mathbf{k}$, $b = \mathbf{i} + 2\mathbf{j} - \mathbf{k}$,求:

(1) $a \cdot b$ 及 $a \times b$; (2) $(-2a) \cdot 3b$ 及 $a \times 2b$; (3) a, b 的夹角的余弦.

2. 设 a, b, c 为单位向量,且满足 $a + b + c = \mathbf{0}$,求 $a \cdot b + b \cdot c + c \cdot a$.

3. 已知 $M_1(1, -1, 2)$, $M_2(3, 3, 1)$ 和 $M_3(3, 1, 3)$. 求与 $\overrightarrow{M_1 M_2}$, $\overrightarrow{M_2 M_3}$ 同时垂直的单位向量.

§7.5 平面及其方程

一、点的轨迹 —— 方程的概念

在平面解析几何中把平面曲线当作动点的轨迹一样,在空间解析几何中,任何曲面或曲线都看作点的几何轨迹. 在这样的意义下,如曲面 S 与三元方程

$$F(x, y, z) = 0 \tag{7.4}$$

有下述关系：

(1) 曲面 S 上任意点的坐标都满足方程(7.4)；

(2) 不在曲面 S 上的点的坐标都不满足方程(7.4)，

那么，方程(7.4)就叫作**曲面 S 的方程**，而曲面 S 就叫作**方程(7.4)的图形**.

空间曲线可以看作两个曲面的交线. 设
$$F(x,y,z) = 0 \quad \text{和} \quad G(x,y,z) = 0$$
是两个曲面的方程，它们的交线为 C. 因为曲线 C 上的任何点的坐标应同时满足这两个曲面的方程，所以应满足方程

$$\begin{cases} F(x,y,z) = 0, \\ G(x,y,z) = 0. \end{cases} \quad (7.5)$$

反过来，如果点 M 不在曲线 C 上，那么它不可能同时在两个曲面上，所以它的坐标不满足方程组(7.5). 因此方程组(7.5)便是空间曲线 C 的方程，而曲线便是方程组(7.5)的图形.

二、平面的点法式方程

如果一非零向量垂直于一平面，这向量就叫作该平面的**法线向量**. 容易知道，平面上的任一向量均与该平面的法线向量垂直.

因为过空间一点可以作而且只能作一平面垂直于已知直线，所以当平面 Π 上的一点 $M_0(x_0, y_0, z_0)$ 和它的一个法线向量 $\boldsymbol{n} = (A, B, C)$ 为已知时，平面 Π 的位置就完全确定了. 下面我们来建立平面 Π 的方程.

设 $M(x, y, z)$ 是平面 Π 上的任一点(见图 7-15)，那么向量 $\overrightarrow{M_0 M}$ 必与平面 Π 的法线向量 $\boldsymbol{n}$ 垂直，即它们的数量积等于零，
$$\boldsymbol{n} \cdot \overrightarrow{M_0 M} = 0.$$

由于 $\boldsymbol{n} = (A, B, C), \overrightarrow{M_0 M} = (x - x_0, y - y_0, z - z_0)$，所以有
$$A(x - x_0) + B(y - y_0) + C(z - z_0) = 0. \quad (7.6)$$

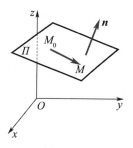

图 7-15

这就是平面 Π 上任一点 M 的坐标 x, y, z 所满足的方程.

反过来，如果 $M(x, y, z)$ 不在平面 Π 上，那么向量 $\overrightarrow{M_0 M}$ 与法线向量 $\boldsymbol{n}$ 不垂直，从而 $\boldsymbol{n} \cdot \overrightarrow{M_0 M} \neq 0$，即不在平面 Π 上的点 M 的坐标 x, y, z 不满足方程(7.6).

由此可知，平面 Π 上的任一点的坐标 x, y, z 都满足方程(7.6). 这样，方程(7.6)就是平面 Π 的方程，而平面 Π 就是方程(7.6)的图形. 由于方程(7.6)是由平面 Π 上的一点 $M_0(x_0, y_0, z_0)$ 及它的一个法线向量 $\boldsymbol{n} = (A, B, C)$ 所确定的，所以方程(7.6)叫作平面的**点法式方程**.

例 1　求过点 $(2, -3, 0)$ 且以 $\boldsymbol{n} = (1, -2, 3)$ 为法线向量的平面的方程.

解　就平面点法式方程(7.6)，得所求平面的方程为
$$(x - 2) - 2(y + 3) + 3z = 0,$$
即
$$x - 2y + 3z - 8 = 0.$$

三、平面的一般方程

由于平面的点法式方程(7.6)是 x, y, z 的一次方程，而任一平面都可以用它上面的一点即法线向量来确定，所以任一平面都可以用三元一次方程来表示.

反过来,设有三元一次方程
$$Ax + By + Cz + D = 0. \tag{7.7}$$
我们任取满足该方程的一组数 x_0, y_0, z_0,即 $Ax_0 + By_0 + Cz_0 + D = 0$.

把上述两等式相减,可得与方程(7.7)同解的方程 $A(x-x_0) + B(y-y_0) + C(z-z_0) = 0$.

把它和平面的点法式方程(7.6)作比较,可以知道它是通过点 $M_0(x_0, y_0, z_0)$ 且以 $\boldsymbol{n} = (A, B, C)$ 为法线向量的平面方程. 由此可知,任一三元一次方程(7.7)的图形总是一个平面. 方程(7.7)称为平面的一般方程,其中 x, y, z 系数就是该平面的一个法线向量 $\boldsymbol{n}$ 的坐标,即 $\boldsymbol{n} = (A, B, C)$.

例如,方程
$$3x - 4y + z - 9 = 0$$
表示一个平面,$\boldsymbol{n} = (3, -4, 1)$ 是这平面的一个法线向量.

对于一些特殊的三元一次方程,应该熟悉它们的图形的特点.

平面的几种特殊方程
(三点式、截距式)

当 $D = 0$ 时,方程(7.7)成为 $Ax + By + Cz = 0$,它表示一个通过原点的平面.

当 $A = 0$ 时,方程(7.7)成为 $By + Cz + D = 0$,法线向量 $\boldsymbol{n} = (0, B, C)$ 垂直于 x 轴,方程表示一个平行于 x 轴的平面.

同样,方程 $Ax + Cz + D = 0$ 和 $Ax + By + D = 0$ 分别表示一个平行于 y 轴和 z 轴的平面.

当 $A = B = 0$ 时,方程(7.7)成为 $Cz + D = 0$ 或 $z = -\dfrac{D}{C}$,法线向量 $\boldsymbol{n} = (0, 0, C)$ 同时垂直于 x 轴和 y 轴,方程表示一个平行于(或重合于)xOy 面的平面.

同样,方程 $Ax + D = 0$ 和 $By + D = 0$ 分别表示一个平行于 yOz 面和 xOz 面的平面.

例 2 求通过 x 轴和点 $(4, -3, -1)$ 的平面的方程.

解 由于平面通过 x 轴,从而它的法线向量垂直于 x 轴,于是法线向量在 x 轴上的投影为零,即 $A = 0$;又由平面通过 x 轴,它必通过原点,于是 $D = 0$. 因此可设这平面的方程为
$$By + Cz = 0.$$
又因这平面通过点 $(4, -3, -1)$,所以有 $-3B - C = 0$ 或 $C = -3B$.

以此代入所设方程并除以 $B(B \neq 0)$,便得所求平面方程为
$$y - 3z = 0.$$

例 3 设一平面与 x, y, z 轴的交点依次为点 $P(a, 0, 0)$, $Q(0, b, 0), R(0, 0, c)$,求这平面的方程(见图 7-16),其中,$a \neq 0$, $b \neq 0, c \neq 0$.

解 设所求平面的方程为
$$Ax + By + Cz = 0,$$
因为点 $P(a, 0, 0), Q(0, b, 0), R(0, 0, c)$ 都在这平面上,所以点 P, Q, R 的坐标都满足上述平面方程,即有
$$\begin{cases} aA + D = 0, \\ bB + D = 0, \\ cC + D = 0, \end{cases}$$

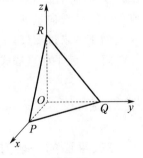

图 7-16

得 $A = -\dfrac{D}{a}, \quad B = -\dfrac{D}{b}, \quad C = -\dfrac{D}{c}.$

以此代入上述方程并除以 $D(D \neq 0)$，便得所求的平面方程为

$$\frac{x}{a} + \frac{y}{b} + \frac{z}{c} = 1.$$

这个方程叫作**平面的截距式方程**，而 a, b, c 依次叫作平面在 x, y, z 轴上的**截距**.

四、两平面的夹角

两平面法线向量的夹角（通常指锐角）称为**两平面的夹角**.

设平面 Π_1 和 Π_2 的法线向量依次为 $\boldsymbol{n}_1 = (A_1, B_1, C_1)$ 和 $\boldsymbol{n}_2 = (A_2, B_2, C_2)$，那么平面 Π_1 和 Π_2 的夹角 θ（见图 7-17），应是 $\widehat{(\boldsymbol{n}_1, \boldsymbol{n}_2)}$ 和 $\widehat{(-\boldsymbol{n}_1, \boldsymbol{n}_2)} = \pi - \widehat{(\boldsymbol{n}_1, \boldsymbol{n}_2)}$ 两者中的锐角.

按两向量夹角余弦的坐标表示式，平面 Π_1 和平面 Π_2 的夹角 θ 可由

$$\cos\theta = \frac{|A_1 A_2 + B_1 B_2 + C_1 C_2|}{\sqrt{A_1^2 + B_1^2 + C_1^2} \cdot \sqrt{A_2^2 + B_2^2 + C_2^2}} \quad (7.8)$$

来确定.

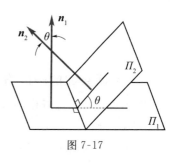

图 7-17

从两向量垂直、平行的充分必要条件可推得下列结论：

Π_1, Π_2 互相垂直相当于 $A_1 A_2 + B_1 B_2 + C_1 C_2 = 0$；

Π_1, Π_2 互相平行或重合相当于 $\dfrac{A_1}{A_2} = \dfrac{B_1}{B_2} = \dfrac{C_1}{C_2}.$

例 4 求两平面 $x - y + 2z - 6 = 0$ 和 $2x + y + z - 5 = 0$ 的夹角.

解 由公式 (7.8) 有

$$\cos\theta = \frac{|1 \times 2 + (-1) \times 1 + 2 \times 1|}{\sqrt{1^2 + (-1)^2 + 2^2} \cdot \sqrt{2^2 + 1^2 + 1^2}} = \frac{1}{2},$$

两平面平行或
垂直的条件

因此所求夹角 $\theta = \dfrac{\pi}{3}$.

例 5 一平面通过两点 $M_1(1,1,1)$ 和 $M_2(0,1,-1)$ 且垂直于平面 $x + y + z = 0$，求它的方程.

解 设所求平面的一个法线向量为

$$\boldsymbol{n} = (A, B, C).$$

因 $\overrightarrow{M_1 M_2} = (-1, 0, -2)$ 在所求平面上，它必与 $\boldsymbol{n}$ 垂直，所以有

$$-A - 2C = 0.$$

又因所求的平面垂直于已知平面 $x + y + z = 0$，所以又有

$$A + B + C = 0,$$

从而得到

$$A = -2C, \quad B = C.$$

由平面的点法式方程可知，所求平面方程为

$$A(x-1) + B(y-1) + C(z-1) = 0.$$

将 $A = -2C$ 及 $B = C$ 代入上式，并约去 $C(C \neq 0)$，可得

$$-2(x-1) + (y-1) + (z-1) = 0,$$

或
$$2x - y - z = 0.$$
这就是所求的平面方程.

习题 7.5

1. 与定点 $A(x_0, y_0, z_0)$ 的距离为定值 a 的点的轨迹称为球面,试建立它的方程.
2. 画出下列各平面:
 (1) $x = 0$; (2) $3y - 1 = 0$; (3) $2x - 3y - 6 = 0$.
3. 求过点 $(3, 0, -1)$ 且与平面 $3x - 7y - 5z - 12 = 0$ 平行的平面方程.
4. 求过点 $M_0(2, 9, -6)$ 且与连接坐标原点 O 及点 M_0 的线段 OM_0 垂直的平面方程.
5. 求过点 $(1, 1, -1), (-2, -2, 2)$ 和 $(1, -1, 2)$ 的平面方程.

§7.6 空间直线及其方程

一、空间直线的一般方程

空间直线 L 可以看作是两个平面 Π_1 和 Π_2 的交线. 如果两个相交的平面 Π_1 和 Π_2 的方程分别为 $A_1 x + B_1 y + C_1 z + D_1 = 0$ 和 $A_2 x + B_2 y + C_2 z + D_2 = 0$,那么直线 L 上的任一点的坐标应同时满足这两个平面的方程,即应满足方程组

$$\begin{cases} A_1 x + B_1 y + C_1 z + D_1 = 0, \\ A_2 x + B_2 y + C_2 z + D_2 = 0. \end{cases} \tag{7.9}$$

反过来,如果点 M 不在直线 L 上,那么它不可能同时在平面 Π_1 和 Π_2 上,所以它的坐标不满足方程组(7.9).因此直线 L 可以用方程组(7.9)来表示.方程组(7.9)叫作空间直线的一般方程.

通过空间一直线 L 的平面有无限多个,只要在这无限多个平面中任意选取两个,把它们的方程联系起来,所得的方程组就表示空间直线 L.

二、空间直线的点向式方程与参数方程

如果一个非零向量平行于一条已知直线,这个向量就叫作这条直线的**方向向量**. 容易知道,直线上任一向量都平行于该直线的方向向量.

由于过空间一点可作而且只能作一条直线平行于已知直线,所以当直线 L 上一点 $M_0(x_0, y_0, z_0)$ 和它的一方向向量 $\boldsymbol{s} = (m, n, p)$ 为已知时,直线 L 的位置就完全确定了.

下面我们来建立直线 L 的方程. 设点 $M(x, y, z)$ 是直线 L 上的任意一点,那么向量 $\overrightarrow{M_0 M}$ 与 L 的方向向量 $\boldsymbol{s}$ 平行,如图 7-18 所示.

所以两向量的对应坐标成比例,由于 $\overrightarrow{M_0 M} = (x - x_0, y - y_0, z - z_0)$, $\boldsymbol{s} = (m, n, p)$,从而有

$$\frac{x - x_0}{m} = \frac{y - y_0}{n} = \frac{z - z_0}{p}. \tag{7.10}$$

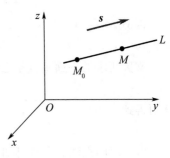

图 7-18

反过来,如果点 M 不在直线 L 上,那么由于 $\overrightarrow{M_0M}$ 与 s 不平行,这两向量的对应坐标就不成比例.因此方程组(7.10)就是直线 L 的方程,叫作直线的**点向式方程**或**对称式方程**.

直线的任一方向向量 s 的坐标 m,n,p 叫作这直线的一组**方向数**,而向量 s 的方向余弦叫作该直线的**方向余弦**.

由直线的点向式方程容易导出直线的参数方程.如设

$$\frac{x-x_0}{m} = \frac{y-y_0}{n} = \frac{z-z_0}{p} = t,$$

那么

$$\begin{cases} x = x_0 + mt, \\ y = y_0 + nt, \\ z = z_0 + pt. \end{cases} \tag{7.11}$$

直线方程及应用举例

方程组(7.11)就是直线的**参数方程**.

直线的三种方程在应用上各有方便之处,因此需掌握它们相互转化的方法.上面已经指出,由直线的点向式方程容易导出参数方程;反之,由参数方程显然能直接写出点向式方程.要把点向式方程转化为一般方程也很方便,这只要把点向式方程(7.10)的连等式写成两个方程

$$\begin{cases} \dfrac{x-x_0}{m} = \dfrac{y-y_0}{n}, \\ \dfrac{y-y_0}{n} = \dfrac{z-z_0}{p}, \end{cases} \quad \text{即} \quad \begin{cases} n(x-x_0) - m(y-y_0) = 0, \\ p(y-y_0) - n(z-z_0) = 0, \end{cases}$$

这便是直线的一般方程.

把直线的一般方程转化为点向式方程稍微麻烦,下面通过例子来说明这一转化的方法.

例 1 用点向式方程表示直线

$$\begin{cases} x+y+z+2=0, \\ 2x-y+3z+10=0. \end{cases}$$

解 先找出这直线上的一点 (x_0,y_0,z_0).例如,可以取 $x_0=0$,代入上述方程组,得

$$\begin{cases} y+z=-2, \\ y-3z=10, \end{cases}$$

解方程组,得

$$y_0 = 1, \quad z_0 = -3,$$

即 $(0,1,-3)$ 是这直线上的一点.

再找出这直线的方向向量 s.由于两平面的交线与这两平面的法向量 $n_1 = (1,1,1), n_2 = (2,-1,3)$ 都垂直,所以可取

$$s = n_1 \times n_2 = \begin{vmatrix} i & j & k \\ 1 & 1 & 1 \\ 2 & -1 & 3 \end{vmatrix} = 4i - j - 3k.$$

因此所给直线的点向式方程为

$$\frac{x}{4} = \frac{y-1}{-1} = \frac{z+3}{-3}.$$

三、两直线的夹角

两直线的方向向量的夹角(通常指锐角或直角)叫作**两直线的夹角**.

设直线 L 和 S 的方向向量依次为 $\boldsymbol{s}_1=(m_1,n_1,p_1)$ 和 $\boldsymbol{s}_2=(m_2,n_2,p_2)$，那么 L 和 S 的夹角 φ 应是 $(\widehat{\boldsymbol{s}_1,\boldsymbol{s}_2})$ 和 $(\widehat{-\boldsymbol{s}_1,\boldsymbol{s}_2})=\pi-(\widehat{\boldsymbol{s}_1,\boldsymbol{s}_2})$ 两者中的锐角或直角，因此 $\cos\varphi=|\cos(\widehat{\boldsymbol{s}_1,\boldsymbol{s}_2})|$．按两向量的夹角的余弦公式，直线 L 和直线 S 的夹角 φ 可由

$$\cos\varphi=\frac{|m_1m_2+n_1n_2+p_1p_2|}{\sqrt{m_1^2+n_1^2+p_1^2}\sqrt{m_2^2+n_2^2+p_2^2}} \tag{7.12}$$

来确定．

从两向量垂直、平行的充分必要条件可推得下列结论：

两直线 L_1,L_2 互相垂直相当于 $m_1m_2+n_1n_2+p_1p_2=0$；

两直线 L_1,L_2 互相平行或重合相当于 $\dfrac{m_1}{m_2}=\dfrac{n_1}{n_2}=\dfrac{p_1}{p_2}$．

两直线平行或垂直的条件

例 2 求直线 $L_1:\dfrac{x-1}{1}=\dfrac{y}{-4}=\dfrac{z+3}{1}$ 和 $L_2:\dfrac{x}{2}=\dfrac{y+2}{-2}=\dfrac{z}{-1}$ 的夹角．

解 直线 L_1 的方向向量为 $\boldsymbol{s}_1=(1,-4,1)$；直线 L_2 的方向向量为 $\boldsymbol{s}_2=(2,-2,-1)$．设直线 L_1 和 L_2 的夹角为 φ，由公式 (7.12) 有

$$\cos\varphi=\frac{|1\times2+(-4)\times(-2)+1\times(-1)|}{\sqrt{1^2+(-4)^2+1^2}\cdot\sqrt{2^2+(-2)^2+(-1)^2}}$$
$$=\frac{1}{\sqrt{2}}=\frac{\sqrt{2}}{2},$$

所以 $\varphi=\dfrac{\pi}{4}$．

四、直线与平面的夹角

当直线与平面不垂直时，直线和它在平面上的投影直线的夹角 $\varphi\left(0\leqslant\varphi<\dfrac{\pi}{2}\right)$ 称为**直线与平面的夹角**（见图 7-19），当直线与平面垂直时，规定直线与平面的夹角为 $\dfrac{\pi}{2}$．

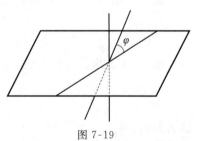

图 7-19

设直线的方向向量为 $\boldsymbol{s}=(m,n,p)$，平面的法向量为 $\boldsymbol{n}=(A,B,C)$，直线与平面的夹角为 φ，那么 $\varphi=\left|\dfrac{\pi}{2}-(\widehat{\boldsymbol{s},\boldsymbol{n}})\right|$，因此 $\sin\varphi=|\cos(\widehat{\boldsymbol{s},\boldsymbol{n}})|$．按两向量夹角余弦的坐标表示式，有

$$\sin\varphi=\frac{|Am+Bn+Cp|}{\sqrt{A^2+B^2+C^2}\sqrt{m^2+n^2+p^2}}.$$

因为直线与平面垂直相当于直线的方向向量与平面的法向量平行，所以直线与平面垂直相当于 $\dfrac{A}{m}=\dfrac{B}{n}=\dfrac{C}{p}$．

直线与平面平行或垂直的条件

因为直线与平面平行或直线在平面上相当于直线的方向向量与平面的法向量垂直，所以直线与平面平行或直线在平面上相当于 $Am+Bn+Cp=0$．

例 3 求过点 $(1,-2,4)$ 且与平面 $2x-3y+z=0$ 垂直的直线的方程．

解 因为所求直线垂直于已知平面，所以可以取已知平面的法向量 $(2,-3,1)$ 作为所求

直线的方向向量. 由此可得所求直线的方程为
$$\frac{x-1}{2} = \frac{y+2}{-3} = \frac{z-4}{1}.$$

 习题 7.6

1. 求过点 $(4,-1,3)$ 且与直线 $\frac{x-3}{2} = \frac{y}{1} = \frac{z-1}{5}$ 平行的直线方程.
2. 求过两点 $M_1(3,-2,1)$ 和 $M_2(-1,0,2)$ 的直线方程.
3. 用点向式方程及参数方程表示直线 $\begin{cases} x-y+z=1, \\ 2x+y+z=4. \end{cases}$
4. 求过点 $(2,0,-3)$ 且与直线 $\begin{cases} x-2y+4z-7=0, \\ 3x+5y-2z+1=0 \end{cases}$ 垂直的平面方程.
5. 求直线 $\begin{cases} 5x-3y+3z-9=0, \\ 3x-2y+z-1=0 \end{cases}$ 与直线 $\begin{cases} 2x+2y-z+23=0, \\ 3x+8y+z-18=0 \end{cases}$ 夹角的余弦.
6. 证明:直线 $\begin{cases} x+2y-z=7, \\ -2x+y+z=7 \end{cases}$ 与直线 $\begin{cases} 3x+6y-3z=8, \\ 2x-y-z=0 \end{cases}$ 平行.
7. 求过点 $(0,2,4)$ 与两平面 $x+2z=1$ 和 $y-3z=2$ 平行的直线方程.
8. 求过点 $(3,1,-2)$ 且通过直线 $\frac{x-4}{5} = \frac{y+3}{2} = \frac{z}{1}$ 的平面方程.
9. 求直线 $\begin{cases} x+y+3z=0, \\ x-y-z=0 \end{cases}$ 与平面 $x-y-z+1=0$ 的夹角.

§7.7 曲面与空间曲线

一、曲面方程的概念

与在平面解析几何中建立平面曲线与二元方程 $F(x,y)=0$ 的对应关系一样,在空间直角坐标系中可以建立空间曲面与三元方程 $F(x,y,z)=0$ 之间的对应关系.

在空间解析几何中,任何曲面都可看作是空间点的几何轨迹. 因此,曲面上的所有点都具有共同的性质,这些点的坐标必须满足一定的条件. 在这样的意义下,如果曲面 S 与三元方程
$$F(x,y,z) = 0 \tag{7.13}$$
有下述关系:

(1) 曲面 S 上任一点的坐标都满足方程(7.13);

(2) 不在曲面 S 上的点的坐标都不满足方程(7.13).

那么,方程(7.13)就称为**曲面 S 的方程**,而曲面 S 就称为方程(7.13)的图形(见图 7-20).

例 1 求球心在点 $M_0(x_0,y_0,z_0)$、半径为 R 的球面方程.

解 设 $M(x,y,z)$ 是球面上任一点(见图 7-21),则有 $|M_0M|=R$,由两点间距离公式得
$$\sqrt{(x-x_0)^2+(y-y_0)^2+(z-z_0)^2} = R,$$
两边平方,得
$$(x-x_0)^2+(y-y_0)^2+(z-z_0)^2 = R^2. \tag{7.14}$$

这就是球面上的点的坐标所满足的方程,而不在球面上的点的坐标都不满足这个方程. 所以,方程(7.14)就是以点 $M_0(x_0,y_0,z_0)$ 为球心、R 为半径的球面方程.

特别地,若球心在原点,那么 $x_0=y_0=z_0=0$,此时球面方程为 $x^2+y^2+z^2=R^2$.

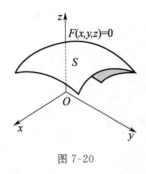

图 7-20

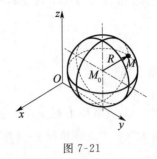

图 7-21

二、柱面

动直线 L 沿给定曲线 C 平行移动所形成的曲面称为**柱面**. 曲线 C 称为柱面的准线,动直线 L 称为柱面的**母线**.

如果母线是平行于 z 轴的直线,准线 C 是 xOy 平面上的曲线 $F(x,y)=0$,则此柱面的方程就是

$$F(x,y)=0. \tag{7.15}$$

这是因为,对柱面上任一点 $M(x,y,z)$,过点 M 作直线平行于 z 轴,这直线就是过点 M 的母线,直线上任何点的 x,y 坐标都相等,只有 z 坐标不同,它与 xOy 平面的交点 $N(x,y,0)$ 必在准线 C 上,点 N 的 x,y 坐标满足方程 $F(x,y)=0$,故点 $M(x,y,z)$ 的坐标满足方程 $F(x,y)=0$;反之满足 $F(x,y)=0$ 的点 $M(x,y,z)$ 一定在过点 $N(x,y,0)$ 且平行于 z 轴的母线上,即在柱面上.

同样,仅含 y,z 的方程 $F(y,z)=0$ 表示母线平行于 x 轴的柱面;仅含 z,x 的方程 $F(z,x)=0$ 表示母线平行于 y 轴的柱面.

例如,方程 $x^2+y^2=a^2$ 表示一个圆柱面,它的准线是 xOy 平面上的圆 $x^2+y^2=a^2$,母线平行于 z 轴. 同理,方程 $\dfrac{x^2}{a^2}+\dfrac{y^2}{b^2}=1$,$\dfrac{x^2}{a^2}-\dfrac{y^2}{b^2}=1$ 和 $y^2=2px(p>0)$ 分别表示母线平行于 z 轴的椭圆柱面(见图 7-22)、双曲柱面(见图 7-23)和抛物柱面(见图 7-24).

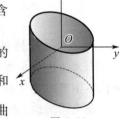

图 7-22

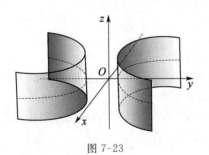

图 7-23

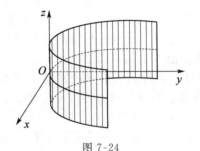

图 7-24

柱面方程

三、旋转曲面

平面曲线 C 绕同一平面上的定直线 L 旋转一周所成的曲面称为**旋转曲面**,定直线 L 称为**旋转曲面的轴**.

设在 yOz 平面上有一已知曲线 $C:F(y,z)=0$,将这条曲线绕 z 轴旋转一周,得到一个以 z

轴为轴的旋转曲面(见图 7-25)，下面来求此旋转曲面的方程.

设 $M_1(0,y_1,z_1)$ 为曲线 C 上的任一点，那么有 $F(y_1,z_1)=0$. 当曲线 C 绕 z 轴旋转时，点 M_1 也绕 z 轴旋转到另一点 $M(x,y,z)$，这时 $z=z_1$ 保持不变，且点 M 到 z 轴的距离为 $|y_1|=\sqrt{x^2+y^2}$，即得 $y_1=\pm\sqrt{x^2+y^2}$. 因此，我们得到所求旋转曲面的方程为

$$F(\pm\sqrt{x^2+y^2},z)=0. \tag{7.16}$$

同理，曲线 C 绕 y 轴旋转一周所成的旋转曲面的方程为 $F(y,\pm\sqrt{x^2+z^2})=0$.

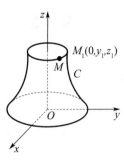

图 7-25

又如，曲线 $F(x,y)$ 绕 x 轴旋转一周所成的曲面方程为 $F(x,\pm\sqrt{y^2+z^2})$；曲线 $F(x,y)$ 绕 y 轴旋转一周所成的曲面方程为 $F(\pm\sqrt{x^2+z^2},y)$.

例 2 将 xOz 坐标平面上的双曲线 $\dfrac{x^2}{a^2}-\dfrac{z^2}{c^2}=1$ 分别绕 x 轴和 z 轴旋转一周，求所生成的旋转曲面的方程.

解 绕 x 轴旋转：将方程中的 z 用 $\pm\sqrt{y^2+z^2}$ 代替，得旋转曲面的方程

$$\frac{x^2}{a^2}-\frac{y^2+z^2}{c^2}=1.$$

同理，所给双曲线绕 z 轴旋转一周形成的旋转曲面的方程为

$$\frac{x^2+y^2}{a^2}-\frac{z^2}{c^2}=1.$$

旋转曲面

这两种曲面都称为**旋转双曲面**. 类似地，我们还可以得到旋转椭球面和旋转抛物面.

习题 7.7

1. 画出下列曲线在第一卦限内的图形：

(1) $\begin{cases} x=1, \\ y=2; \end{cases}$ (2) $\begin{cases} z=\sqrt{4-x^2-y^2}, \\ x-y=0; \end{cases}$ (3) $\begin{cases} x^2+y^2=a^2, \\ x^2+z^2=a^2. \end{cases}$

2. 指出下列方程所表示的曲线：

(1) $\begin{cases} x^2+y^2+z^2=25, \\ x=3; \end{cases}$ (2) $\begin{cases} x^2+4y^2+9z^2=36, \\ y=1; \end{cases}$

(3) $\begin{cases} x^2-4y^2+z^2=25, \\ x=-3; \end{cases}$ (4) $\begin{cases} y^2+z^2-4x+8=0, \\ y=4. \end{cases}$

3. 将下列曲线的一般方程化为参数方程：

(1) $\begin{cases} x^2+y^2+z^2=9, \\ y=x; \end{cases}$ (2) $\begin{cases} (x-1)^2+y^2+(z+1)^2=9, \\ z=0. \end{cases}$

4. 分别求母线平行于 x 轴及 y 轴而且通过曲线 $\begin{cases} 2x^2+y^2+z^2=16, \\ x^2-y^2+z^2=0 \end{cases}$ 的柱面方程.

复习题七

一、填空题

1. 已知向量 $a=(3,-1,0), b=(-6,y-2,0)$,若 $a \mathbin{/\mkern-6mu/} b$,则 $y=$ _____.

2. 已知 $A(2,0,1), B(-4,2,3)$,点 C 分 $\overrightarrow{AB}$ 所成定比为 -3,则点 C 的坐标为 _____.

3. 点 $A(2,-1,3)$ 在第 _____ 卦限.

4. 若平面 $\lambda_1(2x-2y+z-1)+\lambda_2(x-3y-z)=0$ 与平面 $x+y+2z+1=0$ 平行,则 $\lambda_1:\lambda_2=$ _____,该平面方程为 _____.

5. 直线 $\dfrac{x-2}{3}=\dfrac{y+2}{1}=\dfrac{z-3}{-4}$ 与平面 $x+y+z-3=0$ 的位置关系是 _____.

6. 经过点 $A(4,-3,-1)$ 和 x 轴的平面方程为 _____.

二、选择题(每个小题给出的选项中,只有一项符合要求)

1. 若两非零向量 a,b 满足 $a \times b = b \times a$,则一定有( ).

   A. $a \perp b$ B. $a \mathbin{/\mkern-6mu/} b$ C. a,b 同向   D. a,b 反向

2. 点 $A(-2,1,-3)$ 关于 xOz 面的对称点 N 的坐标为( ).

   A. $(-2,1,3)$ B. $(2,1,-3)$ C. $(-2,-1,-1)$ D. $(2,-1,3)$

3. 经过点 $p_0(x_0,y_0,z_0)$ 与 xOz 面平行的平面方程是( ).

   A. $x=x_0$ B. $y=y_0$ C. $z=z_0$ D. $x+z=x_0+z_0$

4. 平面 $\dfrac{x}{a}+\dfrac{y}{b}+\dfrac{z}{c}=2$ 与三个坐标面围成的四面体的体积是( ).

   A. abc B. $\dfrac{1}{6}|abc|$ C. $\dfrac{1}{3}|abc|$ D. $\dfrac{4}{3}|abc|$

5. 直线 $\dfrac{x-1}{0}=\dfrac{y}{2}=\dfrac{z}{-1}$ 与直线 $\begin{cases}2x+3y+z=0\\3x+6y+2z=0\end{cases}$ 的位置关系是( ).

   A. 相交   B. 平行   C. 重合   D. 异面

6. 经过点 $p_0(x_0,y_0,z_0)$ 且与 y 轴平行的直线方程是( ).

   A. $\begin{cases}x=x_0,\\y=y_0\end{cases}$ B. $\begin{cases}x=x_0,\\z=z_0\end{cases}$ C. $\begin{cases}y=y_0,\\z=z_0\end{cases}$ D. $y=y_0$

7. 方程 $xy=a^2\,(a>0)$ 的图形是( ).

   A. 双曲线   B. 抛物线   C. 双曲柱面   D. 抛物柱面

8. 曲线 $\begin{cases}x=y^2,\\z=0\end{cases}$ 绕 Ox 轴旋转所得的旋转曲面的方程是( ).

   A. $5x=y^2$ B. $5x=y^2+z^2$

   C. $\pm 5\sqrt{x^2+z^2}=y^2$ D. $5x=z^2$

三、判断题

1. 所有零向量都相等. ( )

2. $x^2+\dfrac{y^2}{4}=z$ 表示的曲面是锥面. ( )

3. 不共线向量 a,b,c 可构成三角形的充要条件是 $a+b+c=\mathbf{0}$. ( )

4. 在空间直角坐标系中,方程 $y=5x+2$ 表示一条直线. ( )

四、计算题

1. 求点 $M(2,1,-1)$ 到 y 轴的距离.

2. 在平行四边形 $ABCD$ 中,设 $\overrightarrow{AB}=a, \overrightarrow{AD}=b$,试用 a 和 b 表示向量 $\overrightarrow{MA},\overrightarrow{MB},\overrightarrow{MC},\overrightarrow{MD}$,其中 M 是平行

四边形对角线的交点.

3. 已知两点 $A(x_1,y_1,z_1)$ 和 $B(x_2,y_2,z_2)$ 以及实数 $\lambda \neq -1$,在直线 AB 上求一点 M,使 $\overrightarrow{AM} = \lambda \overrightarrow{MB}$.

4. 已知三角形 ABC 的顶点分别是 $A(1,2,3),B(3,4,5),C(2,4,7)$,求三角形 ABC 的面积.

5. 已知三个不共面的向量 $(1,0,1),(2,-1,3),(4,3,0)$,求它们所围成的四面体的体积.

6. 设一平面与 x,y,z 轴的交点依次为 $P(a,0,0),Q(0,b,0),R(0,0,c)$ 三点,求这平面的方程(其中,$a \neq 0$, $b \neq 0, c \neq 0$).

7. 设 $P_0(x_0,y_0,z_0)$ 是平面 $Ax+By+Cz+D=0$ 外一点,求 P_0 到平面的距离.

8. 求直线 $L_1: \dfrac{x-1}{1} = \dfrac{y}{-4} = \dfrac{z+3}{1}$ 和 $L_2: \dfrac{x}{2} = \dfrac{y+2}{-2} = \dfrac{z}{1}$ 的夹角.

9. 求与两平面 $x-4z=3$ 和 $2x-y-5z=1$ 的交线平行且过点 $(-3,2,5)$ 的直线的方程.

10. 求直线 $\dfrac{x-2}{1} = \dfrac{y-3}{1} = \dfrac{z-4}{2}$ 与平面 $2x+y+z-6=0$ 的交点.

11. 求过点 $(2,1,3)$ 且与直线 $\dfrac{x+1}{3} = \dfrac{y-1}{2} = \dfrac{z}{-1}$ 垂直相交的直线的方程.

12. 求过点 $(2,1,2)$ 且与直线 $\dfrac{x-2}{1} = \dfrac{y-3}{1} = \dfrac{z-4}{2}$ 垂直相交的直线的方程.

第七章习题答案

第八章 多元函数微积分学及其应用

以前研究的函数都只有一个自变量,这种只含一个自变量的函数叫作一元函数.但无论在理论上还是在实践中,经常遇到的许多量的变化并不是由单个因素决定的,而是受到多个因素的影响,这就提出了多元函数以及多元函数的微分和积分问题.本章将在一元函数微分学的基础上,讨论多元函数的微积分法及其应用.讨论中以二元函数为主,这是因为从一元函数到二元函数会产生新的问题和不同的结果,而从二元函数到二元以上的多元函数则可以类推.

§8.1 多元函数的基本概念

一、多元函数概念及区域概念

1. 多元函数概念

在很多自然现象以及实际问题中,经常会遇到多个变量之间的依赖关系,举例如下.

例1 圆柱体的体积 V 和它的底半径 r、高 h 之间具有关系
$$V = \pi r^2 h.$$
这里,当 r,h 在一定范围($r>0,h>0$)内取定一对数值 (r,h) 时,V 就有唯一确定的值与之对应.

例2 一定量的理想气体的压强 p、体积 V 和绝对温度 T 之间具有关系
$$p = \frac{RT}{V} \quad (R \text{ 为常数}).$$
这里,当 V,T 在一定范围($V>0,T>0$)内取定一对数值 (V,T) 时,p 就有唯一确定的值与之对应.

上面两个例子的具体意义虽各不相同,但它们却有共同的性质,我们抽出这些共性就可得出以下二元函数的定义.

定义1 设有变量 x,y 和 z,如果当变量 x,y 在一定范围内任意取定一对值 (x,y) 时,变量 z 按照一定的法则 f,总有唯一确定的数值 z 和这对值对应,则称这个对应法则 f 为 x,y 的**二元函数**.变量 x,y 叫作**自变量**,而变量 z 叫作**因变量**.自变量 x,y 的变化范围叫作函数的**定义域**.

与自变量 x,y 的一对值 (x,y) 对应的因变量 z 的值记作 $f(x,y)$,称为二元函数 f 在 (x,y) 处的函数值.与一元函数的情形相仿,习惯上也常用函数值记号 $f(x,y)$ 或 $z=f(x,y)$ 来表示 x,y 的二元函数 f,并通常也称 z 为 x,y 的函数.

类似地,可以定义三元函数 $u=f(x,y,z)$ 以及三元以上的函数.

在定义 1 中，我们把自变量 x,y 排了序，使它们所取的值成为有序数组 (x,y). 这样，自变量 x,y 的每一对值就对应 xOy 平面上的一个点 $P(x,y)$，于是函数
$$z = f(x,y)$$
可看作平面上点 P 的函数，并简记为 $z = f(P)$. 类似地，可用空间内的点 $P(x,y,z)$ 来表示有序数组 (x,y,z)，于是三元函数
$$u = f(x,y,z)$$
也就可看作空间内的点 P 的函数，并简记为 $u = f(P)$.

如果对于点 $P(x,y)$，函数 $z = f(x,y)$ 有确定的值和它对应，就说函数 $z = f(x,y)$ 在点 $P(x,y)$ 处有定义. 函数的定义域也就是使函数有定义的点的全体所构成的点集. 因此二元函数
$$z = f(x,y)$$
的定义域是 xOy 平面上的点集. 类似地，三元函数 $u = f(x,y,z)$ 的定义域是空间内的点集.

关于函数的定义域，与一元函数相类似，我们作如下约定：在讨论用算式表达的多元函数时，就以使这个算式有确定值的自变量的变化范围所确定的点集为这个函数的定义域. 例如，函数
$$z = \ln(x+y)$$
的定义域为适合 $x+y > 0$ 的点 (x,y) 的全体，即平面点集
$$\{(x,y) \mid x+y > 0\},$$
如图 8-1 所示. 又如，函数
$$z = \arcsin(x^2 + y^2)$$
的定义域为适合
$$x^2 + y^2 \leqslant 1$$
的点 (x,y) 的全体，即平面点集 $\{(x,y) \mid x^2 + y^2 \leqslant 1\}$，如图 8-2 所示.

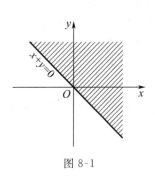

图 8-1

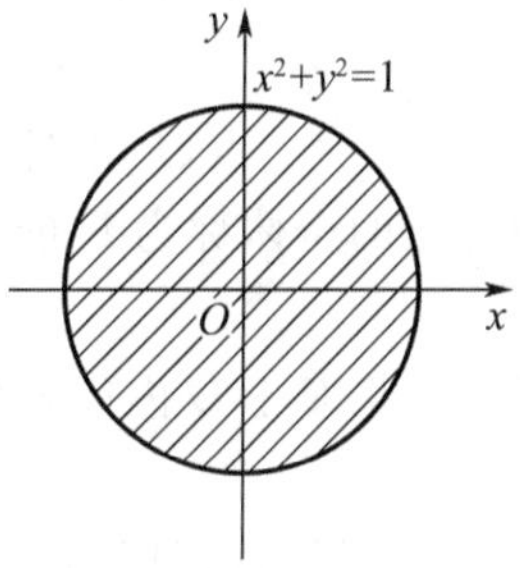

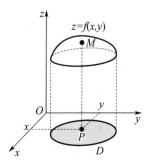

图 8-2

我们曾利用平面直角坐标系来表示一元函数 $y = f(x)$ 的图形，一般来说，它是平面上的一条曲线. 对于二元函数 $z = f(x,y)$，我们可以利用空间直角坐标系来表示它的图形. 设函数 $z = f(x,y)$ 的定义域是 xOy 坐标面上某一点集 D. 对于 D 上每一点 $P(x,y)$，在空间可以作出一点 $M(x,y,f(x,y))$ 与它对应. 当点 $P(x,y)$ 在 D 上变动时，点 $M(x,y,f(x,y))$ 就相应地在空间变动，一般来说，它的轨迹是一个曲面（见图 8-3）. 这个曲面就称为**二元函数 $z = f(x,y)$ 的图形**. 因此，二元函数可用曲面作为它的几何表示.

图 8-3

例如，由空间解析几何知道，线性函数

的图形是一个平面,而函数
$$z = ax + by + c$$
$$z = \sqrt{a^2 - x^2 - y^2}$$
的图形是中心在原点、半径为 a 的上半球面.

2. 区域

在一元函数的讨论中,邻域及区间是经常用到的概念.类似地,讨论多元函数时,经常用到邻域及区域概念.邻域及区域都是符合一定条件的点集.为简单和直观起见,我们就平面点集来说明邻域和区域概念,同时也要涉及其他有关概念.

与点 $P_0(x_0, y_0)$ 距离小于 δ 的点 $P(x,y)$ 的全体,称为点 P_0 的 δ **邻域**,记作 $U(P_0, \delta)$,即
$$U(P_0, \delta) = \{P \mid |PP_0| < \delta\},$$
也就是
$$U(P_0, \delta) = \{(x,y) \mid \sqrt{(x-x_0)^2 + (y-y_0)^2} < \delta\}.$$
从图形上看,$U(P_0, \delta)$ 就是以点 $P_0(x_0, y_0)$ 为中心、$\delta > 0$ 为半径的圆内部的点 $P(x,y)$ 的全体.

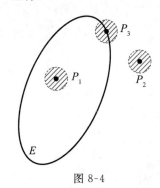

图 8-4

如果不需要强调邻域半径 δ,则用 $U(P_0)$ 表示 P_0 的 δ 邻域.

设 E 是平面上的一个点集,P 是平面上的一个点.如果存在点 P 的一个邻域 $U(P)$,使 $U(P) \subset E$,则称 P 为 E 的**内点**(见图 8-4).显然,若 P 为 E 的内点,则 $P \in E$.

如果点集 E 的点都是内点,则称 E 为**开集**.例如,点集
$$E_1 = \{(x,y) \mid 1 < x^2 + y^2 < 4\}$$
中每个点都是 E_1 的内点,故 E_1 为开集.

如果点 P 的任何一个邻域中既有属于 E 的点,也有不属于 E 的点(P 本身可以属于 E,也可以不属于 E),则称 P 为 E 的**边界点**(见图 8-4).E 的边界点的全体称为 E 的**边界**.例如,在上例中,E_1 的边界是圆周 $x^2 + y^2 = 1$ 和 $x^2 + y^2 = 4$.

设 D 是开集,如果对于 D 内的任何两点,都可以用完全位于 D 内的折线联结起来,则称开集 D 是连通的.

连通的开集称为**区域**或**开区域**.例如,
$$\{(x,y) \mid x+y > 0\}, \quad \{(x,y) \mid 1 < x^2 + y^2 < 4\}$$
都是区域.

区域连同它的边界一起,称为**闭区域**.例如,
$$\{(x,y) \mid x+y \geq 0\}, \quad \{(x,y) \mid 1 \leq x^2 + y^2 \leq 4\}$$
都是闭区域.

对于点集 E,如果存在正数 K,使一切点 $P \in E$ 与某一固定点 A 间的距离不超过 K,即对一切 $P \in E$,$|AP| \leq K$ 成立,则称 E 为有界点集;否则称为无界点集.例如,$\{(x,y) \mid 1 \leq x^2 + y^2 \leq 4\}$ 是有界闭区域,$\{(x,y) \mid x+y > 0\}$ 是无界区域.

二、多元函数的极限

现在讨论二元函数 $z = f(x,y)$ 当 $(x,y) \to (x_0, y_0)$,即点 $P(x,y) \to P_0(x_0, y_0)$ 时的极

限.与一元函数的极限概念类似,如果在 $P(x,y) \to P_0(x_0,y_0)$ 的过程中,对应的函数值 $f(x,y)$ 无限接近于一个确定的常数 A,就称 A 是函数趋于 (x_0,y_0) 时的极限.

必须注意,所谓二重极限存在,是指 $P(x,y)$ 以任何方式趋向 $P_0(x_0,y_0)$ 时,函数都趋向同一个数值 A. 因此,如果 $P(x,y)$ 以某一特殊方式,例如,沿着一条定直线或定曲线趋向 $P_0(x_0,y_0)$ 时,即使函数无限接近于某一确定值,我们还不能由此断定函数的极限存在. 但是,如果当 $P(x,y)$ 以不同方式趋向 $P_0(x_0,y_0)$ 时,函数趋向不同的值,那么就可以断定这函数在当 $P \to P_0$ 时的极限不存在. 下面用例子来说明这种情形.

例如,函数
$$f(x,y) = \begin{cases} \dfrac{xy}{x^2+y^2}, & x^2+y^2 \neq 0, \\ 0, & x^2+y^2 = 0, \end{cases}$$

二元函数极限的概念

显然,当点 $P(x,y)$ 沿 x 轴方向(即固定 $y=0$)趋向点 $(0,0)$ 时,即
$$\lim_{x \to 0} f(x,0) = \lim_{x \to 0} 0 = 0;$$
又当点 $P(x,y)$ 沿 y 轴方向(即固定 $x=0$)趋向点 $(0,0)$ 时,即
$$\lim_{y \to 0} f(0,y) = \lim_{y \to 0} 0 = 0.$$
虽然点 $P(x,y)$ 以上述两种特殊方式(沿 x 轴或沿 y 轴)趋向原点时函数的极限存在并且相等,但是极限 $\lim\limits_{(x,y) \to (0,0)} f(x,y)$ 并不存在. 这是因为当点 $P(x,y)$ 沿直线 $y=kx$ 趋向点 $(0,0)$ 时,有
$$\lim_{\substack{x \to 0 \\ y=kx \to 0}} \frac{xy}{x^2+y^2} = \lim_{x \to 0} \frac{kx^2}{x^2+k^2x^2} = \frac{k}{1+k^2},$$
显然,极限是随着 k 值的不同而改变的.

以上关于二元函数的极限的概念,可相应地推广到一般的 n 元函数 $u=f(P)$,即 $u=f(x_1,x_2,\cdots,x_n)$ 上去.

关于多元函数的极限运算,有与一元函数类似的运算法则.

例 3 求 $\lim\limits_{(x,y) \to (0,2)} \dfrac{\sin(xy)}{x}$.

解 记 $f(x,y) = \dfrac{\sin(xy)}{x}$,则点 $P_0(0,2)$ 为 $f(x,y)$ 的定义区域 $D_1 = \{(x,y) \mid x>0\}$ 或 $D_2 = \{(x,y) \mid x<0\}$ 的边界点. 由于在点 $P_0(0,2)$ 的充分小的邻域内 $y \neq 0$,故有
$$\lim_{(x,y) \to (0,2)} \frac{\sin(xy)}{x} = \lim_{xy \to 0} \frac{\sin(xy)}{x \cdot y} \cdot \lim_{y \to 2} y = 1 \cdot 2 = 2.$$

三、多元函数的连续性

与一元函数的情形一样,利用函数的极限就可以说明多元函数在一点处连续的概念.

定义 2 设函数 $f(x,y)$ 在区域(或闭区域)D 内有定义,$P_0(x_0,y_0)$ 是 D 的内点或边界点,且 $P_0 \in D$. 如果
$$\lim_{(x,y) \to (x_0,y_0)} f(x,y) = f(x_0,y_0),$$
则称函数 $f(x,y)$ 在点 $P_0(x_0,y_0)$ **连续**.

如果函数 $f(x,y)$ 在区域(或闭区域)D 内的每一点都连续,那么就称函数 $f(x,y)$ 在 D 内连续,或者称 $f(x,y)$ 是 D 内的**连续函数**.

以上关于二元函数的连续性概念,可相应地推广到一般的 n 元函数上去.

与闭区间上一元连续函数的性质相类似,在有界闭区域上多元连续函数也有如下性质.

性质 1(最大值和最小值定理) 在有界闭区域 D 上的多元连续函数 $f(P)$,在该区域上至少取得它的最大值和最小值各一次. 这就是说,在 D 上至少有一点 P_1 及一点 P_2,使得 $f(P_1)$ 为最大值而 $f(P_2)$ 为最小值,即

$$f(P_2) \leqslant f(P) \leqslant f(P_1).$$

性质 2(介值定理) 在有界闭区域 D 上的多元连续函数 $f(P)$,如果取得两个不同的函数值,则它在该区域上取得介于这两个值之间的任何值至少一次. 同样地,如果 μ 是在函数的最小值 m 和最大值 M 之间的一个数,则在 D 上至少有一点 Q,使得

$$f(Q) = \mu.$$

我们指出,一元函数中关于极限的运算法则,对于多元函数仍然适用. 根据极限运算法则,可以证明多元连续函数的和、差、积均为连续函数;在分母不为零处,连续函数的商也是连续函数;多元连续函数的复合函数也是连续函数.

与一元初等函数相类似,多元初等函数也是可由一个式子所表示的多元函数,而这个式子是由常数及具有不同自变量的一元基本初等函数经过有限次地四则运算和复合步骤所构成的. 例如

$$\frac{x + x^2 - y^2}{1 + x^2}, \quad \sin(x + y), \quad e^{x+y} \cdot \ln(1 + x^2 + y^2)$$

等都是多元初等函数.

根据上面指出的连续函数的和、差、积、商的连续性、连续函数的复合函数的连续性,以及基本初等函数的连续性,我们进一步可得如下结论:

一切多元初等函数在其定义区域内是连续的.

由以上结论,如 $f(P)$ 是多元初等函数,P_0 是 $f(P)$ 的某个定义区域内的一点,则 $f(P)$ 在点 P_0 处连续,从而有

$$\lim_{P \to P_0} f(P) = f(P_0).$$

例 4 求 $\lim\limits_{(x,y) \to (0,0)} \dfrac{\sqrt{xy+1}-1}{xy}$.

解 $\lim\limits_{(x,y) \to (0,0)} \dfrac{\sqrt{xy+1}-1}{xy} = \lim\limits_{(x,y) \to (0,0)} \dfrac{xy+1-1}{xy(\sqrt{xy+1}+1)}$

$= \lim\limits_{(x,y) \to (0,0)} \dfrac{1}{\sqrt{xy+1}+1} = \dfrac{1}{2}.$

多元函数极限的求法

以上运算的最后一步用到了二元函数 $\dfrac{1}{\sqrt{xy+1}+1}$ 在点 $(0,0)$ 处的连续性.

习题 8.1

1. 已知函数 $f(x,y) = x^2 + y^2 - xy \tan \dfrac{x}{y}$,试求 $f(tx,ty)$.

2. 试证:函数

$$F(x,y) = \ln x \cdot \ln y$$

满足关系式
$$F(xy, uv) = F(x,u) + F(x,v) + F(y,u) + F(y,v).$$

3. 已知函数
$$f(u,v,w) = u^w + w^{u+v},$$
试求 $f(x+y, x-y, xy)$.

4. 求下列各函数的定义域：

(1) $z = \ln(y^2 - 2x + 1)$;

(2) $z = \dfrac{1}{\sqrt{x+y}} + \dfrac{1}{\sqrt{x-y}}$;

(3) $u = \dfrac{1}{\sqrt{x}} + \dfrac{1}{\sqrt{y}} + \dfrac{1}{\sqrt{z}}$;

(4) $u = \arccos \dfrac{z}{\sqrt{x^2 + y^2}}$.

5. 求下列各极限：

(1) $\lim\limits_{(x,y) \to (0,1)} \dfrac{1 - xy}{x^2 + y^2}$;

(2) $\lim\limits_{(x,y) \to (0,0)} \dfrac{1}{x^2 + y^2}$;

(3) $\lim\limits_{(x,y) \to (1,0)} \dfrac{\ln(x + e^y)}{\sqrt{x^2 + y^2}}$;

(4) $\lim\limits_{(x,y) \to (0,0)} \dfrac{xy}{2 - \sqrt{xy + 4}}$.

§8.2 偏 导 数

一、偏导数的定义及其计算法

大家知道，一元函数的导数定义为函数增量与自变量增量之比当自变量增量趋于零时的极限，它刻画了函数在一点处的变化率. 对于多元函数来说，由于自变量个数的增多，函数关系就更为复杂，但是仍然可以考虑函数对于某一个自变量的变化率，也就是在其中一个自变量发生变化，而其余自变量都保持不变的情形下，考虑函数对于该自变量的变化率. 例如，由物理学知，一定量理想气体的体积 V，压强 P 与热力学温度 T 之间存在着某种联系. 我们可以考察在等温条件下（即将 T 视为常数）体积对于压强的变化率，也可以分析在等压条件下（即将 P 视为常数）体积对于温度的变化率. 由多元函数对某一个自变量的变化率就引出了多元函数的偏导数的概念.

定义 设函数 $z = f(x,y)$ 在点 (x_0, y_0) 的某一邻域内有定义，当 y 固定在 y_0 而 x 在 x_0 处有增量 Δx 时，相应地，函数有增量
$$f(x_0 + \Delta x, y_0) - f(x_0, y_0),$$
如果极限
$$\lim_{\Delta x \to 0} \dfrac{f(x_0 + \Delta x, y_0) - f(x_0, y_0)}{\Delta x}$$

偏导数的定义

存在，则称此极限为函数 $z = f(x,y)$ 在点 (x_0, y_0) 处对 x 的**偏导数**，记作
$$\dfrac{\partial z}{\partial x}\bigg|_{\substack{x=x_0 \\ y=y_0}}, \quad \dfrac{\partial f}{\partial x}\bigg|_{\substack{x=x_0 \\ y=y_0}}, \quad z_x\bigg|_{\substack{x=x_0 \\ y=y_0}} \quad \text{或} \quad f_x(x_0, y_0),$$
即
$$f_x(x_0, y_0) = \lim_{\Delta x \to 0} \dfrac{f(x_0 + \Delta x, y_0) - f(x_0, y_0)}{\Delta x}. \tag{8.1}$$

类似地，函数 $z = f(x,y)$ 在点 (x_0, y_0) 处对 y 的偏导数 $f_y(x_0, y_0)$ 定义为

$$f_y(x_0,y_0) = \lim_{\Delta y \to 0} \frac{f(x_0,y_0+\Delta y)-f(x_0,y_0)}{\Delta y}. \tag{8.2}$$

这个偏导数也可记作

$$\left.\frac{\partial z}{\partial y}\right|_{\substack{x=x_0\\y=y_0}}, \quad \left.\frac{\partial f}{\partial y}\right|_{\substack{x=x_0\\y=y_0}}, \quad \left.z_y\right|_{\substack{x=x_0\\y=y_0}} \quad \text{或} \quad f_y(x_0,y_0).$$

如果函数 $z=f(x,y)$ 在区域 D 内的每一点 (x,y) 处对 x 的偏导数都存在，那么 D 内的每个点 (x,y)，都对应着 $z=f(x,y)$ 在该点处对 x 的偏导数，这样就在 D 内定义了一个新的函数，这个函数称为 $z=f(x,y)$ 对 x 的偏导函数，记作

$$\frac{\partial z}{\partial x}, \quad \frac{\partial f}{\partial x}, \quad z_x \quad \text{或} \quad f_x(x,y).$$

在式(8.1)中把 x_0 换成 x，y_0 换成 y，便得函数 $z=f(x,y)$ 对 x 的偏导函数的定义式

$$f_x(x,y) = \lim_{\Delta x \to 0} \frac{f(x+\Delta x,y)-f(x,y)}{\Delta x}.$$

类似地，可得函数 $z=f(x,y)$ 对 y 的偏导函数的定义式

$$f_y(x,y) = \lim_{\Delta y \to 0} \frac{f(x,y+\Delta y)-f(x,y)}{\Delta y},$$

记作

$$\frac{\partial z}{\partial y}, \quad \frac{\partial f}{\partial y}, \quad z_y \quad \text{或} \quad f_y(x,y).$$

偏导函数也简称为**偏导数**。

由偏导数的概念可知，$z=f(x,y)$ 在点 (x_0,y_0) 处对 x 的偏导数 $f_x(x_0,y_0)$ 显然就是偏导函数 $f_x(x,y)$ 在点 (x_0,y_0) 处的函数值，$f_y(x_0,y_0)$ 就是偏导函数 $f_y(x,y)$ 在点 (x_0,y_0) 处的函数值。

由于从偏导函数的定义可得

$$f_x(x,y) = \frac{\mathrm{d}}{\mathrm{d}x}f(x,y); \quad f_y(x,y) = \frac{\mathrm{d}}{\mathrm{d}y}f(x,y),$$

因此在求 $z=f(x,y)$ 的偏导函数时，并不需要新的方法，只要应用一元函数求导法就可以。求 $\frac{\partial z}{\partial x}$ 时，只要把 y 看作常量而对 x 求导数；求 $\frac{\partial z}{\partial y}$ 时，则只要把 x 看作常量而对 y 求导数。

偏导数的概念可以推广到二元以上的函数。例如，三元函数

$$w = f(x,y,z),$$

对 x 的偏导函数定义为

$$f_x(x,y,z) = \lim_{\Delta x \to 0} \frac{f(x+\Delta x,y,z)-f(x,y,z)}{\Delta x}.$$

实际上，这是把函数 $w=f(x,y,z)$ 中的 y 和 z 看作常量而对 x 求导数，它的求法还是一元函数的求导问题。

例 1 求 $z=x^2+3xy+y^2$ 在点 $(1,2)$ 处的偏导数。

解 把 y 看作常量，得

$$\frac{\partial z}{\partial x} = 2x+3y;$$

把 x 看作常量，得

$$\frac{\partial z}{\partial y} = 3x + 2y.$$

将 $x=1, y=2$ 代入上面的结果,就得

$$\frac{\partial z}{\partial x}\bigg|_{\substack{x=1\\y=2}} = 2 \cdot 1 + 3 \cdot 2 = 8,$$

$$\frac{\partial z}{\partial y}\bigg|_{\substack{x=1\\y=2}} = 3 \cdot 1 + 2 \cdot 2 = 7.$$

例 2 求 $z = x^2 \sin 2y$ 的偏导数.

解 $\dfrac{\partial z}{\partial x} = 2x \sin 2y,$

$\dfrac{\partial z}{\partial y} = 2x^2 \cos 2y.$

例 3 设 $z = x^y (x > 0, x \neq 1, y$ 为任意实数$)$. 求证:

$$\frac{x}{y}\frac{\partial z}{\partial x} + \frac{1}{\ln x}\frac{\partial z}{\partial y} = 2z.$$

证 因为 $\dfrac{\partial z}{\partial x} = yx^{y-1}, \dfrac{\partial z}{\partial y} = x^y \ln x,$ 所以

$$\frac{x}{y}\frac{\partial z}{\partial x} + \frac{1}{\ln x}\frac{\partial z}{\partial y} = \frac{x}{y}yx^{y-1} + \frac{1}{\ln x}x^y \ln x = x^y + x^y = 2z.$$

例 4 求 $r = \sqrt{x^2 + y^2 + z^2}$ 的偏导数.

解 把 y 和 z 都看作常量,得

$$\frac{\partial r}{\partial x} = \frac{x}{\sqrt{x^2 + y^2 + z^2}} = \frac{x}{r}.$$

类似地,有

$$\frac{\partial r}{\partial y} = \frac{y}{r}, \quad \frac{\partial r}{\partial z} = \frac{z}{r}.$$

我们知道,对一元函数来说, $\dfrac{\mathrm{d}y}{\mathrm{d}x}$ 可看作函数的微分 $\mathrm{d}y$ 与自变量的微分 $\mathrm{d}x$ 之商. 而上式表明,偏导数的记号是一个整体记号,其中的横线没有相除的意义.

二元函数 $z = f(x,y)$ 在点 (x_0, y_0) 处的偏导数有下述几何意义.

设 $M_0(x_0, y_0, f(x_0, y_0))$ 为曲面 $z = f(x,y)$ 上的一点,过 M_0 作平面 $y = y_0$ 截此曲面得一曲线,此曲线在平面 $y = y_0$ 上的方程为 $z = f(x, y_0)$, 而导数

$$\frac{\mathrm{d}}{\mathrm{d}x}f(x, y_0)\big|_{x=x_0}$$

即偏导数 $f_x(x_0, y_0)$, 就是这曲线在点 M_0 处的切线 $M_0 T_x$ 对 x 轴的斜率(见图 8-5). 同样,偏导数 $f_y(x_0, y_0)$ 的几何意义是,曲面

$$z = f(x,y)$$

被平面 $x = x_0$ 所截得的曲线在点 M_0 处的切线 $M_0 T_y$ 对 y 轴的斜率.

我们知道,如果一元函数在某点具有导数,则它在该点必定连续. 但对于多元函数来说,即使它在某点的

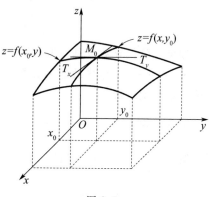

图 8-5

各个偏导数都存在,也不能保证它在该点连续.例如,函数

$$z = f(x,y) = \begin{cases} \dfrac{xy}{x^2 + y^2}, & x^2 + y^2 \neq 0, \\ 0, & x^2 + y^2 = 0 \end{cases}$$

在点 $(0,0)$ 处对 x 的偏导数为

$$f_x(0,0) = \lim_{\Delta x \to 0} \frac{f(0+\Delta x, 0) - f(0,0)}{\Delta x} = \lim_{\Delta x \to 0} 0 = 0,$$

同样有

$$f_y(0,0) = \lim_{\Delta y \to 0} \frac{f(0, 0+\Delta y) - f(0,0)}{\Delta y} = \lim_{\Delta y \to 0} 0 = 0.$$

但是我们在本章第 1 节中已经知道,这函数当 $(x,y) \to (0,0)$ 时的极限不存在,因此这函数在点 $(0,0)$ 处不连续.

二、高阶偏导数

设函数 $z = f(x,y)$ 在区域 D 内具有偏导数

$$\frac{\partial z}{\partial x} = f_x(x,y), \quad \frac{\partial z}{\partial y} = f_y(x,y),$$

这两个偏导数在 D 内都是 x, y 的函数.如果这两个函数的偏导数也存在,则称这两个函数的偏导数为原来函数 $z = f(x,y)$ 的二阶偏导数.依照对变量求导的次序不同而有下列四个二阶偏导数.

(1) $f(x,y)$ 对 x 的二阶偏导数,记作 $\dfrac{\partial^2 z}{\partial x^2}, f_{xx}(x,y)$ 或 z_{xx},由下式定义

$$\frac{\partial^2 z}{\partial x^2} [\text{或 } f_{xx}(x,y), z_{xx}] = \frac{\partial}{\partial x}\left(\frac{\partial z}{\partial x}\right).$$

类似地,其他三个二阶偏导数的记号和定义分别如下.

(2) $f(x,y)$ 对 x, y 的混合二阶偏导数,记作

$$\frac{\partial^2 z}{\partial x \partial y}, \quad f_{xy}(x,y) \quad \text{或} \quad \frac{\partial}{\partial y}\left(\frac{\partial z}{\partial x}\right).$$

(3) $f(x,y)$ 对 y, x 的混合二阶偏导数,记作

$$\frac{\partial^2 z}{\partial y \partial x}, \quad f_{yx}(x,y) \quad \text{或} \quad \frac{\partial}{\partial x}\left(\frac{\partial z}{\partial y}\right).$$

(4) $f(x,y)$ 对 y 的二阶偏导数,记作

$$\frac{\partial^2 z}{\partial y^2}, \quad f_{yy}(x,y) \quad \text{或} \quad \frac{\partial}{\partial y}\left(\frac{\partial z}{\partial y}\right).$$

如果二阶偏导数也具有偏导数,则所得偏导数称为原来函数的**三阶偏导数**.一般地,$z = f(x,y)$ 的 $n-1$ 阶偏导数的偏导数称为 $z = f(x,y)$ 的 **n 阶偏导数**.二阶及二阶以上的偏导数统称为**高阶偏导数**.

例 5 设 $z = x^3 y^2 - 3xy^3 - xy + 1$,求 $\dfrac{\partial^2 z}{\partial x^2}, \dfrac{\partial^2 z}{\partial x \partial y}, \dfrac{\partial^2 z}{\partial y \partial x}$ 及 $\dfrac{\partial^2 z}{\partial y^2}$.

解 $\dfrac{\partial z}{\partial x} = 3x^2 y^2 - 3y^3 - y, \quad \dfrac{\partial z}{\partial y} = 2x^3 y - 9xy^2 - x, \quad \dfrac{\partial^2 z}{\partial x^2} = 6xy^2,$

$\dfrac{\partial^2 z}{\partial y \partial x} = 6x^2 y - 9y^2 - 1, \quad \dfrac{\partial^2 z}{\partial x \partial y} = 6x^2 y - 9y^2 - 1, \quad \dfrac{\partial^2 z}{\partial y^2} = 2x^3 - 18xy.$

我们看到例 5 中两个二阶混合偏导数相等,即
$$\frac{\partial^2 z}{\partial x \partial y} = \frac{\partial^2 z}{\partial y \partial x}.$$
这不是偶然的. 事实上有下述定理.

定理　如果函数 $z = f(x,y)$ 的两个二阶混合偏导数
$$\frac{\partial^2 z}{\partial x \partial y} \text{ 及 } \frac{\partial^2 z}{\partial y \partial x},$$
在区域 D 内连续,那么在该区域内这两个二阶混合偏导数必相等.

换句话说,二阶混合偏导数在连续条件下与求偏导的次序无关. 定理证明从略.

上述定理还可推广到更高阶的混合偏导数的情形. 对此有下列结论:如果函数 $z = f(x,y)$ 的直到某阶为止的一切偏导数在区域 D 内都存在且连续,那么所出现的同阶混合偏导数均与求偏导次序无关. 例如,在连续条件下,
$$f_{xxy} = f_{xyx} = f_{yxx}.$$
上式表示,只要对 x 求偏导两次,对 y 求偏导一次,不论求偏导次序如何,结果是一样的.

对于二元以上的函数,也可以类似地定义高阶偏导数,而且高阶混合偏导数在偏导数连续的条件下也与求偏导的次序无关.

例 6　若 $z = \ln\sqrt{x^2 + y^2}$,验证函数满足方程
$$\frac{\partial^2 z}{\partial x^2} + \frac{\partial^2 z}{\partial y^2} = 0.$$

证　因为 $z = \ln\sqrt{x^2+y^2} = \frac{1}{2}\ln(x^2+y^2)$,

所以
$$\frac{\partial z}{\partial x} = \frac{x}{x^2+y^2}, \quad \frac{\partial z}{\partial y} = \frac{y}{x^2+y^2};$$
$$\frac{\partial^2 z}{\partial x^2} = \frac{(x^2+y^2) - x \cdot 2x}{(x^2+y^2)^2} = \frac{y^2 - x^2}{(x^2+y^2)^2},$$
$$\frac{\partial^2 z}{\partial y^2} = \frac{(x^2+y^2) - y \cdot 2y}{(x^2+y^2)^2} = \frac{x^2 - y^2}{(x^2+y^2)^2}.$$

因此
$$\frac{\partial^2 z}{\partial x^2} + \frac{\partial^2 z}{\partial y^2} = \frac{y^2-x^2}{(x^2+y^2)^2} + \frac{x^2-y^2}{(x^2+y^2)^2} = 0.$$

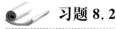

习题 8.2

1. 求下列函数的偏导数:

(1) $z = x^3 y - y^3 x$;

(2) $s = \dfrac{u^2 + v^2}{uv}$;

(3) $z = \sqrt{\ln(xy)}$;

(4) $z = \sin(xy) + \cos^2(xy)$.

2. 设 $T = 2\pi\sqrt{\dfrac{l}{g}}$,求证 $l\dfrac{\partial T}{\partial l} + g\dfrac{\partial T}{\partial g} = 0$.

3. 设 $z = \mathrm{e}^{-\left(\frac{1}{x} + \frac{1}{y}\right)}$,求证 $x^2 \dfrac{\partial z}{\partial x} + y^2 \dfrac{\partial z}{\partial y} = 2z$.

4. 设 $f(x,y) = x + (y-1)\arcsin\sqrt{\dfrac{x}{y}}$,求 $f_x(x,1)$.

5. 曲线 $\begin{cases} z = \dfrac{x^2+y^2}{4} \\ y = 4 \end{cases}$,在点 $(2,4,5)$ 处的切线与 x 轴正向所成的夹角是多少?

6. 求下列函数的 $\dfrac{\partial^2 z}{\partial x^2}, \dfrac{\partial^2 z}{\partial y^2}$ 和 $\dfrac{\partial^2 z}{\partial x \partial y}$:

(1) $z = x^4 + y^4 - 4x^2y^2$;   (2) $z = \arctan\dfrac{y}{x}$.

7. 设 $f(x,y,z) = xy^2 + yz^2 + zx^2$,求 $f_{xx}(0,0,1), f_{xz}(1,0,2), f_{yz}(0,-1,0)$ 及 $f_{zzx}(2,0,1)$.

8. 设 $z = x\ln(xy)$,求 $\dfrac{\partial^3 z}{\partial x^2 \partial y}$ 及 $\dfrac{\partial^3 z}{\partial x \partial y^2}$.

§8.3 全 微 分

对于一元函数 $y = f(x)$,曾讨论过用自变量增量的线性函数 $A\Delta x$ 近似代替函数增量 Δy 的问题. 现在对于二元函数也讨论类似的问题.

设函数 $z = f(x,y)$ 在区域 D 内有定义,点 $P(x,y) \in D$. 当自变量 x 取得增量 Δx,自变量 y 取得增量 Δy 时,得到点 $P'(x+\Delta x, y+\Delta y)$,假设点 P' 也属于 D. 函数在点 P' 及点 P 处的函数值之差 $f(x+\Delta x, y+\Delta y) - f(x,y)$ 称为函数在点 P 对应于自变量增量 $\Delta x, \Delta y$ 的**全增量**,记作 Δz,即

$$\Delta z = f(x+\Delta x, y+\Delta y) - f(x,y).$$

例如,设一圆柱体的底半径为 r,高为 h,当底半径和高各自获得增量 Δr 和 Δh 时,为了了解圆柱体体积 V 的改变量,就要计算如下的全增量:

$$\begin{aligned}\Delta V &= \pi(r+\Delta r)^2 \cdot (h+\Delta h) - \pi r^2 h \\ &= 2\pi rh\Delta r + \pi r^2 \Delta h + 2\pi r \Delta r \Delta h + \pi h(\Delta r)^2 + \pi(\Delta r)^2 \Delta h.\end{aligned}$$

一般来说,多元函数全增量的计算是比较复杂的. 但是从上面这个例子可以看到,当 Δr 与 Δh 很小时,圆柱体体积的全增量 ΔV 可以用 $2\pi rh \Delta r + \pi r^2 \Delta h$ 来近似表示,它是自变量增量 Δr 与 Δh 的线性函数(这里 r, h 视为常数),而由此产生的误差的每一项均是 Δr 和 Δh 的二次或三次函数,故当 Δr 和 Δh 趋于零时,误差趋于零的速度要比 $2\pi rh \Delta r + \pi r^2 \Delta h$ 趋于零的速度快得多. 也就是说,这种近似的精确度是比较高的. 多元函数全增量的这种局部线性近似性质引出了多元函数的可微性概念.

定义 如果函数 $z = f(x,y)$ 在点 (x,y) 处的全增量

$$\Delta z = f(x+\Delta x, y+\Delta y) - f(x,y)$$

可表示为

$$\Delta z = A\Delta x + B\Delta y + o(\rho), \tag{8.3}$$

其中,A, B 不依赖于 $\Delta x, \Delta y$ 而仅与 x, y 有关,且

$$\rho = \sqrt{(\Delta x)^2 + (\Delta y)^2},$$

则称函数 $z = f(x,y)$ 在点 (x,y) 处可微分,而 $A\Delta x + B\Delta y$ 称为函数 $z = f(x,y)$ 在点 (x,y) 处的**全微分**,记作 $\mathrm{d}z$,即

$$\mathrm{d}z = A\Delta x + B\Delta y.$$

由式(8.3)可知,如果函数$z = f(x,y)$在点(x,y)处可微分,则当$\rho \to 0$时(当然同时有$\Delta x \to 0$, $\Delta y \to 0$),就有 $\Delta z \to 0$,于是由式(8.3)得
$$\lim_{\rho \to 0} f(x+\Delta x, y+\Delta y) = \lim_{\rho \to 0}[f(x,y) + \Delta z] = f(x,y),$$
从而函数$z = f(x,y)$在点(x,y)处连续.因此,如果函数在点(x,y)处不连续,则函数在该点处一定不可微.

我们知道,一元函数在某点处的导数存在是微分存在的充分必要条件.但对于二元函数来说,情形就不同了.当二元函数的两个偏导数都存在时,虽然能形式地写出
$$\frac{\partial z}{\partial x}\Delta x + \frac{\partial z}{\partial y}\Delta y,$$
但它与Δz之差并不一定是ρ的高阶无穷小,因此它不一定是函数的全微分.换句话说,**偏导数存在只是全微分存在的必要条件而不是充分条件**.

例如,在前面已看到,函数
$$f(x,y) = \begin{cases} \dfrac{xy}{x^2+y^2}, & x^2+y^2 \neq 0, \\ 0, & x^2+y^2 = 0 \end{cases}$$

全微分的定义

在点$(0,0)$处的两个偏导数都存在,即$f_x(0,0) = 0, f_y(0,0) = 0$,但这函数在点$(0,0)$处不连续,因此是不可微分的,从而全微分不存在.

但是,如果再假定函数的各个偏导数连续,则可保证全微分存在,即有下面的定理.

定理 如果函数$z = f(x,y)$的偏导数$\dfrac{\partial z}{\partial x}, \dfrac{\partial z}{\partial y}$在点$(x,y)$处连续,则函数在该点处的全微分存在.

定理证明从略.

习惯上,我们将自变量的增量$\Delta x, \Delta y$分别记作dx, dy,并分别称为自变量x, y的微分.这样,函数$z = f(x,y)$的全微分就可写为
$$dz = \frac{\partial z}{\partial x}dx + \frac{\partial z}{\partial y}dy.$$

如果函数在一个区域D内各点处都可微分,就称这函数在D内可微分.

以上关于二元函数全微分的定义,全微分存在的必要条件和充分条件,以及全微分存在时的表达式等,可以完全类似地推广到三元和三元以上的多元函数.例如,如果函数
$$w = f(x,y,z)$$
的全微分存在,那么必定有
$$dw = \frac{\partial w}{\partial x}dx + \frac{\partial w}{\partial y}dy + \frac{\partial w}{\partial z}dz.$$

可微、连续及偏导之间的关系

例 1 求函数$z = x^2 y + y^2$的全微分.

解 因为
$$\frac{\partial z}{\partial x} = 2xy, \quad \frac{\partial z}{\partial y} = x^2 + 2y,$$
所以
$$dz = 2xy\,dx + (x^2 + 2y)dy.$$

例 2 计算函数$z = e^{xy}$在点$(2,1)$处的全微分.

解 因为
$$\frac{\partial z}{\partial x} = ye^{xy}, \quad \frac{\partial z}{\partial y} = xe^{xy},$$
$$\left.\frac{\partial z}{\partial x}\right|_{\substack{x=2 \\ y=1}} = e^2, \quad \left.\frac{\partial z}{\partial y}\right|_{\substack{x=2 \\ y=1}} = 2e^2,$$

所以 $$dz = e^2 dx + 2e^2 dy.$$

例 3 求函数 $w = x + \sin\dfrac{y}{2} + e^{yz}$ 的全微分.

解 因为 $\dfrac{\partial w}{\partial x} = 1$, $\dfrac{\partial w}{\partial y} = \dfrac{1}{2}\cos\dfrac{y}{2} + ze^{yz}$, $\dfrac{\partial w}{\partial z} = ye^{yz}$,

所以 $dw = dx + \left(\dfrac{1}{2}\cos\dfrac{y}{2} + ze^{yz}\right)dy + ye^{yz}dz.$

习题 8.3

1. 求下列函数的全微分：

(1) $z = xy + \dfrac{x}{y}$;

(2) $z = e^{\frac{y}{x}}$;

(3) $z = \dfrac{y}{\sqrt{x^2 + y^2}}$;

(4) $w = x^{yz}$.

2. 求函数 $z = \ln(1 + x^2 + y^2)$ 当 $x = 1, y = 2$ 时的全微分.

3. 求函数 $z = \dfrac{y}{x}$ 当 $x = 2, y = 1, \Delta x = 0.1, \Delta y = -0.2$ 时的全增量和全微分.

4. 求函数 $z = e^{xy}$ 当 $x = 1, y = 1, \Delta x = 0.15, \Delta y = 0.1$ 时的全微分.

§8.4 多元复合函数的求导法则

我们已经学习了一元复合函数求导的链式法则：如果函数 $x = g(t)$ 在点 t 处可导，函数 $y = f(x)$ 在对应点 x 可导，则复合函数 $y = f[g(t)]$ 在点 t 处可导，且有

$$\frac{dy}{dt} = \frac{dy}{dx} \cdot \frac{dx}{dt}.$$

现在将这一重要法则推广到多元复合函数.

多元复合函数的求导法则在不同的函数复合情况下，表达形式有所不同，下面归纳成三种典型情形加以讨论.

情形 1——复合函数的中间变量均为一元函数的情形.

如果函数 $u = \varphi(x), v = \psi(x)$ 都在点 x 处可导，函数 $z = f(u, v)$ 在对应点 (u, v) 处具有连续导数，则复合函数 $z = f[\varphi(x), \psi(x)]$ 在点 x 处可导，且有

$$\frac{dz}{dx} = \frac{\partial z}{\partial u}\frac{du}{dx} + \frac{\partial z}{\partial v}\frac{dv}{dx}. \tag{8.4}$$

事实上，设 x 取得增量 Δx，则 u 和 v 相应取得增量 Δu 和 Δv，由于 $z = f(u, v)$ 可微，故知 z 的全增量

$$\Delta z = \frac{\partial z}{\partial u}\Delta u + \frac{\partial z}{\partial v}\Delta v + o(\rho),$$

其中 $\rho = \sqrt{(\Delta u)^2 + (\Delta v)^2}$.

将上式两端同除以 Δx，得

$$\frac{\Delta z}{\Delta x} = \frac{\partial z}{\partial u}\frac{\Delta u}{\Delta x} + \frac{\partial z}{\partial v}\frac{\Delta v}{\Delta x} + \frac{o(\rho)}{\Delta x},$$

多元复合函数一阶偏导举例

并令 $\Delta x \to 0$,则有

$$\frac{\Delta u}{\Delta x} \to \frac{\mathrm{d}u}{\mathrm{d}x}, \quad \frac{\Delta v}{\Delta x} \to \frac{\mathrm{d}v}{\mathrm{d}x},$$

并可证明

$$\frac{o(\rho)}{\Delta x} \to 0,$$

从而得

$$\frac{\mathrm{d}z}{\mathrm{d}x} = \lim_{\Delta x \to 0} \frac{\Delta z}{\Delta x} = \frac{\partial z}{\partial u}\frac{\mathrm{d}u}{\mathrm{d}x} + \frac{\partial z}{\partial v}\frac{\mathrm{d}v}{\mathrm{d}x}.$$

用同样的证明方法,可把式(8.4)推广到复合函数的中间变量多于两个的情形. 例如,设

$$z = f(u,v,w), \quad u = \varphi(x), \quad v = \psi(x), \quad w = w(x),$$

复合而得复合函数

$$z = f[\varphi(x), \psi(x), w(x)],$$

则在类似的条件下,其导数存在且可用下列公式计算:

$$\frac{\mathrm{d}z}{\mathrm{d}x} = \frac{\partial z}{\partial u}\frac{\mathrm{d}u}{\mathrm{d}x} + \frac{\partial z}{\partial v}\frac{\mathrm{d}v}{\mathrm{d}x} + \frac{\partial z}{\partial w}\frac{\mathrm{d}w}{\mathrm{d}x}. \tag{8.5}$$

复合函数 $z = f[\varphi(x), \psi(x), w(x)]$ 只是一个自变量 x 的函数,对 x 的导数 $\frac{\mathrm{d}z}{\mathrm{d}x}$ 称为**全导数**.

例 1 设 $z = u^2 v + 3uv^4, u = \mathrm{e}^x, v = \sin x$,求全导数 $\frac{\mathrm{d}z}{\mathrm{d}x}$.

解
$$\frac{\mathrm{d}z}{\mathrm{d}x} = \frac{\partial z}{\partial u}\frac{\mathrm{d}u}{\mathrm{d}x} + \frac{\partial z}{\partial v}\frac{\mathrm{d}v}{\mathrm{d}x} = (2uv + 3v^4)\mathrm{e}^x + (u^2 + 12uv^3)\cos x$$
$$= (2\mathrm{e}^x \sin x + 3\sin^4 x)\mathrm{e}^x + (\mathrm{e}^{2x} + 12\mathrm{e}^x \sin^3 x)\cos x.$$

例 2 设 $z = u^v (u > 0, u \neq 1)$,而 $u = u(x)$ 及 $v = v(x)$ 均可导,求全导数 $\frac{\mathrm{d}z}{\mathrm{d}x}$.

解 根据复合函数求导法则,复合函数
$$z = u(x)^{v(x)}$$
可导,其导数为
$$\frac{\mathrm{d}z}{\mathrm{d}x} = \frac{\partial z}{\partial u} \cdot \frac{\mathrm{d}u}{\mathrm{d}x} + \frac{\partial z}{\partial v} \cdot \frac{\mathrm{d}v}{\mathrm{d}x} = vu^{v-1} \cdot \frac{\mathrm{d}u}{\mathrm{d}x} + u^v \ln u \cdot \frac{\mathrm{d}v}{\mathrm{d}x}$$
$$= u^v \left(\frac{v}{u}\frac{\mathrm{d}u}{\mathrm{d}x} + \ln u \frac{\mathrm{d}v}{\mathrm{d}x} \right).$$

过去我们曾用对数求导法获得这个结果,现在用多元复合函数求导法来计算显得更方便些.

情形 2 —— 复合函数的中间变量均为多元函数的情形.

如果函数 $u = \varphi(x,y), v = \psi(x,y)$ 都在点 (x,y) 处具有对 x 及对 y 的偏导数,函数 $z = f(u,v)$ 在对应点 (u,v) 处具有连续偏导数,则复合函数
$$z = f[\varphi(x,y), \psi(x,y)]$$
在点 (x,y) 处的两个偏导数存在,且有

$$\frac{\partial z}{\partial x} = \frac{\partial z}{\partial u}\frac{\partial u}{\partial x} + \frac{\partial z}{\partial v}\frac{\partial v}{\partial x}, \tag{8.6}$$

$$\frac{\partial z}{\partial y} = \frac{\partial z}{\partial u}\frac{\partial u}{\partial y} + \frac{\partial z}{\partial v}\frac{\partial v}{\partial y}, \tag{8.7}$$

事实上,这里求 $\frac{\partial z}{\partial x}$ 时,y 看作常量,因此中间变量 u 和 v 仍可看作一元函数而应用式(8.4),这样便由式(8.4)得式(8.6).同理由式(8.4)可得式(8.7).

类似地,设 $z = f(u,v,w)$ 具有连续偏导数,而
$$u = \varphi(x,y), \quad v = \psi(x,y), \quad w = w(x,y)$$
都具有偏导数,则复合函数
$$z = f[\varphi(x,y), \psi(x,y), w(x,y)]$$
有对自变量 x, y 的偏导数,且

$$\frac{\partial z}{\partial x} = \frac{\partial z}{\partial u}\frac{\partial u}{\partial x} + \frac{\partial z}{\partial v}\frac{\partial v}{\partial x} + \frac{\partial z}{\partial w}\frac{\partial w}{\partial x}, \tag{8.8}$$

$$\frac{\partial z}{\partial y} = \frac{\partial z}{\partial u}\frac{\partial u}{\partial y} + \frac{\partial z}{\partial v}\frac{\partial v}{\partial y} + \frac{\partial z}{\partial w}\frac{\partial w}{\partial y}. \tag{8.9}$$

例 3 设 $z = e^u \sin v$,而 $u = xy, v = x + y$,求 $\frac{\partial z}{\partial x}$ 和 $\frac{\partial z}{\partial y}$.

解 由公式(8.6)及公式(8.7)得

$$\frac{\partial z}{\partial x} = \frac{\partial z}{\partial u}\frac{\partial u}{\partial x} + \frac{\partial z}{\partial v}\frac{\partial v}{\partial x} = e^u \sin v \cdot y + e^u \cos v \cdot 1$$
$$= e^{xy}[y\sin(x+y) + \cos(x+y)],$$
$$\frac{\partial z}{\partial y} = \frac{\partial z}{\partial u}\frac{\partial u}{\partial y} + \frac{\partial z}{\partial v}\frac{\partial v}{\partial y} = e^u \sin v \cdot x + e^u \cos v \cdot 1$$
$$= e^{xy}[x\sin(x+y) + \cos(x+y)].$$

情形 3 —— 复合函数的中间变量既有一元函数,又有多元函数的情形.

设 $z = f(u,v)$,复合成二元函数 $z = f[\varphi(x,y), \psi(y)]$,那么在与情形 2 类似的条件下,$z$ 关于 x 和 y 的偏导数均存在,且有

$$\frac{\partial z}{\partial x} = \frac{\partial z}{\partial u}\frac{\partial u}{\partial x}, \tag{8.10}$$

$$\frac{\partial z}{\partial y} = \frac{\partial z}{\partial u}\frac{\partial u}{\partial y} + \frac{\partial z}{\partial v}\frac{\mathrm{d}v}{\mathrm{d}y}. \tag{8.11}$$

只需注意到 v 与 x 无关,并在一元函数求导时,将记号 ∂ 改成记号 d,就能从式(8.6)、式(8.7)分别得到式(8.10)和式(8.11).

例 4 $z = \arcsin xy, x = se^t, y = t^2$,求 $\frac{\partial z}{\partial s}$ 和 $\frac{\partial z}{\partial t}$.

解 $\frac{\partial z}{\partial s} = \frac{\partial z}{\partial x}\frac{\partial x}{\partial s} = \frac{y}{\sqrt{1-x^2 y^2}} e^t = \frac{t^2 e^t}{\sqrt{1-s^2 t^4 e^{2t}}};$

$\frac{\partial z}{\partial t} = \frac{\partial z}{\partial x}\frac{\partial x}{\partial t} + \frac{\partial z}{\partial y}\frac{\mathrm{d}y}{\mathrm{d}t} = \frac{y}{\sqrt{1-x^2 y^2}} \cdot se^t + \frac{x}{\sqrt{1-x^2 y^2}} \cdot 2t = \frac{(t+2)ste^t}{\sqrt{1-s^2 t^4 e^{2t}}}.$

在情形 3 中往往会遇到这样的情况:某个变量同时出现在构成复合函数的两个函数中,这时特别要注意防止记号的混淆.

例 5 设 $u = e^{x^2+y^2+z^2}, z = x^2 \sin y$,求 $\frac{\partial u}{\partial x}$ 和 $\frac{\partial u}{\partial y}$.

解 为避免记号的混淆,先引入记号 $f(x,y,z)$,即令
$$u = f(x,y,z) = e^{x^2+y^2+z^2},$$
于是
$$\frac{\partial u}{\partial x} = f_x + f_z \frac{\partial z}{\partial x} = 2xe^{x^2+y^2+z^2} + 2ze^{x^2+y^2+z^2} \cdot 2x\sin y$$
$$= 2x(1 + 2x^2\sin^2 y)e^{x^2+y^2+x^4\sin^2 y};$$
$$\frac{\partial u}{\partial y} = f_y + f_z \frac{\partial z}{\partial y} = 2ye^{x^2+y^2+z^2} + 2ze^{x^2+y^2+z^2} \cdot x^2\cos y$$
$$= 2(y + x^4\sin y\cos y)e^{x^2+y^2+x^4\sin^2 y}.$$

习题 8.4

1. 设 $z = u^2 v - uv^2$,而 $u = x\cos y, v = x\sin y$,求 $\dfrac{\partial z}{\partial x}$ 和 $\dfrac{\partial z}{\partial y}$.

2. 设 $z = u^2 \ln v$,而 $u = \dfrac{x}{y}, v = 3x - 2y$,求 $\dfrac{\partial z}{\partial x}$ 和 $\dfrac{\partial z}{\partial y}$.

3. 设 $z = e^{u-2v}$,而 $u = \sin x, v = x^3$,求 $\dfrac{dz}{dx}$.

4. 设 $z = \arcsin(x - y)$,而 $x = 3t, y = 4t^3$,求 $\dfrac{dz}{dt}$.

5. 设 $u = x^4 y + y^2 z^3, x = rse^t, y = rs^2 e^{-t}, z = r^2 s\sin t$,求 $\dfrac{\partial u}{\partial s}$ 在点 $(r,s,t) = (2,1,0)$ 处的值.

6. 设 $z = \arctan(xy)$,而 $y = e^x$,求 $\dfrac{dz}{dx}$.

§8.5 二元函数的极值

一、二元函数的极值

定义 如果二元函数 $z = f(x,y)$ 对于点 (x_0, y_0) 的某一空心邻域内的所有点,总有 $f(x_0, y_0) > f(x,y)$,则称 $f(x_0, y_0)$ 是函数 $f(x,y)$ 的**极大值**,点 (x_0, y_0) 是函数 $f(x,y)$ 的**极大值点**;如果总有 $f(x_0, y_0) < f(x,y)$,则称 $f(x_0, y_0)$ 是函数 $f(x,y)$ 的**极小值**,点 (x_0, y_0) 叫作函数 $f(x,y)$ 的**极小值点**.

函数的极大值或极小值统称为**函数的极值**,使函数取得极值的点叫作**极值点**.

定理1 如果函数 $f(x,y)$ 在点 (x_0, y_0) 处有极值,且两个一阶偏导数存在,则有
$$f_x(x_0, y_0) = 0, \quad f_y(x_0, y_0) = 0.$$
此定理是二元函数取得极值的必要条件.

使函数 $f(x,y)$ 的各偏导数同时为0的点,称为**驻点**.由上述定理可知,极值点可能在驻点处取得,但驻点不一定是极值点.极值点也可能是使偏导数不存在的点.

定理2 如果函数 $f(x,y)$ 在点 (x_0, y_0) 的某一邻域内有连续的一阶与二阶偏导数,且点 (x_0, y_0) 是它的驻点,设
$$A = f_{xx}(x_0, y_0),$$
$$B = f_{xy}(x_0, y_0),$$

$$C = f_{yy}(x_0, y_0),$$

如果 $B^2 - AC < 0$,则函数在点(x_0, y_0)处取得极值.

当 $A < 0$ 时,$f(x_0, y_0)$ 是 $f(x,y)$ 的极大值;

当 $A > 0$ 时,$f(x_0, y_0)$ 是 $f(x,y)$ 的极小值;

如果 $B^2 - AC > 0$,则 $f(x_0, y_0)$ 不是极值;

如果 $B^2 - AC = 0$,则 $f(x_0, y_0)$ 可能是极值,也可能不是极值,需用另外方法判别. 此定理是极值存在的充分条件,或叫极值的判别法.

例 1 求函数 $z = x^3 - 4x^2 + 2xy - y^2 + 4$ 的极值.

解 由
$$f_x(x,y) = 3x^2 - 8x + 2y = 0,$$
$$f_y(x,y) = 2x - 2y = 0,$$

得驻点$(0,0),(2,2)$.

求二阶偏导数 $\dfrac{\partial^2 z}{\partial x^2} = 6x - 8, \quad \dfrac{\partial^2 z}{\partial x \partial y} = 2, \quad \dfrac{\partial^2 z}{\partial y^2} = -2.$

在驻点$(0,0)$处,有 $B^2 - AC = -12 < 0, A = -8 < 0$,所以点$(0,0)$是极大值点,极大值 $f(0,0) = 4$.

在驻点$(2,2)$处,有 $B^2 - AC = 12 > 0$,所以点$(2,2)$不是函数的极值点.

例 2 某厂生产甲、乙两种产品,其销售单价分别为10万元和9万元,若生产 x 件甲种产品和 y 件乙种产品的总成本为 $C = 400 + 2x + 3y + 0.01(3x^2 + xy + 3y^2)$,求企业获得最大利润时两种产品的产量各为多少?

解 设总利润为 $L(x,y)$,则
$$L(x,y) = (10x + 9y) - [400 + 2x + 3y + 0.01(3x^2 + xy + 3y^2)]$$
$$= 8x + 6y - 0.01(3x^2 + xy + 3y^2) - 400.$$

由
$$L_x(x,y) = 8 - 0.01(6x + y) = 0, \quad L_y(x,y) = 6 - 0.01(x + 6y) = 0$$

得驻点$(120, 80)$;

再由 $L_{xx}(x,y) = -0.06 < 0, \quad L_{xy}(x,y) = -0.01, \quad L_{yy}(x,y) = -0.06,$

有 $B^2 - AC = -35 \times 10^{-4} < 0.$

所以当 $x = 120, y = 80$ 时,$L(120, 80) = 320$ 是极大值.

二、条件极值与拉格朗日乘数法

在前面所讨论的函数值问题,两个自变量是相互独立的,没有其他附加条件. 通常把这种极值问题称为无条件极值. 而在实际问题中,对所讨论的函数的自变量还有附加条件约束. 像这样的极值问题称为**条件极值**,而附加条件称为约束条件(或约束方程). 下面我们讨论带有约束条件的二元函数极值问题.

首先介绍求条件极值的一个常用方法——拉格朗日乘数法.

设函数 $z = f(x,y)$,求其在附加条件 $g(x,y) = 0$ 下的极值.

如果能从条件 $g(x,y) = 0$ 中解出 $y = h(x)$,代入 $z = f(x,y)$,就化成单变量的函数,条件极值问题化为无条件极值问题. 但是,通常 $h(x)$ 很难解出,因此要采用新的方法. 作一个辅助函数,即拉格朗日函数

$$F(x,y) = f(x,y) + \lambda g(x,y),$$

其中 λ 是参数,由方程组

$$\begin{cases} F_x(x,y) = 0, \\ F_y(x,y) = 0, \\ F_\lambda(x,y) = 0, \end{cases}$$

拉格朗日乘数法

解出 x, y, λ,则 (x,y) 可能就是函数 $f(x,y)$ 的极值点. 在实际问题中往往以实际意义来确定点 (x,y) 是否是极值点.

对于含有两个以上自变量的多元函数,条件极值可仿此法去求.

例 3 求函数 $z = x^2 + 2y^2 - xy$ 在 $x + y = 8$ 时的条件极值.

解法一 作拉格朗日函数

$$F(x,y) = x^2 + 2y^2 - xy + \lambda(x + y - 8)$$

解方程组

$$\begin{cases} F_x(x,y) = 0, \\ F_y(x,y) = 0, \\ F_\lambda(x,y) = 0, \end{cases}$$

得 $x = 5, y = 3, \lambda = -7$.

由题意可知,点 $(5,3)$ 是函数的极值点,极值是

$$z(5,3) = 28.$$

任取定义域中满足条件 $x + y = 8$ 的且不为 $(5,3)$ 的点,如点 $(4,4)$,则由 $z(4,4) = 32$,知 $z(4,4) > z(5,3)$,于是函数 $z = x^2 + 2y^2 - xy$ 在点 $(5,3)$ 处取得极小值,极小值 $z(5,3) = 28$.

解法二 将条件 $y = 8 - x$ 代入函数 $z = x^2 + 2y^2 - xy$ 为

$$z = x^2 + 2(8-x)^2 - x(8-x) = 4x^2 - 40x + 128,$$

因为

$$z' = 8x - 40 = 0,$$

得 $x = 5$,且 $z''(5) = 8 > 0$,

即 $x = 5$ 是 $z = 4x^2 - 40x + 128$ 的极小值点.

当 $x = 5$ 时,$y = 3, z(5,3) = 28$,所以函数 $z = x^2 + 2y^2 - xy$ 在条件 $x + y = 8$ 下的极小值是 $z(5,3) = 28$.

例 4 在本节的例 2 中增加一个附加条件,即两种产品的总产量为 100 件,则企业获得最大利润时两种产品的产量各为多少?

解 设利润函数 $L = 10x + 9y - C$,又 $x + y = 100$,依据拉格朗日乘数法,作

$$F(x,y) = 8x + 6y - 400 - 0.01(3x^2 + xy + 3y^2) - \lambda(x + y - 100),$$

解方程组

$$\begin{cases} F_x(x,y) = 0, \\ F_y(x,y) = 0, \\ F_\lambda(x,y) = 0, \end{cases}$$

得 $x = 70, y = 30$.

故甲种产品生产 70 件,乙种产品生产 30 件时,利润最大.

习题 8.5

1. 求下列函数的极值：
 (1) $f(x,y) = 4(x-y) - x^2 - y^2$；
 (2) $f(x,y) = x^2 + xy + y^2 - 6x + 2$；
 (3) $f(x,y) = -6xy - 36x + 18y + 20$；
 (4) $f(x,y) = e^{2x}(x^2 + y^2 + 2y)$.

2. 一个三角形的三个内角各为多少时，它们的正弦之积最大？

3. 建造一个长方体形水池，其池底和池壁的总面积为 $108\ m^2$，问水池的尺寸如何设计时其容积最大？

4. 求能内接于半径为 R 的球且有最大体积的长方体的边长？

5. 用拉格朗日乘数法计算下列各题：
 (1) 求 $z = x^2 + y^2$ 在 $x + y = 2$ 时的条件极值；
 (2) 求三棱长之和为 a（正常数）的体积最大的长方体；
 (3) 设生产某种产品的数量与所用两种原料 A,B 的数量 x,y 间有关系式 $p(x,y) = 0.005xy$，欲用 150 元购料，已知 A,B 原料的单价分别为 1 元、2 元，问购进两种原料各多少时，可使生产的数量最多？

§8.6 二 重 积 分

一、二重积分的概念

二重积分与一元函数的定积分类似，在本质上也是某种和式的极限. 它实际上是一元函数定积分的推广. 现在，我们来考虑与一元函数的定积分中的曲边梯形面积概念类似的所谓曲顶柱体的体积计算问题.

引例 求曲顶柱体的体积.

所谓曲顶柱体指的是以 xOy 平面上的区域 D 为底，以通过区域 D 的边界母线并与 z 轴平行的柱面为侧面和由定义在区域 D 上的曲面 $z = f(x,y)$ 为顶的柱体，这里的 $f(x,y) \geqslant 0$ 且在 D 连续，如图 8-6 所示.

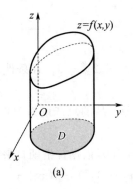
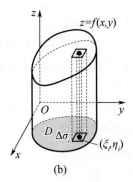

(a)   (b)

图 8-6

下面我们采用类似于处理曲边梯形面积的方法来考虑曲顶柱体体积的计算问题.
具体步骤如下.

(1) **分割**. 将区域 D 任意分成 n 个小区域

$$\Delta\sigma_1,\quad \Delta\sigma_2,\quad \cdots,\quad \Delta\sigma_n,$$

且以 $\Delta\sigma_i$ 表示第 i 个小区域的面积. 这样就把曲顶柱体分成了 n 个曲顶柱体. 以 ΔV_i 表示以 $\Delta\sigma_i$

为底的第 i 个小曲顶柱体的体积,如图 8-6(b) 所示,V 表示以区域 D 为底的曲顶柱体的体积,则有

$$V = \sum_{i=1}^{n} \Delta V_i.$$

(2) **近似代替**. 由于 $f(x,y)$ 是连续的,在分割相当细的情况下,$\Delta \sigma_i$ 很小,因而曲顶的变化也就很小,于是可以把小曲顶柱体的体积用底面积为 $\Delta \sigma_i$、高为 $f(x_i, y_i)$ 的平顶柱体的体积 $f(x_i, y_i)\Delta \sigma_i$ 来近似地代替,如图 8-7 所示,即

$$\Delta V_i \approx f(x_i, y_i)\Delta \sigma_i.$$

(3) **求和**. 这 n 个平顶柱体的体积之和

$$V_n = \sum_{i=1}^{n} f(x_i, y_i)\Delta \sigma_i$$

是曲顶柱体体积 V 的近似值.

图 8-7

(4) **取极限**. 当对区域 D 的分割越来越细,使得 n 无限地增大,小区域 $\Delta \sigma_i$ 越来越小,并且这个区域 $\Delta \sigma_i (i=1,\cdots,n)$ 中的最大直径(区域的直径是指有界闭区域上任意两点间的最大值)$\lambda \to 0$ 时,和式 V_n 极限存在,就把这个极限定义为曲顶柱体的体积 V,即 $V = \lim_{\lambda \to 0} \sum_{i=1}^{n} f(x_i, y_i)\Delta \sigma_i$.

由此具体问题给出二重积分的定义.

定义 设 $f(x,y)$ 是定义在有界区域 D 上的二元函数,将 D 任意分成 n 个小区域

$$\Delta \sigma_1, \quad \Delta \sigma_2, \quad \cdots, \quad \Delta \sigma_n,$$

在每个小区域 $\Delta \sigma_i$ 中任取一点 (x_i, y_i) 作积分和

$$\sum_{i=1}^{n} f(x_i, y_i)\Delta \sigma_i,$$

记 $\lambda = \max\{d_i\}$ (d_i 表示 $\Delta \sigma_i$ 的区域直径),当 $\lambda \to 0$ 时,这个和式的极限存在,且与小区域的分割及点 (x_i, y_i) 的取法无关,则称此极限值为函数 $f(x,y)$ 在区域 D 上的**二重积分**,记作 $\iint\limits_{D} f(x,y)\mathrm{d}\sigma$,即 $\iint\limits_{D} f(x,y)\mathrm{d}\sigma = \lim_{\lambda \to 0} \sum_{i=1}^{n} f(x_i, y_i)\Delta \sigma_i$,其中,$D$ 称为**积分区域**,$f(x,y)$ 称为**被积函数**,$\mathrm{d}\sigma$ 称为**面积元素**. 曲顶柱体的体积 V 就是曲面 $z = f(x,y) \geqslant 0$ 在区域 D 上的二重积分.

若函数 $f(x,y)$ 在区域 D 上的二重积分存在,则称 $f(x,y)$ 在区域 D 上可积.

由定义可知,如果 $f(x,y)$ 在 D 上可积,则积分和的极限存在,且与 D 的分法无关. 因此,在直角坐标系中可以用平行于 x 轴和 y 轴的两组直线分割 D,此时小区域的面积为

$$\Delta \sigma_i = \Delta x_i \Delta y_i \quad (i = 1, \cdots, n),$$

取极限后,面积元素为 $\mathrm{d}\sigma = \mathrm{d}x\mathrm{d}y$,所以在直角坐标系中有

$$\iint\limits_{D} f(x,y)\mathrm{d}\sigma = \iint\limits_{D} f(x,y)\mathrm{d}x\mathrm{d}y.$$

二重积分与一元函数定积分具有相应的性质(证明略).

下面论及的二重积分的性质均假定函数在 D 上可积.

性质 1 常数因子可提到积分号外面,即

$$\iint\limits_D kf(x,y)\mathrm{d}\sigma = k\iint\limits_D f(x,y)\mathrm{d}\sigma \quad (k\text{ 为常数}).$$

性质 2 函数代数和的积分等于各函数积分的代数和,即

$$\iint\limits_D [f(x,y) \pm g(x,y)]\mathrm{d}\sigma = \iint\limits_D f(x,y)\mathrm{d}\sigma \pm \iint\limits_D g(x,y)\mathrm{d}\sigma.$$

性质 3 二重积分的可加性:若区域 D 被分成 D_1,D_2 两个区域,则

$$\iint\limits_D f(x,y)\mathrm{d}\sigma = \iint\limits_{D_1} f(x,y)\mathrm{d}\sigma + \iint\limits_{D_2} f(x,y)\mathrm{d}\sigma.$$

二重积分的性质
应用举例

性质 4 若在区域 D 上有 $f(x,y) \leqslant g(x,y)$,则

$$\iint\limits_D f(x,y)\mathrm{d}\sigma \leqslant \iint\limits_D g(x,y)\mathrm{d}\sigma.$$

特别地,有

$$\left|\iint\limits_D f(x,y)\mathrm{d}\sigma\right| \leqslant \iint\limits_D |g(x,y)|\mathrm{d}\sigma.$$

性质 5 若在区域 D 上有 $f(x,y)=1$,A 是 D 的面积,则

$$\iint\limits_D f(x,y)\mathrm{d}\sigma = \iint\limits_D \mathrm{d}\sigma = A.$$

性质 6 设 M 与 m 分别是函数 $f(x,y)$ 在 D 上的最大值与最小值,A 是 D 的面积,则

$$mA \leqslant \iint\limits_D f(x,y)\mathrm{d}\sigma \leqslant MA.$$

性质 7(二重积分的中值定理) 若 $f(x,y)$ 在闭区域 D 上连续,A 是 D 的面积,则在 D 内至少存在一点 (ξ,η),使得

$$\iint\limits_D f(x,y)\mathrm{d}\sigma = f(\xi,\eta)A.$$

二、二重积分的计算

(1) 利用直角坐标计算二重积分.

二重积分的计算可以转化为求两次定积分.下面用几何观点讨论二重积分

$$\iint\limits_D f(x,y)\mathrm{d}\sigma$$

的计算问题.

在讨论中我们假定 $f(x,y) \geqslant 0$,设积分区域 D 由直线 $x=a$,$x=b$ 和曲线 $y=\varphi_1(x)$,$y=\varphi_2(x)$ 所围成,如图 8-8 所示,即

$$D = \{(x,y) \mid a \leqslant x \leqslant b, \varphi_1(x) \leqslant y \leqslant \varphi_2(x)\},$$

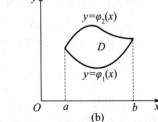

二重积分的计算法
(直角坐标)

图 8-8

其中，函数 $y = \varphi_1(x), y = \varphi_2(x)$ 在区间 $[a,b]$ 上连续，则二重积分 $\iint\limits_D f(x,y)\mathrm{d}\sigma$ 是区域 D 上以曲面 $z = f(x,y)$ 为顶的曲顶柱体的体积.

下面我们应用第六章中计算"平行截面面积为已知的立体的体积"的方法，来计算这个曲顶柱体的体积.

先计算截面面积. 为此，在区间 $[a,b]$ 上任意取定一点 x_0，作平行于 yOz 面的平面 $x = x_0$. 这平面截曲顶柱体所得截面是一个以区间 $[\varphi_1(x), \varphi_2(x)]$ 为底，曲线 $z = f(x_0, y)$ 为曲边的曲边梯形，如图 8-9 阴影所示部分. 所以这截面的面积为 $A(x_0) = \int_{\varphi_1(x_0)}^{\varphi_2(x_0)} f(x_0, y)\mathrm{d}y$.

一般地，过区间 $[a,b]$ 上任一点 x，且平行于 yOz 面的平面截曲顶柱体所得截面的面积为

$$A(x) = \int_{\varphi_1(x)}^{\varphi_2(x)} f(x, y)\mathrm{d}y,$$

图 8-9

于是，应用计算平行截面面积为已知的立体体积的方法，得曲顶柱体体积为

$$V = \int_a^b A(x)\mathrm{d}x = \int_a^b \left[\int_{\varphi_1(x)}^{\varphi_2(x)} f(x,y)\,\mathrm{d}y\right]\mathrm{d}x,$$

这个体积也就是所求二重积分的值，所以有

$$\iint\limits_D f(x,y)\mathrm{d}\sigma = \int_a^b \left[\int_{\varphi_1(x)}^{\varphi_2(x)} f(x,y)\,\mathrm{d}y\right]\mathrm{d}x.$$

上边右端的积分叫作先对 y、后对 x 的二次积分. 就是说，先把 x 看作常数，把 $f(x,y)$ 只看作 y 的函数，并对 y 计算从 $y_1(x)$ 到 $y_2(x)$ 的定积分，然后把算得的结果（是 x 的函数）再对 x 计算在区间 $[a,b]$ 上的定积分. 这个先对 y、后对 x 的二次积分也常记作

$$\iint\limits_D f(x,y)\mathrm{d}\sigma = \int_a^b \mathrm{d}x \int_{\varphi_1(x)}^{\varphi_2(x)} f(x,y)\mathrm{d}y.$$

如果去掉上面讨论中的 $f(x,y) \geqslant 0$ 的限制，上式仍然成立.

类似地，如果积分区域 D 是由直线 $y = c, x = d$ 和曲线 $x = \psi_1(y), x = \psi_2(y)$ 所围成，如图 8-10 所示，即

$$D = \{(x,y) \,|\, c \leqslant y \leqslant d, \psi_1(x) \leqslant x \leqslant \psi_2(x)\}.$$

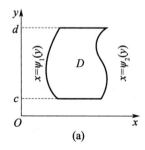
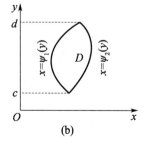

图 8-10

用平行于 xOz 面的平面去截曲顶柱体，则可以得到

$$\iint\limits_D f(x,y)\mathrm{d}\sigma = \int_c^d \left[\int_{\psi_1(y)}^{\psi_2(y)} f(x,y)\mathrm{d}x\right]\mathrm{d}y,$$

通常写成

$$\iint\limits_D f(x,y)\mathrm{d}\sigma = \int_c^d \mathrm{d}y\int_{\psi_1(y)}^{\psi_2(y)} f(x,y)\mathrm{d}x,$$

这就是把二重积分化为先对 x 后对 y 的二次积分. 特别地, 若区域 D 是一矩形, 即

$$D = \{(x,y)\,|\,a \leqslant x \leqslant b, c \leqslant y \leqslant d\},$$

则有

$$\iint\limits_D f(x,y)\mathrm{d}\sigma = \int_a^b \mathrm{d}x\int_c^d f(x,y)\mathrm{d}y = \int_c^d \mathrm{d}y\int_a^b f(x,y)\mathrm{d}x,$$

也可记为

$$\iint\limits_D f(x,y)\mathrm{d}\sigma = \int_a^b \int_c^d f(x,y)\mathrm{d}y\mathrm{d}x = \int_c^d \int_a^b f(x,y)\mathrm{d}x\mathrm{d}y.$$

如果 $D = \{(x,y)\,|\,a \leqslant x \leqslant b, c \leqslant y \leqslant d\}$, 且函数 $f(x,y) = f_1(x)f_2(y)$ 可积, 则

$$\iint\limits_D f(x,y)\mathrm{d}\sigma = \int_a^b f_1(x)\mathrm{d}x \int_c^d f_1(y)\mathrm{d}y.$$

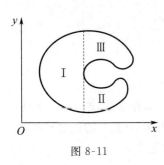

图 8-11

上面讲的积分区域的几种情况, 其区域的边界与平行于坐标轴的直线至多交于两点, 如果平行于坐标轴的直线与积分区域 D 的交点超过两点, 如图 8-11 所示, 则需要将 D 分成 n 个小区域, 使每个小区域的边界线与平行于坐标轴的直线的交点不多于两个, 然后再应用积分对区域的可加性计算.

根据上述讨论, 计算二重积分可归结为计算二次定积分, 关键是如何根据积分区域确定积分的上下限和适当的选择积分次序. 一般地先要画出积分区域的图形, 再写出区域 D 内的点所满足的不等式, 即找出 x, y 在区域 D 上的变化范围, 从而确定积分的上下限.

例 1 计算 $\iint\limits_D \mathrm{e}^{x+y}\mathrm{d}x\mathrm{d}y$, 其中区域 D 是由 $x = 0, x = 2, y = 0, y = 1$ 围成的矩形.

解法一 因为 $D = \{(x,y)\,|\,0 \leqslant x \leqslant 2, 0 \leqslant y \leqslant 1\}$ 是矩形区域, 有

$$\iint\limits_D \mathrm{e}^{x+y}\mathrm{d}x\mathrm{d}y = \int_0^2 \mathrm{d}x \int_0^1 \mathrm{e}^{x+y}\mathrm{d}y = \int_0^2 \mathrm{e}^{x+y}\Big|_0^1 \mathrm{d}x$$

$$= (\mathrm{e}-1)\int_0^2 \mathrm{e}^x \mathrm{d}x = (\mathrm{e}-1)^2(\mathrm{e}+1).$$

解法二 因为 D 是矩形区域, 且 $\mathrm{e}^{x+y} = \mathrm{e}^x \mathrm{e}^y$, 所以

$$\iint\limits_D \mathrm{e}^{x+y}\mathrm{d}x\mathrm{d}y = \left(\int_0^2 \mathrm{e}^x \mathrm{d}x\right)\left(\int_0^1 \mathrm{e}^y \mathrm{d}y\right) = (\mathrm{e}+1)(\mathrm{e}-1)^2.$$

例 2 计算 $\iint\limits_D x^2 y \mathrm{d}x\mathrm{d}y$, 其中区域 D 是由 $y^2 = x$ 与 $y = x^2$ 所围成的图形.

解法一 $y^2 = x$ 与 $y = x^2$ 的交点是 $(0,0)$ 与 $(1,1)$.

如果先对 y 后对 x 积分, 作平行于 y 轴的箭线, 由图 8-12 所示, 则入口曲线是 $y = x^2$, 出口曲线是 $y^2 = x$, 那么

$$D = \{(x,y) \mid 0 \leqslant x \leqslant 1, x^2 \leqslant y \leqslant \sqrt{x}\},$$

因此

$$\iint\limits_{D} x^2 y \mathrm{d}x\mathrm{d}y = \int_0^1 \mathrm{d}x \int_{x^2}^{\sqrt{x}} x^2 y \mathrm{d}y = \int_0^1 \frac{1}{2} x^2 y^2 \Big|_{x^2}^{\sqrt{x}} \mathrm{d}x$$
$$= \int_0^1 \frac{1}{2} x^2 (x - x^4) \mathrm{d}x = \frac{3}{56}.$$

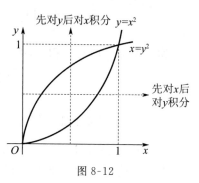

图 8-12

解法二 如果先对 x 后对 y 积分，作平行于 x 轴的箭线，则入口曲线是 $x = y^2$，出口曲线是 $x = \sqrt{y}$，如图 8-12 所示，那么

$$D = \{(x,y) \mid 0 \leqslant y \leqslant 1, y^2 \leqslant x \leqslant \sqrt{y}\},$$

因此

$$\iint\limits_{D} x^2 y \mathrm{d}x\mathrm{d}y = \int_0^1 \mathrm{d}y \int_{y^2}^{\sqrt{y}} x^2 y \mathrm{d}x = \int_0^1 \frac{1}{3} y x^3 \Big|_{y^2}^{\sqrt{y}} \mathrm{d}y = \frac{3}{56}.$$

例 3 计算 $\iint\limits_{D} xy \mathrm{d}x\mathrm{d}y$，其中区域 D 是由 $y = x - 4, y^2 = 2x$ 所围成的图形.

解 $y = x - 4$ 与 $y^2 = 2x$ 的交点为 $(8,4)$ 与 $(2,-2)$，先对 x 后对 y 积分，则入口曲线为 $x = \dfrac{y^2}{2}$，出口曲线为 $x = y + 4$，如图 8-13 所示，那么

$$D = \left\{(x,y) \,\middle|\, -2 \leqslant y \leqslant 4, \frac{y^2}{2} \leqslant x \leqslant y+4\right\},$$

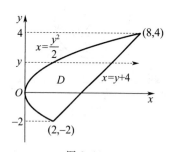

图 8-13

因此

$$\iint\limits_{D} xy \mathrm{d}x\mathrm{d}y = \int_{-2}^4 \mathrm{d}y \int_{\frac{y^2}{2}}^{y+4} xy \mathrm{d}x = 90.$$

如果先对 y 后对 x 积分，由于入口曲线由两条曲线组成，因此需要把积分区域 D 分成两小块，要做两个二次积分，计算量要比上述做法烦琐.

例 4 计算 $\iint\limits_{D} \dfrac{\sin y}{y} \mathrm{d}x\mathrm{d}y$，其中区域 D 是由 $y = x$ 与 $x = y^2$ 所围成的图形.

解 $y = x$ 与 $x = y^2$ 的交点为 $(0,0), (1,1)$，先对 x 后对 y 积分，则由图 8-14 可知，

$$D = \{(x,y) \mid 0 \leqslant y \leqslant 1, y^2 \leqslant x \leqslant y\},$$

因此

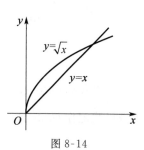

图 8-14

$$\iint\limits_{D} \frac{\sin y}{y} \mathrm{d}x\mathrm{d}y = \int_0^1 \mathrm{d}y \int_{y^2}^{y} \frac{\sin y}{y} \mathrm{d}x = \int_0^1 \frac{\sin y}{y} x \Big|_{y^2}^{y} \mathrm{d}y$$
$$= \int_0^1 \sin y \mathrm{d}y - \int_0^1 y \sin y \mathrm{d}y$$

$$=-\cos y \Big|_0^1 - (-y\cos y + \sin y)\Big|_0^1 = 1 - \sin 1.$$

如果先对 y 后对 x 积分,则有

$$\iint_D \frac{\sin y}{y} dx dy = \int_0^1 dx \int_x^{\sqrt{x}} \frac{\sin y}{y} dy,$$

由于 $\frac{\sin y}{y}$ 的原函数不能用初等函数表示,所以积分难以进行.

(2) 利用极坐标计算二重积分.

有些二重积分,积分区域 D 的边界曲线用极坐标方程来表示比较方便,且被积函数用极坐标变量 ρ,θ 表达比较简单.这时,就可以考虑利用极坐标来计算二重积分 $\iint_D f(x,y) d\sigma$.

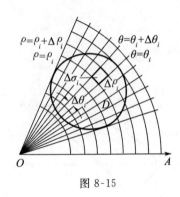

图 8-15

按二重积分的定义 $\iint_D f(x,y) d\sigma = \lim_{\lambda \to 0} \sum_{i=1}^n f(\xi_i, \eta_i) \Delta \sigma_i$,下面我们来研究这个和的极限在极坐标中的形式.

假定从极点 O 出发且穿过闭区域 D 内部的射线与 D 的边界曲线相交不多于两点.我们用以极点为中心的一族同心圆 $\rho = $ 常数,把 D 分成 n 个小闭区域(见图 8-15).除了包含边界点的一些小闭区域外,小闭区域的面积 $\Delta \sigma_i$ 可计算如下:

$$\begin{aligned}\Delta \sigma_i &= \frac{1}{2}(\rho_i + \Delta \rho_i)^2 \cdot \Delta \theta_i - \frac{1}{2}\rho_i^2 \cdot \Delta \theta_i \\ &= \frac{1}{2}(2\rho_i + \Delta \rho_i)\Delta \rho_i \cdot \Delta \theta_i \\ &= \frac{1}{2}[\rho_i + (\rho_i + \Delta \rho_i)]\Delta \rho_i \cdot \Delta \theta_i \\ &= \bar{\rho}_i \Delta \rho_i \cdot \Delta \theta_i,\end{aligned}$$

利用极坐标计算
二重积分举例

其中 $\bar{\rho}_i$ 表示相邻两圆弧的半径的平均值.在这个小闭区域内取圆周 $\rho = \bar{\rho}_i$ 上的一点 $(\bar{\rho}_i, \bar{\theta}_i)$,该点的直角坐标设为 (ξ_i, η_i),则由直角坐标与极坐标之间的关系有 $\xi_i = \bar{\rho}_i \cos \bar{\theta}_i, \eta_i = \bar{\rho}_i \sin \bar{\theta}_i$. 于是

$$\iint_D f(x,y) d\sigma = \lim_{\lambda \to 0} \sum_{i=1}^n f(\xi_i, \eta_i) \Delta \sigma_i = \lim_{\lambda \to 0} \sum_{i=1}^n f(\bar{\rho}_i \cos \bar{\theta}_i, \bar{\rho}_i \sin \bar{\theta}_i) \bar{\rho}_i \Delta \rho_i \cdot \Delta \theta_i,$$

即

$$\iint_D f(x,y) d\sigma = \iint_D f(\rho\cos\theta, \rho\sin\theta) \rho d\rho d\theta.$$

这里我们把点 (ρ, θ) 看作是在同一平面上的点 (x,y) 的极坐标表示,所以上式右端的积分区域仍然记作 D. 由于在直角坐标系中 $\iint_D f(x,y) d\sigma$ 也常记作 $\iint_D f(x,y) dx dy$,所以上式又可写成

$$\iint_D f(x,y) dx dy = \iint_D f(\rho\cos\theta, \rho\sin\theta) \rho d\rho d\theta. \tag{8.12}$$

这就是二重积分的变量从直角坐标变换为极坐标的变换公式,其中 $\rho d\rho d\theta$ 就是极坐标系中的面积元素.

公式(8.12)表明,要把二重积分中的变量从直角坐标变换为极坐标,只要把被积函数中的 x,y 分别换成 $\rho\cos\theta, \rho\sin\theta$,并把直角坐标系中的面积元素 $dx dy$ 换成极坐标系中的面积元

素 $\rho d\rho d\theta$.

极坐标系中的二重积分,同样可以化为二次积分来计算.

设积分区域 D 可以用不等式
$$\varphi_1(\theta) \leqslant \rho \leqslant \varphi_2(\theta), \quad \alpha \leqslant \theta \leqslant \beta$$
来表示(见图 8-16),其中,函数 $\varphi_1(\theta), \varphi_2(\theta)$ 在区间 $[\alpha,\beta]$ 上连续.

先在区间 $[\alpha,\beta]$ 上任意取定一个 θ 值,对应于这个 θ 值,D 上的点(图 8-17 中这些点在线段 EF 上)的极径 ρ 从 $\varphi_1(\theta)$ 变到 $\varphi_2(\theta)$. 又 θ 是在 $[\alpha,\beta]$ 上任意取定的,所以 θ 的变化范围是区间 $[\alpha,\beta]$. 这样就可看出,极坐标系中的二重积分化为二次积分的公式为

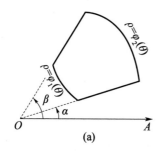 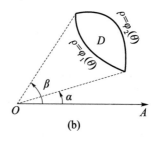

图 8-16

$$\iint_D f(\rho\cos\theta, \rho\sin\theta)\rho d\rho d\theta = \int_\alpha^\beta \left[\int_{\varphi_1(\theta)}^{\varphi_2(\theta)} f(\rho\cos\theta, \rho\sin\theta)\rho d\rho\right] d\theta. \tag{8.13}$$

式(8.13)也可写成

$$\iint_D f(\rho\cos\theta, \rho\sin\theta)\rho d\rho d\theta = \int_\alpha^\beta d\theta \int_{\varphi_1(\theta)}^{\varphi_2(\theta)} f(\rho\cos\theta, \rho\sin\theta)\rho d\rho. \tag{8.13'}$$

如果积分区域 D 是图 8-18 所示的曲边扇形,那么可以把它看作图 8-16(a) 中当 $\varphi_1(\theta) \equiv 0$, $\varphi_2(\theta) = \varphi(\theta)$ 时的特例. 这时闭区域 D 可以用不等式
$$0 \leqslant \rho \leqslant \varphi(\theta), \quad \alpha \leqslant \theta \leqslant \beta$$

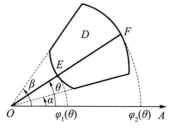 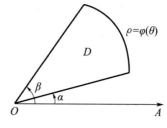

图 8-17   图 8-18

来表示,而公式 $(8.13')$ 成为

$$\iint_D f(\rho\cos\theta, \rho\sin\theta)\rho d\rho d\theta = \int_\alpha^\beta d\theta \int_0^{\varphi(\theta)} f(\rho\cos\theta, \rho\sin\theta)\rho d\rho.$$

如果积分区域 D 如图 8-19 所示,极点在 D 的内部,那么可以把它看作图 8-17 中当 $\alpha = 0$, $\beta = 2\pi$ 时的特例. 这时闭区域 D 可以用不等式
$$0 \leqslant \rho \leqslant \varphi(\theta), \quad 0 \leqslant \theta \leqslant 2\pi$$

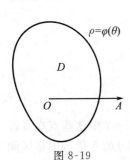

图 8-19

来表示,而公式(8.13′)成为

$$\iint\limits_{D} f(\rho\cos\theta,\rho\sin\theta)\rho\mathrm{d}\rho\mathrm{d}\theta = \int_{0}^{2\pi}\mathrm{d}\theta\int_{0}^{\varphi(\theta)} f(\rho\cos\theta,\rho\sin\theta)\rho\mathrm{d}\rho.$$

由二重积分的性质知,闭区域 D 的面积 σ 可以表示为 $\sigma = \iint\limits_{D}\mathrm{d}\sigma$. 在极坐标系中,面积元素 $\mathrm{d}\sigma = \rho\mathrm{d}\rho\mathrm{d}\theta$,因此上式成为 $\sigma = \iint\limits_{D}\rho\mathrm{d}\rho\mathrm{d}\theta$.

如果闭区域如图 8-16(a) 所示,则由公式(8.13′) 有

$$\sigma = \iint\limits_{D}\rho\mathrm{d}\rho\mathrm{d}\theta = \int_{\alpha}^{\beta}\mathrm{d}\theta\int_{\varphi_{1}(\theta)}^{\varphi_{2}(\theta)}\rho\mathrm{d}\rho = \frac{1}{2}\int_{\alpha}^{\beta}[\varphi_{2}^{2}(\theta) - \varphi_{1}^{2}(\theta)]\mathrm{d}\theta.$$

特别地,如果闭区域如图 8-17 所示,则 $\varphi_{1}(\theta) = 0, \varphi_{2}(\theta) = \varphi(\theta)$,于是 $\sigma = \frac{1}{2}\int_{\alpha}^{\beta}\varphi^{2}(\theta)\mathrm{d}\theta$.

例 5 计算 $\iint\limits_{D}\mathrm{e}^{-x^{2}-y^{2}}\mathrm{d}x\mathrm{d}y$,其中 D 是由中心在原点,半径为 a 的圆周所围成的闭区域.

解 在极坐标系中,闭区域 D 可表示为 $0 \leqslant \rho \leqslant a, 0 \leqslant \theta \leqslant 2\pi$,则

$$\iint\limits_{D}\mathrm{e}^{-x^{2}-y^{2}}\mathrm{d}x\mathrm{d}y = \iint\limits_{D}\mathrm{e}^{-\rho^{2}}\rho\mathrm{d}\rho\mathrm{d}\theta = \int_{0}^{2\pi}\mathrm{d}\theta\int_{0}^{a}\mathrm{e}^{-\rho^{2}}\rho\mathrm{d}\rho$$

$$= \int_{0}^{2\pi}\left[-\frac{1}{2}\mathrm{e}^{-\rho^{2}}\right]_{0}^{a}\mathrm{d}\theta = \pi(1 - \mathrm{e}^{-a^{2}}).$$

本题如果用直角坐标计算,由于积分 $\int\mathrm{e}^{-x^{2}}\mathrm{d}x$ 不能用初等函数表示,所以算不出来. 现在利用上面的结果来计算反常积分 $\int_{0}^{+\infty}\mathrm{e}^{-x^{2}}\mathrm{d}x$.

设

$$D_{1} = \{(x,y) \,|\, x^{2} + y^{2} \leqslant R^{2}, x \geqslant 0, y \geqslant 0\},$$
$$D_{2} = \{(x,y) \,|\, x^{2} + y^{2} \leqslant 2R^{2}, x \geqslant 0, y \geqslant 0\},$$
$$S = \{(x,y) \,|\, 0 \leqslant x \leqslant R, 0 \leqslant y \leqslant R\}.$$

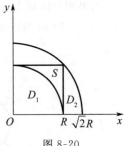

图 8-20

显然 $D_{1} \subset S \subset D_{2}$(见图 8-20). 由于 $\mathrm{e}^{-x^{2}-y^{2}} > 0$,从而在这些闭区域上的二重积分之间有不等式

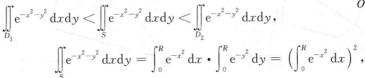

因为

$$\iint\limits_{S}\mathrm{e}^{-x^{2}-y^{2}}\mathrm{d}x\mathrm{d}y = \int_{0}^{R}\mathrm{e}^{-x^{2}}\mathrm{d}x \cdot \int_{0}^{R}\mathrm{e}^{-y^{2}}\mathrm{d}y = \left(\int_{0}^{R}\mathrm{e}^{-x^{2}}\mathrm{d}x\right)^{2},$$

由上面已得到的结果有

$$\iint\limits_{D_{1}}\mathrm{e}^{-x^{2}-y^{2}}\mathrm{d}x\mathrm{d}y = \frac{\pi}{4}(1 - \mathrm{e}^{-R^{2}}),$$

$$\iint\limits_{D_{2}}\mathrm{e}^{-x^{2}-y^{2}}\mathrm{d}x\mathrm{d}y = \frac{\pi}{4}(1 - \mathrm{e}^{-2R^{2}}),$$

于是上面的不等式可写成

$$\frac{\pi}{4}(1 - \mathrm{e}^{-R^{2}}) < \left(\int_{0}^{R}\mathrm{e}^{-x^{2}}\mathrm{d}x\right)^{2} < \frac{\pi}{4}(1 - \mathrm{e}^{-2R^{2}}).$$

令 $R \to +\infty$，上式两端趋于同一极限 $\dfrac{\pi}{4}$. 从而

$$\int_0^{+\infty} e^{-x^2} dx = \dfrac{\sqrt{\pi}}{2}.$$

三、二重积分的应用

1. 体积

根据二重积分的几何意义知，曲顶柱体的体积为

$$V = \iint_D f(x,y) d\sigma, \quad f(x,y) \geqslant 0.$$

例 6 求由平面 $x=0, y=0$ 及 $x+y=1$ 所围成的柱体被平面 $z=0$ 及抛物面 $x^2+y^2=6-z$ 截得的几何体的体积.

解 如图 8-21 所示，该几何体可以看作以 $z=6-x^2-y^2$ 为曲顶，以区域 $D:0 \leqslant y \leqslant 1-x, 0 \leqslant x \leqslant 1$ 为底的曲顶柱体. 所以

$$\begin{aligned}V &= \iint_D (6-x^2-y^2) dx dy \\ &= \int_0^1 dx \int_0^{1-x} (6-x^2-y^2) dy \\ &= \dfrac{17}{6}.\end{aligned}$$

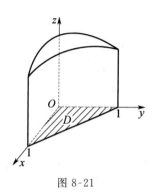

图 8-21

2. 平面薄片的质量

由二重积分的引例可知，质量不均匀分布的平面薄片的质量为

$$M = \iint_D \mu(x,y) dx dy, \quad \mu(x,y) \text{ 为面密度}.$$

例 7 一薄板被 $x^2+4y^2=12$ 及 $x=4y^2$ 所围，面密度 $\mu(x,y)=5x$，求薄板的质量.

解 画出 D 的图形，如图 8-22 所示.

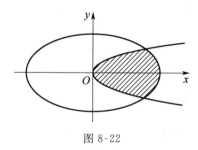

图 8-22

由 $\begin{cases} x^2+4y^2=12, \\ x=4y^2 \end{cases}$，求出交点 $\left(3, -\dfrac{\sqrt{3}}{2}\right)$ 和 $\left(3, \dfrac{\sqrt{3}}{2}\right)$，则

$$\begin{aligned}M &= \iint_D 5x\, dx dy = \int_{-\frac{\sqrt{3}}{2}}^{\frac{\sqrt{3}}{2}} dy \int_{4y^2}^{\sqrt{12-4y^2}} 5x\, dx \\ &= \int_{-\frac{\sqrt{3}}{2}}^{\frac{\sqrt{3}}{2}} \dfrac{5}{2} x^2 \bigg|_{4y^2}^{\sqrt{12-4y^2}} dy\end{aligned}$$

$$= \int_{-\frac{\sqrt{3}}{2}}^{\frac{\sqrt{3}}{2}} \frac{5}{2}(12 - 4y^2 - 16y^4)\mathrm{d}y$$

$$= 10\left(6y - \frac{2}{3}y^3 - \frac{8}{5}y^5\right)\Bigg|_0^{\frac{\sqrt{3}}{2}} = 23\sqrt{3}.$$

3. 平面薄片的重心

设一平面薄片,其上点 (x,y) 处的面密度为 $\mu(x,y)$,平面薄片的重心坐标公式为

$$\bar{x} = \frac{\iint\limits_D x\mu(x,y)\mathrm{d}x\mathrm{d}y}{\iint\limits_D \mu(x,y)\mathrm{d}x\mathrm{d}y}, \quad \bar{y} = \frac{\iint\limits_D y\mu(x,y)\mathrm{d}x\mathrm{d}y}{\iint\limits_D \mu(x,y)\mathrm{d}x\mathrm{d}y}.$$

例 8 设平面薄片由 $x^2 + y^2 = a^2 (x \geqslant 0, y \geqslant 0)$ 围成,如图 8-23 所示,质量均匀分布 ($\mu = 1$),求该薄片的重心.

解

$$\iint\limits_D \mu(x,y)\mathrm{d}x\mathrm{d}y = \iint\limits_D 1\mathrm{d}x\mathrm{d}y = \int_0^a \mathrm{d}x \int_0^{\sqrt{a^2-x^2}} \mathrm{d}y = \frac{\pi a^2}{4},$$

$$\iint\limits_D x\mathrm{d}x\mathrm{d}y = \int_0^a \mathrm{d}x \int_0^{\sqrt{a^2-x^2}} x\mathrm{d}y = \int_0^a x\sqrt{a^2-x^2}\mathrm{d}x$$

$$= -\frac{1}{2} \times \frac{2}{3}(a^2 - x^2)^{\frac{3}{2}}\Bigg|_0^a = \frac{1}{3}a^3.$$

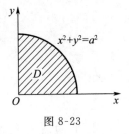

图 8-23

同样,$\iint\limits_D y\mathrm{d}x\mathrm{d}y = \frac{1}{3}a^3$,所以

$$\bar{x} = \frac{\iint\limits_D x\mathrm{d}x\mathrm{d}y}{\iint\limits_D \mathrm{d}x\mathrm{d}y} = \frac{4a}{3\pi}, \quad \bar{y} = \frac{\iint\limits_D y\mathrm{d}x\mathrm{d}y}{\iint\limits_D \mathrm{d}x\mathrm{d}y} = \frac{4a}{3\pi}.$$

习题 8.6

1. 计算下列二重积分:

(1) $\iint\limits_D x\sin y\mathrm{d}\sigma$,其中 D 是矩形区域:$1 \leqslant x \leqslant 2, 0 \leqslant y \leqslant \frac{\pi}{2}$;

(2) $\iint\limits_D x\sqrt{y}\mathrm{d}\sigma$,其中 D 是由两条抛物线 $y = \sqrt{x}, y = x^2$ 所围成的区域;

(3) $\iint\limits_D xy^2\mathrm{d}\sigma$,其中 D 是由圆 $x^2 + y^2 = 4$ 及 y 轴所围成的右半区域;

(4) $\iint\limits_D (x^2 + y^2 - x)\mathrm{d}\sigma$,其中 D 是由直线 $y = 2, y = x$ 及 $y = 2x$ 所围成的区域;

(5) $\iint\limits_D (x^2 + y^2)\mathrm{d}\sigma$,其中 D 是闭区域 $|x| \leqslant 1, |y| \leqslant 1$;

(6) $\iint\limits_D x(x+y)\mathrm{d}\sigma$,其中 D 是由点为 $(0,0), (\pi,0)$ 和 (π,π) 所围成的三角形.

2. 化二重积分 $I = \iint\limits_{D} f(x,y) \mathrm{d}\sigma$ 为二次积分（分别列出对两个变量先后次序不同的两个二次积分），其中积分区域 D 为：

(1) 由直线 $y = x$ 及抛物线 $y = x^2$ 所围成的区域；

(2) 由 x 轴及半圆周 $x^2 + y^2 = R^2 (y \geqslant 0)$ 所围成的区域；

(3) 由直线 $y = x, x = 2$ 及双曲线 $y = \dfrac{1}{x} (x > 0)$ 所围成的区域；

(4) 由直线 $y = 0, y = x$ 及 $y = 2 - x$ 所围成的区域.

3. 更换下列二次积分的积分次序：

(1) $\int_1^2 \mathrm{d}x \int_x^{2x} f(x,y) \mathrm{d}y$；

(2) $\int_1^e \mathrm{d}x \int_0^{\ln x} f(x,y) \mathrm{d}y$；

(3) $\int_0^1 \mathrm{d}y \int_0^{2y} f(x,y) \mathrm{d}x + \int_1^3 \mathrm{d}y \int_0^{3-y} f(x,y) \mathrm{d}x.$

4. 应用二重积分，求在 xOy 平面上由 $y = x^2$ 与 $y = 4x - x^2$ 所围成的区域的面积.

5. 计算由曲面 $z = 1 - 4x^2 - y^2$ 与 xOy 坐标平面所围成的区域的体积.

6. 求面密度为 $\mu(x,y) = x^2 + y^2$，由 $x = 0, y = 0, x + y = 1$ 所围的平面薄板的质量.

7. 设平面薄片所占的闭区域 D 由抛物线 $y = x^2$ 及直线 $y = x$ 所围成，它的面密度 $\mu(x,y) = x^2 y$，求此薄片的重心.

8. 利用极坐标计算下列各题：

(1) $\iint\limits_{D} \mathrm{e}^{x^2 + y^2} \mathrm{d}\sigma$，其中 D 是由圆周 $x^2 + y^2 = 4$ 所围成的闭区域；

(2) $\iint\limits_{D} \ln(1 + x^2 + y^2) \mathrm{d}\sigma$，其中 D 是由圆周 $x^2 + y^2 = 1$ 及坐标轴所围成的在第一象限内的闭区域；

(3) $\iint\limits_{D} \arctan \dfrac{y}{x} \mathrm{d}\sigma$，其中 D 是由圆周 $x^2 + y^2 = 4, x^2 + y^2 = 1$ 及直线 $y = 0, y = x$ 所围成的在第一象限内的闭区域.

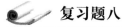 复习题八

一、填空题

1. 函数 $z = \ln(8 - x^2 - y^2) + \sqrt{x^2 + y^2 - 1}$ 的定义域为_____.

2. 函数 $z = \dfrac{1}{\sqrt{x+y}} + \dfrac{1}{\sqrt{x-y}}$ 的定义域是_____.

3. 设函数 $f(x,y) = x^2 + y^2 + xy \ln\left(\dfrac{y}{x}\right)$，则 $f(kx, ky) = $ _____.

4. 设函数 $f(x,y) = x^2 + y^2, \varphi(x,y) = xy$，则 $f[f(x,y), \varphi(x,y)] = $ _____.

5. 设函数 $z = z(x,y)$ 由方程 $xy^2 z = x + y + z$ 所确定，则 $\dfrac{\partial z}{\partial y} = $ _____.

6. 由方程 $\cos^2 x + \cos^2 y + \cos^2 z = 1$ 所确定的函数 $z = z(x,y)$ 的全微分 $\mathrm{d}z = $ _____.

7. 设积分区域 D 的面积为 S，则 $\iint\limits_{D} 2 \mathrm{d}\sigma = $ _____.

8. 设平面薄片占有平面区域 D，其上点 (x,y) 处的面密度为 $\mu(x,y)$，如果 $\mu(x,y)$ 在 D 上连续，则薄片的质量 $m = $ _____.

9. 若 D 是以 $(0,0), (1,0)$ 及 $(0,1)$ 为顶点的三角形区域，则由二重积分的几何意义知 $\iint\limits_{D} \mathrm{d}\sigma = $ _____.

10. 设 $z = f(x,y)$ 在闭区域 D 上连续,且 $f(x,y) > 0$,则 $\iint\limits_{D} f(x,y)\mathrm{d}\sigma$ 的几何意义是_____.

二、选择题

1. $f(x,y)$ 在 (x_0, y_0) 处有极值,则( ).
   A. $f_x(x_0, y_0) = 0, f_y(x_0, y_0) = 0$
   B. (x_0, y_0) 是 D 内唯一驻点,则必为最大值点,且 $f_{xx}(x_0, y_0) < 0$
   C. $f_{xx}(x_0, y_0) \cdot f_{yy}(x_0, y_0) - f_{xy}^2(x_0, y_0) > 0$
   D. 以上结论都不对

2. 函数 $z = f(x,y)$ 在点 (x_0, y_0) 处具有偏导数是它在该点存在全微分的( ).
   A. 必要而非充分条件   B. 充分而非必要条件
   C. 充分必要条件   D. 既非充分又非必要条件

3. 函数 $z = f(x,y)$ 在点 $P_0(x_0, y_0)$ 处可微,是函数 $z = f(x,y)$ 在点 P_0 处两个一阶偏导数存在的( ).
   A. 必要条件   B. 充分条件
   C. 充要条件   D. 既非充分条件也非必要条件

4. 函数 $z = f(x,y)$ 在有界闭区域 D 上连续是二重积分 $\iint\limits_{D} f(x,y)\mathrm{d}\sigma$ 存在的( ).
   A. 充分必要条件   B. 充分条件,但非必要条件
   C. 必要条件,但非充分条件   D. 既非充分条件,又非必要条件

5. 函数 $z = f(x,y)$ 在有界闭区域 D 上有界是二重积分 $\iint\limits_{D} f(x,y)\mathrm{d}\sigma$ 存在的( ).
   A. 充分必要条件   B. 充分条件,但非必要条件
   C. 必要条件,但非充分条件   D. 既非分条件,也非必要条件

三、计算题

1. 求函数 $z = \sqrt{4 - x^2 - y^2} \ln(x^2 + y^2 - 1)$ 的定义域,并画出定义域的图形.

2. 求 $\lim\limits_{\substack{x \to 0 \\ y \to 2}} \dfrac{\sin xy}{x}$.

3. 设 $f(x,y) = x^2 + xy + y^2$,求 $f(1,2)$.

4. 已知 $f(x,y) = 3x + 2y$,求 $f[xy, f(x,y)]$.

5. $f(x,y) = 2x + 3y$,求 $f_x(1,0)$.

6. 若 $z = x^y$,求 $\dfrac{\partial z}{\partial x}, \dfrac{\partial z}{\partial y}$.

7. 若 $z = \ln xy$,求 $\dfrac{\partial z}{\partial x}, \dfrac{\partial z}{\partial y}$.

8. 若 $z = x^8 \mathrm{e}^y$,求 $\dfrac{\partial z}{\partial x}, \dfrac{\partial^2 z}{\partial x^2}, \dfrac{\partial z}{\partial y}$.

9. 若 $z = (1+x)^{xy}$,求 $\dfrac{\partial z}{\partial x}, \dfrac{\partial z}{\partial y}$.

10. 若 $z = \mathrm{e}^{xy} \cos xy$,求 $\dfrac{\partial z}{\partial x}, \dfrac{\partial z}{\partial y}$.

11. 若 $u = (x + 2y + 3z)^2$,求 $\dfrac{\partial u}{\partial x}, \dfrac{\partial u}{\partial y}, \dfrac{\partial u}{\partial z}$.

12. 设 $z = \dfrac{y}{x}$,当 $x = 2, y = 1, \Delta x = 0.1, \Delta y = -0.2$ 时,求 Δz 及 $\mathrm{d}z$.

13. 求 $u = \ln(2x + 3y + 4z^2)$ 的全微分.

14. 计算 $\iint\limits_{D}(3x+2y)\mathrm{d}\sigma$,其中 D 是由两坐标轴及直线 $x+y=2$ 所围成的闭区域.

15. 计算 $\iint\limits_{D}(x^3+3x^2y+y^3)\mathrm{d}\sigma$,其中 D 是矩形闭区域:$0\leqslant x\leqslant 1,0\leqslant y\leqslant 1$.

16. 计算 $\iint\limits_{D}x\cos(x+y)\mathrm{d}\sigma$,其中 D 是顶点分别为 $(0,0)$,$(\pi,0)$ 和 (π,π) 的三角形闭区域.

17. 计算 $\iint\limits_{D}(1+x)\sin y\mathrm{d}\sigma$,其中 D 是顶点分别为 $(0,0)$,$(1,0)$,$(1,2)$ 和 $(0,1)$ 的梯形闭区域.

第八章习题答案

第九章 无穷级数

无穷级数简称级数,它与数列极限有紧密联系,可看作数列与极限的另一种表现形式.本章先讨论常数项级数,介绍级数的一些基本知识,然后讨论函数项级数,着重讨论幂级数及如何将函数展开成幂级数的问题.

§9.1 常数项级数的概念与性质

一、常数项级数的定义

定义 设有数列 $\{u_n\}$,把它的项依次用加号连起来,所得的公式

$$u_1 + u_2 + \cdots + u_n + \cdots \tag{9.1}$$

称为(常数项)**无穷级数**,简称(常数项)**级数**.其中第 n 项 u_n 为该级数的**一般项**.式(9.1)通常也记作 $\sum_{n=1}^{\infty} u_n$.

级数(9.1)前 n 项之和

$$s_n = u_1 + u_2 + \cdots + u_n = \sum_{i=1}^{n} u_i$$

称为级数(9.1)的**前 n 项部分和**.

当 n 依次取 $1, 2, 3, \cdots$ 时,它们构成一个新的数列

$$s_1 = u_1, \quad s_2 = u_1 + u_2, \quad \cdots, \quad s_n = \sum_{i=1}^{n} u_i, \quad \cdots.$$

如果部分和数列 $\{s_n\}$ 有极限 s,即 $\lim_{n \to \infty} s_n = s$,则称级数(9.1)**收敛**,极限 s 称为级数(9.1)的和,并写作 $\sum_{n=1}^{\infty} u_n = s$;如果部分和数列 $\{s_n\}$ 没有极限,则称级数(9.1)**发散**,或称级数(9.1)没有和.

当级数(9.1)收敛时,其部分和 s_n 是和 s 的近似值,它们之间的差

$$r_n = s - s_n = u_{n+1} + u_{n+2} + \cdots = \sum_{k=n+1}^{\infty} u_k$$

称为级数(9.1)的**余项**.显然,用部分和 s_n 近似表示和 s 的误差为 $|r_n|$.

由上述定义可知,给定级数 $\sum_{n=1}^{\infty} u_n$,就有部分和数列 $s_n = \sum_{i=1}^{n} u_i$;反之,给定数列 $\{s_n\}$,就有以 $\{s_n\}$ 为部分和数列的级数

$$s_1 + (s_2 - s_1) + \cdots + (s_n - s_{n-1}) + \cdots$$
$$= s_1 + \sum_{n=2}^{\infty}(s_n - s_{n-1})$$
$$= \sum_{n=1}^{\infty} u_n,$$

其中，$u_1 = s_1$，$u_n = s_n - s_{n-1}(n \geqslant 2)$. 按照级数定义，级数 $\sum_{i=1}^{\infty} u_n$ 与数列 $\{s_n\}$ 同时收敛或同时发散，且在收敛时有

$$\sum_{n=1}^{\infty} u_n = \lim_{n \to \infty} s_n, \quad 即 \sum_{n=1}^{\infty} u_n = \lim_{n \to \infty} \sum_{i=1}^{n} u_i.$$

下面我们直接根据定义来判定两个级数的收敛性.

例 1 级数

$$\sum_{n=0}^{\infty} aq^n = a + aq + aq^2 + \cdots + aq^n + \cdots \tag{9.2}$$

叫作**等比级数**（又称**几何级数**），其中，$a \neq 0$，q 叫作级数的**公比**. 试讨论级数(9.2)的收敛性.

解 如果 $q \neq 1$，则部分和

$$s_n = a + aq + \cdots + aq^{n-1} = \frac{a - aq^n}{1 - q} = \frac{a}{1-q} - \frac{aq^n}{1-q}.$$

当 $|q| < 1$ 时，$\lim_{n \to \infty} q^n = 0$，从而 $\lim_{n \to \infty} s_n = \frac{a}{1-q}$，因此，这时级数(9.2)收敛，其和为 $\frac{a}{1-q}$；当 $|q| > 1$ 时，$\lim_{n \to \infty} q^n = \infty$，从而 $\lim_{n \to \infty} s_n = \infty$，因此，这时级数(9.2)发散；当 $q = -1$ 时，$\lim_{n \to \infty}(-1)^n$ 不存在，从而 $s_n = \frac{a}{2}[1-(-1)^n]$ 的极限不存在，因此，级数(9.2)发散.

当 $q = 1$ 时，$s_n = na \to \infty (n \to \infty)$，因此，级数(9.2)也发散.

综上所述，当 $|q| < 1$ 时，等比级数 $\sum_{n=0}^{\infty} aq^n (a \neq 0)$ 收敛，且其和为 $\frac{a}{1-q}$；当 $|q| \geqslant 1$ 时，此等比级数发散.

例 2 判定级数 $\sum_{n=1}^{\infty} \frac{1}{n(n+1)} = \frac{1}{1 \cdot 2} + \frac{1}{2 \cdot 3} + \cdots + \frac{1}{n \cdot (n+1)} + \cdots$ 的收敛性.

解 由于 $u_n = \frac{1}{n(n+1)} = \frac{1}{n} - \frac{1}{n+1}$，

于是 $s_n = \frac{1}{1 \cdot 2} + \frac{1}{2 \cdot 3} + \cdots + \frac{1}{n(n+1)}$

$$= \left(1 - \frac{1}{2}\right) + \left(\frac{1}{2} - \frac{1}{3}\right) + \cdots + \left(\frac{1}{n} - \frac{1}{n+1}\right)$$

$$= 1 - \frac{1}{n+1},$$

因此 $\lim_{n \to \infty} s_n = \lim_{n \to \infty}\left(1 - \frac{1}{n+1}\right) = 1$，

从而级数收敛，且其和为 1.

二、级数的性质

根据级数收敛的定义和极限运算法则，容易证明级数的下述性质.

性质 1 若级数 $\sum_{n=1}^{\infty} u_n$ 收敛,其和为 s,则级数 $\sum_{n=1}^{\infty} ku_n$ 也收敛,且和为 ks,即

$$\sum_{n=1}^{\infty} ku_n = k\sum_{n=1}^{\infty} u_n.$$

性质 2 设 $\sum_{n=1}^{\infty} u_n = s, \sum_{n=1}^{\infty} v_n = \sigma$,则级数 $\sum_{n=1}^{\infty} (u_n \pm v_n)$ 收敛,其和为 $s+\sigma$,即

$$\sum_{n=1}^{\infty} (u_n \pm v_n) = \sum_{n=1}^{\infty} u_n \pm \sum_{n=1}^{\infty} v_n. \tag{9.3}$$

式(9.3)所表述的运算规律叫作**级数的逐项加(减)法则**,因此性质2也可叙述为两个收敛级数可逐项相加(减).这里要注意式(9.3)成立是以级数 $\sum_{n=1}^{\infty} u_n$ 与 $\sum_{n=1}^{\infty} v_n$ 都收敛为前提条件,当 $\sum_{n=1}^{\infty} u_n$ 与 $\sum_{n=1}^{\infty} v_n$ 都发散时,逐项相加(减)法则就不能用,如例 2,

$$\sum_{n=1}^{\infty} \frac{1}{n(n+1)} = \sum_{n=1}^{\infty} \left(\frac{1}{n} - \frac{1}{n+1}\right) = 1,$$

但级数 $\sum_{n=1}^{\infty} \frac{1}{n}$ 及 $\sum_{n=1}^{\infty} \frac{1}{n+1}$ 都是发散的(见例3),因此

$$\sum_{n=1}^{\infty} \left(\frac{1}{n} - \frac{1}{n+1}\right) \neq \sum_{n=1}^{\infty} \frac{1}{n} - \sum_{n=1}^{\infty} \frac{1}{n+1}.$$

这里,不等式左端表示收敛于1的级数(即左端表示数1),而右端是发散的级数,不表示数值.

性质 3 级数去掉、增加,或改变有限项,其收敛性不变.

证 显然级数 $\sum_{n=1}^{\infty} u_n$ 与去掉首项后所得级数 $\sum_{n=2}^{\infty} u_n$ 同时收敛或发散,表明级数去掉一项不改变收敛性,从而去掉或增加有限项也不改变收敛性.而改变有限项可看作先去掉有限项再增加有限项,因此也不改变收敛性.

性质 4(级数收敛的必要条件) 设级数

$$u_1 + u_2 + \cdots + u_n + \cdots$$

收敛,则必有

$$\lim_{n\to\infty} u_n = 0.$$

证 级数 $\sum_{n=1}^{\infty} u_n$ 的一般项与部分和有如下关系:

$$u_n = s_n - s_{n-1}.$$

假定这级数收敛于和 s,则

$$\lim_{n\to\infty} u_n = \lim_{n\to\infty}(s_n - s_{n-1}) = \lim_{n\to\infty} s_n - \lim_{n\to\infty} s_{n-1} = s - s = 0.$$

这条性质可以简单地表述为:收敛级数的一般项必趋于零.由此可知,如果级数的一般项不趋于零,则级数发散.这是判定级数发散的一种有用的方法.例如级数

$$\sum_{n=0}^{\infty} (-1)^{n-1} \frac{n}{n+1},$$

由于它的一般项 $u_n = (-1)^{n-1} \frac{n}{n+1}$ 不趋于零,因此这级数是发散的.

注意,级数的一般项趋于零并不是收敛的充分条件. 有些级数虽然一般项趋于零,但仍然是发散的,请看下例.

例 3 级数

$$1+\frac{1}{2}+\frac{1}{3}+\cdots+\frac{1}{n}+\cdots=\sum_{n=1}^{\infty}\frac{1}{n}$$

称为**调和级数**,试证调和级数是发散的.

证 当 $k \leqslant x \leqslant k+1$ 时,$\frac{1}{x} \leqslant \frac{1}{k}$,从而

$$\int_{k}^{k+1}\frac{1}{x}\mathrm{d}x \leqslant \int_{k}^{k+1}\frac{1}{k}\mathrm{d}x = \frac{1}{k},$$

于是

$$s_n = \sum_{k=1}^{n}\frac{1}{k} \geqslant \sum_{k=1}^{n}\int_{k}^{k+1}\frac{1}{x}\mathrm{d}x = \ln(n+1),$$

因为 $\lim_{n\to\infty}\ln(n+1)=+\infty$,所以 $\lim_{n\to\infty}s_n=+\infty$,即 $\sum_{n=1}^{\infty}\frac{1}{n}=+\infty$,因此调和级数发散.

例 4 判定级数 $\sum_{n=1}^{\infty}\left(\frac{2}{n}-\frac{1}{2^n}\right)$ 的收敛性.

解 因为调和级数 $\sum_{n=1}^{\infty}\frac{1}{n}$ 发散,所以级数 $\sum_{n=1}^{\infty}\frac{2}{n}$ 发散,而 $\sum_{n=1}^{\infty}\frac{1}{2^n}$ 是公比 $q=\frac{1}{2}$ 的等比级数,是收敛的,根据性质 2 知原级数发散.

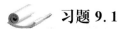

习题 9.1

1. 求出下列级数的前五项:

(1) $\sum_{n=2}^{\infty}\frac{1+n}{1+n^2}$;

(2) $\sum_{n=1}^{\infty}\frac{1\cdot 3\cdot\cdots\cdot(2n-1)}{2\cdot 4\cdot\cdots\cdot 2n}$;

(3) $\sum_{n=0}^{\infty}\frac{(-1)^{n+1}}{5^n}$;

(4) $\sum_{n=1}^{\infty}\frac{n!}{n^n}$.

2. 求出下列级数的一般项:

(1) $1+\frac{1}{3}+\frac{1}{5}+\cdots$;

(2) $\frac{2}{1}-\frac{3}{2}+\frac{4}{3}-\frac{5}{4}+\frac{6}{5}-\cdots$;

(3) $\frac{\sqrt{x}}{2}+\frac{x}{2\cdot 4}+\frac{x\sqrt{x}}{2\cdot 4\cdot 6}+\frac{x^2}{2\cdot 4\cdot 6\cdot 8}+\cdots$;

(4) $\frac{a^2}{3}-\frac{a^3}{5}+\frac{a^4}{7}-\frac{a^5}{9}+\cdots$.

3. 根据级数收敛与发散的定义判定下列级数的收敛性:

(1) $\sum_{n=1}^{\infty}(\sqrt{n+1}-\sqrt{n})$;

(2) $\sum_{n=1}^{\infty}\frac{1}{(2n-1)(2n+1)}$.

4. 判定下列级数的收敛性:

(1) $-\frac{8}{9}+\frac{8^2}{9^2}+\cdots+(-1)^n\frac{8^n}{9^n}+\cdots$;

(2) $\frac{1}{3}+\frac{1}{6}+\cdots+\frac{1}{3n}+\cdots$;

(3) $\frac{3}{2}+\frac{3^2}{2^2}+\cdots+\frac{3^n}{2^n}+\cdots$;

(4) $\left(\frac{1}{2}+\frac{1}{3}\right)+\left(\frac{1}{2^2}+\frac{1}{3^2}\right)+\cdots+\left(\frac{1}{2^n}+\frac{1}{3^n}\right)+\cdots$;

(5) $1 + \dfrac{2^2}{2!} + \dfrac{3^3}{3!} + \cdots + \dfrac{n^n}{n!} + \cdots$.

5. 一皮球从距地面 6 m 处垂直下落,假设每次从地面反弹后所达到的高度是前一次高度的 $\dfrac{1}{3}$,求皮球所经过的路程的总长度.

§9.2 常数项级数的审敛法

在研究级数时,中心问题是判定级数的收敛性,如果级数是收敛的,就可对它进行某些运算,并设法求出它的和或和的近似值.但是,除了少数几个特殊的级数,在一般情况下,直接考察级数的部分和的数列是否有极限是很困难的,因而直接根据定义来判定级数的收敛性往往不可行,这时就需借助于一些间接的判别方法(称为审敛法).在本节中,我们将介绍一些常用的审敛法.

一、正项级数及其审敛法

设有级数
$$u_1 + u_2 + \cdots + u_n + \cdots, \tag{9.4}$$

如果 $u_n \geqslant 0 (n=1,2,\cdots)$,那么级数(9.4)称为**正项级数**. 这种级数特别重要,以后将会看到许多级数的收敛问题都可以归结为正项级数的收敛性问题.

设正项级数(9.4)的部分和为 s_n,由于 $s_n - s_{n-1} = u_n \geqslant 0$,所以数列 s_n 是单调增加的:
$$s_1 \leqslant s_2 \leqslant \cdots \leqslant s_n \leqslant \cdots,$$

如果数列 s_n 有界,即 s_n 总不大于某一常数 M,则根据单调有界数列必有极限的准则,知级数(9.4)必收敛.并且,若设其和为 s,则有 $s_n \leqslant s \leqslant M$;反之,如果正数项级数(9.4)收敛于和 s,那么根据收敛数列必有界的性质可知,数列 s_n 有界.因此,我们得到了如下定理.

定理 1 正项级数收敛的充分必要条件是它的部分和数列 $\{s_n\}$ 有界.

根据定理 1,在判定正项级数(9.4)的收敛性时,可以另取一个收敛性已知的正项级数与它作比较,从而确定它的部分和是否有界,这样也就能确定级数(9.4)的收敛性.按照这个想法,就可以建立正项级数的一个基本审敛法 —— 比较审敛法.

比较审敛法 设 $\sum\limits_{i=1}^{\infty} u_n$ 及 $\sum\limits_{i=1}^{\infty} v_n$ 为两个正项级数.

(1) 如果级数 $\sum\limits_{i=1}^{\infty} v_n$ 收敛且 $u_n \leqslant v_n (n=1,2,\cdots)$,则级数 $\sum\limits_{i=1}^{\infty} u_n$ 也收敛;

(2) 如果级数 $\sum\limits_{i=1}^{\infty} v_n$ 发散且 $u_n > v_n$,则级数 $\sum\limits_{i=1}^{\infty} u_n$ 也发散.

证 (1) 设级数 $\sum\limits_{i=1}^{\infty} v_n$ 收敛于和 σ,并且 $u_n \leqslant v_n (n=1,2,\cdots)$,则级数 $\sum\limits_{i=1}^{\infty} u_n$ 的部分和
$$s_n = u_1 + u_2 + \cdots + u_n \leqslant v_1 + v_2 + \cdots v_n \leqslant \sigma,$$

即 s_n 总和不大于常数 $\sigma (\sigma > 1)$,由定理 1 可知级数 $\sum\limits_{i=1}^{\infty} u_n$ 收敛.

(2) 是(1)的逆否命题,由(1)成立即知(2)成立.

注意到级数的每一项同乘不为零的常数 k,以及去掉有限项不会影响级数的收敛性,我们

可以把比较审敛法的条件适度放宽,得到如下的推论.

推论 设 $\sum\limits_{i=1}^{\infty} u_n$ 和 $\sum\limits_{i=1}^{\infty} v_n$ 都是正项级数,如果级数 $\sum\limits_{i=1}^{\infty} v_n$ 收敛,并且从某项起(例如从第 N 项起),$u_n \leqslant k v_n (n \geqslant N)$,则级数 $\sum\limits_{i=1}^{\infty} u_n$ 也收敛;如果级数 $\sum\limits_{i=1}^{\infty} v_n$ 发散,并且从某项起,$u_n \geqslant k v_n$ $(k > 0)$,则级数 $\sum\limits_{i=1}^{\infty} u_n$ 也发散.

例 1 判定级数 $\sum\limits_{i=1}^{\infty} \dfrac{1}{2^n - n}$ 的收敛性.

解 因为 $2^n - n = 2^{n-1} + (2^{n-1} - n) \geqslant 2^{n-1}$,所以
$$\frac{1}{2^{n-1} - n} \leqslant \frac{1}{2^{n-1}}.$$

正项级数敛散性的判断方法

而级数 $\sum\limits_{i=1}^{\infty} \dfrac{1}{2^{n-1}}$ 是公比为 $\dfrac{1}{2}$ 的收敛的等比数列,由比较审敛法知所给级数收敛.

例 2 证明级数 $\sum\limits_{i=1}^{\infty} \dfrac{1}{\sqrt{n(n+1)}}$ 发散.

证 因为
$$\frac{1}{\sqrt{n(n+1)}} > \frac{1}{n+1},$$

而级数
$$\sum_{n=1}^{\infty} \frac{1}{n+1} = \frac{1}{2} + \frac{1}{3} + \cdots + \frac{1}{n+1} + \cdots$$

是去掉首项的调和级数,因而是发散的,根据比较审敛法可知所给级数也是发散.

例 3 级数
$$\sum_{n=1}^{\infty} \frac{1}{n^p} = 1 + \frac{1}{2^p} + \frac{1}{3^p} + \cdots + \frac{1}{n^p} + \cdots \tag{9.5}$$

(其中 p 为常数)称为 p **级数**.试讨论 p 级数的收敛性.

解 当 $p \leqslant 1$ 时,$\dfrac{1}{n^p} \geqslant \dfrac{1}{n}$,而调和级数 $\sum\limits_{n=1}^{\infty} \dfrac{1}{n}$ 是发散的,根据比较审敛法,知级数 $\sum\limits_{n=1}^{\infty} \dfrac{1}{n}$ 发散.

当 $p > 1$ 时,对于 $k - 1 \leqslant x \leqslant k$,有 $\dfrac{1}{x^p} \geqslant \dfrac{1}{k^p}$,可得
$$\frac{1}{k^p} = \int_{k-1}^{k} \frac{1}{k^p} \mathrm{d}x \leqslant \int_{k-1}^{k} \frac{1}{x^p} \mathrm{d}x \quad (k = 2, 3, \cdots),$$

从而 p 级数的部分和
$$s_n = \sum_{k=1}^{\infty} \frac{1}{k^p} = 1 + \sum_{k=2}^{n} \frac{1}{k^p} \leqslant 1 + \sum_{k=2}^{n} \int_{k-1}^{k} \frac{1}{x^p} \mathrm{d}x$$
$$= 1 + \int_{1}^{n} \frac{1}{x^p} \mathrm{d}x = 1 + \frac{1}{p-1}\left(1 - \frac{1}{n^{p-1}}\right) < 1 + \frac{1}{p-1}.$$

表明 s_n 有界,因此级数 $\sum\limits_{n=1}^{\infty} \dfrac{1}{n^p}$ 收敛.

总之,p 级数 $\sum\limits_{n=1}^{\infty} \dfrac{1}{n^p}$ 当 $p > 1$ 时收敛.

下面给出极限形式的比较审敛法,它在应用时更为方便些.

极限形式的比较审敛法 设 $\sum\limits_{n=1}^{\infty} u_n$ 及 $\sum\limits_{n=1}^{\infty} v_n$ 为两个正项级数,如果

$$\lim_{n\to\infty} \frac{u_n}{v_n} = l \ (0 < l < +\infty),$$

则级数 $\sum\limits_{n=1}^{\infty} u_n$ 及级数 $\sum\limits_{n=1}^{\infty} v_n$ 同时收敛或同时发散.

证 由级数的定义可知,对 $\varepsilon = \dfrac{l}{2}$,存在自然数 N,当 $n > N$ 时,有不等式

$$l - \frac{l}{2} < \frac{u_n}{v_n} < l + \frac{l}{2},$$

即有不等式

$$\frac{1}{2} v_n < u_n < \frac{3}{2} l v_n,$$

再根据比较审敛法的推论,即得所要证的结论.

注意,当 $l = 0$ 或 $l = +\infty$ 时,级数 $\sum\limits_{n=1}^{\infty} u_n$ 及 $\sum\limits_{n=1}^{\infty} v_n$ 就不一定同时收敛或同时发散,但有这样的结论:

当 $l = 0$ 时,如果级数 $\sum\limits_{n=1}^{\infty} v_n$ 收敛,则级数 $\sum\limits_{n=1}^{\infty} u_n$ 也收敛;

当 $l = +\infty$ 时,如果级数 $\sum\limits_{n=1}^{\infty} v_n$ 发散,则级数 $\sum\limits_{n=1}^{\infty} u_n$ 也发散.

这个结论的证明并不难,请读者自己完成.

极限形式的比较审敛法,在两个正项级数的通项均趋近于零的情况下,其实是比较两个正项级数的通项作为无穷小量的阶. 它表明:当 $n \to \infty$ 时,如果 u_n 是比 v_n 高阶或是与 v_n 同阶的无穷小,且级数 $\sum\limits_{n=1}^{\infty} v_n$ 收敛,则级数 $\sum\limits_{n=1}^{\infty} u_n$ 收敛;如果 u_n 是比 v_n 低阶或是与 v_n 同阶的无穷小,且级数 $\sum\limits_{n=1}^{\infty} v_n$ 发散,则级数 $\sum\limits_{n=1}^{\infty} u_n$ 发散.

用比较审敛法审敛时,需要适当地选取一个已知其收敛性的级数 $\sum\limits_{n=1}^{\infty} v_n$ 作为比较的基准,最常选用作为基准级数的是等比级数和 p 级数.

以等比级数作为比较的基准级数,可得比值审敛法.

比值审敛法 设 $u_n > 0$,且 $\lim\limits_{n\to\infty} \dfrac{u_{n+1}}{u_n} = \rho$,则

(1) 当 $\rho < 1$ 时,级数 $\sum\limits_{n=1}^{\infty} u_n$ 收敛;

(2) 当 $\rho > 1 \left(或 \lim\limits_{n\to\infty} \dfrac{u_{n+1}}{u_n} = +\infty \right)$ 时,级数 $\sum\limits_{n=1}^{\infty} u_n$ 发散.

比值审敛法

证 (1) 设 $\rho < 1$. 取一个适当小的正数 ε,使得 $\rho + \varepsilon = r < 1$,根据极限定义,存在自然数 m,当 $n \geqslant m$ 时,有不等式

$$\frac{u_{n+1}}{u_n} < \rho + \varepsilon = r.$$

因此

$$u_{m+1} < ru_m, \quad u_{m+2} < ru_{m+1} < r^2 u_m, \quad u_{m+3} < ru_{m+2} < r^3 u_m, \quad \cdots.$$

这样,级数

$$u_{m+1} + u_{m+2} + u_{m+3} + \cdots$$

的各项就小于收敛的等比级数(公比 $r<1$)

$$ru_m + r^2 u_m + r^3 u_m + \cdots$$

的对应项,由比较审敛法的推论可知级数 $\sum\limits_{n=1}^{\infty} u_n$ 收敛.

(2) 设 $\rho>1$. 取一个适当小的正数 ε,使得 $\rho-\varepsilon>1$. 根据极限定义,存在自然数 k,当 $n \geqslant k$ 时有不等式

$$\frac{u_{n+1}}{u_n} > \rho - \varepsilon > 1,$$

即

$$u_{n+1} > u_n.$$

这就是说,当 $n \geqslant k$ 时,级数的一般项 u_n 是逐渐增大的,从而 $\lim\limits_{n\to\infty} u_n \neq 0$. 根据级数收敛的必要条件,可知级数 $\sum\limits_{n=1}^{\infty} u_n$ 发散.

类似地可以证明:当 $\lim\limits_{n\to\infty} \dfrac{u_{n+1}}{u_n} = +\infty$ 时,级数是发散的.

例 4 判定级数 $\sum\limits_{n=1}^{\infty} \dfrac{n!}{10^n}$ 的收敛性.

解 $\dfrac{u_{n+1}}{u_n} = \dfrac{(n+1)!}{10^{n+1}} \cdot \dfrac{10^n}{n!} = \dfrac{n+1}{10} \to +\infty \quad (n\to\infty),$

根据比值审敛法知所给级数发散.

例 5 判定级数 $\sum\limits_{n=1}^{\infty} n^2 \sin\dfrac{\pi}{2^n}$ 的收敛性.

解 $\dfrac{u_{n+1}}{u_n} = (n+1)^2 \sin\dfrac{\pi}{2^{n+1}} \bigg/ \left(n^2 \sin\dfrac{\pi}{2^n}\right)$

$$= \left(\frac{n+1}{n}\right)^2 \cdot \frac{\sin\dfrac{\pi}{2^{n+1}}}{\dfrac{\pi}{2^{n+1}}} \cdot \frac{\dfrac{\pi}{2^n}}{\sin\dfrac{\pi}{2^n}} \cdot \frac{2^n}{2^{n+1}} \to \frac{1}{2} \quad (n\to\infty),$$

故所给级数收敛.

比值审敛法用起来很方便,但当 $\lim\limits_{n\to\infty} \dfrac{u_{n+1}}{u_n} = 1$ 或极限不存在且不是 ∞ 时,比值审敛法就无效了.

以 p 级数作为比较的基准级数,可得极限审敛法.

极限审敛法 设 $\sum\limits_{n=1}^{\infty} u_n$ 为正项级数.

(1) 如果 $\lim\limits_{n\to\infty} nu_n = l > 0$(或 $\lim\limits_{n\to\infty} nu_n = +\infty$),则级数 $\sum\limits_{n=1}^{\infty} u_n$ 发散;

(2) 如果 $p > 1$ 而 $\lim\limits_{n\to\infty} n^p u_n = l(0 \leqslant l < +\infty)$,则级数 $\sum\limits_{n=1}^{\infty} u_n$ 收敛.

证 (1) 在极限形式的比较审敛法中,取 $v_n = \dfrac{1}{n}$,由调和级数 $\sum\limits_{n=1}^{\infty} \dfrac{1}{n}$ 发散知结论成立;

(2) 在极限形式的比较审敛法中,取 $v_n = \dfrac{1}{n^p}$,当 $p > 1$ 时,p 级数收敛,便知结论成立.

例 6 判定级数 $\sum\limits_{n=1}^{\infty} \dfrac{2n-1}{n^2+2n+3}$ 的收敛性.

解 $nu_n = \dfrac{n(2n-1)}{n^2+2n+3} \to 2 \quad (n \to \infty)$,

根据极限审敛法知所给级数发散.

例 7 判定级数 $\sum\limits_{n=1}^{\infty} \dfrac{1}{n^2-n+1} \sin^2 \dfrac{n\pi}{6}$ 的收敛性.

解法一 因 $0 \leqslant \dfrac{1}{n^2-n+1} \sin^2 \dfrac{n\pi}{6} \leqslant \dfrac{1}{n^2-n+1} \leqslant \dfrac{2}{n^2}$,

而级数 $\sum\limits_{n=1}^{\infty} \dfrac{2}{n^2}$ 收敛,根据比较审敛法知所给级数收敛.

解法二 $n^{\frac{3}{2}} u_n = n^{\frac{3}{2}} \cdot \dfrac{1}{n^2-n+1} \sin^2 \dfrac{n\pi}{6}$,因 $\lim\limits_{n\to\infty} n^{\frac{3}{2}} \cdot \dfrac{1}{n^2-n+1} = 0$,而 $\sin^2 \dfrac{n\pi}{6}$ 有界,故 $\lim\limits_{n\to\infty} n^{\frac{3}{2}} u_n = 0$,根据极限审敛法知所给级数收敛.

二、交错级数及其审敛法

所谓交错级数是这样的级数,它的各项是正负交替的,从而可写成下面的形式:
$$u_1 - u_2 + u_3 - u_4 + \cdots, \tag{9.6}$$
或
$$-u_1 + u_2 - u_3 + u_4 - \cdots, \tag{9.7}$$

其中,$u_1, u_2, u_3, u_4, \cdots$ 都是正数,由于交错级数(9.7)的各项乘以 -1 后就变成级数(9.6)的形式且不改变收敛性,因此不失一般性,我们只需讨论级数(9.6)的收敛性.

交错级数审敛法(莱布尼茨定理) 如果交错级数(9.6)满足条件:

(1) $u_n \geqslant u_{n+1}$ $(n = 1, 2, 3, \cdots)$;

(2) $\lim\limits_{n\to\infty} u_n = 0$,

则级数(9.6)收敛,其和 s 非负且 $s \leqslant u_1$,其余项 r_n 的绝对值 $|r_n| \leqslant u_{n+1}$.

证 先证明前 $2m$ 项的和的极限 $\lim\limits_{n\to\infty} s_{2m}$ 存在,为此把 s_{2m} 写成两种形式
$$s_{2m} = (u_1 - u_2) + (u_3 - u_4) + \cdots + (u_{2m-1} - u_{2m})$$
及
$$s_{2m} = u_1 - (u_2 - u_3) - (u_4 - u_5) - \cdots - (u_{2m-2} - u_{2m-1}) - u_{2m},$$

根据条件(1)知道所有括号中的差都是非负的,由第一种形式可见 $s_{2m} \geqslant 0$ 且随 m 增大而增大,由第二种形式可见 $s_{2m} < u_1$.于是根据单调有界数列必有极限的准则知道,数列 s_{2m} 存在极限 s,

并且 s 不大于 u_1，即
$$\lim_{n\to\infty} s_{2m} = s \leqslant u_1,$$
又由于 $s_{2m} \geqslant 0$，因此 $s \geqslant 0$.

再证明前 $2m+1$ 项的和的极限 $\lim\limits_{n\to\infty} s_{2m+1} = s$，事实上，我们有
$$s_{2m+1} = s_{2m} + u_{2m+1},$$
由条件(2)知 $\lim\limits_{n\to\infty} u_{2m+1} = 0$，因此
$$\lim_{x\to\infty} s_{2m} = \lim_{x\to\infty}(s_{2m} + u_{2m+1}) = s,$$
由
$$\lim_{x\to\infty} s_{2m} = \lim_{x\to\infty} s_{2m+1} = s,$$
即得
$$\lim_{x\to\infty} s_n = s,$$
亦即级数(9.6)收敛于和 s，且 $0 \leqslant s \leqslant u_1$.

最后，不难看出余项 r_n 可以写成
$$r_n = \pm(u_{n+1} - u_{n+2} + \cdots),$$
上式右端括号内是一个与式(9.6)同一类型的交错级数，且满足收敛的两个条件，因此其和 σ 非负且不超过级数的第一项，于是
$$|r_n| = \sigma \leqslant u_{n+1}.$$
证明完毕.

例 8 判定交错级数 $\sum\limits_{n=1}^{\infty}(-1)^{n-1}\dfrac{1}{n}$ 的收敛性.

解 $u_n = \dfrac{1}{n}$ 满足 $u_n > u_{n+1}(n\in\mathbf{N}^+)$ 及 $\lim\limits_{x\to\infty} u_n = \lim\limits_{x\to\infty}\dfrac{1}{n} = 0$，根据交错级数审敛法知所给级数收敛.

三、绝对收敛与条件收敛

前面讨论的正项级数、交错级数都是形式比较特殊的级数，下面我们讨论一般形式的数项级数的审敛法.

设有级数
$$u_1 + u_2 + \cdots + u_n + \cdots, \tag{9.8}$$
其中 $u_n(n=1,2,\cdots)$ 可以任意地取正数、负数或零. 级数(9.8)通常称为**任意项级数**.

取级数(9.8)各项的绝对值组成正数项级数
$$|u_1| + |u_2| + \cdots + |u_n| + \cdots. \tag{9.9}$$
下面定理 2 说明了级数(9.8)与级数(9.9)的收敛性之间的关系.

定理 2 **如果由级数(9.8)的各项的绝对值所组成的级数(9.9)收敛，则级数(9.8)收敛.**

证 设级数(9.9)收敛，令
$$v_n = \frac{1}{2}(u_n + |u_n|) \quad (n=1,2,\cdots),$$
显然 $v_n \geqslant 0$，并且 $v_n \leqslant |u_n|$，就是说 v_n 都不大于级数(9.9)的对应项 $|u_n|$. 于是由比较审敛法知，正数项级数 $\sum\limits_{n=1}^{\infty} v_n$ 收敛，从而 $\sum\limits_{n=1}^{\infty} 2v_n$ 也收敛，但是
$$u_n = 2v_n - |u_n|,$$

所以级数(9.8)是由两个收敛级数逐项相减而成的,即

$$\sum_{n=1}^{\infty} u_n = \sum_{n=1}^{\infty} (2v_n - |u_n|),$$

因此根据级数收敛的基本性质 3 可知级数(9.8)收敛.定理证毕.

我们可以用正项级数的比值审敛法、极限审敛法或比较审敛法,来判定正项级数(9.9)的收敛性.定理 2 表明,如果正项级数(9.9)收敛,那么级数(9.8)也收敛.当级数(9.9)收敛时,我们称级数(9.8)为**绝对收敛**.

例 9 证明级数 $\sum_{n=1}^{\infty} \dfrac{\sin na}{n^4}$ 绝对收敛.

证 因为 $\left| \dfrac{\sin na}{n^4} \right| \leq \dfrac{1}{n^4}$,而级数 $\sum_{n=1}^{\infty} \dfrac{1}{n^4}$ 是收敛的,所以级数 $\sum_{n=1}^{\infty} \left| \dfrac{\sin na}{n^4} \right|$ 也是收敛的.因此所给级数绝对收敛.

要注意的是,虽然绝对收敛的级数都是收敛的,但并不是每个收敛级数都是绝对收敛的,这就是说,绝对收敛是级数收敛的充分条件但并非必要条件.例如,级数

$$1 - \dfrac{1}{2} + \dfrac{1}{3} - \cdots + (-1)^{n-1} \dfrac{1}{n} + \cdots$$

是收敛的,但是各项取绝对值所成的级数

$$1 + \dfrac{1}{2} + \dfrac{1}{3} + \cdots + \dfrac{1}{n} + \cdots$$

任意项级数敛散
性的判断

却是发散的.

如果级数(9.8)收敛,而它的各项取绝对值所成的级数(9.9)发散,那么我们称级数(9.8)是**条件收敛**的.因此,级数 $\sum_{n=1}^{\infty} \dfrac{(-1)^{n-1}}{n}$ 是条件收敛的.

我们把正项级数的比值审敛法应用于判定任意项级数的绝对收敛性,可以得到下面这个有用的定理.

定理 3 若级数(9.8)满足

$$\lim_{n \to \infty} \left| \dfrac{u_{n+1}}{u_n} \right| = \rho,$$

则当 $\rho < 1$ 时,级数绝对收敛;当 $\rho > 1$ 时 $\left(\text{或} \lim_{n \to \infty} \left| \dfrac{u_{n+1}}{u_n} \right| = +\infty\right)$ 时,级数发散;$\rho = 1$ 时级数可能绝对收敛,可能条件收敛,也可能发散.

证 当 $\rho < 1$ 时,正项级数(9.9)收敛,即级数(9.8)绝对收敛.

当 $\rho > 1$ $\left(\text{或} \lim_{n \to \infty} \left| \dfrac{u_{n+1}}{u_n} \right| = +\infty\right)$ 时,由本节第 1 目比值审敛法的证明(2)知 $|u_n|$ 不趋于零,从而 u_n 也不趋于零.根据级数收敛的条件可知级数(9.8)发散.

当 $\rho = 1$ 时,级数可能绝对收敛,可能条件收敛,也可能发散.

例如下面三个级数:

$$\sum_{n=1}^{\infty} \dfrac{(-1)^{n-1}}{n^2}, \quad \sum_{n=1}^{\infty} \dfrac{(-1)^{n-1}}{n} \quad \text{和} \quad \sum_{n=1}^{\infty} (-1)^{n-1}$$

都满足 $\lim_{n \to \infty} \left| \dfrac{u_{n+1}}{u_n} \right| = 1$,但第一个级数绝对收敛,第二个级数条件收敛,第三个级数发散.

习题 9.2

1. 用比值审敛法判定下列级数的收敛性：

(1) $\sum_{n=1}^{\infty} \frac{3^n}{n 2^n}$;

(2) $\sum_{n=1}^{\infty} \frac{n^2}{3^n}$;

(3) $\sum_{n=1}^{\infty} \sin \frac{\pi}{2^n}$;

(4) $\sum_{n=1}^{\infty} n \tan \frac{\pi}{3^n}$;

(5) $\sum_{n=1}^{\infty} \frac{n^4}{n!}$;

(6) $\sum_{n=1}^{\infty} \frac{2^n n!}{n^n}$.

2. 用极限审敛法判定下列级数的收敛性：

(1) $\sum_{n=1}^{\infty} \frac{1}{2n-1}$;

(2) $\sum_{n=1}^{\infty} \frac{n+1}{n^2+1}$;

(3) $\sum_{n=0}^{\infty} \frac{1}{(n+1)(n+4)}$;

(4) $\sum_{n=1}^{\infty} \sin\left(\frac{\pi}{n}\right)^2$;

(5) $\sum_{n=0}^{\infty} \frac{n+2}{\sqrt{n^3+1}}$;

(6) $\sum_{n=0}^{\infty} \sqrt{\frac{2n+1}{n^4+1}}$.

3. 判定下列级数的收敛性：

(1) $\sum_{n=1}^{\infty} n\left(\frac{3}{4}\right)^n$;

(2) $\sum_{n=1}^{\infty} 2^n \sin \frac{\pi}{3^n}$;

(3) $\sum_{n=0}^{\infty} \sqrt{\frac{n+1}{2n+1}}$;

(4) $\sum_{n=0}^{\infty} \frac{1}{an+b} \quad (a>0, b>0)$;

(5) $\sum_{n=1}^{\infty} \frac{1}{1+a^n} \quad (a>0)$;

(6) $\sum_{n=1}^{\infty} \ln\left(1+\frac{1}{n^2}\right)$.

4. 下列级数是否收敛？如果收敛，判定是绝对收敛还是条件收敛：

(1) $\sum_{n=1}^{\infty} (-1)^{n-1} \frac{1}{\sqrt{n}}$;

(2) $\sum_{n=0}^{\infty} (-1)^n \frac{n}{3^{n-1}}$;

(3) $\sum_{n=0}^{\infty} (-1)^n \frac{1}{(n+1)(2n+1)}$;

(4) $\sum_{n=2}^{\infty} (-1)^n \frac{1}{\ln n}$;

(5) $\sum_{n=1}^{\infty} \sin \frac{n^3+1}{n} \pi$;

(6) $\sum_{n=1}^{\infty} (-1)^{n-1} \frac{2^{n^2}}{n!}$.

§9.3 幂 级 数

一、函数项级数的一般概念

在前面两节中我们讨论了常数项级数的一些初步理论,在下几节中我们将讨论应用更为广泛的函数项级数.

设给定一个定义在集合 I 上的函数列

$$u_1(x), \quad u_2(x), \quad u_3(x), \quad \cdots, \quad u_n(x), \quad \cdots,$$

则式子

$$u_1(x) + u_2(x) + u_3(x) + \cdots + u_n(x) + \cdots \tag{9.10}$$

叫作定义在集合 I 上的(函数项)**无穷级数**,简称(函数项)**级数**.式(9.10)也记为 $\sum_{n=1}^{\infty} u_n(x)$.

例如,

$$\sum_{n=1}^{\infty} x^{n-1} = 1 + x + x^2 + x^3 + \cdots + x^n + \cdots \tag{9.11}$$

及

$$a_0 + \sum_{n=1}^{\infty} a_n \cos nx = a_0 + a_1 \cos x + a_2 \cos 2x + \cdots + a_n \cos nx + \cdots \tag{9.12}$$

都是定义在区间$(-\infty, +\infty)$上的函数项级数.

级数(9.11)是以变量x为公比的几何级数.由本章第1节例1知道,当$|x|<1$时,这个级数是收敛的;当$|x|\geqslant 1$时,这个级数发散.

对于级数(9.10)的定义域I上的每一点x_0,级数(9.10)称为一个常数级数,即

$$u_1(x_0) + u_2(x_0) + u_3(x_0) + \cdots + u_n(x_0) + \cdots, \tag{9.13}$$

级数(9.13)可能收敛也可能发散.如果级数(9.13)收敛,就称点x_0是函数项级数(9.10)的**收敛点**;如果级数(9.13)发散,就称点x_0是函数项级数(9.10)的**发散点**.级数(9.10)的全体收敛点所组成的集合称为**收敛域**;全体发散点所组成的集合称为**发散域**.例如,级数(9.11)的收敛域是开区间$(-1,1)$,发散域是$(-\infty,-1] \cup [1,+\infty)$.

设级数(9.10)的收敛域为C,则对应于任一$x \in C$,级数(9.10)称为一个收敛的常数项级数,都有确定的和数s,这样,在收敛域C上,级数(9.10)的和是x的函数$s(x)$,通常称$s(x)$为函数项级数(9.10)的**和函数**,它的定义域就是级数的收敛域C,并记作$s(x) = \sum_{n=1}^{\infty} u_n(x)(x \in C)$.

例如,级数(9.11)在收敛域$(-1,1)$内的和函数为$\dfrac{1}{1-x}$.

把函数项级数(9.10)的前n项的部分和记作$s_n(x)$,则在收敛域C上有$\lim_{x \to \infty} s_n(x) = s(x)$.

在收敛域C上,我们把$r_n(x) = s(x) - s_n(x)$叫作函数项级数的**余项**,显然

$$\lim_{x \to \infty} r_n(x) = 0.$$

下面我们只讨论各项都是函数的函数项级数,即所谓幂级数.

二、幂级数及其收敛域

函数项级数中简单而常见的一类级数就是幂级数,它的形式是

$$a_0 + a_1 x + a_2 x^2 + \cdots + a_n x^n + \cdots, \tag{9.14}$$

或简记作$\sum_{n=0}^{\infty} a_n x^n$,其中,常数$a_0, a_2, \cdots, a_n, \cdots$叫作**幂级数的系数**,级数(9.11)就是一个**幂级数**.

现在我们来讨论幂级数的收敛性问题.对于一个给定的幂级数,它的收敛域与发散域是怎样的?即x取数轴上哪些点时幂级数收敛,取哪些点时幂级数发散?

我们已经讨论过了幂级数(9.11)的收敛性,这个幂级数的收敛域是开区间$(-1,1)$,发散域是$(-\infty,-1] \cup [1,+\infty)$,在开区间$(-1,1)$内,其和函数为$\dfrac{1}{1-x}$,即

$$\frac{1}{1-x} = 1 + x + \cdots + x^n, \quad -1 < x < 1.$$

我们注意到,这个幂级数的收敛域是一个开区间,事实上,这个结论对于一般的幂级数也是成立的,因此有下面的定理.

定理 1 幂级数(9.14)的收敛性必为下述三种情形之一:

(1) 仅在 $x=0$ 处收敛;

(2) 在 $(-\infty,\infty)$ 内处绝对收敛;

(3) 存在确定的正数 R,当 $|x|<R$ 时绝对收敛,当 $|x|>R$ 时发散.

这个定理我们不予证明.

定理所列情形(3)中的正数 R 称为幂级数(9.14)的**收敛半径**,$(-R,R)$ 称为**收敛区间**.在情形(1)中,规定收敛半径 $R=0$,这时没有收敛区间,收敛域为一个点 $x=0$.在情形(2)中,规定收敛半径为 $+\infty$,收敛区间就是收敛域 $(-\infty,\infty)$.

如果求得幂级数的收敛半径 $R>0$,即得收敛区间 $(-R,R)$,剩下只需讨论它在 $x=-R$ 及 $x=R$ 两点处的收敛性,即可知幂级数(9.14)的收敛域为下列四种区间之一:$(-R,R)$,$[-R,R)$,$[-R,R]$ 或 $[-R,R]$,所以幂级数(9.14)的收敛域必为一个以 $x=0$ 为中心的区间.

如何求幂级数的收敛半径? 我们有下面的定理.

定理 2 设幂级数(9.14)的系数满足

$$\lim_{n\to\infty}\left|\frac{a_{n+1}}{a_n}\right|=\rho \quad (\rho \text{ 为常数或为 } +\infty),$$

那么,它的收敛半径 R 为:

幂级数的收敛半径和
收敛区间及其求法

(1) 若 $\rho\neq 0$,则 $R=\dfrac{1}{\rho}$;

(2) 若 $\rho=0$,则 $R=+\infty$;

(3) 若 $\rho=+\infty$,则 $R=0$.

证 幂级数(9.14)的后项与前项之比的绝对值为

$$\left|\frac{a_{n+1}x^{n+1}}{a_n x^n}\right|=\left|\frac{a_{n+1}}{a_n}\right||x|.$$

(1) 若 $\lim\limits_{n\to\infty}\left|\dfrac{a_{n+1}}{a_n}\right|=\rho\neq 0$,则由上节定理 3 可知,当 $\rho|x|<1$,即 $|x|<\dfrac{1}{\rho}$ 时,级数(9.14)绝对收敛;当 $\rho|x|>1$,即 $|x|>\dfrac{1}{\rho}$ 时,级数(9.14)发散,所以 $R=\dfrac{1}{\rho}$.

(2) 若 $\lim\limits_{n\to\infty}\left|\dfrac{a_{n+1}}{a_n}\right|=0$,则对任何 x,有 $\lim\limits_{n\to\infty}\left|\dfrac{a_{n+1}}{a_n}\right||x|=0<1$,即知对任何 x,级数(9.14)均绝对收敛,所以 $R=+\infty$.

(3) 若 $\lim\limits_{n\to\infty}\left|\dfrac{a_{n+1}}{a_n}\right|=+\infty$,则对任何 $x\neq 0$,有 $\lim\limits_{n\to\infty}\left|\dfrac{a_{n+1}}{a_n}\right||x|=+\infty$,即知对任何 $x\neq 0$,级数(9.14)均发散;而当 $x=0$ 时,级数(9.14)显然收敛,即级数(9.14)仅在点 $x=0$ 处收敛,所以 $R=0$.

定理证毕.

例 1 求幂级数

$$x-\frac{x^2}{2}+\frac{x^3}{3}-\cdots+(-1)^{n-1}\frac{x^n}{n}+\cdots$$

的收敛半径和收敛域.

解 因为

$$\rho = \lim_{n\to\infty}\left|\frac{a_{n+1}}{a_n}\right| = \lim_{n\to\infty}\frac{\frac{1}{n+1}}{\frac{1}{n}} = 1,$$

所以收敛半径

$$R = \frac{1}{\rho} = 1.$$

于是收敛区间为 $(-1,1)$.

在端点 $x = 1$ 处,级数成为收敛的交错级数

$$1 - \frac{1}{2} + \frac{1}{3} - \cdots + (-1)^{n-1}\frac{1}{n} + \cdots;$$

在端点 $x = -1$ 处,级数成为

$$-1 - \frac{1}{2} - \frac{1}{3} - \cdots - \frac{1}{n} - \cdots,$$

它是发散的.

因此所给幂级数的收敛域是 $(-1,1]$.

例 2 求幂级数

$$1 + x + \frac{1}{2!}x^2 + \cdots + \frac{1}{n!}x^n + \cdots$$

的收敛域.

解 因为

$$\rho = \lim_{n\to\infty}\left|\frac{a_{n+1}}{a_n}\right| = \lim_{n\to\infty}\frac{\frac{1}{(n+1)!}}{\frac{1}{n!}} = \lim_{n\to\infty}\frac{1}{n+1} = 0,$$

所以收敛半径 $R = +\infty$,从而收敛区域是 $(-\infty, +\infty)$.

例 3 求幂级数 $\sum_{n=0}^{\infty} n!(x-1)^n$ 的收敛半径和收敛域(规定记号 $0! = 1$).

解 令 $t = x - 1$,则所给幂级数成为

$$\sum_{n=0}^{\infty} n! t^n,$$

因为

$$\rho = \lim_{n\to\infty}\left|\frac{a_{n+1}}{a_n}\right| = \lim_{n\to\infty}\frac{(n+1)!}{n!} = \lim_{n\to\infty}(n+1) = +\infty,$$

所以收敛半径 $R = 0$,从而级数仅在 $t = 0$,即 $x = 1$ 处收敛.

例 4 求幂级数 $\sum_{n=0}^{\infty} \frac{(2n)!}{(n!)^2}(x-x_0)^{2n}$ 的收敛半径和收敛域.

解 级数中没有奇次幂的项,定理 2 不能直接应用. 我们直接根据比值审敛法来求收敛半径.

$$\lim_{n\to\infty}\left|\frac{u_{n+1}}{u_n}\right| = \lim_{n\to\infty}\left|\frac{[2(n+1)]!}{[(n+1)!]^2}(x-x_0)^{2(n+1)} \middle/ \frac{(2n)!}{(n!)^2}(x-x_0)^{2n}\right| = 4|x-x_0|^2.$$

当 $4|x-x_0|^2 < 1$,即 $|x-x_0| < \frac{1}{2}$ 时,级数收敛;当 $4|x-x_0|^2 > 1$,即 $|x-x_0| > \frac{1}{2}$

时,级数发散,所以收敛半径 $R = \dfrac{1}{2}$,收敛区间为 $\left(x_0 - \dfrac{1}{2}, x_0 + \dfrac{1}{2}\right)$.

在端点 $x = x_0 - \dfrac{1}{2}$ 及 $x = x_0 + \dfrac{1}{2}$ 处,级数的通项

$$u_n = \frac{(2n)!}{(n!)^2 \cdot 2^{2n}} = \frac{1 \cdot 2 \cdot 3 \cdot \cdots \cdot (2n)}{[2 \cdot 4 \cdot 6 \cdot \cdots \cdot (2n)]^2}$$

$$= \frac{1 \cdot 3 \cdot 5 \cdot \cdots \cdot (2n-1)}{2 \cdot 4 \cdot 6 \cdot \cdots \cdot (2n)}$$

$$= \frac{3}{2} \cdot \frac{5}{4} \cdot \cdots \cdot \frac{2n-1}{2n-2} \cdot \frac{1}{2n} > \frac{1}{2n}.$$

因为级数 $\sum\limits_{n=1}^{\infty} \dfrac{1}{2n}$ 发散,所以原级数在两端点处都发散.因此级数的收敛域为 $\left(x_0 - \dfrac{1}{2}, x_0 + \dfrac{1}{2}\right)$.

三、幂级数的运算

设幂级数

$$a_0 + a_1 x + a_2 x^2 + \cdots + a_n x^n + \cdots \tag{9.15}$$

及

$$b_0 + b_1 x + b_2 x^2 + \cdots + b_n x^n + \cdots \tag{9.16}$$

的收敛域分别为 C 及 C',两个幂级数的和函数分别为 $s_1(x)$ 及 $s_2(x)$.

根据无穷级数的基本性质 3,在 $C \cap C'$ 内,这两个级数可以逐项相加或相减,即有

$$s_1(x) \pm s_2(x) = (a_0 \pm b_0) + (a_1 \pm b_1)x + (a_2 \pm b_2)x^2 + \cdots + (a_n \pm b_n)x^n + \cdots.$$

还可证明,在 $C \cap C'$ 内,我们可以仿照多项式的乘法规则,作出两个幂级数的乘积,即

$$s_1(x) \cdot s_2(x) = a_0 b_0 + (a_0 b_1 + a_1 b_0)x + (a_0 b_2 + a_1 b_1 + a_2 b_0)x^2 +$$
$$\cdots + (a_0 b_n + a_1 b_{n-1} + \cdots + a_n b_0) + \cdots.$$

关于幂级数的分析运算,我们有下面这些重要结论(证明从略):

(1) 幂级数(9.15)的和函数 $s(x)$ 在收敛域内是连续的.

(2) 幂级数(9.15)的和函数 $s(x)$ 在收敛区间 $(-R, R)$ 内是可导的,并且有逐项求导公式

$$s'(x) = \left(\sum_{n=0}^{\infty} a_n x^n\right)' = \sum_{n=0}^{\infty} (a_n x^n)' = \sum_{n=1}^{\infty} n a_n x^{n-1}, \tag{9.17}$$

逐项求导后所得的幂级数和原级数有相同的收敛半径 R.

反复应用这个结论可得:幂级数(9.15)的和函数 $s(x)$ 在收敛区间 $(-R, R)$ 内具有任意阶导数.

(3) 幂级数(9.15)的和函数 $s(x)$ 在收敛区间 $(-R, R)$ 内是可积的,并且有逐项积分公式

$$\int_0^x s(x) \mathrm{d}x = \int_0^x \left(\sum_{n=0}^{\infty} a_n x^n\right) \mathrm{d}x = \sum_{n=0}^{\infty} \int_0^x a_n x^n \mathrm{d}x = \sum_{n=0}^{\infty} \frac{a_n}{n+1} x^{n+1}, \tag{9.18}$$

逐项积分后所得的幂级数和原级数有相同的收敛半径 R.

此外,如果逐项求导或逐项积分后的幂级数在 $x = R$(或 $x = -R$)处收敛,则在 $x = R$(或 $x = -R$)处,等式(9.17)或等式(9.18)仍成立.

例如,已知

$$\frac{1}{1-x} = 1 + x + x^2 + \cdots + x^n + \cdots \quad (-1 < x < 1),$$

利用结论(2),逐项求导得

$$\frac{1}{(1-x)^2} = 1 + 2x + \cdots + nx^{n-1} + \cdots \quad (-1 < x < 1);$$

利用结论(3),从 0 到 x 逐项积分得

$$-\ln(1-x) = x + \frac{x^2}{2} + \frac{x^3}{3} + \cdots + \frac{x^{n+1}}{n+1} + \cdots \quad (-1 \leqslant x < 1).$$

注意上式在 $x = -1$ 处也是成立的,这是因为,由第 2 节的莱布尼茨定理可知,当 $x = -1$ 时,上式右端是一个收敛的交错级数.

例 5 求幂级数 $\sum_{n=1}^{\infty} \frac{(-1)^{n-1}}{2n-1} x^{2n-1}$ 的收敛域及和函数.

求幂级数的和函数举例

解 $\lim_{x \to \infty} \left| \frac{u_{n+1}}{u_n} \right| = \lim_{x \to \infty} \frac{2n-1}{2n+1} x^{2n-1} = x^2,$

故当 $x^2 < 1$,即 $|x| < 1$ 时,级数收敛;当 $x^2 > 1$ 即,$|x| > 1$ 时级数发散,知收敛区间为 $(-1,1)$;
当 $x = \pm 1$ 时,级数成为 $\pm \sum_{n=1}^{\infty} (-1)^{n-1} \frac{1}{2n-1}$,这是收敛的交错级数.因此级数的收敛域为 $[-1,1]$.

设和函数为 $s(x)$,即设

$$s(x) = \sum_{n=1}^{\infty} \frac{(-1)^{n-1}}{2n-1} x^{2n-1}, \quad x \in [-1,1],$$

则在开区间 $(-1,1)$ 内可导,并有

$$s'(x) = \sum_{n=1}^{\infty} \left[\frac{(-1)^{n-1}}{2n-1} x^{2n-1} \right]' = \sum_{n=1}^{\infty} (-1)^{n-1} x^{2(n-1)} = \frac{1}{1+x^2},$$

因此 $s(x) = \int_0^x s'(x) \mathrm{d}x = \int_0^x \frac{1}{1+x^2} \mathrm{d}x = \arctan x.$

习题 9.3

1. 求下列幂级数的收敛域:

(1) $\sum_{n=1}^{\infty} nx^n$;
(2) $\sum_{n=0}^{\infty} \frac{(-1)^n}{(n+1)^2} x^n$;
(3) $\sum_{n=1}^{\infty} \frac{1}{n!} \left(\frac{x}{2} \right)^n$;

(4) $\sum_{n=1}^{\infty} \frac{1}{n3^n} x^n$;
(5) $\sum_{n=1}^{\infty} \frac{1}{\sqrt{n}} (x-5)^n$;
(6) $\sum_{n=0}^{\infty} \frac{(-1)^n}{2n+1} (x-1)^{2n+1}.$

2. 由 $\sum_{n=0}^{\infty} t^n = \frac{1}{1-t} (-1 < t < 1)$,利用逐项求导或逐项积分,求下列级数在收敛域内的和函数:

(1) $\sum_{n=0}^{\infty} (n+1)x^n \quad (-1 < x < 1)$;
(2) $\sum_{n=0}^{\infty} \frac{1}{4n+1} x^{4n+1} \quad (-1 < x < 1)$;

3. 求级数 $\sum_{n=0}^{\infty} \frac{1}{2n+1} x^{2n+1}$ 在收敛域 $(-1,1)$ 内的和函数,并求级数 $\sum_{n=0}^{\infty} \frac{1}{(2n+1)2^n}$ 的和.

§9.4 函数展开成幂级数

设幂级数 $\sum_{n=0}^{\infty} a_n(x-x_0)$ 的收敛半径为 R,和函数为 $s(x)$,则有

$$s(x) = \sum_{n=0}^{\infty} a_n (x-x_0), \quad |x-x_0| < R.$$

如果在 $|x-x_0| < R \leqslant R_1$ 内，函数 $f(x) = s(x)$，那么就有

$$f(x) = \sum_{n=0}^{\infty} a_n (x-x_0), \quad |x-x_0| < R_1. \tag{9.19}$$

这表明一个函数 $f(x)$ 可以用一个幂级数来表示，这时我们称函数 $f(x)$ 在点 x_0 的邻域内可以展开成幂级数，式(9.19)称为函数在点 x_0 处的**幂级数展开式**.

一个函数 $f(x)$ 具备什么条件才能展开成幂级数？又怎样去求 $f(x)$ 的幂级数展开式？对此，我们从式(9.19)着手进行讨论.

假设 $f(x)$ 在点 x_0 的邻域内可以展开成幂级数，即假设式(9.19)成立，那么根据和函数的性质，可知 $f(x)$ 在 $|x-x_0| < R_1$ 内应具有任意阶导数，且

$$f^{(k)} = k!a_k + (k+1)!a_{k+1}(x-x_0) + \cdots +$$
$$n(n-1)\cdots(n-k+1)a_n(x-x_0)^{n-k} + \cdots,$$

于是 $f(x_0) = a_0, f'(x_0) = a_1, f''(x_0) = 2a_2, \cdots, f^{(k)}(x_0) = k!a_k, \cdots$，

从而

$$a_n = \frac{1}{n!} f^{(n)}(x_0) \quad (n=0,1,2,\cdots), \tag{9.20}$$

这里 $f^{(0)}(x)$ 表示 $f(x)$.

由此可知，如果 $f(x)$ 能展开成幂级数，则 $f(x)$ 在 x_0 的某个邻域内必定具有任意阶导数，且展开式中的系数由式(9.20)唯一确定，从而知展开式是唯一的.

当 $f(x)$ 在 x_0 的某个邻域内具有任意阶导数时，按式(9.20)求得系数 a_n，并作出级数

$$\sum_{n=0}^{\infty} \frac{1}{n!} f^{(n)}(x_0)(x-x_0)^n. \tag{9.21}$$

级数(9.21)称为函数 $f(x)$ 在点 x_0 处的**泰勒级数**. 由展开式的唯一性可知，如果 $f(x)$ 能展开成幂级数，那么所展成的级数必定是泰勒级数(9.21).

因此，$f(x)$ 能不能展开成幂级数，就看级数(9.21)的和函数 $s(x)$ 与 $f(x)$ 在 x_0 的某个邻域内是否恒等. 这里我们指出，在 x_0 的任何邻域内 $s(x) \neq f(x)$ 的例子是存在的，即存在这样的函数，它虽在某点的邻域内具有任意阶导数，却不能在该点处展开成幂级数. 但如果 $f(x)$ 是初等函数，那么级数(9.21)便是 $f(x)$ 展开所得的幂级数. 这一结论可叙述为下面的定理.

定理（初等函数展开定理） 设 $f(x)$ 为初等函数，且在点 x_0 的领域 $|x-x_0| < \rho$ 内 $f(x)$ 有任意阶导数，则有

$$f(x) = \sum_{n=0}^{\infty} \frac{1}{n!} f^{(n)}(x_0)(x-x_0)^n, \quad |x-x_0| < R_1, \tag{9.22}$$

其中 $R_1 = \min\{\rho, R\}$，而 R 为式(9.22)右端泰勒级数的收敛半径. 在端点 $x = x_0 \pm R_1$ 处，如果 $f(x)$ 有定义且右端级数也收敛，则式(9.22)在端点处也成立.

这个定理不予证明，幂级数展开式(9.22)又称为**泰勒展开式**.

当 $x_0 = 0$ 时，式(9.22)成为

$$f(x) = \sum_{n=0}^{\infty} \frac{1}{n!} f^{(n)}(0) x^n, \quad x \in (-R_1, R_1). \tag{9.23}$$

式(9.23)称为 $f(x)$ 的**麦克劳林展开式**.

例1 将函数 $f(x)=\mathrm{e}^x$ 展开成 x 的幂级数.

解 $f(x)=\mathrm{e}^x$ 为初等函数,在 $(-\infty,+\infty)$ 内有任意阶导数
$$f^{(n)}(x)=\mathrm{e}^x, \quad n=1,2,\cdots,$$
因此
$$f^{(n)}(0)=1, \quad n=0,1,2,\cdots,$$
于是得麦克劳林级数 $\sum_{n=0}^{\infty}\frac{1}{n!}x^n$.

容易求得级数的收敛半径 $R=+\infty$,因此
$$\mathrm{e}^x=\sum_{n=0}^{\infty}\frac{1}{n!}x^n, \quad x=(-\infty,+\infty). \tag{9.24}$$

例2 将函数 $f(x)=\sin x$ 展开成 x 的幂级数.

解 初等函数 $f(x)=\sin x$ 在 $(-\infty,+\infty)$ 内具有任意阶导数
$$f^{(n)}(x)=\sin\left(x+\frac{\pi x}{2}\right),$$
当 n 取 $0,1,2,3,\cdots$ 时, $f^{(n)}(0)$ 顺次循环地取 $0,1,0,-1,\cdots$,于是得级数
$$x-\frac{1}{3!}x^3+\frac{1}{5!}x^5-\cdots+(-1)^k\frac{1}{(2k+1)!}x^{2k+1}+\cdots=\sum_{k=0}^{\infty}\frac{(-1)^k}{(2k+1)!}x^{2k+1}.$$
此级数的收敛半径 $R=+\infty$,因此
$$\sin x=\sum_{k=0}^{\infty}\frac{(-1)^k}{(2k+1)!}x^{(2k+1)}, \quad x\in(+\infty,-\infty). \tag{9.25}$$

例3 将级数 $f(x)=(1+x)^m$ 展开成 x 的幂级数.

解 当 m 为自然数时, $f(x)=(1+x)^m$ 是 m 次多项式,其幂级数展开式只含 $m+1$ 项;当 m 不是自然数时, $f(x)=(1+x)^m$ 在 $(-1,1)$ 内有任意阶导数,且
$$f'(x)=m(1+x)^{m-1},$$
$$f''(x)=m(m-1)(1+x)^{m-2},$$
$$\cdots\cdots$$
$$f^{(n)}(x)=m(m-1)(m-2)\cdots(m-n+1)(1+x)^{m-n},$$
$$\cdots\cdots$$
所以
$$f(0)=1, \quad f'(0)=m, \quad f''(0)=m(m-1), \quad \cdots,$$
$$f^{(n)}(0)=m(m-1)\cdots(m-n+1),$$
$$\cdots\cdots$$
于是得级数 $\quad 1+mx+\frac{m(m-1)}{2!}x^2+\cdots+\frac{m(m-1)\cdots(m-n+1)}{n!}x^n+\cdots$.

该级数相邻两项系数之比的绝对值
$$\left|\frac{a_{n+1}}{a_n}\right|=\left|\frac{m-n}{n+1}\right|\to 1 \quad (n\to\infty),$$
因此,这级数在开区间 $(-1,1)$ 内收敛,根据初等函数展开定理,可知其在区间 $(-1,1)$ 内有展开式
$$(1+x)^m=1+mx+\frac{m(m-1)}{2!}x^2+\cdots+\frac{m(m-1)\cdots(m-n+1)}{n!}x^n+\cdots \quad (-1<x<1),$$
$$\tag{9.26}$$

在区间的端点 ±1 处,展开式是否成立要根据上面 m 的数值而定.

公式(9.26)叫作**二项展开式**. 特殊地,当 m 为正整数时,级数成为 x 的 m 次多项式,这就是数学中的二项式定理.

对应于 $m = \dfrac{1}{2}, m = -\dfrac{1}{2}$ 的二项展开式分别为

$$\sqrt{1+x} = 1 + \frac{1}{2}x - \frac{1}{2 \cdot 4}x^2 + \frac{1 \cdot 3}{2 \cdot 4 \cdot 6}x^3 - \frac{1 \cdot 3 \cdot 5}{2 \cdot 4 \cdot 6 \cdot 8}x^4 + \cdots,$$

$$\frac{1}{\sqrt{1+x}} = 1 - \frac{1}{2}x + \frac{1}{2 \cdot 4}x^2 - \frac{1 \cdot 3}{2 \cdot 4 \cdot 6}x^3 + \frac{1 \cdot 3 \cdot 5}{2 \cdot 4 \cdot 6 \cdot 8}x^4 - \cdots \quad (-1 < x \leqslant 1).$$

在以上将函数展开成幂级数的例子中,所用的都是直接展开的方法,也就是直接按公式 $a_n = \dfrac{1}{n!}f^{(n)}(x_0)$ 计算幂级数的系数,并依据初等函数展开定理得到泰勒展开式. 这种直接展开的方法计算量较大,下面我们将介绍间接展开的方法,即利用一些已知的函数展开式,通过四则运算、求导、积分以及变量代换等,将所给函数展开成幂级数,前面我们已经求得的展开式有

用间接法将函数
展开成幂级数

$$e^x = \sum_{n=0}^{\infty} \frac{1}{n!}x^n, \quad x \in (-\infty, +\infty),$$

$$\sin x = \sum_{k=0}^{\infty} \frac{(-1)^k}{(2k+1)!}x^{2k+1}, \quad x \in (-\infty, +\infty),$$

$$\frac{1}{1+x} = \sum_{n=0}^{\infty} (-1)^n x^n, \quad x \in (-\infty, +\infty). \tag{9.27}$$

利用这三个展开式,可以求得许多函数的展开式,例如

对式(9.27)两边从 0 到 x 积分,可得

$$\ln(1+x) = \sum_{1+n}^{(-1)^n} x^{n+1}$$

$$= \sum_{n=1}^{\infty} \frac{(-1)^{n-1}}{n}x^n, \quad x \in (-1, 1]; \tag{9.28}$$

对式(9.25)两边求导,即得

$$\cos x = \sum_{k=0}^{\infty} \frac{(-1)^k}{(2k)!}x^{2k}, \quad x \in (-\infty, +\infty); \tag{9.29}$$

把式(9.24)中的 x 换成 $x \ln a$,可得

$$a^x = e^{x \ln a} = \sum_{n=0}^{\infty} \frac{(\ln a)^n}{n!}x^n, \quad x \in (-\infty, +\infty);$$

把式(9.27)中的 x 换成 x^2,可得

$$\frac{1}{1+x^2} = \sum_{n=0}^{\infty} (-1)^n x^{2n}, \quad x \in (-1, 1),$$

再对上式两边从 0 到 x 积分,可得

$$\arctan x = \sum_{n=0}^{\infty} \frac{(-1)^n}{2n+1}x^{2n+1}, \quad x \in [-1, 1].$$

式(9.24)、式(9.25)、式(9.27)、式(9.28)、式(9.29)五个展开式是最常用的,记住前三个,后两个也就掌握了.

下面再举几个用间接法把函数展开成幂级数的例子.

例 4 把 $f(x) = \dfrac{1}{x^2 - 5x + 6}$ 展开成 x 的幂级数.

解
$$f(x) = \frac{1}{(x-2)(x-3)} = \frac{1}{x-3} - \frac{1}{x-2}$$
$$= \frac{1}{2} \cdot \frac{1}{1-\dfrac{x}{2}} - \frac{1}{3} \cdot \frac{1}{1-\dfrac{x}{3}},$$

而
$$\frac{1}{1-\dfrac{x}{2}} = \sum_{n=0}^{\infty} \left(\frac{x}{2}\right)^n = \sum_{n=0}^{\infty} \frac{1}{2^n} x^n, \quad |x| < 2;$$

$$\frac{1}{1-\dfrac{x}{3}} = \sum_{n=0}^{\infty} \left(\frac{x}{3}\right)^n = \sum_{n=0}^{\infty} \frac{1}{3^n} x^n, \quad |x| < 3,$$

因此，在 $|x| < 2$ 内，有
$$f(x) = \frac{1}{2} \sum_{n=0}^{\infty} \frac{1}{2^n} x^n - \frac{1}{3} \sum_{n=0}^{\infty} \frac{1}{3^n} x^n = \sum_{n=0}^{\infty} \left(\frac{1}{2^{n+1}} - \frac{1}{3^{n+1}}\right) x^n.$$

例 5 把 $f(x) = (1-x)\ln(1+x)$ 展开成 x 的幂级数.

解 由
$$\ln(1+x) = \sum_{n=1}^{\infty} \frac{(-1)^{n-1}}{n}, \quad x \in (-1, 1],$$

得
$$f(x) = (1-x) \sum_{n=1}^{\infty} \frac{(-1)^{n-1}}{n} x^n$$
$$= \sum_{n=1}^{\infty} \frac{(-1)^{n-1}}{n} x^n - \sum_{n=1}^{\infty} \frac{(-1)^{n-1}}{n} x^{n+1}$$
$$= \sum_{n=1}^{\infty} \frac{(-1)^{n-1}}{n} x^n - \sum_{n=2}^{\infty} \frac{(-1)^n}{n-1} x^n$$
$$= x + \sum_{n=2}^{\infty} \left[\frac{(-1)^{n-1}}{n} - \frac{(-1)^n}{n-1}\right] x^n$$
$$= x + \sum_{n=2}^{\infty} \frac{(2n-1)(-1)^{n-1}}{n(n-1)} x^n, \quad x \in (-1, 1].$$

例 6 将函数 $\sin x$ 展开成 $\left(x - \dfrac{\pi}{4}\right)$ 的幂级数.

解 因为
$$\sin x = \sin\left[\frac{\pi}{4} + \left(x - \frac{\pi}{4}\right)\right]$$
$$= \sin \frac{\pi}{4} \cos\left(x - \frac{\pi}{4}\right) + \cos \frac{\pi}{4} \sin\left(x - \frac{\pi}{4}\right)$$
$$= \frac{1}{\sqrt{2}} \left[\cos\left(x - \frac{\pi}{4}\right) + \sin\left(x - \frac{\pi}{4}\right)\right],$$

而
$$\cos\left(x - \frac{\pi}{4}\right) = 1 - \frac{\left(x - \dfrac{\pi}{4}\right)^2}{2!} + \frac{\left(x - \dfrac{\pi}{4}\right)^4}{4!} - \cdots \quad (-\infty < x < +\infty),$$

$$\sin\left(x-\frac{\pi}{4}\right) = \left(x-\frac{\pi}{4}\right) - \frac{\left(x-\frac{\pi}{4}\right)^3}{3!} + \frac{\left(x-\frac{\pi}{4}\right)^5}{5!} - \cdots \quad (-\infty < x < +\infty),$$

故 $$\sin x = \frac{1}{\sqrt{2}}\left[1 + \left(x-\frac{\pi}{4}\right) - \frac{\left(x-\frac{\pi}{4}\right)^2}{2!} + \frac{\left(x-\frac{\pi}{4}\right)^3}{3!} \cdots\right] \quad (-\infty < x < +\infty),$$

 习题 9.4

1. 将下列函数展开成 x 的幂级数, 并求其收敛区间:

(1) $\ln(a+x) \quad (a>0)$;

(2) $\frac{1}{2}(\mathrm{e}^x - \mathrm{e}^{-x})$;

(3) $\sin^2 x$;

(4) $\arctan x + \frac{1}{2}\ln\frac{1+x}{1-x}$.

2. 将下列函数展开成 $x-1$ 的幂级数, 并求其收敛区间:

(1) $\lg x$;

(2) $\frac{1}{x^2+3x+2}$.

3. 将函数 $f(x) = \cos x$ 展开成 $\left(x+\frac{\pi}{3}\right)$ 的幂级数.

§9.5 幂级数在近似计算中的应用

有了函数的幂级数展开式, 就可以用它来进行近似计算, 即在展开式成立的区间上, 可以按照精确度要求, 选取级数的前若干项的部分和, 把函数值近似地计算出来.

例 1 计算 $\sqrt[5]{240}$ 的近似值, 精确到小数点后四位.

解 因为

$$\sqrt[5]{240} = \sqrt[5]{243-3} = 3\left(1-\frac{1}{3^4}\right)^{\frac{1}{5}},$$

所以在二项展开式[见式(9.26)]中取 $m=\frac{1}{5}, x=-\frac{1}{3^4}$, 即得

$$\sqrt[5]{240} = 3\left(1 - \frac{1}{5}\cdot\frac{1}{3^4} - \frac{1\cdot 4}{5^2\cdot 2!}\cdot\frac{1}{3^8} - \frac{1\cdot 4\cdot 9}{5^3\cdot 3!}\cdot\frac{1}{3^{12}} - \cdots\right).$$

这个级数收敛很快, 取前两项的和作为 $\sqrt[5]{240}$ 的近似值, 其误差 (也叫作截断误差) 为

$$|r_2| = 3\left(\frac{1\cdot 4}{5^2\cdot 2!}\cdot\frac{1}{3^8} + \frac{1\cdot 4\cdot 9}{5^3\cdot 3!}\cdot\frac{1}{3^{12}} + \frac{1\cdot 4\cdot 9\cdot 14}{5^4\cdot 4!}\cdot\frac{1}{3^{16}}\cdots\right)$$

$$< 3\frac{1\cdot 4}{5^2\cdot 2!}\cdot\frac{1}{3^8}\left[1 + \frac{1}{81} + \left(\frac{1}{81}\right)^2 + \cdots\right]$$

$$= \frac{6}{25}\cdot\frac{1}{3^8}\cdot\frac{1}{1-\frac{1}{81}} = \frac{1}{25\cdot 27\cdot 40} < \frac{1}{20\,000},$$

于是取近似式为

$$\sqrt[5]{240} = 3\left(1 - \frac{1}{5}\cdot\frac{1}{3^4}\right).$$

为了使"四舍五入"引起的误差(叫作舍入误差)与截断误差之和不超过 10^{-4}. 计算时应取 5 位小数,再四舍五入,这样最后得 $\sqrt[5]{240} \approx 3(1-0.00247) \approx 2.99259 \approx 2.9926$.

例 2 计算 $\ln 2$ 的近似值,要求误差不超过 10^{-4}.

解 在式(9.28)中令 $x=1$,可得
$$\ln 2 = 1 - \frac{1}{2} + \frac{1}{3} - \cdots + (-1)^{n-1}\frac{1}{n} + \cdots,$$
如果取这级数的前 n 项的和作为 $\ln 2$ 的近似值,其误差为
$$|r_n| \leqslant \frac{1}{n+1}.$$

为了保证误差不超过 10^{-4},就需要取级数的前 10 000 项进行计算. 这样做计算量太大了,我们设法用收敛较快的级数来代替它.

把展开式
$$\ln(1+x) = x - \frac{x^2}{2} + \frac{x^3}{3} - \frac{x^4}{4} + \cdots \quad (-1 < x \leqslant 1)$$
中的 x 换成 $-x$,得
$$\ln(1-x) = -x - \frac{x^2}{2} - \frac{x^3}{3} - \frac{x^4}{4} - \cdots \quad (-1 < x \leqslant 1),$$
两式相减,得到不含有偶次幂的展开式
$$\ln\frac{1+x}{1-x} = \ln(1+x) - \ln(1-x)$$
$$= 2\left(x + \frac{1}{3}x^3 + \frac{1}{5}x^5 + \cdots\right) \quad (-1 < x < 1),$$
令 $\frac{1+x}{1-x} = 2$,解出 $x = \frac{1}{3}$,以 $x = \frac{1}{3}$ 代入上式,得
$$\ln 2 = 2\left(\frac{1}{3} + \frac{1}{3}\cdot\frac{1}{3^3} + \frac{1}{5}\cdot\frac{1}{3^5} + \frac{1}{7}\cdot\frac{1}{3^7} + \cdots\right).$$

如果取前四项作为 $\ln 2$ 的近似值,则误差为
$$|r_4| = 2\left(\frac{1}{9}\cdot\frac{1}{3^9} + \frac{1}{11}\cdot\frac{1}{3^{11}} + \frac{1}{13}\cdot\frac{1}{3^{13}} + \cdots\right)$$
$$< \frac{2}{3^{11}}\left[1 + \frac{1}{9} + \left(\frac{1}{9}\right)^2 + \cdots\right]$$
$$= \frac{2}{3^{11}}\cdot\frac{1}{1-\frac{1}{9}} = \frac{1}{4\cdot 3^9} < \frac{1}{70\ 000},$$

于是取
$$\ln 2 \approx 2\left(\frac{1}{3} + \frac{1}{3}\cdot\frac{1}{3^3} + \frac{1}{5}\cdot\frac{1}{3^5} + \frac{1}{7}\cdot\frac{1}{3^7}\right).$$

同样,考虑到舍入误差,计算时应取五位小数:
$$\frac{1}{3} \approx 0.333\ 33, \quad \frac{1}{3}\cdot\frac{1}{3^3} \approx 0.012\ 35,$$
$$\frac{1}{5}\cdot\frac{1}{3^5} \approx 0.000\ 82, \quad \frac{1}{7}\cdot\frac{1}{3^7} \approx 0.000\ 07,$$

因此得 $\ln 2 \approx 0.693\ 14 \approx 0.693\ 1$.

例 3 利用 $\sin x \approx x - \dfrac{x^3}{3!}$ 计算 $\sin 9°$ 的近似值,并估计误差.

解 首先把角度化成弧度,即
$$9° = \frac{\pi}{180} \cdot 9(\text{rad}) = \frac{\pi}{20}\,(\text{rad}),$$
从而 $\sin \dfrac{\pi}{20} \approx \dfrac{\pi}{20} - \dfrac{1}{3!}\left(\dfrac{\pi}{20}\right)^3$.

其次估计这个近似值的精确度. 在 $\sin x$ 的幂级数展开式[见式(9.25)]中令 $x = \dfrac{\pi}{20}$,得
$$\sin \frac{\pi}{20} = \frac{\pi}{20} - \frac{1}{3!}\left(\frac{\pi}{20}\right)^3 + \frac{1}{5!}\left(\frac{\pi}{20}\right)^5 - \frac{1}{7!}\left(\frac{\pi}{20}\right)^7 + \cdots,$$
等式右端是一个收敛的交错级数,且各项的绝对值单调减少. 所以取它的前两项之和作为 $\sin \dfrac{\pi}{20}$ 的近似值时,其误差
$$|r_2| \leqslant \frac{1}{5!}\left(\frac{\pi}{20}\right)^5 < \frac{1}{120},\quad (0.2)^5 < \frac{1}{300\,000},$$
因此取 $\dfrac{\pi}{20} \approx 0.157\,080$,$\left(\dfrac{\pi}{20}\right)^3 \approx 0.003\,876$,于是得 $\sin 9° \approx 0.156\,434 \approx 0.156\,43$,这时的误差不超过 10^{-5}.

利用幂级数不仅可计算一些函数的近似值,而且可计算一些定积分的近似值. 具体地说,如果被积函数在积分区间上能展开成幂级数,则把这个幂级数逐项积分,利用积分后所得的级数就可算出定积分的近似值.

例 4 计算定积分
$$\frac{2}{\sqrt{\pi}}\int_0^{\frac{1}{2}} e^{-x^2}\,dx$$
的近似值,精确到 $0.000\,1\left(\text{取}\,\dfrac{1}{\sqrt{\pi}} \approx 0.564\,19\right)$.

解 将 e^x 的幂级数展开式[见式(9.24)]中 x 的换成 $-x^2$,就得到被积函数的幂级数展开式
$$e^{-x^2} = 1 + \frac{(-x^2)}{1!} + \frac{(-x^2)^2}{2!} + \frac{(-x^2)^3}{3!} + \cdots \quad (-\infty < x < +\infty).$$
于是
$$\frac{2}{\sqrt{\pi}}\int_0^{\frac{1}{2}} e^{-x^2}\,dx = \frac{2}{\sqrt{\pi}}\int_0^{\frac{1}{2}}\left(1 - x^2 + \frac{x^4}{2!} - \frac{x^6}{3!} + \cdots\right)dx$$
$$= \frac{2}{\sqrt{\pi}}\left(x - \frac{x^3}{3} + \frac{x^5}{5 \cdot 2!} - \frac{x^7}{7 \cdot 3!} + \cdots\right)\Big|_0^{\frac{1}{2}}$$
$$= \frac{1}{\sqrt{\pi}}\left(1 - \frac{1}{2^2 \cdot 3} + \frac{1}{2^4 \cdot 5 \cdot 2!} - \frac{1}{2^6 \cdot 7 \cdot 3!} + \cdots\right).$$
取前四项的和作为近似值,其误差为
$$|r_4| \leqslant \frac{1}{\sqrt{\pi}} \cdot \frac{1}{2^8 \cdot 9 \cdot 4!} < \frac{1}{90\,000},$$

所以

$$\frac{2}{\sqrt{\pi}} \int_0^{\frac{1}{2}} e^{-x^2} dx \approx \frac{1}{\sqrt{\pi}} \left(1 - \frac{1}{2^2 \cdot 3} + \frac{1}{2^4 \cdot 5 \cdot 2!} - \frac{1}{2^6 \cdot 7 \cdot 3!}\right)$$
$$\approx 0.564\ 19 \cdot (1 - 0.083\ 33 + 0.006\ 25 - 0.000\ 37)$$
$$\approx 0.520\ 49 \approx 0.520\ 5.$$

习题 9.5

1. 利用函数的幂级数展开式求下列各数的近似值：

(1) $\ln 3$（精确到 10^{-4}）；

(2) $\sqrt{e}$（精确到 0.001）；

(3) $\sqrt[9]{522}$（精确到 10^{-5}）；

(4) $\cos 2°$（精确到 10^{-4}）.

2. 利用被积函数的幂级数的展开式求下列定积分的近似值：

(1) $\int_0^{0.5} \frac{1}{1+x^4} dx$（精确到 10^{-4}）；

(2) $\int_0^1 \frac{\sin x}{x} dx$（精确到 10^{-4}）.

复习题九

一、填空题

1. 对级数 $\sum\limits_{n=1}^{\infty} u_n$，$\lim\limits_{n \to \infty} u_n = 0$ 是它收敛的_____条件，不是它收敛的_____条件.

2. 部分和数列 $\{s_n\}$ 有界是正项级数 $\sum\limits_{n=1}^{\infty} u_n$ 收敛的_____条件.

3. 若级数 $\sum\limits_{n=1}^{\infty} u_n$ 绝对收敛，则级数 $\sum\limits_{n=1}^{\infty} u_n$ 必定_____；若级数 $\sum\limits_{n=1}^{\infty} u_n$ 条件收敛，则级数 $\sum\limits_{n=1}^{\infty} |u_n|$ 必定_____.

二、计算题

1. 判定下列级数的收敛性：

(1) $\sum\limits_{n=1}^{\infty} \frac{1}{n\sqrt[n]{n}}$；

(2) $\sum\limits_{n=1}^{\infty} \frac{(n!)^2}{2^{n^2}}$；

(3) $\sum\limits_{n=1}^{\infty} \frac{n\cos^2 \frac{n\pi}{3}}{2^n}$；

(4) $\sum\limits_{n=2}^{\infty} \frac{1}{\ln^{10} n}$；

(5) $\sum\limits_{n=1}^{\infty} \frac{a^n}{n^s}$ $(a > 0, s > 0)$.

2. 设级数 $\sum\limits_{n=1}^{\infty} u_n$ 收敛，且 $\lim\limits_{n \to \infty} \frac{v_n}{u_n} = 1$. 问级数 $\sum\limits_{n=1}^{\infty} v_n$ 是否也收敛，试说明理由.

3. 讨论下列级数的绝对收敛性与条件收敛性：

(1) $\sum\limits_{n=1}^{\infty} (-1)^n \frac{1}{n^p}$；

(2) $\sum\limits_{n=1}^{\infty} (-1)^{n+1} \frac{\sin \frac{\pi}{n+1}}{\pi^{n+1}}$；

(3) $\sum_{n=1}^{\infty}(-1)^n \ln \dfrac{n+1}{n}$;

(4) $\sum_{n=1}^{\infty}(-1)^n \dfrac{(n+1)!}{n^{n+1}}$.

4. 求下列极限：

$\lim_{n\to\infty} \dfrac{1}{n} \sum_{k=1}^{n} \dfrac{1}{3^k}\left(1+\dfrac{1}{k}\right)^{k^2}$.

5. 求下列幂级数的收敛区间：

(1) $\sum_{n=1}^{\infty} \dfrac{3^n+5^n}{n} x^n$;

(2) $\sum_{n=1}^{\infty}\left(1+\dfrac{1}{n}\right)^{n^2} x^n$;

(3) $\sum_{n=1}^{\infty} n(x+1)^n$;

(4) $\sum_{n=1}^{\infty} \dfrac{n}{2^n} x^{2n}$.

6. 求下列幂级数的和函数：

(1) $\sum_{n=1}^{\infty} \dfrac{2n-1}{2^n} x^{2(n-1)}$;

(2) $\sum_{n=1}^{\infty} \dfrac{(-1)^{n-1}}{2n-1} x^{2n-1}$;

(3) $\sum_{n=1}^{\infty} n(x-1)^n$;

(4) $\sum_{n=1}^{\infty} \dfrac{x^n}{n(n+1)}$.

7. 求下列常数项级数的和：

(1) $\sum_{n=1}^{\infty} \dfrac{n^2}{n!}$;

(2) $\sum_{n=0}^{\infty}(-1)^n \dfrac{n+1}{(2n+1)!}$.

8. 将下列函数展开成 x 的幂级数：

(1) $\ln(x+\sqrt{x^2+1})$;

(2) $\dfrac{1}{(2-x)^2}$.

9. 将函数

$f(x)=\begin{cases}1, & 0\leqslant x\leqslant h,\\ 0, & h<x\leqslant \pi\end{cases}$

分别展开成正弦级数和余弦级数.

三、证明题

1. 设正项级数 $\sum_{n=1}^{\infty}u_n$ 和 $\sum_{n=1}^{\infty}v_n$ 都收敛，证明级数 $\sum_{n=1}^{\infty}(u_n+v_n)^2$ 也收敛.

第九章习题答案

第十章 微分方程

高等数学的主要研究对象是函数.当利用数学知识作为工具研究自然界各种现象及其规律时,往往不能直接得到反映这种规律的函数关系,但可以根据实际问题的意义及已知的定律或公式,建立含有自变量、未知函数及未知函数的导数(或微分)的关系式,这种关系式就是微分方程.通过求解微分方程,便可得到所要寻找的函数关系.本章将主要介绍微分方程的一些基本概念,讨论几种常见的微分方程的解法,并通过举例介绍微分方程在几何、物理等实际问题中的一些简单应用.

§10.1 微分方程的一般概念

一、引例

例1 一曲线通过点$(1,2)$,且该曲线上任意点$P(x,y)$处的切线斜率等于该点的横坐标平方的 3 倍,求此曲线的方程.

解 设所求曲线的方程为 $y=y(x)$.由导数的几何意义知,曲线上任一点 $P=(x,y)$ 处的切线斜率为$\dfrac{\mathrm{d}y}{\mathrm{d}x}$,于是按题意可得

$$\frac{\mathrm{d}y}{\mathrm{d}x} = 3x^2,$$

即
$$\mathrm{d}y = 3x^2\mathrm{d}x. \tag{10.1}$$

又因曲线通过点$(1,2)$,故 $y=y(x)$ 应满足条件:

$$y|_{x=1} = 2 \quad [\text{或 } y(1) = 2], \tag{10.2}$$

对式(10.1)两端求不定积分,得

$$\int 3x^2\mathrm{d}x = x^3 + C, \tag{10.3}$$

其中 C 为任意常数.

把条件(10.2)代入式(10.3),有 $2 = 1^3 + C$,即 $C = 1$.
于是,所求曲线方程为
$$y = x^3 + 1. \tag{10.4}$$

例2 设有一质量为 m 的物体,从空中某处不计空气阻力而只受重力作用由静止状态自由降落.试求物体的运动规律(即物体在自由降落过程中,所经过的路程 s 与时间 t 的函数关系).

解 建立坐标系如图10-1所示,取物体下落的起点为原点O,过点O作铅垂线Os,并指定向下为正,构成 Os 轴.

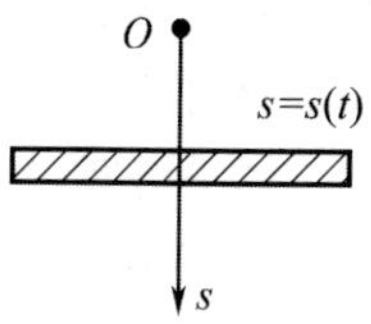

设物体在时刻 t 所经过的路程为 $s = s(t)$,则物体运动的加速度为 $\dfrac{\mathrm{d}^2 s}{\mathrm{d}t^2}$. 根据牛顿第二定律可知,作用在物体上的外力 mg(重力)应等于物体的质量 m 与加速度 $\dfrac{\mathrm{d}^2 s}{\mathrm{d}t^2}$ 的乘积,于是得

$$m \frac{\mathrm{d}^2 s}{\mathrm{d}t^2} = mg,$$

图 10-1

即
$$\frac{\mathrm{d}^2 s}{\mathrm{d}t^2} = g, \tag{10.5}$$

其中 g 是重力加速度,它是一常数.

将式(10.5)改写为
$$\frac{\mathrm{d}}{\mathrm{d}t}\left(\frac{\mathrm{d}s}{\mathrm{d}t}\right) = g,$$

因此可得
$$\mathrm{d}\left(\frac{\mathrm{d}s}{\mathrm{d}t}\right) = g\,\mathrm{d}t.$$

由于物体由静止状态自由降落,所以 $s = s(t)$ 还应满足条件
$$\left.\frac{\mathrm{d}s}{\mathrm{d}t}\right|_{t=0} = 0. \tag{10.6}$$

对式(10.5)两端积分一次,得
$$\frac{\mathrm{d}s}{\mathrm{d}t} = \int g\,\mathrm{d}t = gt + C_1, \tag{10.7}$$

再对式(10.7)两端积分,得
$$s = \int (gt + C_1)\,\mathrm{d}t = \frac{1}{2}gt^2 + C_1 t + C_2, \tag{10.8}$$

其中,C_1, C_2 是两个任意常数.

把式(10.6)中的两个条件分别代入式(10.8)和式(10.7),可得
$$C_1 = 0, \quad C_2 = 0,$$

于是,所求的自由落体的运动规律为
$$s = \frac{1}{2}gt^2. \tag{10.9}$$

在上面的两个例子中,都无法直接找出每个问题中两个变量之间的函数关系,而是通过题设条件、利用导数的几何或物理意义等,首先建立了含有未知函数的导数的方程(10.1)和方程(10.5),然后通过积分等手段求出满足该方程和附加条件的未知函数. 这类问题及其解决问题的过程具有普遍意义,下面从数学上加以抽象,引进有关微分方程的一般概念.

二、微分方程的一般概念

1. 微分方程及微分方程的阶

含未知函数的导数(或微分)的方程称为**微分方程**,如例 1 中的式(10.1)和例 2 中的式(10.5)都是微分方程.

微分方程中未知函数的导数的最高阶数,称为**微分方程的阶**. 如例 1 中微分方程(10.1)是一阶的,例 2 微分方程(10.5)是二阶的.

2. 微分方程的解、通解与特解

如果把某个函数代入微分方程中,能使该方程成为恒等式,则称此函数为该**微分方程的**

解. 例如,函数(10.3)和函数(10.4)都是微分方程(10.1)的解;函数(10.8)和函数(10.9)都是微分方程(10.5)的解.

微分方程的解有两种形式. 如果微分方程的解中包含任意常数,且独立的(即不可合并而使个数减少的)任意常数的个数与微分方程的阶数相同,这样的解称为微分方程的**通解**;而不包含任意常数的解,称为微分方程的**特解**. 例如,函数(10.3)和函数(10.8)分别是微分方程(10.1)和微分方程(10.5)的通解,而函数(10.4)和函数(10.9)分别是微分方程(10.1)和微分方程(10.5)的特解.

3. 微分方程的初值条件及其提法

从上面两例看到,通解中的任意常数一旦由某种特定条件确定后,就得到微分方程的特解. 通常,用以确定通解中任意常数的特定条件,如例 1 中的条件(10.2)和例 2 中的条件(10.6),都是初值条件. 一般地,当自变量取定某个特定值时,给出未知函数及其导数的已知值,这种特定条件称为微分方程的初值条件.

由于一阶微分方程的通解中只含一个任意常数,所以对于一阶微分方程,只需给出一个初值条件便可确定通解中的任意常数. 这种初值条件的提法是:当 $x = x_0$ 时,$y = y_0$,记作

$$y|_{x=x_0} = y_0 \quad \text{或} \quad y(x_0) = y_0,$$

其中,$x = x_0, y = y_0$,都是已知值.

同理可知,对于二阶微分方程需给出两个初值条件,它们的提法是:当 $x = x_0$ 时,$y' = y'_0$,记作

$$y|_{x=x_0} = y_0, \quad y'|_{x=x_0} = y'_0 \quad \text{或} \quad y(x_0) = y_0, \quad y'(x_0) = y'_0,$$

其中,$x = x_0, y_0$ 和 y'_0 都是已知值.

一般地,对于 n 阶微分方程需给出 n 个初值条件:

$$y(x_0) = y_0, \quad \cdots, \quad y^{(n-1)}(x_0) = y_0^{(n-1)}.$$

4. 微分方程的几何意义

微分方程的解的图形称为微分方程的**积分曲线**. 由于微分方程的通解中含有任意常数,当任意常数取不同的值时,就得到不同的积分曲线,所以通解的图形是一族积分曲线,称为微分方程的**积分曲线族**. 微分方程的某个特解的图形就是积分曲线族中满足给定的初值条件的某一条特定的积分曲线. 例如,在例 1 中,微分方程(10.1)的积分曲线族是立方抛物线族 $y = x^3 + C$,而满足初值条件(10.2)的特解 $y = x^3 + 1$ 就是过点(1,2)的立方抛物线(见图 10-2),这族曲线的共性是:在点 x_0 处,每条曲线的切线是平行的,它们的斜率都是 $y'(x_0) = 3x_0^2$.

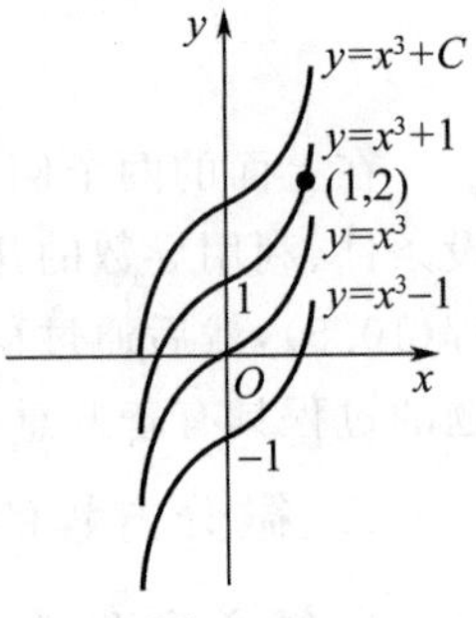

图 10-2

例 3 验证函数 $y = C_1 e^{2x} + C_2 e^{-2x}$($C_1, C_2$ 为任意常数)是二阶微分方程

$$y'' - 4y = 0 \tag{10.10}$$

的通解,并求此微分方程满足初值条件:

$$y|_{x=0} = 0, \quad y'|_{x=0} = 1 \tag{10.11}$$

的特解.

解 要验证一个函数是否是一个微分方程的通解,只需将该函数及其导数代入微分方程

中,看是否使方程成为恒等式,再看通解中所含独立的任意常数的个数是否与方程的阶数相同.

将函数 $y = C_1 e^{2x} + C_2 e^{-2x}$ 分别求一阶及二阶导数,得
$$y' = 2C_1 e^{2x} - 2C_2 e^{-2x}, \quad y'' = 4C_1 e^{2x} + 4C_2 e^{-2x}, \tag{10.12}$$
把它们代入微分方程(10.10)的左端,得
$$y'' - 4y = 4C_1 e^{2x} + 4C_2 e^{-2x} - 4C_1 e^{2x} - 4C_2 e^{-2x} = 0.$$
所以,函数 $y = C_1 e^{2x} + C_2 e^{-2x}$ 是所给微分方程(10.10)的解.又因这个解中含有两个独立的任意常数,任意常数的个数与微分方程(10.10)的阶数相同,所以它是该方程的通解.

要求微分方程满足所给初值条件的特解,只要把初值条件代入通解中,定出通解中的任意常数后,便可得到所需求的特解.

把式(10.11)中的条件:
$$y\big|_{x=0} = 0 \quad \text{或} \quad y'\big|_{x=0} = 1$$
分别代入
$$y = C_1 e^{2x} + C_2 e^{-2x} \quad \text{及} \quad y' = 2C_1 e^{2x} - 2e^{-2x}$$
中,得
$$\begin{cases} C_1 + C_2 = 0, \\ 2C_1 - 2C_2 = 1, \end{cases}$$
解得
$$C_1 = \frac{1}{4}, \quad C_2 = -\frac{1}{4}.$$
于是所求微分方程满足初值条件的特解为 $y = \frac{1}{4}(e^{2x} - e^{-2x}).$

 习题 **10.1**

1. 试写出下列各微分方程的阶数:
(1) $x(y')^2 - 2yy' + x = 0$;
(2) $y^{(4)} - 4y''' + 10y'' - 12y' + 5y = \sin 2x$;
(3) $(7x - 6y)dx + (x + y)dy = 0$;
(4) $\frac{d^2 s}{dt^2} + \frac{ds}{dt} + s = 0$.

2. 证明:对任意常数 C_0,函数 $P = C_0 e^t$ 满足微分方程 $\frac{dP}{dt} = P$.

3. 证明:$y = \sin 2t$ 满足微分方程 $\frac{d^2 y}{dt^2} + 4y = 0$.

4. 若已知 $Q = ce^{kt}$ 满足微分方程 $\frac{dQ}{dt} = -0.03Q$,那么 c 和 k 的取值情况应如何?

5. 若 $y = \cos \omega t$ 是微分方程 $\frac{d^2 y}{dt^2} + 9y = 0$ 的解,求 ω 的值.

6. 试找出下面微分方程对应的解(一个函数可能是多个方程的解,也可能不是任何一个方程的解;一个方程也可能有不止一个解):

(a) $\frac{dy}{dx} = -2y$;   （Ⅰ）$y = 3\sin x - 4\cos x$;

(b) $\frac{dy}{dx} = 2y$;   （Ⅱ）$y = e^{2x}$;

(c) $y'' = 4y$;   （Ⅲ）$y = e^{-2x}$;

(d) $y'' = -4y$;   (Ⅳ) $y = \sin 2x - 3\cos 2x$.

7. 把下列各微分方程和它的解用线连接起来：
(a) $xy' = 2y$;   (Ⅰ) $y = 5x^2$;
(b) $y'' - y = 0$;   (Ⅱ) $y = e^x$;
(c) $x^2 y'' + 2xy' - 2y = 0$;   (Ⅲ) $y = e^{-x}$;
(d) $x^2 y'' - 6y = 0$;   (Ⅳ) $y = x^{-2}$;
   (Ⅴ) $y = x^3$.

8. 验证由 $x^2 - xy + y^2 = c$ 所确定的函数为微分方程 $(x - 2y)y' = 2x - y$ 的解.

9. 已知曲线上点 $P(x,y)$ 处的法线与 x 轴的交点为 Q，且线段 PQ 被 y 轴平分，求该曲线所满足的微分方程.

10. 某商品的销售量 x 是价格 P 的函数，如果要使该商品的销售收入在价格变化的情况下保持不变，则销售量 x 对价格 P 的函数关系满足什么样的微分方程？在这种情况下，该商品的需求量相对价格 P 的弹性是多少？

§10.2　变量可分离的微分方程

一阶微分方程的一般形式是

$$F(x,y,y') = 0 \quad 或 \quad F\left(x, y, \frac{\mathrm{d}y}{\mathrm{d}x}\right) = 0, \tag{10.13}$$

如果能从这个方程解出未知函数的导数 $y' = \dfrac{\mathrm{d}y}{\mathrm{d}x}$，那么就可得到如下的形式：

$$y' = f(x,y) \quad 或 \quad \frac{\mathrm{d}y}{\mathrm{d}x} = f(x,y). \tag{10.14}$$

一阶微分方程的形式很多，本节先讨论变量可分离的微分方程.

如果一阶微分方程(10.14)的右端 $f(x,y) = \dfrac{g(x)}{h(y)}[h(y) \neq 0]$，则方程(10.14)可以表示为

$$h(y)\mathrm{d}y = g(x)\mathrm{d}x \tag{10.15}$$

的形式，则称此一阶微分方程为**变量可分离的微分方程**. 它的特点是，方程的两端分别只含有变量 x 或变量 y 及其微分. 把原方程变形化为方程(10.15)的形式，这种过程称为**分离变量**.

设方程(10.15)中的函数 $g(x)$，$h(x)$ 都是连续函数，则将方程(10.15)两端同时积分，便得微分方程(10.15)的通解为

$$\int h(y)\mathrm{d}y = \int g(x)\mathrm{d}x + C,$$

其中 C 是任意常数.

例1　求微分方程 $\dfrac{\mathrm{d}y}{\mathrm{d}x} = 2xy$ 的通解.

解　将所给方程两端同除以 y 和同乘以 $\mathrm{d}x$，即可分离变量，得

$$\frac{\mathrm{d}y}{y} = 2x\mathrm{d}x,$$

两端同时积分

$$\int \frac{\mathrm{d}y}{y} = \int 2x\mathrm{d}x,$$

得

$$\ln|y| = x^2 + C_1,$$

即

$$|y| = e^{x^2 + C_1} = e^{C_1} e^{x^2} \quad 或 \quad y = \pm e^{C_1} e^{x^2}.$$

若记 $C = \pm e^{C_1}$，它仍是任意常数且可正可负，便得所给微分方程的通解为
$$y = Ce^{x^2}.$$

注：今后为了使运算方便起见，可把 $\ln|y|$ 写成 $\ln y$，只要记住最后得到的任意常数 C 可正可负就可以。但当 $y < 0$ 时，仍应写成 $\ln|y|$ 才有意义。

例 2 求微分方程 $x(1+y^2)dx - (1+x^2)ydy = 0$ 的通解。

解 移项得 $(1+x^2)ydy = x(1+y^2)dx$，这是变量可分离的方程。两端同除以 $(1+x^2) \times (1+y^2)$，即可分离变量，得
$$\frac{y}{1+y^2}dy = \frac{x}{1+x^2}dx,$$

两端积分，有
$$\int \frac{y}{1+y^2}dy = \int \frac{x}{1+x^2}dx,$$

积分后，得
$$\frac{1}{2}\ln(1+y^2) = \frac{1}{2}\ln(1+x^2) + C_1.$$

由于积分后出现对数函数，为了便于利用对数运算性质来化简结果，可把任意常数 C_1 表示为 $\frac{1}{2}\ln C$，即
$$\frac{1}{2}\ln(1+y^2) = \frac{1}{2}\ln(1+x^2) + \frac{1}{2}\ln C \quad (C > 0),$$

化简，得
$$1+y^2 = C(1+x^2),$$

这就是所要求的微分方程的通解。

例 3 求微分方程 $2x\sin y\, dx + (1+x^2)\cos y\, dy = 0$ 满足初值条件 $y|_{x=1} = \frac{\pi}{6}$ 的特解。

解 先求所给方程的通解。移项并同除以 $(1+x^2)\sin y (\sin y \neq 0)$，即可分离变量，得
$$\frac{\cos y}{\sin y}dy = -\frac{2x}{x^2+1}dx,$$

两端积分，有
$$\int \frac{\cos y}{\sin y}dy = -\int \frac{2x}{x^2+1}dx + C_1,$$

积分后，得 $\ln \sin y = -\ln(1+x^2) + \ln C_1 \quad (C > 0, \ln C = C_1),$

化简后，便得所给方程的通解为 $(1+x^2)\sin y = C$ （其中 C 是任意常数），

这是由隐函数形式给出的通解。

再求满足初值条件的特解。把初值条件 $y|_{x=1} = \frac{\pi}{6}$ 代入通解中，得
$$(1+1^2)\sin \frac{\pi}{6} = C, \quad 即 C = 1,$$

于是，所求方程满足初值条件的特解为
$$(1+x^2)\sin y = 1.$$

习题 10.2

1. 求解下列微分方程：

(1) $y' = e^{2x-y}$；

(2) $3x^2 + 5x - 5y' = 0$；

(3) $y' = x\sqrt{1-y^2}$；

(4) $y\ln x\, dx + x\ln y\, dy = 0$；

(5) $\cos x \sin y \, dx + \sin x \cos y \, dy = 0$; (6) $(y+1)^2 \dfrac{dy}{dx} + x^3 = 0$.

2. 求下列微分方程满足所给初始条件的特解:

(1) $y' = e^{2x-y}$, $y|_{x=0} = 0$;

(2) $y' \sin x = y \ln y$, $y|_{x=\frac{\pi}{2}} = e$;

(3) $\cos y \, dx + (1 + e^{-x}) \sin y \, dy = 0$, $y|_{x=0} = \dfrac{\pi}{4}$;

(4) $x \, dy + 2y \, dx = 0$, $y|_{x=2} = 1$.

3. 有一盛满了水的圆锥形漏斗,高为 10 cm,顶角为 60°,漏斗下面有面积为 0.5 cm² 的孔,求水面高度变化的规律及水流完所需要的时间 $\left(\text{提示}: \dfrac{dV}{dt} = ks\sqrt{2gh}\right)$.

4. 镭的衰变有如下规律:镭的衰变速度与它的现存量 R 成正比,由经验材料得知,镭经过 1 600 年后,只余原始量 R_0 的一半,试求镭的量 R 与时间 t 的关系.

5. 一曲线通过点 $(2,3)$,它在两坐标轴间的任一切线线段均被切点所平分,求该曲线方程.

§10.3 一阶线性微分方程

如果一阶微分方程可化为形如

$$\dfrac{dy}{dx} + P(x)y = Q(x) \tag{10.16}$$

的方程,则称此方程为**一阶线性微分方程**,方程(10.16)是它的标准形式,其中,$P(x)$ 和 $Q(x)$ 为已知的连续函数,$P(x)$ 是未知函数 y 的系数,$Q(x)$ 称为自由项.

线性微分方程的特点是:方程中关于未知函数及未知函数的导数都是一次的.如果 $Q(x) \neq 0$,则称方程(10.16)为**一阶线性非齐次方程**;如果 $Q(x) = 0$,即

$$\dfrac{dy}{dx} + P(x)y = 0, \tag{10.17}$$

则称方程(10.17)为**一阶线性齐次方程**,也称方程(10.17)为方程(10.16)所对应的一阶线性齐次方程.

例如,方程 $\dfrac{dy}{dx} + \dfrac{1}{x}y = \sin x$ 中关于未知函数 y 及其导数 $\dfrac{dy}{dx}$ 是一次的,所以它是一阶线性微分方程;而右端 $Q(x) = \sin x \neq 0$,因此它是一阶线性非齐次方程,它所对应的齐次方程就是 $\dfrac{dy}{dx} + \dfrac{1}{x}y = 0$. 而方程 $\dfrac{dy}{dx} = x^2 + y^2$,$(y')^2 + xy = e^x$,$2yy' = x\ln x$ 等,虽都是一阶微分方程,但都不是线性方程.

下面来讨论一阶线性非齐次方程(10.16)的解法.

(1) 先求线性非齐次方程(10.16)所对应的齐次方程

$$\dfrac{dy}{dx} + P(x)y = 0$$

的通解.

方程(10.17)是可分离变量的微分方程,分离变量后,得

$$\dfrac{dy}{y} = -P(x)dx,$$

两端积分并把任意常数写成 $\ln C$ 的形式,得

$$\ln y = -\int P(x)\mathrm{d}x + \ln C,$$

化简后,即得线性齐次方程(10.17)的通解为

$$y = C\mathrm{e}^{-\int P(x)\mathrm{d}x}, \tag{10.18}$$

其中 C 为任意常数.

(2) 利用"常数变易法"求线性非齐次方程(10.16)的通解.

由于方程(10.16)与方程(10.17)的左边相同,只是右边不相同,因此如果我们猜想方程(10.16)的通解也具有式(10.18)的形式,那么其中的 C 不可能是常数,而必定是一个关于 x 的函数,记作 $C(x)$. 于是,可设

$$y = C(x)\mathrm{e}^{-\int P(x)\mathrm{d}x} \tag{10.19}$$

是线性非齐次方程(10.16)的解,其中 $C(x)$ 是待定函数.

下面来设法求出待定函数 $C(x)$. 为此,把式(10.19)求其对 x 的导数,得

$$\frac{\mathrm{d}y}{\mathrm{d}x} = C'(x)\mathrm{e}^{-\int P(x)\mathrm{d}x} - P(x)C(x)\mathrm{e}^{-\int P(x)\mathrm{d}x},$$

代入方程(10.16)中,得

$$C'(x)\mathrm{e}^{-\int P(x)\mathrm{d}x} - P(x)C(x)\mathrm{e}^{-\int P(x)\mathrm{d}x} + P(x)C(x)\mathrm{e}^{-\int P(x)\mathrm{d}x} = Q(x),$$

常数变易法

化简后,得

$$C'(x) = Q(x)\mathrm{e}^{\int P(x)\mathrm{d}x},$$

将上式积分,得

$$C(x) = \int Q(x)\mathrm{e}^{\int P(x)\mathrm{d}x} \mathrm{d}x + C, \tag{10.20}$$

其中 C 是任意常数.

把式(10.20)代入式(10.19)中,即得线性非齐次方程(10.16)的通解为

$$y = \mathrm{e}^{-\int P(x)\mathrm{d}x}\left[\int Q(x)\mathrm{e}^{\int P(x)\mathrm{d}x} \mathrm{d}x + C\right]. \tag{10.21}$$

这就是一阶线性非齐次方程(10.16)的**通解公式**.

上面第(2)步中,通过把对应的线性齐次方程通解中的任意常数变易为待定函数,然后求出线性非齐次方程的通解,这种方法称为**常数变易法**.

下面来分析线性非齐次方程(10.16)的通解结构. 由于方程(10.16)的通解公式(10.21)也可改写为

$$y = C\mathrm{e}^{-\int P(x)\mathrm{d}x} + \mathrm{e}^{-\int P(x)\mathrm{d}x}\int Q(x)\mathrm{e}^{\int P(x)\mathrm{d}x} \mathrm{d}x.$$

容易看出,通解中的第一项就是方程(10.16)所对应的线性齐次方程(10.17)的通解;第二项就是原线性非齐次方程(10.16)的一个特解[它可从通解(10.21)中,取 $C=0$ 得到]. 由此可知,一阶线性非齐次方程的通解是由对应的齐次方程的通解与非齐次方程的一个特解相加而构成的. 这个结论揭示了一阶线性非齐次微分方程的**通解结构**.

例 1 求微分方程 $\dfrac{\mathrm{d}y}{\mathrm{d}x} + 2xy = 2x\mathrm{e}^{-x^2}$ 的通解.

解 这是一阶线性非齐次微分方程,下面用两种方法求解.

解法一 按常数变易法的思路求解.

(1) 先求对应齐次方程 $\dfrac{dy}{dx} + 2xy = 0$ 的通解.

分离变量,得
$$\dfrac{dy}{y} = -2x\,dx,$$

两端积分,得
$$\ln y = -x^2 + \ln C,$$

即
$$y = C\mathrm{e}^{-x^2}.$$

这就是所求对应齐次方程的通解.

(2) 设 $y = C(x)\mathrm{e}^{-x^2}$ 为原线性非齐次方程的解,其中 $C(x)$ 为待定函数,则
$$\dfrac{dy}{dx} = C'(x)\mathrm{e}^{-x^2} - 2xC(x)\mathrm{e}^{-x^2} = 2x\mathrm{e}^{-x^2},$$

将 y 及 $\dfrac{dy}{dx}$ 代入原线性非齐次方程,得
$$C'(x)\mathrm{e}^{-x^2} - 2xC(x)\mathrm{e}^{-x^2} + 2xC(x)\mathrm{e}^{-x^2} = 2x\mathrm{e}^{-x^2},$$

化简后,得
$$C'(x) = 2x,$$

积分,得 $C(x) = \displaystyle\int 2x\,dx = x^2 + C$,其中 C 为任意常数. 故得原线性非齐次方程的通解为
$$y = (x^2 + C)\mathrm{e}^{-x^2}.$$

解法二 直接利用通解公式(10.21).

将 $P(x) = 2x$, $Q(x) = 2x\mathrm{e}^{-x^2}$, 代入公式(10.21), 得所求线性非齐次方程的通解为
$$y = \mathrm{e}^{-\int 2x\,dx}\left(\int 2x\mathrm{e}^{-x^2}\mathrm{e}^{\int 2x\,dx}\,dx + C\right)$$
$$= \mathrm{e}^{-x^2}\left(\int 2x\,dx + C\right) = \mathrm{e}^{-x^2}(x^2 + C).$$

注意,使用一阶线性非齐次方程的通解公式(10.21)时,必须先把方程化为形如式(10.16)的标准形式,再确定未知函数 y 的系数 $P(x)$ 及自由项 $Q(x)$.

例 2 求微分方程 $x\dfrac{dy}{dx} + y = x\mathrm{e}^x$ 的通解.

解 把所给方程变形,当 $x \neq 0$ 时, 化为 $\dfrac{dy}{dx} + \dfrac{1}{x}y = \mathrm{e}^x$.

这是一阶线性非齐次方程. 未知函数 y 的系数 $P(x) = \dfrac{1}{x}$, 自由项 $Q(x) = \mathrm{e}^x$, 代入一阶线性非齐次方程的通解公式(10.21), 得所求线性非齐次方程的通解为
$$y = \mathrm{e}^{-\int\frac{1}{x}dx}\left(\int \mathrm{e}^x \cdot \mathrm{e}^{\int\frac{1}{x}dx}\,dx + C\right)$$
$$= \mathrm{e}^{-\ln x}\left(\int \mathrm{e}^x \cdot \mathrm{e}^{\ln x}\,dx + C\right)$$
$$= \mathrm{e}^{\ln\frac{1}{x}}\left(\int x \cdot \mathrm{e}^x\,dx + C\right)$$
$$= \dfrac{1}{x}(x \cdot \mathrm{e}^x - \mathrm{e}^x + C) \quad (x \neq 0),$$

或
$$y = \mathrm{e}^x - \dfrac{\mathrm{e}^x}{x} + \dfrac{C}{x} \quad (x \neq 0).$$

例 3 求微分方程 $y'\cos x - y\sin x = 1$ 满足初值条件 $y(0) = 0$ 的特解.

解 把所给方程化为形如(10.16)的标准形式
$$y' - y\tan x = \sec x,$$
则 $P(x) = -\tan x, Q(x) = \sec x$,直接代入通解公式(10.21),得所给方程的通解为

$$\begin{aligned}
y &= e^{-\int-(\tan x)dx}\left[\int \sec x \cdot e^{\int-(\tan x)dx}dx + C\right] \\
&= e^{-\ln\cos x}\left(\int \sec x \cdot e^{\ln\cos x}dx + C\right) \\
&= e^{\ln\frac{1}{\cos x}}\left(\int \sec x \cdot \cos x\,dx + C\right) \\
&= \frac{1}{\cos x}\left(\int dx + C\right) \\
&= \frac{1}{\cos x}(x + C).
\end{aligned}$$

把初值条件 $y(0) = 0$ 代入通解中,得 $C = 0$. 故得所求特解为
$$y = \frac{x}{\cos x} = x\sec x.$$

 习题 10.3

1. 求下列一阶线性微分方程的通解:

(1) $\dfrac{dy}{dx} + y = e^{-x}$;

(2) $y' + xy = 4x$;

(3) $(x^2 - 1)y' + 2xy - \cos x = 0$;

(4) $xy' + y = xe^x$;

(5) $\dfrac{d\rho}{d\theta} + 3\rho = 2$;

(6) $y\ln y\,dx + (x - \ln y)dy = 0$;

(7) $(y^2 - 6x)\dfrac{dy}{dx} + 2y = 0$.

2. 求下列微分方程满足所给初始条件的特解:

(1) $y'\sin x = y\ln y$, $y\big|_{x=\frac{\pi}{2}} = e$;

(2) $x\,dy + 2y\,dx = 0$, $y\big|_{x=2} = 1$;

(3) $e^x\cos y\,dx + (e^x + 1)\sin y\,dy = 0$, $y\big|_{x=0} = \dfrac{\pi}{4}$;

(4) $(y^2 - 3x^2)dy + 2xy\,dx = 0$, $y\big|_{x=0} = 1$;

(5) $y' = \dfrac{x}{y} + \dfrac{y}{x}$, $y\big|_{x=1} = 2$;

(6) $\dfrac{dy}{dx} - y\tan x = \sec x$, $y\big|_{x=0} = 0$;

(7) $\dfrac{dy}{dx} + \dfrac{y}{x} = \dfrac{\sin x}{x}$, $y\big|_{x=\pi} = 1$;

(8) $\dfrac{dy}{dx} + 3y = 8$, $y\big|_{x=0} = 2$.

3. 求一曲线方程,这一曲线过原点,并且它在点 (x, y) 处的斜率等于 $2x + y$.

4. 设 $f(x)$ 可微且满足关系式 $\int_0^x [2f(t) - 1]dt = f(x) - 1$,求 $f(x)$.

5. 验证形如 $yf(xy)dx + xg(xy)dy = 0$ 的微分方程,可经变量代换 $v = xy$ 化为可分离变量的方程,并求其通解.

6. 用适当的变量代换将下列方程化为可分离变量的方程,然后求其通解:

(1) $\dfrac{\mathrm{d}y}{\mathrm{d}x} = (x+y)^2$; (2) $\dfrac{\mathrm{d}y}{\mathrm{d}x} = \dfrac{1}{x-y} + 1$;

(3) $xy' + y = y(\ln x + \ln y)$; (4) $y(xy+1)\mathrm{d}x + x(1+xy+x^2y^2)\mathrm{d}y = 0$.

§10.4 可降阶的高阶微分方程

二阶及二阶以上的微分方程统称为高阶微分方程. 本节将介绍两种特殊类型的高阶微分方程,它们可以通过积分或变量代换,降为较低阶的微分方程来求解. 这种求解方法也称为**降阶法**.

一、$y^{(n)} = f(x)$ 型

微分方程
$$y^{(n)} = f(x) \tag{10.22}$$

的右端只含有自变量 x,由于 $y^{(n)} = \dfrac{\mathrm{d}}{\mathrm{d}x}[y^{(n-1)}]$,所以方程(10.22)可改写为

$$\dfrac{\mathrm{d}}{\mathrm{d}x}[y^{(n-1)}] = f(x) \quad \text{或} \quad \mathrm{d}[y^{(n-1)}] = f(x)\mathrm{d}x.$$

将上式两端分别积分一次,便得一个 $(n-1)$ 阶微分方程

$$y^{(n-1)} = \int f(x)\mathrm{d}x + C_1,$$

再积分一次,便得到一个 $(n-2)$ 阶微分方程

$$y^{(n-2)} = \int\left[\int f(x)\mathrm{d}x + C_1\right]\mathrm{d}x + C_2.$$

可降阶的微分方程

依次积分 n 次,即可得到方程(10.22)的含有 n 个任意常数的通解.

例1 求微分方程 $y''' = 2x + \sin x$ 的通解.

解 对所给方程依次积分三次,得

$$y'' = \int(2x + \sin x)\mathrm{d}x = x^2 - \cos x + C_1',$$

$$y' = \int(x^2 - \cos x + C_1')\mathrm{d}x = \dfrac{1}{3}x^3 - \sin x + C_1'x + C_2,$$

$$y = \int\left(\dfrac{1}{3}x^3 - \sin x + C_1'x + C_2\right)\mathrm{d}x + C_3$$

$$= \dfrac{1}{12}x^4 + \cos x + \dfrac{C_1'}{2}x^2 + C_2x + C_3,$$

记 $\dfrac{C_1'}{2} = C_1$,即得所给微分方程的通解为

$$y = \dfrac{1}{12}x^4 + \cos x + C_1x^2 + C_2x + C_3,$$

其中,C_1, C_2, C_3 都是任意常数.

二、$y'' = f(x, y')$ 型

微分方程
$$y'' = f(x, y') \tag{10.23}$$

的右端不显含未知函数,在这种情形中,可通过变量代换,把方程(10.23)降为一阶微分方程

求解.

令 $y' = p$，则 $y'' = \dfrac{\mathrm{d}p}{\mathrm{d}x}$，代入方程(10.23)中，得

$$\frac{\mathrm{d}p}{\mathrm{d}x} = f(x, p),$$

这是关于变量 x 和 p 的一阶微分方程，若能求出其通解，设为 $P = \varphi(x, C_1)$，即有

$$\frac{\mathrm{d}y}{\mathrm{d}x} = \varphi(x, C_1) \quad \text{或} \quad \mathrm{d}y = \varphi(x, C_1)\mathrm{d}x,$$

两端积分，便得所给微分方程(10.23)的通解为

$$y = \int \varphi(x, C_1) \mathrm{d}x + C_2.$$

例 2 求微分方程 $y'' = \dfrac{1}{x}y' - x\mathrm{e}^{-x}$ 的通解.

解 所给方程中不含未知函数 y，可设 $y' = p$，则 $y'' = \dfrac{\mathrm{d}p}{\mathrm{d}x}$，代入原方程后，得

$$\frac{\mathrm{d}p}{\mathrm{d}x} - \frac{1}{x}y' = x\mathrm{e}^{-x}.$$

这是一阶线性非齐次方程. 利用通解公式[见公式(10.21)]，可得

$$\begin{aligned}
p &= \mathrm{e}^{-\int\left(-\frac{1}{x}\right)}\left[\int x\mathrm{e}^{-x} \cdot \mathrm{e}^{-\int\left(-\frac{1}{x}\right)} \mathrm{d}x + C_1'\right] \\
&= \mathrm{e}^{\ln x}\left(\int x\mathrm{e}^{-x} \cdot \mathrm{e}^{-\ln x} \mathrm{d}x + C_1'\right) \\
&= x\left(\int \mathrm{e}^{-x}\mathrm{d}x + C_1'\right) \\
&= x(-\mathrm{e}^{-x} + C_1'),
\end{aligned}$$

于是有

$$\frac{\mathrm{d}y}{\mathrm{d}x} = x(-\mathrm{e}^{-x} + C_1'),$$

再积分一次，便得原方程的通解为

$$\begin{aligned}
y &= \int x(-\mathrm{e}^{-x} + C_1')\mathrm{d}x = \int(-x\mathrm{e}^{-x} + C_1'x)\mathrm{d}x \\
&= (x+1)\mathrm{e}^{-x} + \frac{C_1'}{2}x^2 + C_2 \\
&= (x+1)\mathrm{e}^{-x} + C_1 x^2 + C_2 \quad \left(C_1 = \frac{C_1'}{2}\right).
\end{aligned}$$

例 3 求微分方程 $y'' = \dfrac{2x}{1+x^2}y'$，满足初值条件：$y|_{x=0} = 1, y'|_{x=0} = 3$ 的特解.

解 所给方程中不含未知数函数 y，可设 $y' = p$，则 $y'' = \dfrac{\mathrm{d}p}{\mathrm{d}x}$，代入原方程，得

$$\frac{\mathrm{d}p}{\mathrm{d}x} = \frac{2x}{1+x^2}p,$$

这是可分离变量的一阶微分方程，分离变量，得

$$\frac{\mathrm{d}p}{p} = \frac{2x}{1+x^2}\mathrm{d}x,$$

两端积分后，得 $\ln p = \ln(1+x^2) + \ln C_1$,

化简，得 $p = C_1(1+x^2)$,

即 $y' = C_1(1+x^2)$.

以初值条件 $y'|_{x=0} = P$ 代入上式，得 $C_1 = 3$.

故得 $y' = 3(1+x^2)$.

这是一阶微分方程，再积分一次，得 $y = 3\int(1+x^2)\,dx = 3x + x^5 + C_2$.

再以初值条件 $y'|_{x=0} = 1$，代入上式，得 $C_2 = 1$.

于是，所求特解为 $y = x^5 + 3x + 1$.

注意：利用降阶法求特解时，应像本例中的解法那样，对积分过程中出现的任意常数，及时用初值条件定出，这样可使计算简便些。

三、$y'' = f(y, y')$ 型的不显含 x 的方程

此类题的求解方法为：令 $y' = p(y)$，则 $y'' = p'(y)y' = p'(y)p(y)$，这样方程变为关于 P 和 y 的一阶微分方程，进而用一阶微分方程的求解方法来求解。

例 4 求微分方程 $2yy'' = 1 + y'^2$ 的通解。

解 令 $y' = p(y)$，则 $y'' = p'(y)y' = p'(y)p(y)$，代入方程，得
$$2yp'p = 1 + p^2,$$

或 $$2y\frac{dp}{dy}p = 1 + p^2,$$

分离变量，得 $$\frac{2p}{1+p^2}dp = \frac{dy}{y},$$

两端积分，得 $$\ln(1+p^2) = \ln y + \ln C_1 = \ln(C_1 y),$$
$$1 + p^2 = C_1 y,$$
$$y' = p = \pm\sqrt{C_1 y - 1},$$

再分离变量，得 $$\frac{dy}{\pm\sqrt{C_1 y - 1}} = dx,$$

两端再积分，得通解 $$\pm\frac{2}{C_1}\sqrt{C_1 y - 1} = x + C_2,$$

或 $$\pm\frac{4}{C_1^2}(C_1 y - 1) = (x + C_2)^2.$$

 习题 10.4

1. 求下列各微分方程的通解：
   (1) $y'' = x + \sin x$;
   (2) $y'' = xe^x$;
   (3) $y'' = 1 + y'^2$;
   (4) $y'' = y' + x$;
   (5) $xy'' + y' = 0$;
   (6) $y^3 y'' - 1 = 0$;
   (7) $y'' = (y')^3 + y'$.

2. 求下列微分方程满足所给初始条件的特解：
   (1) $y'' - ay'^2 = 0$, $y|_{x=0} = 0, y'|_{x=0} = -1$;
   (2) $y'' = e^{2y}$, $y|_{x=0} = y'|_{x=0} = 0$;

(3) $x^2y'' + xy' = 1$, $\quad y|_{x=1} = 0, y'|_{x=1} = 1$;
(4) $y'' + (y')^2 = 1$, $\quad y|_{x=0} = 0, y'|_{x=0} = 0$.

3. 试求 $xy'' = y' + x^2$ 经过点 $(1,0)$ 且在此点的切线与直线 $y = 3x - 3$ 垂直的积分曲线.

4. 设有一质量为 m 的物体,在空中由静止开始下落,如果空气阻力为 $R = cv$(其中,c 为常数,v 为物体运动的速度),试求物体下落的距离 s 与时间 t 的函数关系.

§10.5 二阶常系数齐次线性微分方程

一般的二阶线性微分方程形如

$$\frac{\mathrm{d}^2 y}{\mathrm{d}x^2} + P(x)\frac{\mathrm{d}y}{\mathrm{d}x} + Q(x)y = f(x).$$

当 $f(x) \equiv 0$ 时,此方程叫作**二阶齐次线性微分方程**;当 $f(x) \neq 0$ 时,此方程叫作**二阶非齐次线性微分方程**.

如果 y' 和 y 的系数均为常数,则方程

$$y'' + py' + qy = 0 \tag{10.24}$$

(其中,p,q 均为常数)称为**二阶常系数齐次线性微分方程**.

对于一般的二阶齐次线性微分方程的解的结构有如下定理.

定理 设 y_1, y_2 是齐次方程

$$\frac{\mathrm{d}^2 y}{\mathrm{d}x^2} + P(x)\frac{\mathrm{d}y}{\mathrm{d}x} + Q(x)y = 0 \tag{10.25}$$

的两个解,则

(1) 对于任意常数 C_1, C_2,函数 $y = C_1 y_1 + C_2 y_2$ 也是方程式(10.25)的解;

(2) 若 $y_1 \neq 0$,且 y_2 不是 y_1 的常数倍,则 $y = C_1 y_1 + C_2 y_2$ 就是方程式(10.25)的通解(其中,C_1, C_2 为任意常数).

定理证明从略.

注意:

(i) 定理中(1)所述事实常称作**叠加原理**,表达式 $C_1 y_1 + C_2 y_2$ 叫作函数 y_1 与 y_2 的**线性组合**. 叠加原理表明方程式(10.25)的解的任意线性组合仍是方程式(10.25)的解.

(ii) 定理中(2)告诉我们,只要知道方程式(10.25)的两个线性无关解(所谓线性无关解是指其中任意一个解都不是另一个的常数倍),也就知道了它的全部解,其他任何解都能表示成这两个线性无关解的线性组合.

定理对方程式(10.24)也成立.

现在二阶常系数齐次线性微分方程的求解问题已转化为求方程式(10.24)的两个线性无关的解 y_1 和 y_2,我们已经知道,一阶方程 $y' + py = 0$ 可由公式求得它的通解是 $y = Ce^{-px}$,它的特点是 y 和 y' 都是指数函数,因此设想方程式(10.24)的解也是一个指数函数 $y = e^{rx}$(r 为常数)是合理的,此时 $y' = re^{rx}, y'' = r^2 e^{rx}$,代入方程式(10.24),得

$$e^{rx}(r^2 + pr + q),$$

容易看出,当且仅当

$$r^2 + pr + q = 0 \tag{10.26}$$

时，$y = e^{rx}$ 是方程式(10.24)的解.

方程式(10.26)是以 r 为未知数的代数方程，我们把它称为微分方程式(10.24)的**特征方程**，其中，r^2 和 r 的系数以及常数项恰好依次是方程式(10.24) y''，y' 及 y 的系数. 特征方程的根 r_1 和 r_2 称为**特征根**，它们可以用二次方程的求根公式

$$r_{1,2} = \frac{-p \pm \sqrt{p^2 - 4q}}{2}.$$

求出特征根 r_1 和 r_2 有三种不同情形，相应地微分方程的通解也有三种不同的情形.

(1) 当 $p^2 - 4q > 0$ 时，r_1 和 r_2 是两个不相等的实根，则 $y_1 = e^{r_1 x}$ 和 $y_2 = e^{r_2 x}$ 是微分方程式(10.24)的两个解，且 $\dfrac{y_1}{y_2} = \dfrac{e^{r_1 x}}{e^{r_2 x}} = e^{(r_1 - r_2)x}$ 不是常数，因此微分方程式(10.24)的通解为

$$y = C_1 e^{r_1 x} + C_2 e^{r_2 x}.$$

(2) 当 $p^2 - 4q = 0$ 时，r_1 和 r_2 是两个相等的实根. 设 $r_1 = r_2 = r$，这时我们只得到方程式(10.24)的一个解 $y_1 = e^{rx}$. 为了求出方程式(10.24)的通解，还需求出它的另一个特解 y_2，且要求了 $\dfrac{y_1}{y_2} \neq$ 常数，所以可设 $\dfrac{y_1}{y_2} = u(x)$，即 $y_2 = e^{rx}u(x)$，其中 $u(x)$ 是待定函数. 为了确定 $u(x)$，由 $y_2 = e^{rx}u(x)$，得

$$y_2' = u'(x)e^{rx} + ru(x)e^{rx},$$
$$y_2'' = u''(x)e^{rx} + 2ru'(x)e^{rx} + r^2 u(x)e^{rx},$$

把 y_2，y_2'，y_2'' 代入方程式(10.24)，得

$$\{[u''(x) + 2ru'(x) + r^2 u(x)] + p[u'(x) + ru(x)] + qu(x)\}e^{rx} = 0,$$

式中 $e^{rx} \neq 0$，由于 r 是二重特征根，故

$$r^2 + pr + q = 0 \quad 且 \quad 2r + p = 0,$$

所以
$$u''(x) + (2r + p)u'(x) + (r^2 + pr + q)u(x) = 0.$$

因此
$$u''(x) = 0,$$

我们不妨取 $u(x) = x$，这样得到方程式(10.24)的另一个特解为 $y_2 = xe^{rx}$.

从而得到方程式(10.24)的通解为

$$y = (C_1 + C_2 x)e^{rx}.$$

(3) 当 $p^2 - 4q < 0$ 时，有一对共轭复根 $r_1 = \alpha + i\beta, r_2 = \alpha - i\beta (\beta \neq 0, \alpha, \beta$ 是实数). 这时 $y_1 = e^{(\alpha + i\beta)x}, y_2 = e^{(\alpha - i\beta)x}$ 是微分方程式(10.24)的两个解，但它们都是复数形式，不便于应用，为了得到微分方程式(10.24)的不含有复数的解，先利用欧拉公式 $e^{i\theta} = \cos\theta + i\sin\theta$ 把 y_1 和 y_2 改写为

$$y_1 = e^{(\alpha + i\beta)x} = e^{\alpha x} e^{i\beta x} = e^{\alpha x}(\cos\beta x + i\sin\beta x),$$
$$y_2 = e^{(\alpha - i\beta)x} = e^{\alpha x} e^{-i\beta x} = e^{\alpha x}(\cos\beta x - i\sin\beta x).$$

可以看到

$$\frac{1}{2}(y_1 + y_2) = e^{\alpha x} \cos\beta x,$$

$$\frac{1}{2}(y_1 - y_2) = e^{\alpha x} \sin\beta x.$$

根据本节定理可知，$e^{\alpha x}\cos\beta x$ 和 $e^{\alpha x}\sin\beta x$ 仍是微分方程式(10.24)的解，且 $\dfrac{e^{\alpha x}\cos\beta x}{e^{\alpha x}\sin\beta x} = \cot\beta x$

不是常数$\left(这里 x \neq \dfrac{n\pi}{\beta}\right)$,所以微分方程式(10.24)的通解为
$$y = e^{\alpha x}(C_1 \cos \beta x + C_2 \sin \beta x).$$

综上所述,求二阶常系数齐次线性微分方程
$$y'' + py' + qy = 0$$
的通解的步骤如下:

二阶常系数齐次线性
微分方程的解法

(1) 写出微分方程的特征方程 $r^2 + pr + q = 0$;
(2) 求出特征方程的根 r_1, r_2;
(3) 根据 r_1, r_2 的三种不同情况,按照表10-1写出方程的通解.

表 10-1

特征方程 $r^2 + pr + q = 0$ 的两根 r_1, r_2	微分方程 $y'' + py' + qy = 0$ 的通解
$r_1 \neq r_2$	$y = C_1 e^{r_1 x} + C_2 e^{r_2 x}$
$r_1 = r_2$	$y = (C_1 + C_2 x) e^{rx}$
$r_1 = \alpha + i\beta, \quad r_2 = \alpha - i\beta$	$y = e^{\alpha x}(C_1 \cos \beta x + C_2 \sin \beta x)$

例 1 求微分方程 $y'' + 2y' - 8y = 0$ 的通解.

解 所给方程的特征方程为
$$r^2 + 2r - 8 = 0,$$
特征根为 $r_1 = -4, r_2 = 2$,因为 $r_1 \neq r_2$,所以方程的通解为
$$y = C_1 e^{-4x} + C_2 e^{2x}.$$

例 2 求方程 $s'' + 4s' + 4s = 0$ 满足初始条件 $s|_{t=0} = 1$ 和 $s'|_{t=0} = 0$ 的特解.

解 所给方程的特征方程为 $r^2 + 4r + 4 = 0$,
特征根为 $r_1 = r_2 = -2$,因此方程的通解为
$$s = (C_1 + C_2 t) e^{-2t}.$$

为确定满足初始条件的特解,对 s 求导,得
$$s' = (C_2 - 2C_1 - 2C_2 t) e^{-2t}.$$

将初始条件 $s|_{t=0}$ 和 $s'|_{t=0}$ 代入以上两式,得
$$\begin{cases} C_1 = 1, \\ C_2 - 2C_1 = 0, \end{cases}$$
解得 $C_1 = 1, C_2 = 2$,因此方程满足所给初始条件的特解为
$$s = (1 + 2t) e^{-2t}.$$

例 3 求方程 $y'' + 2y' + 5y = 0$ 的通解.

解 所给方程的特征方程为 $r^2 + 2r + 5 = 0$,
特征根为 $r_1 = -1 + 2i, \quad r_1 = -1 - 2i.$
所以方程的通解为
$$y = e^{-x}(C_1 \cos 2x + C_2 \sin 2x).$$

习题 10.5

1. 求下列微分方程的通解：
   (1) $y'' - 2y' - 3y = 0$；
   (2) $y'' + 2y' + y = 0$；
   (3) $y'' - 2y' + 5y = 0$；
   (4) $y'' + y = 0$；
   (5) $y'' + 6y' + 13y = 0$；
   (6) $y'' - 4y' = 0$；
   (7) $y'' - 4y' + 5 = 0$；
   (8) $4\dfrac{d^2 x}{dt^2} - 20\dfrac{dx}{dt} + 25x = 0$.

2. 求下列微分方程满足初始条件的特解：
   (1) $y'' - 4y' + 3y = 0$，$y|_{x=0} = 6, y'|_{x=0} = 10$；
   (2) $4y'' + 4y' + y = 0$，$y|_{x=0} = 2, y'|_{x=0} = 0$；
   (3) $y'' + 4y' + 29y = 0$，$y|_{x=0} = 0, y'|_{x=0} = 15$；
   (4) $y'' - 3y' - 4y = 0$，$y|_{x=0} = 0, y'|_{x=0} = -5$；
   (5) $y'' - 4y' + 13y = 0$，$y|_{x=0} = 0, y'|_{x=0} = 3$；
   (6) $y'' + 25y = 0$，$y|_{x=0} = 2, y'|_{x=0} = 5$.

3. 设圆柱形浮筒直径为 0.5 m，铅直放在水中，当稍向下压后突然放开，浮筒在水中上下振动的周期为 2 s，求浮筒的质量.

§10.6 二阶常系数非齐次线性微分方程

定理 设 $\bar{y}$ 是二阶非齐次线性微分方程
$$y'' + P(x)y' + Q(x)y = f(x) \tag{10.27}$$
的一个特解，$f(x) \neq 0$，Y 是方程式(10.27)所对应的齐次方程的通解，那么 $y = Y + \bar{y}$ 是方程式(10.27)的通解.

此定理称为二阶非齐次线性微分方程的**通解结构定理**（证明从略）.

二阶常系数非齐次线性微分方程的一般形式是
$$y'' + py' + qy = f(x), \tag{10.28}$$
式中，p 和 q 都是常数，$f(x) \neq 0$.

上一节中，我们已经讨论了方程式(10.28)对应的齐次方程 $y'' + py' + qy = 0$ 的通解，所以，在这里只讨论如何求非齐次方程式(10.28)的一个特解就可以了. 对于这个问题，我们只对 $f(x)$ 取以下两种常见形式进行讨论.

一、$f(x) = P_n(x)$ [其中 $P_n(x)$ 是 x 的一个 n 次多项式]

这时，方程式(10.28)成为
$$y'' + py' + qy = P_n(x). \tag{10.29}$$

因为一个多项式的导数仍是多项式，而且次数比原来降低一次，所以

(1) 当 $p \neq q, p \neq 0, q \neq 0$ 时，方程式(10.29)的特解 $\bar{y}$ 仍是一个 n 次多项式，记为 $Q_n(x)$；

(2) 当 $q = 0$ 而 $p \neq 0$ 时，$\bar{y}'$ 应是一个 n 次多项式，也就是说，$\bar{y}$ 应是一个 $n+1$ 次多项式，记为 $Q_{n+1}(x)$；

(3) 当 $p = q = 0$ 时，方程式(10.29)变为 $y'' = P_n(x)$，即变成一个可以直接积分的简单微

分方程，不必用上述方法求特解，只要积分两次就可得通解．

例 1 求方程 $y'' + y = 2x^2 - 3$ 的一个特解．

解 因为 $P_n(x) = 2x^2 - 3$ 是一个二次多项式，且 $q = 1 \neq 0$，则该方程的特解也是一个二次多项式，因此设
$$\bar{y} = Ax^2 + Bx + C,$$
式中，A, B, C 为待定系数．

为求得这三个系数，多次求导，得
$$\bar{y}' = 2Ax + B, \quad \bar{y}'' = 2A,$$
把它们代入原方程，得 $2A + Ax^2 + Bx + C = 2x^2 - 3,$
即 $Ax^2 + Bx + (2A + C) = 2x^2 - 3.$

二阶常系数非齐次线性微分方程的解法

上式应是一个恒等式，所以两边的同次项系数必须相等，即
$$\begin{cases} A = 2, \\ B = 0, \\ 2A + C = -3. \end{cases}$$

解此方程组，得 $A = 2, B = 0, C = -7$，于是得到所求方程的一个特解为
$$\bar{y} = 2x^2 - 7.$$

例 2 求 $y'' + y' = x$ 的通解．

解 所给方程对应的齐次方程 $y'' + y' = 0$ 的特征方程为
$$r^2 + r = 0,$$
特征根为 $r_1 = -1, r_2 = 0$，于是方程 $y'' + y' = 0$ 的通解为 $y = C_1 \mathrm{e}^{-x} + C_2$．

因为原方程中 $P_n(x) = x$ 是一个一次多项式，而且 $q = 0$ 而 $p = 1 \neq 0$，所以特解应是一个二次多项式，因此设
$$\bar{y} = Ax^2 + Bx + C,$$
则 $\bar{y}' = 2Ax + B, \quad \bar{y}'' = 2A,$
把 $\bar{y}' = 2Ax + B$ 和 $\bar{y}'' = 2A$ 代入原方程，整理得
$$2Ax + (2A + B) = x,$$
比较两边同次幂的系数，得
$$\begin{cases} 2A = 1, \\ 2A + B = 0, \end{cases}$$

解得 $A = \dfrac{1}{2}, B = -1$．这里 C 的值可任意选取，为简单起见，可取 $C = 0$，因此得到原方程的一个特解为 $\bar{y} = \dfrac{1}{2}x^2 - x$．

于是得到原方程的通解为 $y = C_1 \mathrm{e}^{-x} + C_2 + \dfrac{1}{2}x^2 - x$．

二、$f(x) = a\cos \omega x + b \sin \omega x$（其中，$a, b, \omega$ 是常数）

这时方程式（10.28）成为
$$y'' + py' + qy = a\cos \omega x + b \sin \omega x, \tag{10.30}$$
可以证明方程式（10.30）的特解的形式为
$$\bar{y} = x^k (A\cos \omega x + B \sin \omega x),$$
式中，A 和 B 是待定常数，k 是一个整数．

(1) 当 $\pm\omega i$ 不是特征根时,$k=0$;

(2) 当 $\pm\omega i$ 是特征根时,$k=1$(证明从略).

例 3 求方程 $y''+2y'-3y=4\sin x$ 的一个特解.

解 因为 $\omega=1$,而 $\omega i=i$ 不是特征方程 $r^2+2r-3=0$ 的根,所以 $k=0$,因此可设方程的特解为
$$\bar{y}=A\cos x+B\sin x,$$
求导数得
$$\bar{y}'=B\cos x-A\sin x,$$
$$\bar{y}''=-A\cos x-B\sin x,$$
代入原方程,得
$$(-4A+2B)\cos x+(-2A-4B)\sin x=4\sin x,$$
比较上式两端同类项的系数,得
$$\begin{cases}-4A+2B=0,\\-2A-4B=4,\end{cases}$$
解得
$$A=-\frac{2}{5},\quad B=-\frac{4}{5}.$$
于是,原方程的特解为
$$\bar{y}=-\frac{2}{5}\cos x-\frac{4}{5}\sin x.$$

 习题 10.6

1. 求下列微分方程的通解:

(1) $2y''+5y'=5x^2-2x-1$;

(2) $y''-2y'+5y=e^x\sin 2x$;

(3) $y''+5y'+4y=3-2x$;

(4) $2y''+y'-y=2e^x$;

(5) $y''+3y'+2y=3xe^{-x}$;

(6) $y''-6y'+9y=(x+1)e^{3x}$;

(7) $y''-y=\sin^2 x$;

(8) $y''+y=e^x+\cos x$.

2. 求下列微分方程满足初始条件的特解:

(1) $y''+y+\sin 2x=0$, $y|_{x=\pi}=1, y'|_{x=\pi}=1$;

(2) $y''-3y'+2y=5$, $y|_{x=0}=1, y'|_{x=0}=2$;

(3) $y''-y=4xe^x$, $y|_{x=0}=0, y'|_{x=0}=1$;

(4) $y''-4y'=5$, $y|_{x=0}=1, y'|_{x=0}=0$.

3. 大炮以仰角 α,初速度 v_0 发射炮弹,若不计空气阻力,求弹道曲线.

4. 设函数满足 $\varphi(x)$ 连续,且满足
$$\varphi(x)=e^x+\int_0^x t\varphi(t)dt-x\int_0^x \varphi(t)dt,$$
求 $\varphi(x)$.

§10.7 微分方程的应用举例

运用微分方程解决科学技术中的实际问题的一般步骤如下:

(1) 根据问题的几何或物理等方面的意义,利用已知的公式或定律,建立描述该问题的微分方程并确定初值条件;

(2) 判别所建立的微分方程的类型,求出该微分方程的通解;

(3) 利用初值条件,定出通解中的任意常数,求得微分方程满足初值条件的特解;

(4) 根据某些问题的需要,利用所求得的特解来解释问题的实际意义或求得其他所需的结果.

例 1 一曲线通过点 $(1,2)$,它在两坐标轴间的任意切线线段均被切点所平分,求这曲线的方程.

解 (1) 建立微分方程并确定初值条件.

设所求曲线的方程为 $y=y(x)$. 由导数的几何意义可知,曲线上任一点 $p(x,y)$ 处的切线斜率为切线方程为 y',切线方程为

$$Y-y=y'(X-x),$$

令 $Y=0$,得切线在 x 轴上的截距为

$$X_0=x-\frac{y}{y'},$$

微分方程应用举例

按题意,$X_0=2x$,故得

$$x-\frac{y}{y'}=2x,$$

即得曲线 $y=y(x)$ 应满足的微分方程为

$$y'=-\frac{y}{x} \quad \text{或} \quad \frac{\mathrm{d}y}{\mathrm{d}x}=-\frac{y}{x}, \tag{10.31}$$

由于曲线过点 $(1,2)$,故得初值条件为

$$y|_{x=1}=2 \quad \text{或} \quad y(1)=2. \tag{10.32}$$

(2) 求通解.

将方程(10.31)分离变量,得

$$\frac{\mathrm{d}y}{y}=-\frac{\mathrm{d}x}{x},$$

两端积分,得

$$\ln y=-\ln x+\ln C,$$

即得方程(10.31)的通解为

$$xy=C,$$

其中 C 是任意常数.

(3) 求特解.

把初值条件(10.32)代入通解中,得 $C=2$,

故得所求曲线方程

$$xy=2.$$

例 2 设质量为 m 的降落伞从飞机上下落后,所受空气阻力与速度成正比,并设降落伞离开飞机时 $(t=0)$ 的速度为零. 求降落伞下落的速度与时间的函数关系.

解 (1) 建立微分方程并确定初值条件.

设降落伞下落速度为 $v(t)$. 降落伞在空中下落时,同时受到重力 p 与阻力 R 的作用(见图 10-3). 重力大小为 mg,方向与 v 一致;阻力大小为 $kv(k>0$,为比例系数),方向与 v 相反,于是降落伞所受外力为

$$F=mg-kv,$$

根据牛顿第二运动定律:$F=ma$ (其中 a 为运动加速度 $\dfrac{\mathrm{d}v}{\mathrm{d}t}$),可得函数 $v(t)$

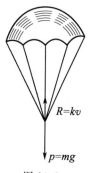

图 10-3

应满足的方程为
$$m\frac{\mathrm{d}v}{\mathrm{d}t} = mg - kv, \tag{10.33}$$

按题意,初值条件为
$$v\mid_{t=0} = 0. \tag{10.34}$$

(2) 求通解.

解法一 按可分离变量方程求解.

将方程(10.33)分离变量后,得
$$\frac{\mathrm{d}v}{mg - kv} = \frac{\mathrm{d}t}{m},$$

两端积分,有
$$\int \frac{\mathrm{d}v}{mg - kv} = \int \frac{\mathrm{d}t}{m},$$

积分后,得
$$-\frac{1}{k}\ln(mg - kv) = \frac{t}{m} - \frac{1}{k}\ln C_1,$$

化简后,得
$$mg - kv = C_1 \mathrm{e}^{-\frac{k}{m}t},$$

即得
$$v = \frac{mg}{k} - \frac{C_1}{k}\mathrm{e}^{-\frac{k}{m}t},$$

记 $C = -\dfrac{C_1}{k}$,即得所求通解为
$$v = \frac{mg}{k} + C\mathrm{e}^{-\frac{k}{m}t}, \tag{10.35}$$

其中 C 为任意常数.

解法二 按一阶线性微分方程求解. 将方程(10.33)变形为
$$\frac{\mathrm{d}v}{\mathrm{d}t} - \frac{k}{m} = gv,$$

这是一阶线性非齐次方程,这里 $P(t) = \dfrac{k}{m}$,$Q(t) = g$. 利用公式(10.21),可得所求方程(10.33)的通解为
$$v = \mathrm{e}^{-\int p(t)\mathrm{d}t}\left[\int Q(t)\mathrm{e}^{\int p(t)\mathrm{d}t}\mathrm{d}t + C\right]$$
$$= \mathrm{e}^{-\int \frac{k}{m}\mathrm{d}t}\left(\int g \cdot \mathrm{e}^{\int \frac{k}{m}\mathrm{d}t}\mathrm{d}t + C\right)$$
$$= \mathrm{e}^{-\frac{k}{m}t}\left(g\int \mathrm{e}^{\frac{k}{m}t}\mathrm{d}t + C\right)$$
$$= \mathrm{e}^{-\frac{k}{m}t}\left(\frac{mg}{k}\mathrm{e}^{\frac{k}{m}t} + C\right)$$
$$= \frac{mg}{k} + C\mathrm{e}^{-\frac{k}{m}t}.$$

与式(10.35)对照,可见,以上两种解法所得通解结果相同.

(3) 求特解.

把初值条件(10.34)代入上面的通解中,得 $C = -\dfrac{mg}{k}$,

故得所求特解为
$$v = \frac{mg}{k}(1 - \mathrm{e}^{-\frac{k}{m}t}), \quad 0 \leqslant t \leqslant T,$$

其中 T 为降落伞着地时间.

(4) 特解的物理意义解释.

由上述特解可以看到,当 $t \to +\infty$ 时,$e^{-\frac{k}{m}t} \to 0, v \to \frac{mg}{k}$. 速度 v 随时间 t 的变化曲线如图 10-4 所示. 可见,降落伞在降落过程中,开始阶段是加速运动,随着时间的增大,后来逐渐接近于匀速运动. 因此,跳伞者从高空驾伞跳下或从飞机上空降物品到地面上,从理论上讲都是有安全保障的.

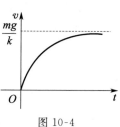

图 10-4

例 3 把温度为 100 ℃ 的沸水注入杯中,放在室温为 20 ℃ 的环境中自然冷却,经 5 min 后测得水温为 60 ℃. 试求:(1) 水温 T(℃) 与时间 t(min) 之间的函数关系;(2) 问水温自 100 ℃ 降至 30 ℃ 所需的时间.

解 (1) 这是一个热力学中的冷却问题. 取 $t=0$ 为沸水冷却开始的时刻,设经 t min 时水温为 T ℃,即 $T=T(t)$,此时水温下降的速度为 $\dfrac{\mathrm{d}T}{\mathrm{d}t}$.

根据牛顿冷却定律,物体冷却的速度与当时物体和周围介质的温差成正比. 从而得水温函数 $T(t)$ 应满足的微分方程为

$$\frac{\mathrm{d}T}{\mathrm{d}t} = -k(T-20), \tag{10.36}$$

其中比例常数 $k>0$. 等号右端添上负号是因为当时间 t 增大时,水温 $T(t)$ 下降,$\dfrac{\mathrm{d}T}{\mathrm{d}t}<0$.

按题意,当开始冷却($t=0$)时,水温为 100 ℃,即有初值条件:

$$T\big|_{t=0} = 100. \tag{10.37}$$

将方程(10.36)分离变量,得 $\dfrac{\mathrm{d}T}{T-20} = -k\mathrm{d}t$,

两端积分,有 $\displaystyle\int \frac{\mathrm{d}T}{T-20} = \int k\mathrm{d}t$,

积分后,得 $\ln(T-20) = -kt + \ln C$,

即 $\ln(T-20) = \ln e^{-kt} + \ln C = \ln(Ce^{-kt})$,

化简后并移项,即得所求通解为 $T = 20 + Ce^{-kt}$, \hfill (10.38)

其中 C 是任意常数.

把初值条件(10.37)代入通解(10.38)中,得 $C=80$. 于是,所求特解为

$$T = 20 + 80e^{-kt}. \tag{10.39}$$

下面来确定比例常数 k. 由已知条件:"经 5 min 时测得水温为 60 ℃",即"当 $t=5$ 时,$T=60$",把它代入式(10.39),得 $60 = 20 + 80e^{-5t}$.

由此解得

$$k = -\frac{1}{5}\ln\frac{1}{2} \approx 0.1386.$$

所以水温 T 与时间 t 之间的函数关系约为

$$T(t) = 20 + 80e^{-5t}. \tag{10.40}$$

水温 T 随时间 t 的变化曲线如图 10-5 所示. 由式(10.40)可知当 $t \to +\infty$ 时,$T \to 20$. 这表示随着时间 t 无限增大,水温将接近(略高于)室温. 从图 10-5 可以看出,大约经 50 min 后水温已接近室温,实际上,可以认为这种沸水的冷却过程至此已基本

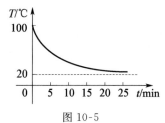

图 10-5

结束.

(2) 求水温自 100 ℃ 降至 30 ℃ 所需的时间.

在式(10.40)中，令 $T = 30$，代入，得

$$30 = 20 + 80e^{-0.138\,6t}, \quad e^{-0.138\,6t} = \frac{1}{8}.$$

从而解得所需的时间为 $\quad t = \dfrac{3\ln 2}{0.138\,6} \approx 15(\text{min}).$

例 4 在如图 10-6 所示的电路中，先将开关拨向 A，使电容充电，当达到稳定状态后再将开关拨向 B. 设开关拨向 B 的时间 $t = 0$，求 $t > 0$ 时回路中的电流 $i(t)$. 已知 $E = 20 \text{ V}, C = 0.5 \text{ F}, L = 1.6 \text{ H}, R = 4.8 \text{ Ω}$. 且 $i|_{t=0} = 0, \dfrac{\mathrm{d}i}{\mathrm{d}t}\Big|_{t=0} = \dfrac{25}{2}$.

解 在 RLC 电路中各元件的电压降分别为

$$u_R = Ri,$$

$$u_C = \frac{1}{C}Q,$$

$$u_L = -E_L = L\frac{\mathrm{d}i}{\mathrm{d}t},$$

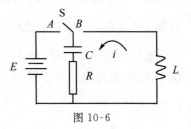

图 10-6

根据回路电压定律，得 $\quad u_L + u_R + u_C = 0.$

将上述各式代入，得

$$L\frac{\mathrm{d}i}{\mathrm{d}t} + Ri + \frac{1}{C}Q = 0,$$

上式两边对 t 求导，因为 $\dfrac{\mathrm{d}Q}{\mathrm{d}t} = i$，所以得

$$L\frac{\mathrm{d}^2 i}{\mathrm{d}t^2} + R\frac{\mathrm{d}i}{\mathrm{d}t} + \frac{1}{C}i = 0,$$

即

$$\frac{\mathrm{d}^2 i}{\mathrm{d}t^2} + \frac{R}{L}\frac{\mathrm{d}i}{\mathrm{d}t} + \frac{1}{CL}i = 0,$$

将 $R = 4.8 \text{ Ω}, L = 1.6 \text{ H}, C = 0.5 \text{ F}$ 代入，得数值方程

$$\frac{\mathrm{d}^2 i}{\mathrm{d}t^2} + 3\frac{\mathrm{d}i}{\mathrm{d}t} + \frac{5}{4}i = 0,$$

式中，i 以 A 为单位，t 以 s 为单位. 上式的特征方程为

$$r^2 + 3r + \frac{5}{4} = 0,$$

解得特征根为 $\quad r_1 = -\dfrac{5}{2}, \quad r_2 = -\dfrac{1}{2},$

所以数值方程的通解为 $\quad i = C_1 e^{-\frac{5}{2}t} + C_2 e^{-\frac{1}{2}t}.$

为求得满足初始条件的特解，对上式求导数，得

$$i' = -\frac{5}{2}C_1 e^{-\frac{5}{2}t} - \frac{1}{2}C_2 e^{-\frac{1}{2}t},$$

将初始条件 $\quad i|_{t=0} = 0 \quad 及 \quad \dfrac{\mathrm{d}i}{\mathrm{d}t}\Big|_{t=0} = \dfrac{25}{2}$

代入，得

$$\begin{cases} C_1 + C_2 = 0, \\ \dfrac{5}{2}C_1 + \dfrac{1}{2}C_2 = -\dfrac{25}{2}, \end{cases}$$

解得 $C_1 = -\dfrac{25}{4}, C_2 = \dfrac{25}{4}$，因此得回路电流为

$$i = -\dfrac{25}{4}\mathrm{e}^{-\frac{5}{2}t} + \dfrac{25}{4}\mathrm{e}^{-\frac{1}{2}t},$$

图 10-7 为电流 i 的图像.

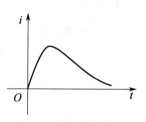

图 10-7

由图 10-6 知,当图 10-6 中开关 S 拨向 B 后,回路中的反向电流,先由零开始逐渐增大,达到最大值后又逐渐趋向于零.

习题 10.7

1. 设曲线上任一点的切线在第一象限内的线段恰好被切点所平分,已知该曲线通过点 (2,3),求该曲线的方程.

2. 将温度为 100 ℃ 的开水装进热水瓶且塞塞子后放在温度为 20 ℃ 的室内,24 小时后,瓶内热水温度降为 50 ℃,问装进开水 12 小时后瓶内热水的温度是多少?(设瓶内热水冷却的速度与水的温度和室温之差成正比)

3. 一颗子弹以速度 $v_0 = 200$ m/s 打进一块厚度为 0.1 m 的板,然后穿过板,以速度 $v_1 = 80$ m/s 离开板,该板对子弹运动的阻力与运动速度的平方成正比,问子弹穿过板用了多长时间?

4. 设有一个由电阻 R,电感(自感)L,电容 C 和电源 E 串联组成的电路(简称 RLC 串联电路),其中,R,L,C 为常数,电源电动势是 $E = E_m \sin \omega t$,这里 E_m 及 ω 也是常数,如图 10-8 所示. 求出 RLC 串联电路中电容 C 上的电压 $U_C(t)$ 所满足的微分方程.

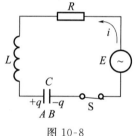

图 10-8

5. 镭、铀等放射性元素因不断放射出各种射线而逐渐减少其质量,这种现象称为放射性物质的衰变.根据实验得知,衰变速度与现存物质的质量成正比,求放射性元素在时刻 t 的质量.

复习题十

一、填空题

1. $xy''' + 2x^2 y'^2 + x^3 y = x^4 + 1$ 是 _____ 阶微分方程.

2. 一阶线性微分方程 $y' + P(x)y = Q(x)$ 的通解为 _____.

3. 与积分方程 $y = \displaystyle\int_{x_0}^{x} f(x,y)\mathrm{d}x$ 等价的微分方程初值问题是 _____.

4. 已知 $y = 1, y = x, y = x^2$ 是某二阶非齐次线性微分方程的三个解,则该微分方程的通解为 _____.

二、计算题

1. 求下列微分方程的通解:

(1) $xy' + y = 2\sqrt{xy}$;

(2) $xy' \ln x + y = ax(\ln x + 1)$;

(3) $y'' + y'^2 + 1 = 0$;

(4) $yy'' - y'^2 - 1 = 0$;

(5) $y' + x = \sqrt{x^2 + y}$.

2. 求下列微分方程满足所给初始条件的特解:

(1) $y'' - ay'^2 = 0$, $x = 0$ 时,$y = 0, y' = -1$;

(2) $2y'' - \sin 2y = 0$, $x = 0$ 时,$y = \dfrac{\pi}{2}, y' = 1$;

(3) $y'' + 2y' + y = \cos x$, $x = 0$ 时, $y = 0$, $y' = \dfrac{3}{2}$.

3. 已知某曲线经过点 $(1,1)$,它的切线在纵轴上的截距等于切点的横坐标,求它的方程.

4. 设可导函数 $\varphi(x)$ 满足
$$\varphi(x)\cos x + 2\int_0^x \varphi(t)\sin t\,dt = x+1,$$
求 $\varphi(x)$.

5. 设光滑曲线 $y = \varphi(x)$ 过原点 $(0,0)$,且当 $x > 0$ 时,$\varphi(x) > 0$,对应于 $[0,x]$ 一段曲线的弧长为 $e^x - 1$,求 $\varphi(x)$.

第十章习题答案

附录一
数学基本公式

（一）常用的三角公式

1. 和角公式

$\sin(x+y) = \sin x\cos y + \cos x\sin y;$

$\cos(x+y) = \cos x\cos y - \sin x\sin y;$

$\tan(x+y) = \dfrac{\tan x + \tan y}{1 - \tan x\tan y}.$

2. 倍角公式

$\sin 2x = 2\sin x\cos x;$

$\cos 2x = \cos^2 x - \sin^2 x = 1 - 2\sin^2 x = 2\cos^2 x - 1;$

$\tan 2x = \dfrac{2\tan x}{1 - \tan^2 x};$

$\sin^2 x = \dfrac{1}{2}(1 - \cos 2x); \quad \cos^2 x = \dfrac{1}{2}(1 + \cos 2x);$

$\sin 3x = 3\sin x - 4\sin^3 x; \quad \cos 3x = 4\cos^3 x - 3\cos x.$

3. 半角公式

$\sin \dfrac{x}{2} = \pm\sqrt{\dfrac{1-\cos x}{2}}; \quad \cos \dfrac{x}{2} = \pm\sqrt{\dfrac{1+\cos x}{2}};$

$\tan \dfrac{x}{2} = \pm\sqrt{\dfrac{1-\cos x}{1+\cos x}} = \dfrac{1-\cos x}{\sin x} = \dfrac{\sin x}{1+\cos x}.$

4. 积化和差公式

$\sin x\cos y = \dfrac{1}{2}[\sin(x+y) + \sin(x-y)];$

$\cos x\sin y = \dfrac{1}{2}[\sin(x+y) - \sin(x-y)];$

$\cos x\cos y = \dfrac{1}{2}[\cos(x+y) + \cos(x-y)];$

$\sin x\sin y = -\dfrac{1}{2}[\cos(x+y) - \cos(x-y)].$

5. 和差化积公式

$\sin x + \sin y = 2\sin\dfrac{x+y}{2}\cos\dfrac{x-y}{2};$

$\sin x - \sin y = 2\cos\dfrac{x+y}{2}\sin\dfrac{x-y}{2};$

$$\cos x + \cos y = 2\cos\frac{x+y}{2}\cos\frac{x-y}{2};$$

$$\cos x - \cos y = -2\sin\frac{x+y}{2}\sin\frac{x-y}{2}.$$

（二）导数基本公式

$(\tan x)' = \sec^2 x;$　　　　　　　　　$(\arcsin x)' = \dfrac{1}{\sqrt{1-x^2}};$

$(\cot x)' = -\csc^2 x;$

$(\sec x)' = \sec x \cdot \tan x;$　　　　　　$(\arccos x)' = -\dfrac{1}{\sqrt{1-x^2}};$

$(\csc x)' = -\csc x \cdot \cot x;$

$(a^x)' = a^x \ln a;$　　　　　　　　　　$(\arctan x)' = \dfrac{1}{1+x^2};$

$(\log_a x)' = \dfrac{1}{x\ln a};$　　　　　　　$(\text{arccot } x)' = -\dfrac{1}{1+x^2}.$

（三）基本积分表公式

$\displaystyle\int \tan x\,dx = -\ln|\cos x| + C;$　　　　$\displaystyle\int \dfrac{dx}{\cos^2 x} = \int \sec^2 x\,dx = \tan x + C;$

$\displaystyle\int \cot x\,dx = \ln|\sin x| + C;$　　　　　$\displaystyle\int \dfrac{dx}{\sin^2 x} = \int \csc^2 x\,dx = -\cot x + C;$

$\displaystyle\int \sec x\,dx = \ln|\sec x + \tan x| + C;$　　$\displaystyle\int \sec x \cdot \tan x\,dx = \sec x + C;$

$\displaystyle\int \csc x\,dx = \ln|\csc x - \cot x| + C;$　　$\displaystyle\int \csc x \cdot \cot x\,dx = -\csc x + C;$

$\displaystyle\int \dfrac{dx}{a^2 + x^2} = \dfrac{1}{a}\arctan\dfrac{x}{a} + C;$　　　$\displaystyle\int a^x\,dx = \dfrac{a^x}{\ln a} + C;$

$\displaystyle\int \dfrac{dx}{x^2 - a^2} = \dfrac{1}{2a}\ln\left|\dfrac{x-a}{x+a}\right| + C;$　　$\displaystyle\int \text{sh } x\,dx = \text{ch } x + C;$

$\displaystyle\int \dfrac{dx}{a^2 - x^2} = \dfrac{1}{2a}\ln\left|\dfrac{a+x}{a-x}\right| + C;$　　$\displaystyle\int \text{ch } x\,dx = \text{sh } x + C;$

$\displaystyle\int \dfrac{dx}{\sqrt{a^2 - x^2}} = \arcsin\dfrac{x}{a} + C;$　　　　$\displaystyle\int \dfrac{dx}{\sqrt{x^2 \pm a^2}} = \ln(x + \sqrt{x^2 \pm a^2}) + C;$

$$I_n = \int_0^{\frac{\pi}{2}} \sin^n x\,dx = \int_0^{\frac{\pi}{2}} \cos^n x\,dx = \dfrac{n-1}{n}I_{n-2};$$

$$\int \sqrt{x^2 + a^2}\,dx = \dfrac{x}{2}\sqrt{x^2 + a^2} + \dfrac{a^2}{2}\ln(x + \sqrt{x^2 + a^2}) + C;$$

$$\int \sqrt{x^2 - a^2}\,dx = \dfrac{x}{2}\sqrt{x^2 - a^2} - \dfrac{a^2}{2}\ln|x + \sqrt{x^2 - a^2}| + C;$$

$$\int \sqrt{a^2 - x^2}\,dx = \dfrac{x}{2}\sqrt{a^2 - x^2} + \dfrac{a^2}{2}\arcsin\dfrac{x}{a} + C.$$

附录二
希腊字母读音表

表 0-1

序号	大写	小写	英文注音	国际音标注音	中文注音
1	A	α	alpha	aːlf	阿尔法
2	B	β	beta	bet	贝塔
3	Γ	γ	gamma	gaːm	伽马
4	Δ	δ	delta	delt	德尔塔
5	E	ε	epsilon	ep`silon	伊普西龙
6	Z	ζ	zeta	zat	截塔
7	H	η	eta	eit	艾塔
8	Θ	θ	thet	θit	西塔
9	I	ι	iot	aiot	约塔
10	K	κ	kappa	kap	卡帕
11	Λ	λ	lambda	lambd	兰布达
12	M	μ	mu	mju	缪
13	N	ν	nu	nju	纽
14	Ξ	ξ	xi	ksi	克西
15	O	o	omicron	omik`ron	奥密克戎
16	Π	π	pi	pai	派
17	P	ρ	rho	rou	肉
18	Σ	σ	sigma	`sigma	西格马
19	T	τ	tau	tau	套
20	γ	υ	upsilon	jup`silon	宇普西龙
21	Φ	φ	phi	fai	佛爱
22	X	χ	chi	phai	凯
23	Ψ	ψ	psi	psai	普西
24	Ω	ω	omega	o`miga	欧米伽